电子电气基础课程系列教材

电工电子技术基础学习指导

宋　暖　杨　坤　编著

電子工業出版社

北京 • BEIJING

内 容 简 介

本书是程继航、宋暖主编的飞行特色主教材《电工电子技术基础(第 2 版)》配套的学习指导用书。本书的内容体系、章节顺序均与主教材一致,共 19 章,各章主要包括内容要点、学习目标、重点与难点、知识导图、典型题解析、习题(习题答案分两部分集中给出)6 部分。另外,书中附有 10 套期中、期末考试题及答案,并以二维码形式提供各章节的重、难点习题视频解析。

本书可作为高等军事院校或航空航天院校非电类专业本科生“电工电子技术基础”课程的配套教学用书,也可供相关工程技术人员参考。

图书在版编目(CIP)数据

电工电子技术基础学习指导/宋暖,杨坤编著. —北京:电子工业出版社,2024.6
ISBN 978-7-121-48018-8

Ⅰ.①电… Ⅱ.①宋… ②杨… Ⅲ.①电工技术—高等学校—教学参考资料 ②电子技术—高等学校—教学参考资料
Ⅳ.①TM ②TN

中国国家版本馆 CIP 数据核字(2024)第 111899 号

责任编辑:凌 毅
印 刷:中煤(北京)印务有限公司
装 订:中煤(北京)印务有限公司
出版发行:电子工业出版社
北京市海淀区万寿路 173 信箱 邮编:100036
开 本:787×1 092 1/16 印张:16.75 字数:450 千字
版 次:2024 年 6 月第 1 版
印 次:2024 年 6 月第 1 次印刷
定 价:59.80 元

凡所购买电子工业出版社图书有缺损问题,请向购买书店调换。若书店售缺,请与本社发行部联系。联系及邮购电话:(010)88254888,88258888。

质量投诉请发邮件至 zlts@phei.com.cn,盗版侵权举报请发邮件至dbqq@phei.com.cn。

本书咨询联系方式:(010)88254528,lingyi@phei.com.cn。

前　言

电工电子技术基础课程是高等学校工科非电类专业的一门专业技术基础课程，也是我校（空军航空大学）航空飞行与指挥军官学历教育学员的必修考试课程。在整个飞行人才培养链条中，电工电子技术基础课程作为自然科学课程与航空理论平台课程之间的桥梁，为后续课程及职业发展提供必备的基础理论和基本技能，对学员科学文化素养和信息素养的提升、科学实践能力的培养、创新精神和终身学习习惯的养成具有重要的支撑作用，并为后续专业背景和首次岗位任职课程的学习奠定扎实、宽广的基础。

通过本课程的学习，学员能够掌握电工电子技术的基本知识、基本理论和基本技能，理解各种典型电路的分析方法，学会运用电路理论解决实际问题，了解本学科的发展现状及其在军事装备领域中的广泛应用，具备科学思维能力、动手实践能力、自主学习能力及思辨意识、创新意识和合作精神，从而具有良好的科学文化素养、工程技术素养和信息素养。

本书是我校电工电子技术基础课程的辅助教材，与程继航、宋暖主编的飞行特色主教材《电工电子技术基础（第2版）》相配套，可供我校学员和广大自学者学习参考，也可作为教师的教学参考用书。为了方便阅读，本书的内容体系、章节顺序均与主教材一致，各章均按内容要点、学习目标、重点与难点、知识导图、典型题解析、习题（习题答案分两部分集中给出）这6部分编写。其中，各章习题的题号“×.×.×”，第一个“×”表示主教材的章编号，第二个“×”表示主教材的节编号，第三个“×”表示本章习题序号。

另外，对各章节的重、难点习题提供视频解析（以二维码形式提供），全方位打造人人皆学、处处能学、时时可学的电工电子技术基础课程泛在化学习环境。书中提供本课程期中、期末试题各5套，并给出相应的答案，以期帮助学员有针对性地查漏补缺。

内容要点：回顾主教材各章所讲的主要内容和知识要点，并进行归纳和总结。

学习目标：学习各章主要内容时所要达到的知识目标。

重点与难点：指出各章的重点内容与难点内容。

知识导图：将各章的知识结构和要点以思维导图的方式加以展示，便于学员清晰了解各部分内容的来龙去脉和内在联系。

典型题解析：精选各章节典型习题，精讲解题思路和解题技巧。

习题：列出各章节的典型习题。

习题答案：对各章节的所有习题进行分析解答。

真题解析：精选历年考试真题，综合解析求解要点。

视频解析：精选各章节重、难点习题，提供视频解析，有针对性地指导学习。

新时代军事教育方针指出，要全面培养德才兼备的高素质、专业化的新型军事人才，因此在学员素养提升和能力培养的同时，需要关注学员创新意识的锻炼，为此编者特别建议学员在使用本书时，应力争独立分析、独立思考，对书中所给出的习题答案仅作为借鉴和参考，不要使自己的思路受此局限，提倡用多种思路和多种方法解决问题，将借鉴与创新及应用结合起来。

本书由空军航空大学的宋暖、杨坤组织撰写并统稿，参与编写和视频录制的还有汤艳坤、陈大川、丁长虹、李井泉、李君、栾爽、王兆欣、张晖、李晶、翟艳男、裘昌利、石静苑、李姝、金美善、张耀平、焦阳、高玲、刘钢、冯志彬、刘晶、李海涛。同时感谢参与试卷命题任务的吉林大学的杜巧玲老师(2020—2021 学年秋季学期期末考试题)、海军航空大学的王成刚老师(2022—2023 学年秋季学期期中考试题)、海军航空大学的张静老师(2022—2023 学年秋季学期期末考试题)以及吉林大学的詹迪铌老师(2023—2024 学年秋季学期期中、期末考试题)。

各章的编写分工如下:第 1、2、3、4 章由宋暖编写,第 5、6 章由汤艳坤编写,第 7、8 章由李君编写,第 9、10、11 章由杨坤编写,第 12、13 章由丁长虹编写,第 14、15、16 章由陈大川编写,第 17、18、19 章由李井泉编写。

视频解析部分分工如下:第 1 章由宋暖录制,第 2 章由汤艳坤录制,第 3 章由翟艳男、李姝录制,第 4 章由石静苑、王兆欣录制,第 5、6 章由李晶录制,第 7、8 章由李君录制,第 9 章由金美善、丁长虹、陈大川录制,第 10 章由杨坤、裘昌利录制,第 11 章由李井泉录制,第 12 章由丁长虹、李井泉录制,第 13 章由丁长虹、栾爽、金美善录制,第 15 章由汤艳坤、李晶、汤艳坤录制,第 16 章由裘昌利、宋暖、李井泉录制,第 17 章由张晖、汤艳坤、李井泉录制,第 18 章由栾爽录制。

由于编者学识和经验有限,书中难免存在不足、疏漏甚至错误之处,恳请读者批评指正。

编　者

2024 年 5 月

目　　录

第1章　电路的基本概念与基本定律

本章主要介绍电路的基本概念和基本定律，是电路分析最基础的内容，将贯穿整个电工电子技术基础课程。

1.1　内容要点

1. 电路的基本概念

① 电路：由电气设备或元件按一定方式组合起来的电流的通路。

② 电路的组成：电源、中间环节、负载。

③ 电路的作用：电能的传输与转换（强电），信号的传递与处理（弱电）。

④ 电路的4个名词：支路、回路、网孔、节点。

2. 电路元件与电路模型

① 电路元件：分为无源元件和有源元件。无源元件如电阻、电感、电容等。有源元件分为独立电源和受控电源两类。

● 独立电源：电源参数不受支配，参数值是恒定和独立的。独立电源分为理想电压源和理想电流源。

● 受控电源：电源参数受电路中某一电量（U 或 I）控制，其大小和方向与该电量（U 或 I）的大小和方向有关，不是独立的。

② 电路模型：实际电路抽象而成，近似地反映实际电路的电气特性，是用理想导线将理想元件连接而成的。

3. 电路的基本物理量

（1）电流

电流是由电荷有规律的定向运动而形成的。单位时间内通过导体截面的电荷量定义为电流，即

$$I=\frac{Q}{t},\quad i=\frac{\mathrm{d}q}{\mathrm{d}t}$$

电流单位为安[培]（A）、千安（kA）、毫安（mA）和微安（μA）等。

电流的实际方向：规定为正电荷流动的方向。

（2）电压

电场力将单位正电荷从A点移动到B点所做的功称为A、B两点之间的电压，即

$$U_{\mathrm{AB}}=\frac{W_{\mathrm{AB}}}{q},\quad u_{\mathrm{AB}}=\frac{\mathrm{d}W_{\mathrm{AB}}}{\mathrm{d}q}$$

电压单位为伏[特]（V）、千伏（kV）、毫伏（mV）和微伏（μV）等。

电压的实际方向：规定为从高电位（“+”极性）端指向低电位（“−”极性）端，即电压降低的方向。

(3) 电动势

电动势的定义：描述电压源特性的一个参数，其大小定义为电源内部非静电力把单位正电荷从电源的负极移到正极所做的功。

电动势的实际方向：规定为从电源负极经过电源内部指向电源正极。

(4) 参考方向(重点)

参考方向是人为假设的方向，也称正方向、假定方向。电流的参考方向通常用箭头表示，也可用双下标表示。电压、电动势的参考方向可用正负号、双下标表示(也有一些教材采用箭头表示)。当计算结果为正时，实际方向与参考方向一致；当计算结果为负时，实际方向与参考方向相反。

(5) 关联参考方向(重点)

一个元件电压、电流的参考方向可以任意选定，若元件电压、电流参考方向的选择如图 1.1.1(a)所示，即电流从电压的“+”端流入，从电压的“−”端流出，这样选取的参考方向称为 U、I 参考方向一致，或称 U、I 参考方向关联，即关联参考方向。相反，若 U、I 参考方向的选取如图 1.1.1(b)所示，则称 U、I 参考方向不一致，或称非关联参考方向。

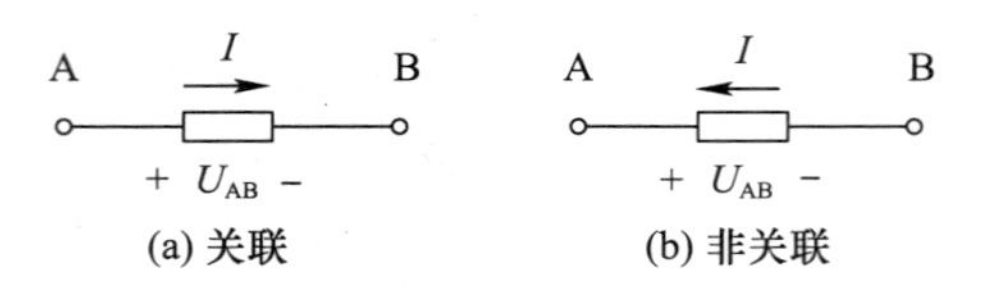

图 1.1.1　参考方向

(6) 功率

功率：单位时间内某部分电路消耗或发出的电能，即

$$P=\frac{W}{t}=UI, \quad p=\frac{\mathrm{d}W}{\mathrm{d}t}=ui$$

当该部分电路端电压 U 和电流 I 为关联参考方向时，功率计算式可改写为 $P=UI$；当该部分电路端电压 U 和电流 I 为非关联参考方向时，$P=-UI$。这样规定后，$P>0$，实际功率为消耗功率；$P<0$，实际功率为发出功率。

功率平衡：任何电路在任意时刻消耗的总功率和发出的总功率相等，即功率的代数和为 0，称为功率平衡，表示为 $\sum P=0$。

(7) 额定值

额定值：电源接额定负载时输出电压、电流、功率的值。工作于额定值之下，电气设备将有最好的经济性、可靠性、安全性和较长的使用寿命。

4. 电阻与欧姆定律

(1) 电阻

电阻是反应电路元件消耗电能的理想元件。

(2) 欧姆定律

欧姆定律描述了电阻的端口特性，其表达式与电阻的电压和电流的参考方向有关。当电压和电流参考方向关联时，$U=IR$；当电压和电流为非关联参考方向时，$U=-IR$。这里需要注意：欧姆定律不适用于非线性电阻电路的计算。

5. 基尔霍夫定律

(1) 基尔霍夫电流定律(KCL)

在任意时刻,流入某个节点的电流等于同一时刻从该节点流出的电流,即与该节点相连的所有支路电流的代数和等于0,表示为 $\sum I = 0$ 。KCL可以推广到广义节点(包含部分电路的一个闭合曲面),即在任意瞬间通过任意一个假想闭合面的电流的代数和也恒等于0。KCL反映了电路中任一点电荷的连续性。

(2) 基尔霍夫电压定律(KVL)

在任意时刻,沿电路中任意一个回路绕行一周,该回路各部分电压的代数和为0,可以表示为 $\sum U = 0$ 。KVL可以推广到端口开路的电路(不闭合的电路),即电路两点间的电压等于电路两点间各部分电路电压的代数和(若与两点间电压参考方向一致,则取正号;若不一致,则取负号)。KVL反映了电路中的能量守恒定律。

6. 电路中电位的概念及计算

(1) 参考点

参考点:人为指定的点,参考点的电位一般设定为0V。

(2) 电位

电位:某点与参考点之间的电压,比参考点高的为正,比参考点低的为负。电路中各点的电位值因所设参考点的不同而有异,是一个相对量。

(3) 电压

电压:任意两点间的电位差。它与参考点的设定无关,是一个绝对量。

1.2 学习目标

① 了解电路的概念,知道电压、电流参考方向的含义。

② 了解如何计算电路元件的功率,并能确定该元件起电源作用还是负载作用。

③ 能够阐述欧姆定律、基尔霍夫定律,并能熟练使用这两个定律分析简单电路。

④ 理解电位的概念,能计算电路的电位。

1.3 重点与难点

1. 重点

① 电路模型的概念,理想元件的电压、电流关系。

② 电压、电流的参考方向,以及电位、参考点的概念。

③ 基尔霍夫电流定律(KCL)与基尔霍夫电压定律(KVL)。

④ 功率吸收与发出及电源与负载性质的判断。

⑤ 电位的计算。

2. 难点

① 基尔霍夫电流定律(KCL)和基尔霍夫电压定律(KVL)的广义应用。

② 功率吸收与发出及电源与负载性质的判断。

1.4 知 识 导 图

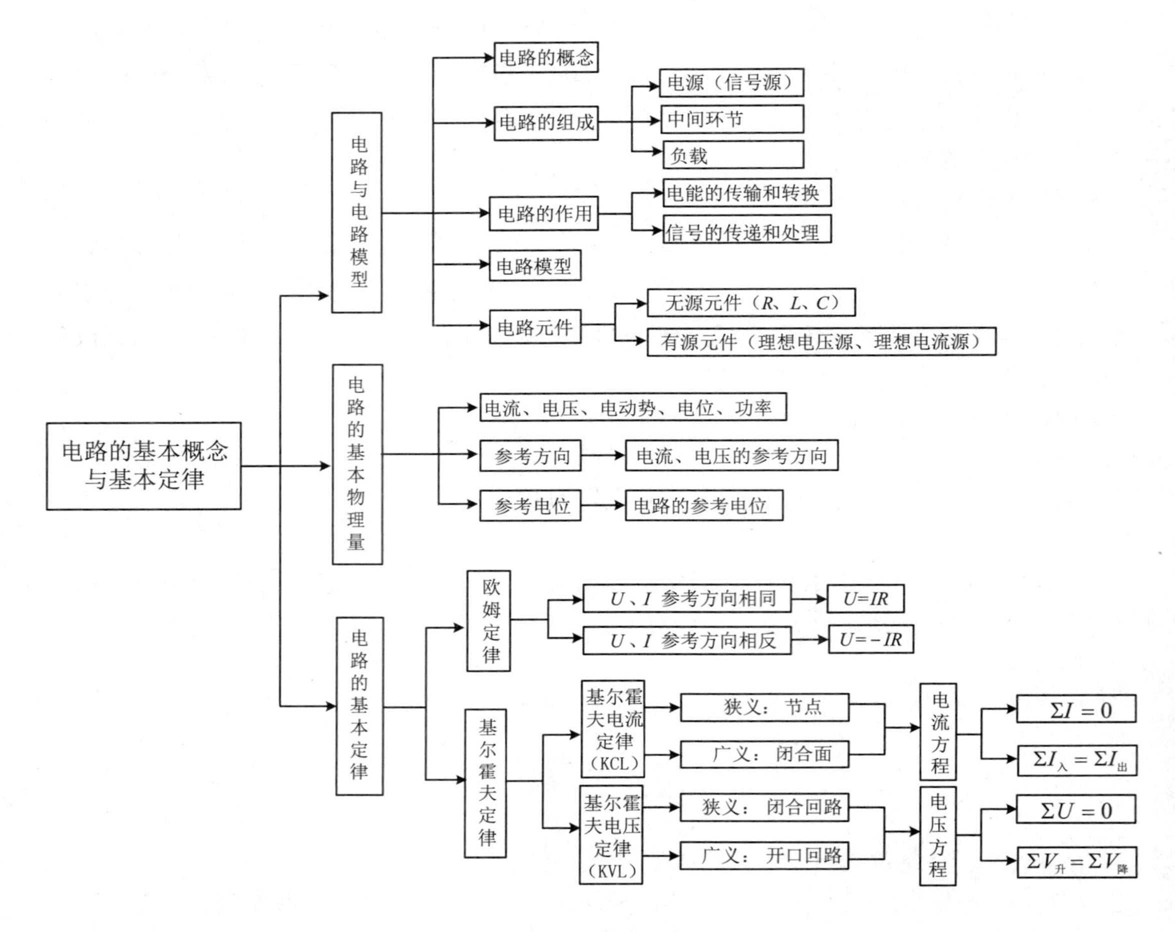

1.5 典型题解析

【例 1】 如图 1.5.1 所示回路的绕行方向，写出基尔霍夫电压定律的表达式。

解：“凡是电压方向与回路绕行方向一致者取正号，相反者取负号；凡是电流参考方向与回路绕行方向一致者，该电流在电阻上所产生的电压降取正号，相反者取负号。”这种描述是基尔霍夫电压定律在电阻电路中的具体体现。实质上就是在任意瞬时，沿任意一个回路绕行一周，回路中各部分电压（电位差）的代数和等于 0。

由图 1.5.1 可列出该回路的基尔霍夫电压定律表达式为

$$E_1+I_1R_1-E_2-I_2R_2+I_3R_3-E_3-I_4R_4+E_4=0$$

【例 2】 电路如图 1.5.2 所示，已知 $I_1=3\text{mA}$，$I_2=1\text{mA}$。试确定电路元件 3 的电流 I_3 及其两端电压 U_3，并说明它是电源还是负载。校验整个电路的功率是否平衡。

解：由基尔霍夫电流定律可列电流方程 $I_2=I_1+I_3$，则

$$I_3=I_2-I_1=1-3=-2\text{mA}$$

由基尔霍夫电压定律可列右侧回路的电压方程

$$-U_2+20\times10^3I_2+U_3=0$$

则 $$U_3=U_2-20\times10^3I_2=80-20\times10^3\times1\times10^{-3}=60\text{V}$$

元件 3 的电压与电流的实际方向相反，释放电能，因此是电源。

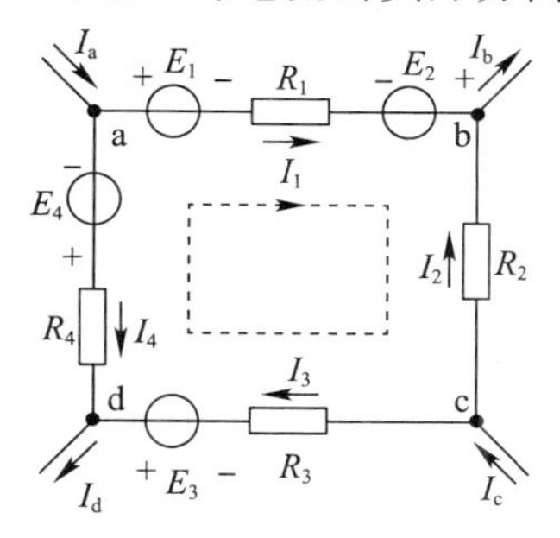

图 1.5.1　例 1 图

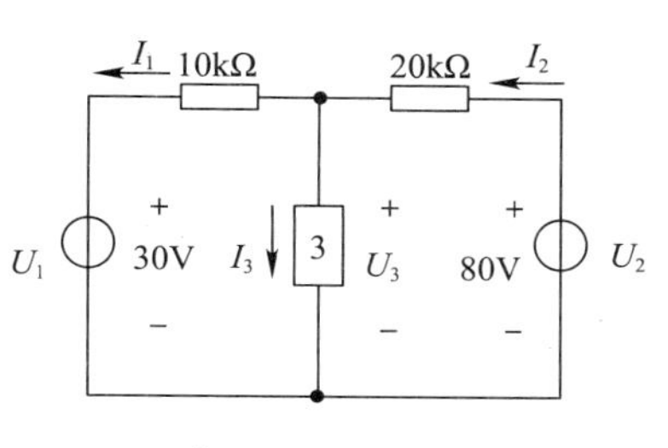

图 1.5.2　例 2 图

电路中各元件吸收的功率为

$$P_1=U_1I_1=30\times3\times10^{-3}=0.09\text{W}=90\text{mW}，为负载$$

$$P_2=-U_2I_2=-80\times1\times10^{-3}=-0.08\text{W}=-80\text{mW}，为电源$$

$$P_3=U_3I_3=60\times(-2)\times10^{-3}=-0.12\text{W}=-120\text{mW}，为电源$$

$$P_{R1}=I_1^2R_1=(3\times10^{-3})^2\times10\times10^3=0.09\text{W}=90\text{mW}，为负载$$

$$P_{R2}=I_2^2R_2=(1\times10^{-3})^2\times20\times10^3=0.02\text{W}=20\text{mW}，为负载$$

各电源发出的功率 $\sum P_{发}=P_2+P_3=80+120=200\text{mW}$

各负载吸收的功率 $\sum P_{吸}=P_1+P_{R1}+P_{R2}=90+90+20=200\text{mW}$

因此 $$\sum P_{发}=\sum P_{吸}$$

整个电路的功率是平衡的。

【例 3】 试求如图 1.5.3 所示电路中 A、B、C、D 的电位。

解：设 3V、6V 和 12V 电压源支路的电流分别为 I_3、I_6 和 I_{12}，由广义基尔霍夫电流定律可得 $I_3+I_{12}=1\text{A}$。因 D 点开路，$I_3=0$，故 $I_{12}=1\text{A}$。

对于 B 点，可列 KCL 方程 $I_6+1=I_3+3$，故

$$I_6=I_3+3-1=2\text{A}$$

$$V_A=12-I_{12}\times10=12-1\times10=2\text{V}$$

$$V_B=V_A+6+I_6\times2=2+6+2\times2=12\text{V}$$

$$V_C=V_B-1\times2=12-1\times2=10\text{V}$$

$$V_D=V_B+I_3\times3-3=V_B-3=12-3=9\text{V}$$

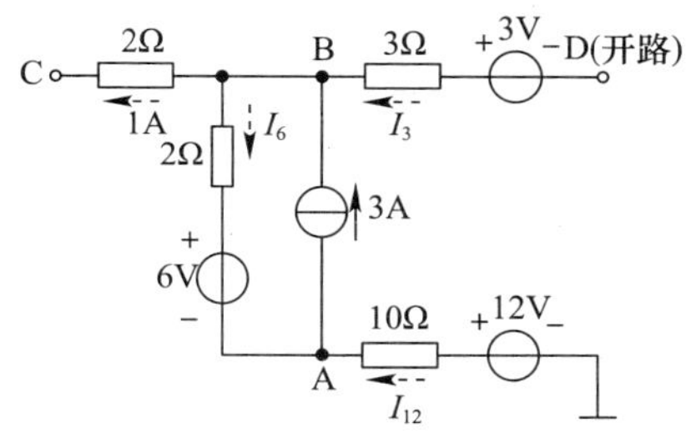

图 1.5.3　例 3 图

1.6　习　　题

1. 填空题

1.2.1 ＿＿＿＿＿＿是指元件的电压参考方向与电流参考方向一致。

1.2.2 各种电气设备在工作时，其电压、电流和功率都有一定的限额，这些限额用来表示它们的正常工作条件和工作能力，称为电气设备的＿＿＿＿＿＿。

1.2.3 如题图 1-1 所示电池电路，当 $U=3\text{V}$，$E=5\text{V}$ 时，该电池电路用作＿＿＿＿＿（电源/负载）；若电流的参考方向取相反方向，并且当 $U=5\text{V}$，$E=3\text{V}$ 时，该电池电路用作＿＿＿＿＿（电

源/负载）。

1.3.4　如题图 1-2 所示电路，开关闭合时，$U_{ab}=$________V，$U_{cd}=$________V；开关断开时，$U_{ab}=$________V，$U_{cd}=$________V。

1.4.5　如题图 1-3 所示，已知 $I_1=-1$A，$I_2=3$A，$I_4=6$A，则电流 $I_6=$________A。

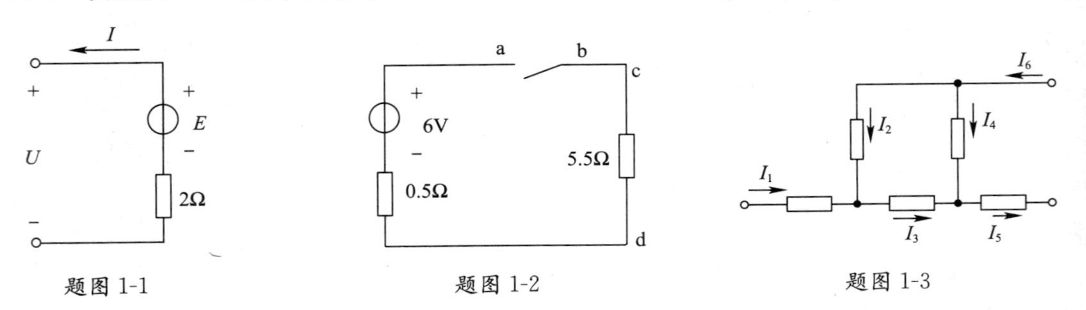

题图 1-1　　题图 1-2　　题图 1-3

1.5.6　电位的计算实质上仍然是电压的计算，是计算该点与____________的电压。

1.5.7　参考点是人为指定的点，它的电位一般设定为____________V。

2. 判断题(结果写在题号前)

1.1.8　电路是由电源、负载和导线 3 部分组成的。

1.1.9　蓄电池与白炽灯连接成应急照明电路时，蓄电池是电源，充电时也是电源。

1.2.10　电路中电流的实际方向与所选取的参考方向无关，电流值的正负在选择了参考方向后就没有意义了。

1.3.11　电压和电流的参考方向一致时欧姆定律表示为 $U=-IR$。

1.4.12　利用 KVL 列写回路电压方程时，所设的回路绕行方向不同，会影响计算结果的大小。

1.5.13　任一瞬时从电路的某点出发，沿回路绕行一周回到出发点，电位不会发生变化。

1.5.14　电路中电位是绝对的，电压是相对的。

3. 选择题

1.1.15　如题图 1-4 所示机载发射机系统，发射天线属于(　　)。

a. 信号源　　b. 负载　　c. 中间环节　　d. 导线

1.2.16　现有 220V/100W 和 220V/25W 两盏白炽灯串联后接入 220V 交流电源，则(　　)。

a. 100W 灯泡最亮　　b. 25W 灯泡最亮　　c. 两只灯泡一样亮　　d. 25W 灯泡被烧毁

1.3.17　如题图 1-5 所示，当滑动变阻器向右滑动时，各表读数的变化情况是(　　)。

a. A 表读数增大，V 表读数增大　　b. A 表读数减小，V 表读数增大

c. A 表读数增大，V 表读数减小　　d. A 表读数减小，V 表读数减小

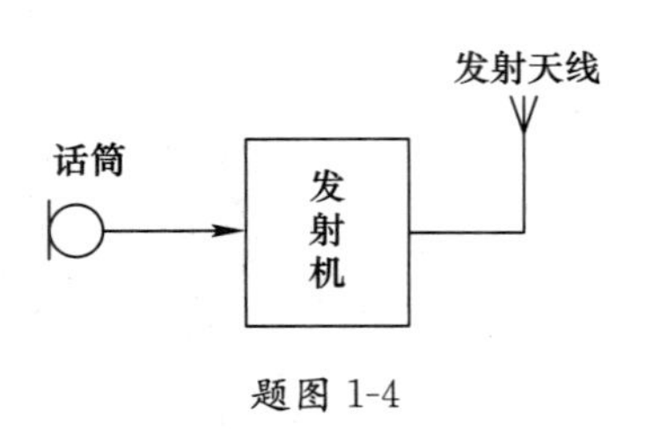

题图 1-4

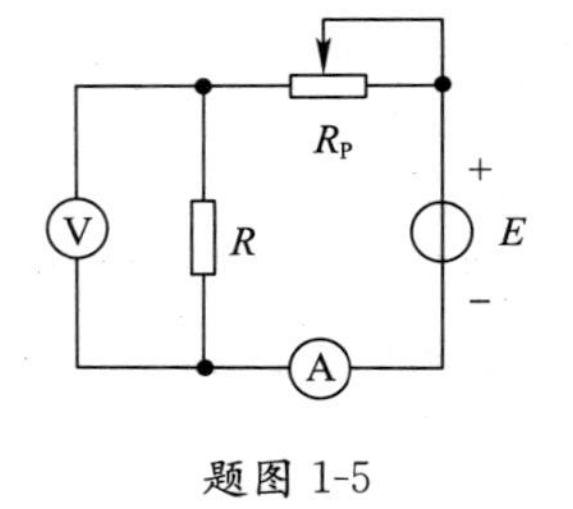

题图 1-5

1.3.18　如题图 1-6 所示，电源开路电压 U_0 为 230V，电源短路电流 I_S 为 1150A，当负载电

流 $I=50\text{A}$ 时，负载电阻 R 为(　　)。

a. 4.6Ω　　b. 0.2Ω　　c. 4.4Ω　　d. 4Ω

1.4.19　如题图 1-7 所示的部分电路中，a、b 两端的电压 U_{ab} 为(　　)。

a. 40V　　b. −40 V　　c. −25V　　d. 25V

1.5.20　如题图 1-8 所示，A 点电位为(　　)。

a. 2V　　b. 4V　　c. −2V　　d. −4V

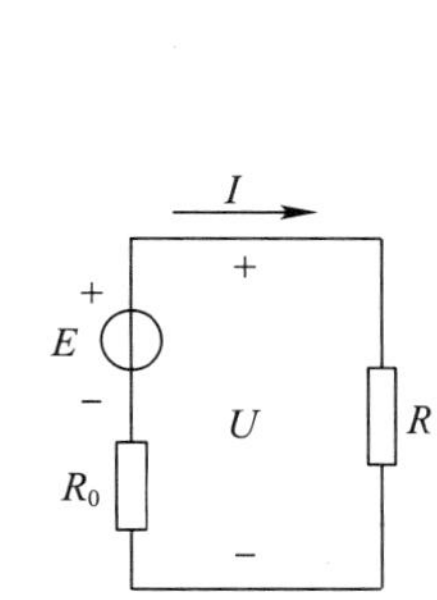
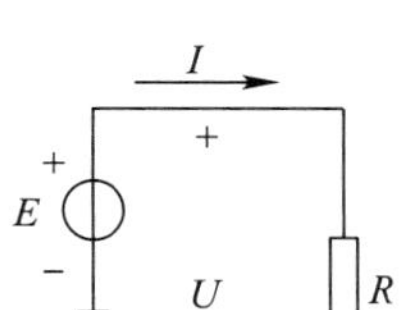

题图 1-6

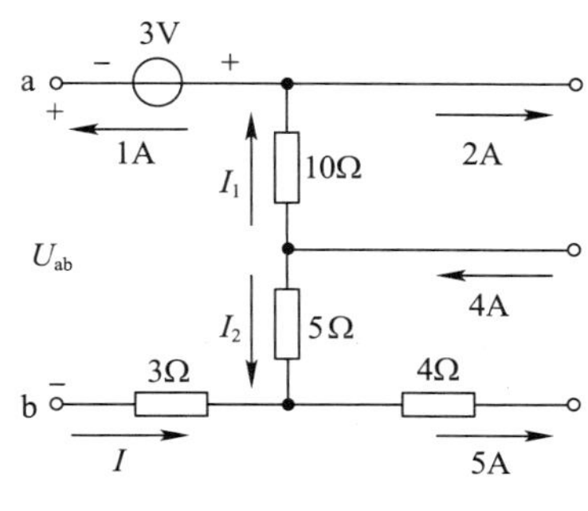

题图 1-7

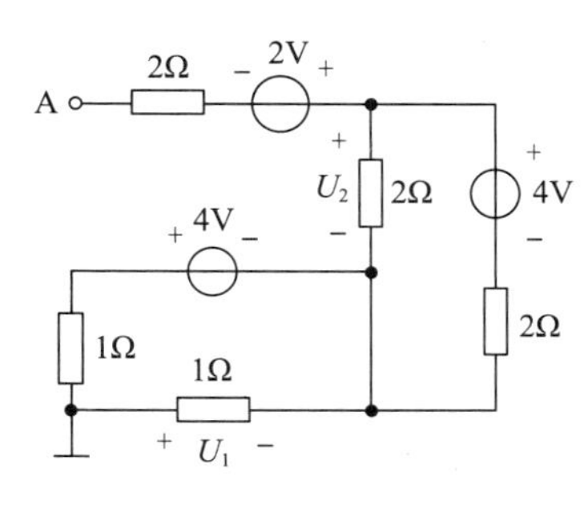

题图 1-8

4. 计算题

1.4.21　求题图 1-9 所示电路中的电压 U_{AB}。

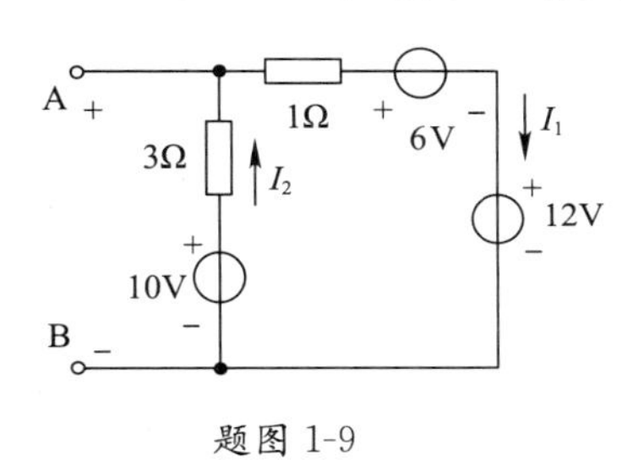

题图 1-9

习题 1.4.21

1.4.22　计算题图 1-10 所示电路中的 U、I、R。

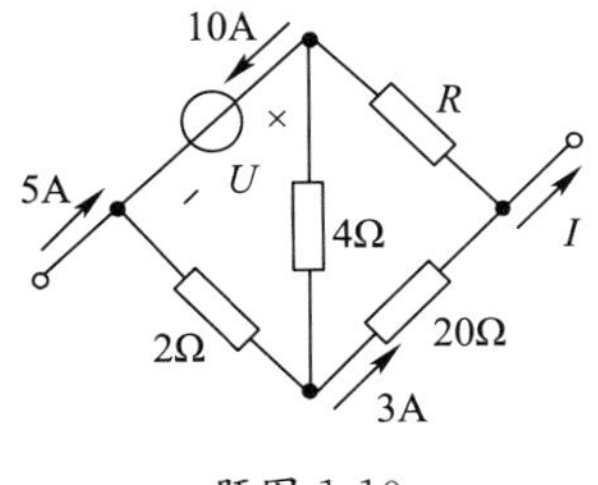

题图 1-10

习题 1.4.22

1.5.23　在题图 1-11 中，已知 $E_1=6\text{V}$，$E_2=4\text{V}$，$R_1=4\Omega$，$R_2=R_3=2\Omega$。求 A 点电位 V_A。

习题 1.5.23

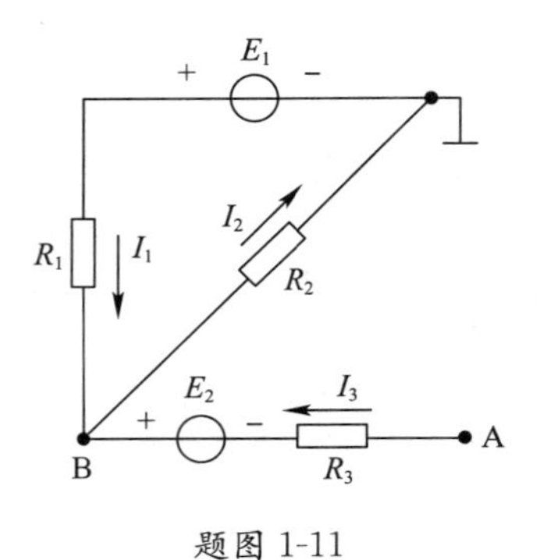

题图 1-11

1.2.24　如题图 1-12 所示电路，3 个电阻共消耗的功率为多少？

习题 1.2.24

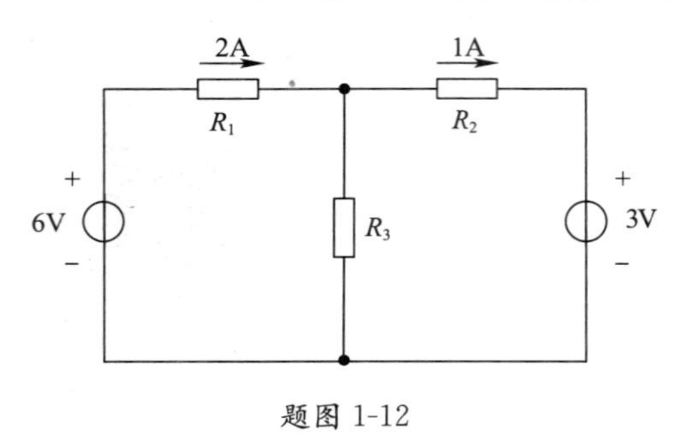

题图 1-12

1.3.25　电路如题图 1-13 所示。设电压表的内阻为无穷大，电流表的内阻为零。当开关 S 处于位置 1 时，电压表的读数为 10V；当 S 处于位置 2 时，电流表的读数为 5mA。当 S 处于位置 3 时，电压表和电流表的读数各为多少？

习题 1.3.25

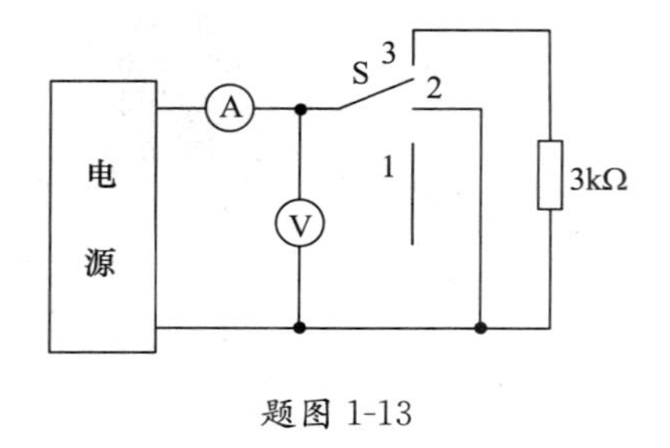

题图 1-13

1.2.26　如题图 1-14 所示，某飞机用 28V 的直流电源为座舱灯供电，如果在 8 小时的放电时间内，电源提供的总能量为 460.8W・h，求：(1)提供给座舱灯的功率是多少？(2)流过灯泡的电流是多少？

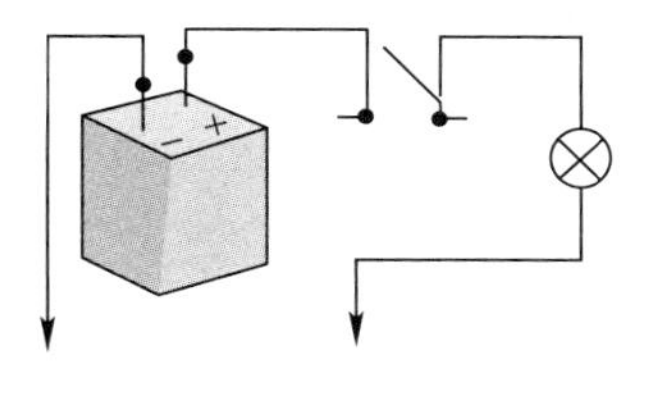

题图 1-14

习题 1.2.26

1.2.27　某航空蓄电池电路如题图 1-15 所示。试分析航空蓄电池什么时候起电源作用、什么时候起负载作用。

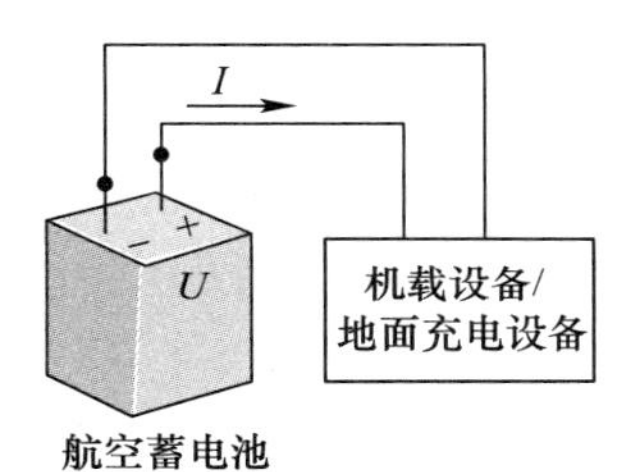

题图 1-15

习题 1.2.27

1.4.28　如题图 1-16 所示电路，已知 $I_{S1}=1A$，$I_{S2}=2A$，$I_{S3}=3A$，求 3 个电阻的电压 U_1、U_2、U_3，并求电路中各元件的功率。

习题 1.4.28

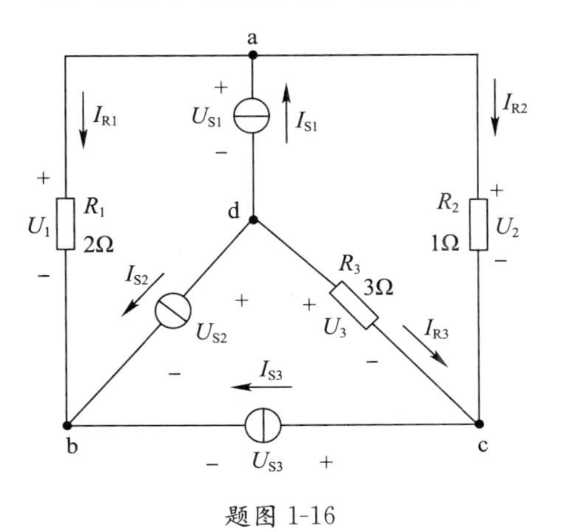

题图 1-16

第 2 章　电路的分析方法

2.1　内 容 要 点

本章以直流电路为分析对象，介绍电路的分析方法。分析问题时，关键在于掌握各种方法的特点，进而针对具体电路进行灵活运用。

1. 电阻网络的等效变换

(1) 电阻串联

电阻串联是指几个电阻相连后，各电阻中通过的是同一个电流。串联电路中，各电阻值总和称为串联电路的总电阻。串联电路具有分压作用，每一段电阻上所分得的电压大小与该段电阻的大小成正比。

(2) 电阻并联

电阻并联是指几个电阻相连后，各电阻两端作用的是同一个电压。并联电路中，各电阻值的倒数之和为并联电路总电阻的倒数。并联电路具有分流作用，电阻值越小的支路分得的电流越大。

2. 电源的两种模型及等效变换

描述一个电源对外电路的作用可以用电压源模型，也可用电流源模型，两种电源模型的电路如图 2.1.1 所示。若图 2.1.1(a)的内阻为 0，则该模型称为理想电压源，直流理想电压源的端电压为常数，与外部负载无关，故称为恒压源。若图 2.1.1(b)的内阻为∞，则该模型称为理想电流源，直流理想电流源端口输出的电流为常数，与外部负载无关，故称为恒流源。

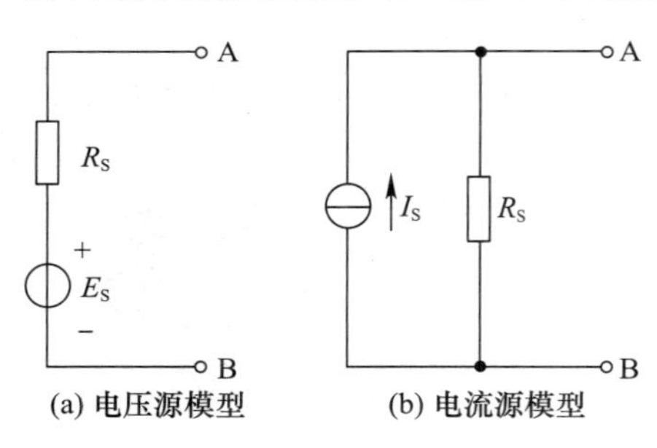

图 2.1.1　电压源模型与电流源模型

任何一个电源既可以等效为电压源模型，也可等效为电流源模型，因此在保持输出端伏安特性相同的条件下，可以进行等效变换。电压源模型和电流源模型之间等效变换的关系为

$$I_S=\frac{E_S}{R_S} \quad 或 \quad E_S=R_S I_S$$

应用电源等效变换方法解题时，应注意两个问题。

① 所谓的等效，是对外电路而言的，即电压源模型和电流源模型给外电路提供相同的电压和电流。电源内部是不等效的。

② 理想电压源和理想电流源之间不能进行等效变换。

3. 支路电流法

支路电流法以支路电流作为未知量，直接应用基尔霍夫电流定律和基尔霍夫电压定律列出必要的、足够数目的独立方程式后，联立求解未知电流。

假设电路有 b 条支路、n 个节点，则支路电流法的未知量是 b 条支路的电流。其求解步骤如下：

① 选取参考节点并标出，设支路电流的正方向；

② 根据 KCL，列出$(n-1)$个节点的电流方程；

③ 根据 KVL，列出$(b-n+1)$个独立的回路电压方程，方程的自变量为支路电流；

④ 将上述 b 个方程联立求解，就可得出支路电流；

⑤ 求其他要求的量。

注意：若电路中存在 m 个理想电流源支路，则该支路的电流为已知量，因此在利用支路电流法列方程求解支路电流时，需要的独立方程数相应地减少 m 个。

4. 节点电压法

一个具有两个节点的电路如图 2.1.2 所示，节点间的电压 U 称为节点电压。该节点电压的求解公式为

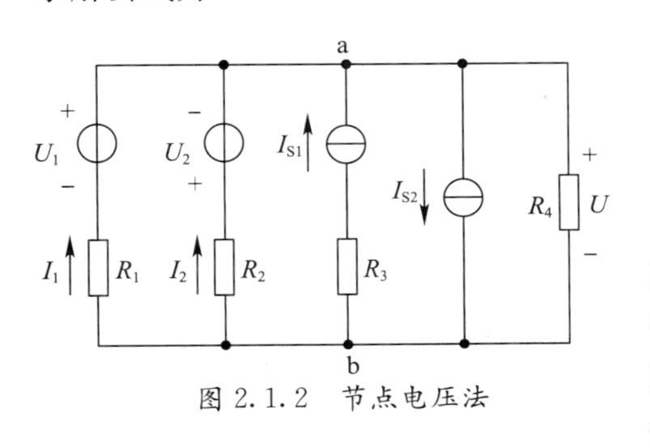

图 2.1.2　节点电压法

$$U=\frac{\frac{U_1}{R_1}-\frac{U_2}{R_2}+I_{S1}-I_{S2}}{\frac{1}{R_1}+\frac{1}{R_2}+\frac{1}{R_4}}=\frac{\sum\frac{U_i}{R_i}+\sum I_S}{\sum\frac{1}{R}}$$

注意：①式中，分母为两个节点之间所有支路电阻的倒数和，但除去与理想电流源串联的电阻。②分子中，电压源电压的方向和节点电压的参考方向相同时取正号，相反时取负号；电流源的参考方向和节点电压的参考方向相同时取正号，相反时取负号。

节点电压法适用于求解支路多而节点少的电路，比支路电流法简单。

5. 叠加定理

叠加定理是线性电路的一个重要特性。叠加定理指出，在线性电路中，若存在多个电源共同作用，则电路中任意一条支路上的电压或电流都是各电源单独作用时在该支路中产生的电压或电流的叠加(代数和)。在使用叠加定理时应注意以下几点：

① 叠加定理只适用于线性电路。

② 叠加定理只能用于计算电压和电流，不能用于计算功率。

③ 叠加时只将暂时不用考虑的理想电压源短路、理想电流源开路，电路的其他结构和参数不变。

④ 总电压(总电流)是各分量电压(分量电流)的代数和，要注意原电路和分电路中电压、电流的参考方向是否一致。

6. 戴维南定理

戴维南定理指出：任何一个线性有源二端网络都可以等效成一个电压源 U_0 和阻值为 R_0 的电阻串联，U_0 称为线性有源二端网络的开路电压，内阻 R_0 称为线性有源二端网络的除源电阻。如图 2.1.3(a)、(b)所示。

注意：①戴维南定理适用于线性有源二端网络；②内阻 R_0 是将线性有源二端网络所有电源除去(电压源短路，电流源断路)后所得到的无源网络两端的等效电阻。

7. 最大功率传输定理

在直流电路中，线性有源二端网络等效电路如图 2.1.4 所示，向可变电阻负载 R_L传输最大功率的条件是：负载电阻 R_L与线性有源二端网络的除源电阻相等。满足这个条件时，称为最大功率匹配。此时，负载电阻 R_L获得的最大功率为

$$P_{\mathrm{Lmax}}=\frac{U_0^2}{4R_0}$$

其中，R_0 为线性有源二端网络的除源电阻；U_0 为线性有源二端网络的开路电压。

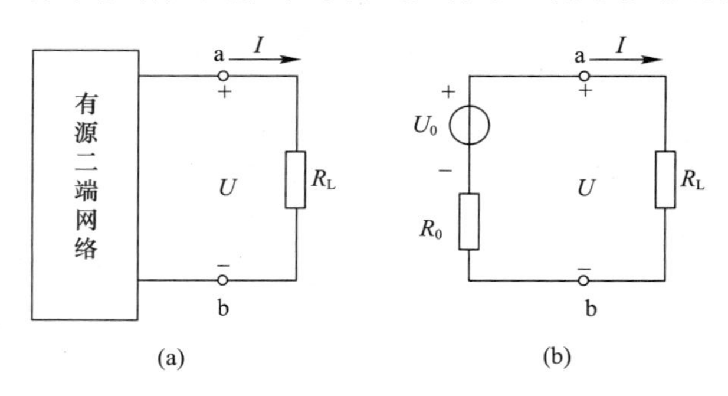

图 2.1.3　戴维南定理

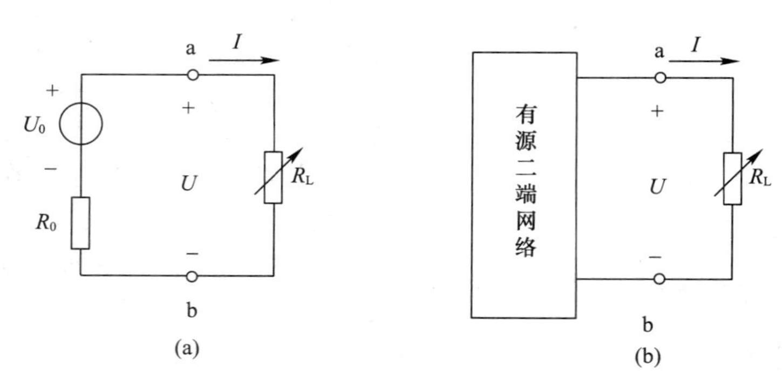

图 2.1.4　最大功率匹配

8. 含有受控源电路的分析

① 对含有受控源电路进行等效变换时，上述变换条件依然可用，但在变换过程中要注意保留控制量。

② 用叠加定理时，在各分量电路中的受控源为相应分量控制的受控源，保留在电路中。

2.2　学习目标

① 了解电阻串并联的特点，能灵活运用分压、分流公式。

② 掌握电压源和电流源特点及等效变换方法，能够利用该方法化简并求解电路问题。

③ 掌握几种典型电路分析方法——支路电流法、节点电压法、叠加定理、戴维南定理、最大功率传输定理，能够运用这些方法和定理分析求解电路问题。

④ 了解受控源的概念。

2.3　重点与难点

1. 重点

① 电路分析常用的分析方法——支路电流法、节点电压法、等效变换法。

② 线性电路的基本定理——叠加定理、戴维南定理、最大功率传输定理。

③ 实际电源两种电路模型间的等效变换。

2. 难点

含受控源电路的分析。

2.4 知识导图

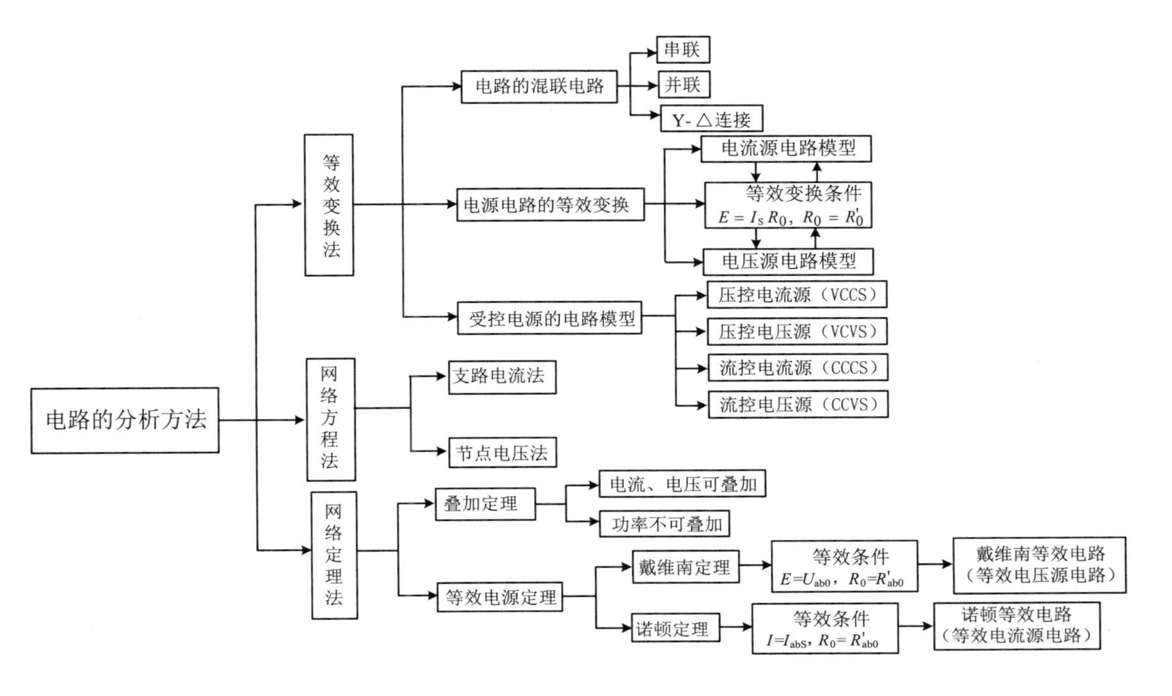

2.5 典型题解析

【例 1】 电路如图 2.5.1(a)所示，试求 I、I_1、U_S，并判断 20V 的理想电压源和 5A 的理想电流源是电源还是负载。

解：由图 2.5.1(a)可以看出，与 U_{S1} 并联的电阻 R_2 和与 I_S 串联的电阻 R_3 对于电阻 R_4 中的电流 I 没有影响，因此在求解 I 时可将原电路进行化简，如图 2.5.1(b)、(c)所示。

$$I=\frac{U_{S1}-U_{S2}}{R_1+R_4}=\frac{20-10}{2+8}=1\text{A}$$

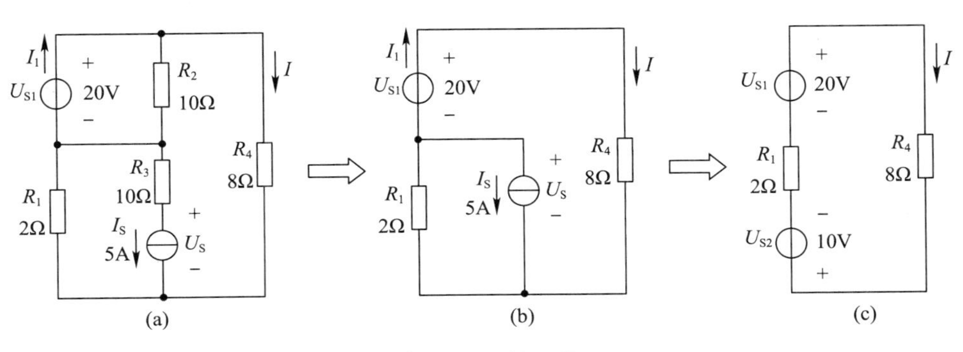

图 2.5.1 例 1 图

由基尔霍夫定律和图 2.5.1(a)得

$$I_1=\frac{U_{S1}}{R_2}+I=\frac{20}{10}+1=3\text{A}$$

$$U_S=(I_S+I)R_1+I_S R_3=(5+1)\times 2+5\times 10=62\text{V}$$

【例 2】 电路如图 2.5.2 所示，试用支路电流法或节点电压法求电路中的各支路电流。

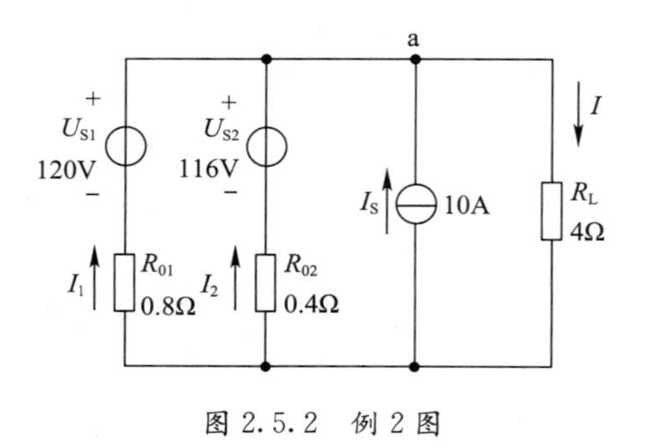

图 2.5.2 例 2 图

解：(1)用支路电流法

列节点电流方程和回路电压方程

$$\begin{cases} I_1+I_2+I_S=I \\ U_{S1}=I_1R_{01}+IR_L \\ U_{S2}=I_2R_{02}+IR_L \end{cases} \quad 即 \quad \begin{cases} I_1+I_2+10=I \\ 120=0.8I_1+4I \\ 116=0.4I_2+4I \end{cases}$$

联立解得

$$I_1=9.38\text{A}, I_2=8.75\text{A}, I_1=28.13\text{A}$$

(2) 用节点电压法

$$U_{ab}=\frac{\frac{U_{S1}}{R_{01}}+\frac{U_{S2}}{R_{02}}+I_S}{\frac{1}{R_{01}}+\frac{1}{R_{02}}+\frac{1}{R_L}}=\frac{\frac{120}{0.8}+\frac{116}{0.4}+10}{\frac{1}{0.8}+\frac{1}{0.4}+\frac{1}{4}}=112.5\text{V}$$

各支路电流为

$$I_1=\frac{U_{S1}-U_{ab}}{R_{01}}=\frac{120-112.5}{0.8}=9.38\text{A}$$

$$I_2=\frac{U_{S2}-U_{ab}}{R_{02}}=\frac{116-112.5}{0.4}=8.75\text{A}$$

$$I=\frac{U_{ab}}{R_L}=\frac{112.5}{0.4}=28.13\text{A}$$

(1)、(2)两种方法结果一致。

【例 3】 电路如图 2.5.3(a)所示，试用戴维南定理计算电阻 R_L上的电流 I_L，此时 R_L是否获得最大功率？如果没有，试分析当 R_L为何值时获最大功率，最大功率是多少？

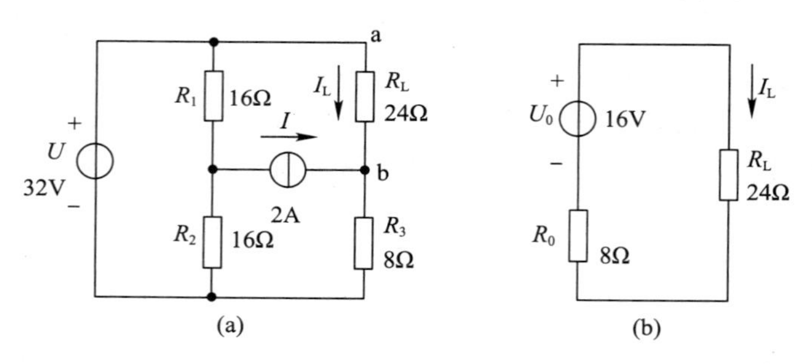

图 2.5.3 例 3 图

解：用戴维南定理求解。

(1) 求 a、b 间的开路电压 U_0：

$$U_0=U-IR_3=32-2\times8=16\text{V}$$

(2) 求 a、b 间除源后的等效电阻 R_0：

$$R_0=R_3=8\Omega$$

(3) 由戴维南等效电路图 2.5.3(b)求 I_L：

$$I_L=\frac{U_0}{R_0+R_L}=\frac{16}{8+24}=0.5\text{A}$$

(4) 此时 R_L没有获得最大功率。当 $R_L=R_0=8\Omega$ 时获得最大功率，最大功率为

$$P_{Lmax}=\frac{U_0^2}{4R_0}=8\text{W}$$

2.6 习　　题

1. 填空题

2.1.1　某负载电阻两端电压为 120V 时，通过电流为 2.4A；若所加电源电压为 220V，要求负载通过的电流仍为 2.4A，需串联的电阻为________Ω，此电阻消耗的功率为________W。

2.2.2　某实际电压源外接负载，当负载电流 $I=1\text{A}$ 时，端电压 $U=5\text{V}$；当负载开路时，端电压 $U=10\text{V}$，则电源电动势 $E=$________V，内阻 $R_0=$________Ω，负载 $R_L=$________Ω，短路电流 $I_{SC}=$________A。

2.2.3　当实际电源(E,R_0)短路时，端电压 $U=$________V，短路电流 $I_{SC}=$________A，输出功率 $P=$________W。短路通常是一种严重事故，应尽力预防。

2.3.4　通常对于含有 6 条支路、3 个节点的电路，当应用支路电流法求解各个支路电路时，可以列写________个独立的 KCL 方程，________个独立的 KVL 方程，联立求解。

2.4.5　节点电压公式中分子各项可正可负，当电压源电压的参考方向与节点电压方向________时取正号，当电流源电流的参考方向与节点电压方向________时取正号。

2.5.6　所谓“除源”，就是将理想____________短接，将理想____________开路。

2.6.7　任何一个线性有源二端网络都可以用一个理想电压源 E 和内阻 R_0 ________联的电源等效代替。E 等于有源二端网络的________电压，R_0 等于________。

2.7.8　某电源的电动势 $E=10\text{V}$，内阻 $R_0=1\Omega$，当负载电阻 $R_L=$________Ω 时，负载从电源获得最大功率，最大功率 $P_{Lmax}=$________W。

2. 判断题(结果写在题号前)

2.1.9　一根粗细均匀的电阻丝，阻值为 4Ω，将其等分两段再并联使用，等效电阻为 2Ω。

2.1.10　负载增加是指并联的负载电阻数量增加，负载电阻增大。

2.1.11　通常开的电灯越多，总负载电阻越大。

2.1.12　并联电阻上电流的分配与电阻阻值成正比。

2.2.13　理想电流源内阻为∞，输出电流恒定不变，输出电压由外电路决定。

2.2.14　电压源和电流源对于外电路和内电路都可以等效变换。

2.2.15　理想电压源内阻为 0，输出电压恒定不变，输出电流也不变。

2.3.16　一般情况下，对 b 条支路、n 个节点、m 个网孔的电路可以列出 m 个独立的 KVL 方程。

2.3.17　一般情况下，对 b 条支路、n 个节点的电路可以列出 $b-(n-1)$个独立的 KVL 方程。

2.3.18　一般情况下，对 n 个节点的电路可以列出$(n+1)$个独立的 KCL 方程。

2.4.19　节点电压公式中分子正负号的取值与各支路电流的参考方向有关。

2.7.20　当“阻抗匹配”时，负载电阻 R_L 可从电源(10V，1Ω)获得 25W 的功率。

3. 选择题

2.1.21　在题图 2-1 所示电路中，当电阻 R_2 增大时，则电流 I_1(　　)。

a. 增大　　b. 减小　　c. 不变　　d. 无法判断

2.1.22　如题图 2-2 所示，滑动触点处于 R_P 的中点 c，则输出电压 U_O(　　)。

a. $=6\text{V}$　　b. $>6\text{V}$　　c. $<6\text{V}$

2.1.23　在题图 2-3 所示电路中，电路两端等效电阻 R_{ab} 为(　　)。

a. 30Ω　　b. 16Ω　　c. 20Ω　　d. 10Ω

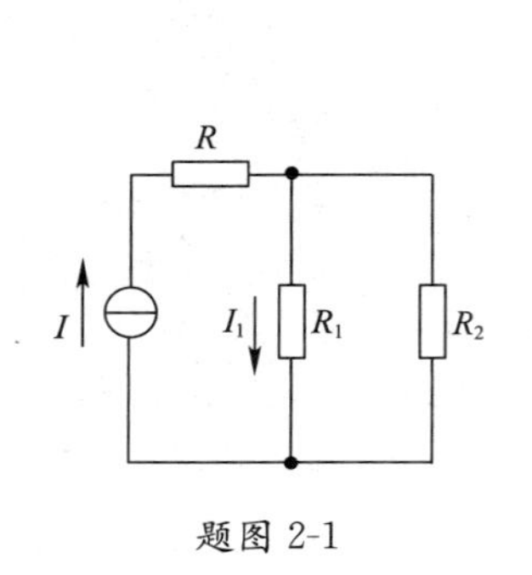

题图 2-1

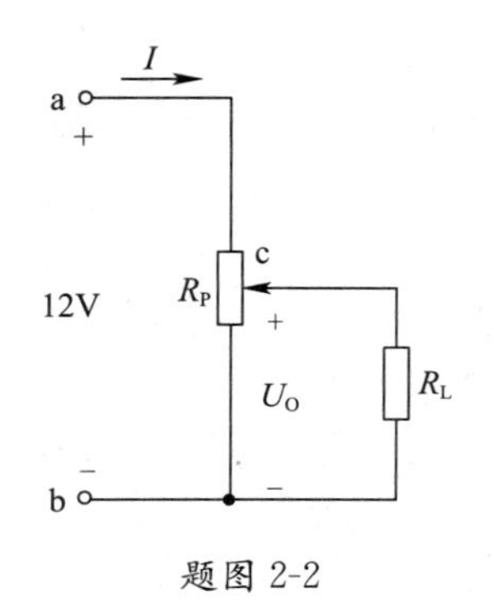

题图 2-2

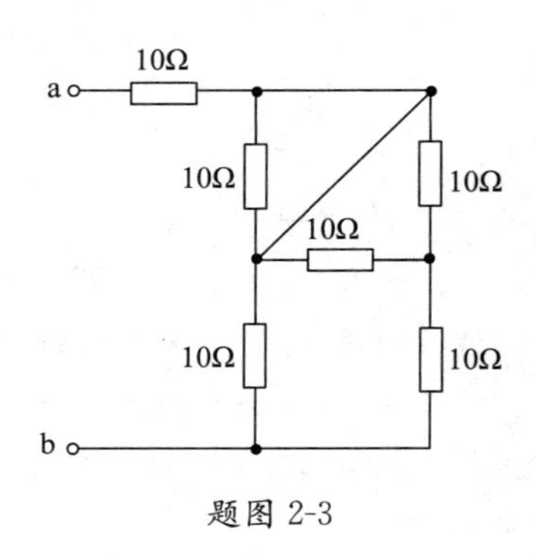

题图 2-3

2.1.24　将 3 个电阻($R_1>R_2>R_3$)串联接入电路,电阻(　　)获得最大功率。

a. R_1　　b. R_2　　c. R_3

2.1.25　通常电灯开得越多,总负载电阻(　　)。

a. 越大　　b. 越小　　c. 不变

2.2.26　在题图 2-4 所示电路中,8Ω 电阻中流过的电流大小为(　　)。

a. 1A　　b. 4A　　c. 5A

2.2.27　如题图 2-5 所示,当 R 增大时,流过 R_L 的电流将(　　)。

a. 变大　　b. 变小　　c. 不变

2.2.28　在题图 2-6 中,发出功率的电源是(　　)。

a. 电压源　　b. 电流源　　c. 电压源和电流源

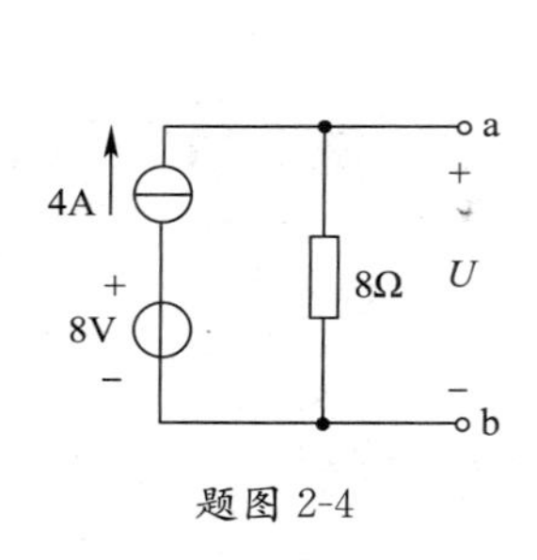

题图 2-4

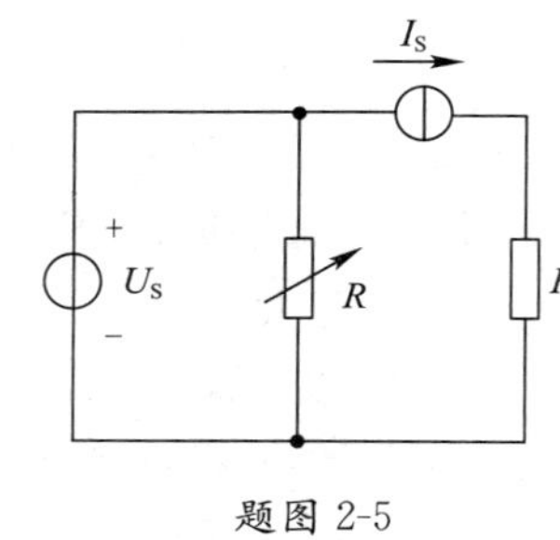

题图 2-5

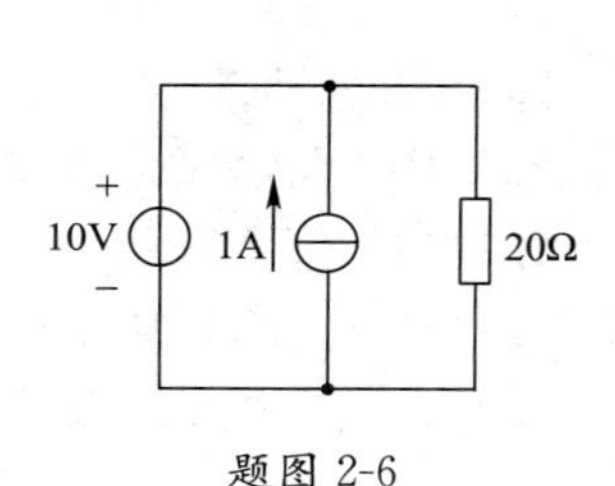

题图 2-6

2.2.29　如题图 2-7 所示,当 a、b 间因故障断开时,用电压表测 U_{ab} 为(　　)。

a. 0V　　b. 9V　　c. 36V　　d. 18V

2.2.30　如题图 2-8 所示,电路可化成 I_S 和 R 分别为(　　)的电流源模型。

a. 1A,2Ω　　b. 1A,1Ω　　c. 2A,1Ω　　d. 2A,2Ω

2.3.31　如题图 2-9 所示电路,下列说法错误的是(　　)。

a. 电路有 2 个节点,3 条支路　　b. 电路有 3 个回路,2 个网孔

c. 电路可以列出 2 个独立的 KCL 方程　　d. 电路可以列出 2 个独立的 KVL 方程

2.3.32　如题图 2-9 所示电路,下列表达式正确的是(　　)。

a. $I_1=\dfrac{E_1-E_2}{R_1+R_2}$　　b. $I_1=\dfrac{E_1-U_{ab}}{R_1+R_3}$　　c. $I_2=\dfrac{E_2}{R_2}$　　d. $I_2=\dfrac{E_2-U_{ab}}{R_2}$

2.2.33　下列关于两种电源模型等效变换说法错误的是(　　)。

a. 两种电源模型之间的等效变换均对外电路而言,电源内部不等效

b. 理想电压源与理想电流源之间不能等效变换

c. 两种电源模型之间等效过程中电压源电压与电流源电流的参考方向相同

d. 两种电源模型之间等效过程中电压源电压与电流源电流的参考方向相反

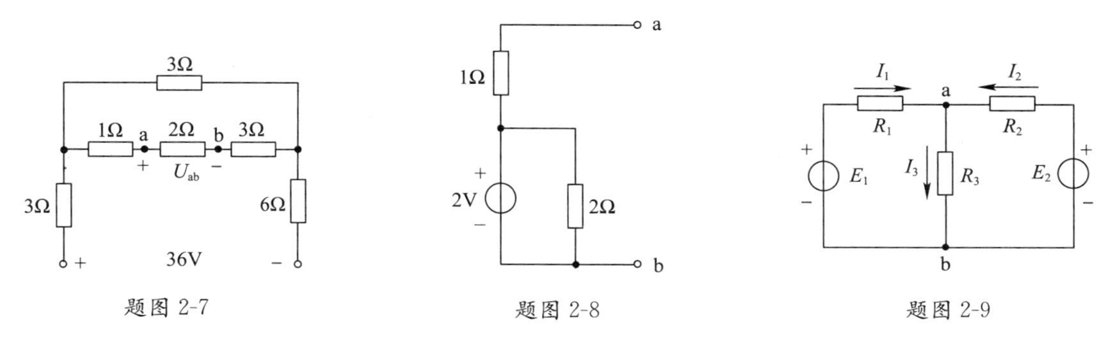

题图 2-7　　题图 2-8　　题图 2-9

2.4.34　用节点电压法计算题图 2-10 中的节点电压 U_{AO}＝(　　)。

a. 2V　　b. 1V　　c. 4V　　d. 3V

2.5.35　叠加定理适用于(　　)。

a. 线性电路中电压和电流的计算　　b. 线性电路中功率的计算

c. 非线性电路中电压与电流的计算　　d. 所有情况都适用

2.5.36　用叠加定理计算题图 2-11 中电流 I＝(　　)。

a. 20A　　b. −10A　　c. 10A　　d. −20A

2.6.37　如题图 2-12 所示电路,若将其化简为戴维南等效电路,则对应戴维南等效电路中电压源电压 U 和内阻 R 分别为(　　)。

a. 6V,6Ω　　b. 42V,6Ω　　c. 54V,3Ω　　d. 6V,3Ω

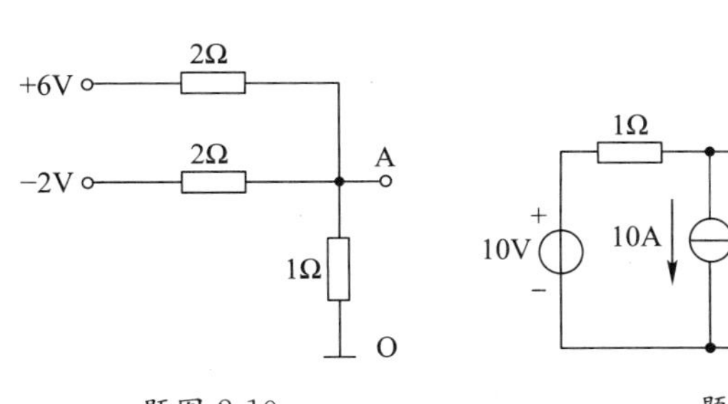

题图 2-10

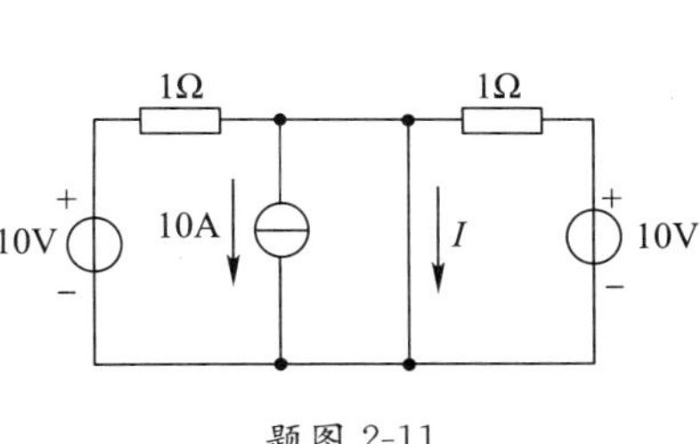

题图 2-11

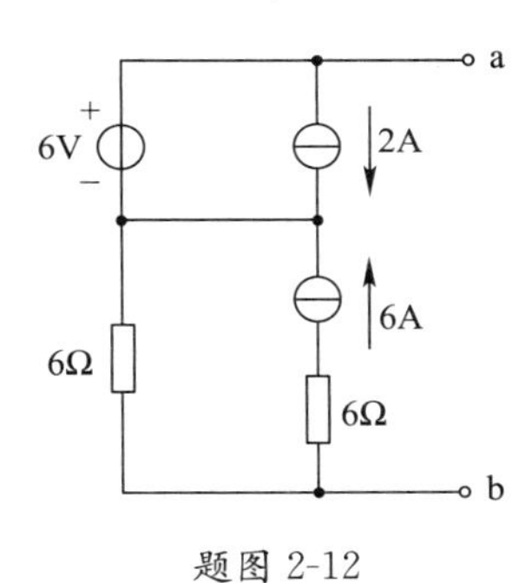

题图 2-12

4. 计算题

2.1.38　试标出题图 2-13 中各个电阻上电流的数值和方向。

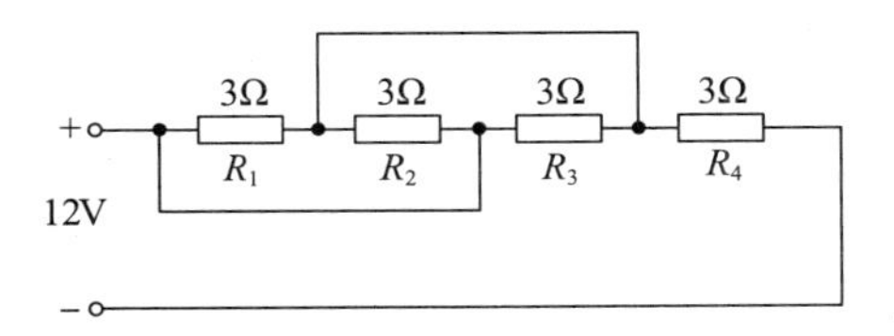

题图 2-13

习题 2.1.38

2.2.39　电路如题图 2-14 所示，试用电源等效变换方法计算 I。

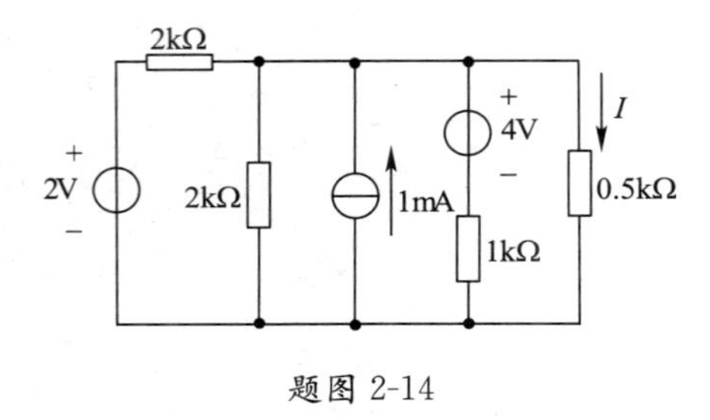

题图 2-14

2.2.40　电路如题图 2-15 所示，已知 $U_1=10\text{V}$，$I_S=2\text{A}$，$R_1=1\Omega$，$R_2=2\Omega$，$R_3=5\Omega$，$R=1\Omega$。(1)求电阻 R 的电流 I；(2)计算理想电压源 U_1 的电流 I_{U1} 和理想电流源 I_S 两端的电压 U_{IS}。

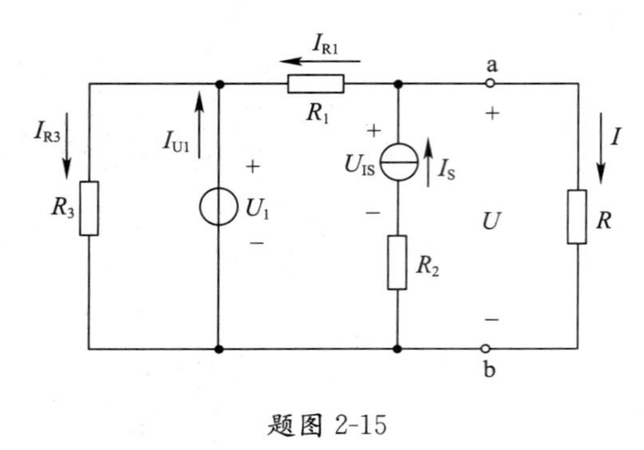

题图 2-15

2.3.41　试用支路电流法，求题图 2-16 电路中的电流 I_2。

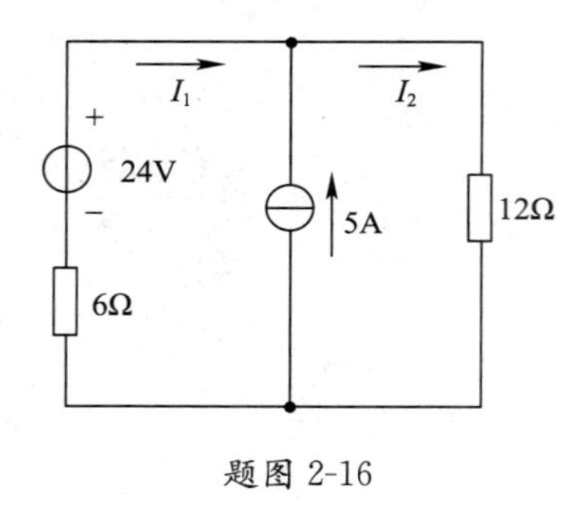

题图 2-16

2.4.42　电路如题图 2-17 所示，试用节点电压法求 A 点电位 V_A和电流 I。

习题 2.4.42

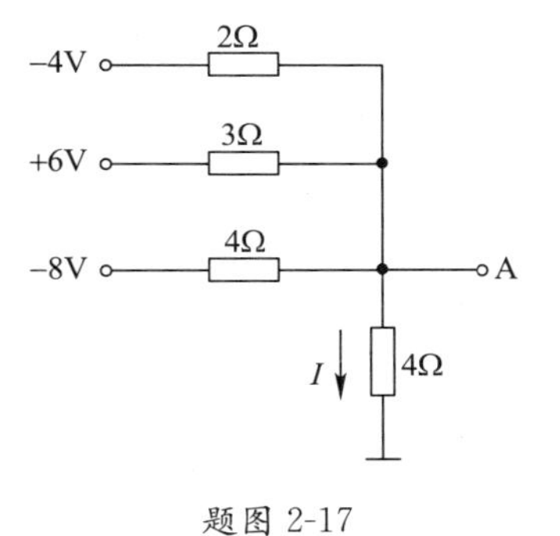

题图 2-17

2.5.43　用叠加定理计算如题图 2-18 所示电路中的电流 I。

习题 2.5.43

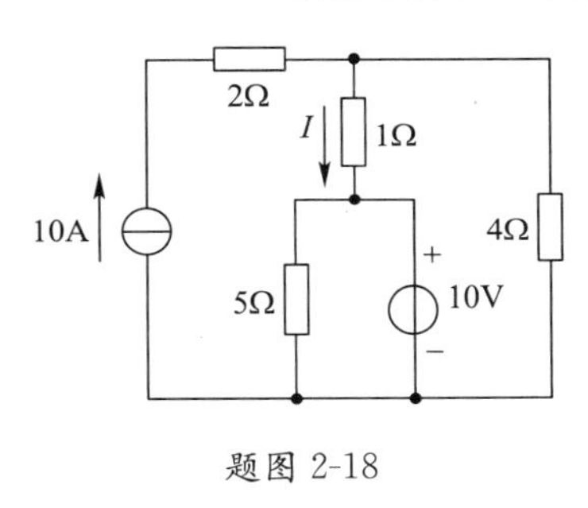

题图 2-18

2.6.44　如题图 2-19 所示直流电路，用戴维南定理求 I。

习题 2.6.44

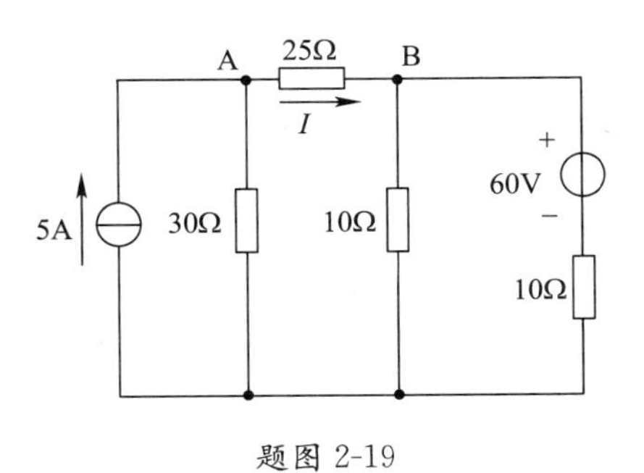

题图 2-19

2.7.45 如题图 2-20 所示电路，试求电流表的读数，方法不限。

习题 2.7.45

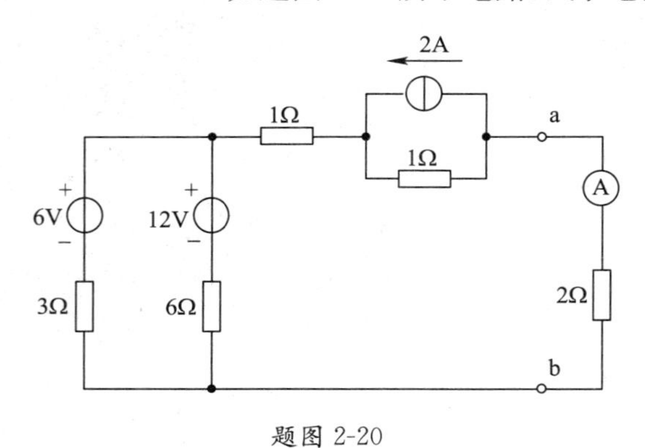

题图 2-20

2.6.46 如题图 2-21 所示直流电路，在图(a)中，$U_{ab}=12.5\text{V}$；若将网络 N 短路，如图(b)所示，则短路电流 $I_{SC}=10\text{A}$。求 N 在 a、b 端的戴维南等效电路。

习题 2.6.46

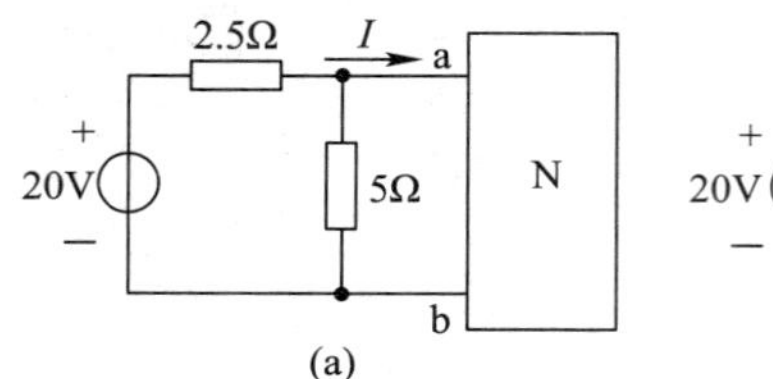

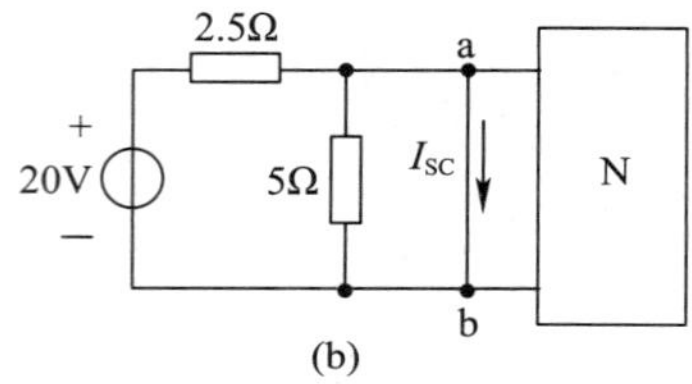

题图 2-21

2.7.47 如题图 2-22 所示电路，试问：

(1) R 为多大时，它的吸收功率最大？求此时的最大功率。

(2) 若 $R=80\Omega$，欲使 R 的电流为零，则 a、b 间应接什么元件？其参数为多少？画出电路图。

习题 2.7.47

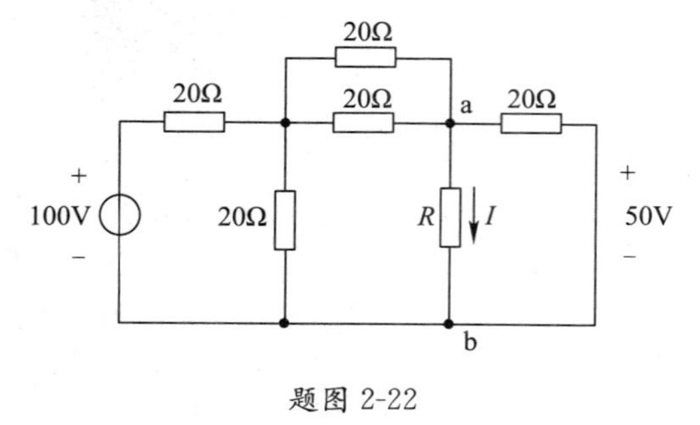

题图 2-22

2.6.48　航空蓄电池给飞行照明灯提供 10A 电流时，端电压为 12.1V，当启动电动机切入时，需要取用 250A，使电池端电压降到 10.6V，求此蓄电池的戴维南等效电路。

习题 2.6.48

2.1.49　分析题图 2-23 所示测量飞行器载荷的电位器式加速度传感器的工作原理。（提示：利用电位器进行分压的原理。）（载荷是飞行员正确操纵飞行器所需了解的重要参数，载荷因数表是测量飞行器升力与重力之比的仪表，它通过测量飞行器立轴方向的加速度，指示飞行器的载荷因数，其核心元件是加速度传感器。）

习题 2.1.49

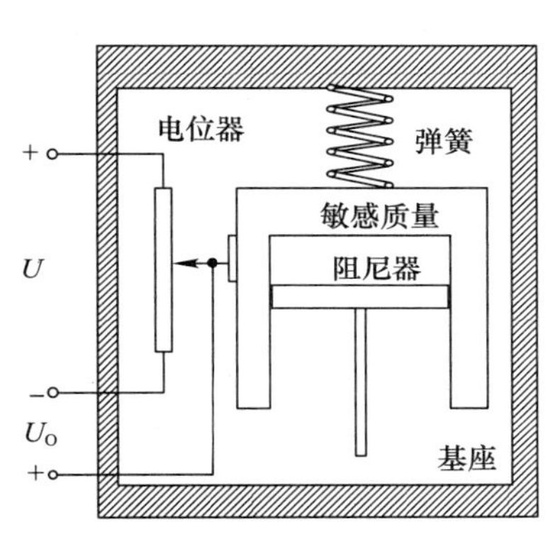

题图 2-23

2.6.50　电路如题图 2-24 所示，当电流源 I_S 为何值时，它两端的电压 $U_S=0$。（提示，分别将电流源两端电路等效为戴维南等效电路。）

习题 2.6.50

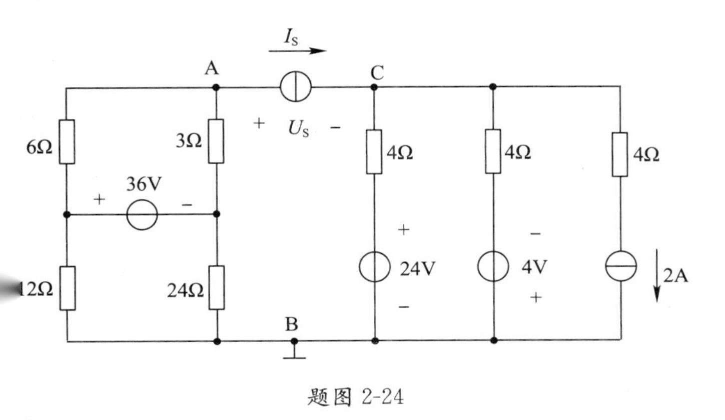

题图 2-24

第 3 章　电路的暂态分析

3.1　内 容 要 点

1. 储能元件

（1）电容

电容的电路符号如图 3.1.1 所示。在电容的两端加电压 u，两个极板上聚集的电荷量 q 与电容两端电压 u 之比为电容，用 C 表示，即 $C=\dfrac{q}{u}$。电容的电压与电流关系为

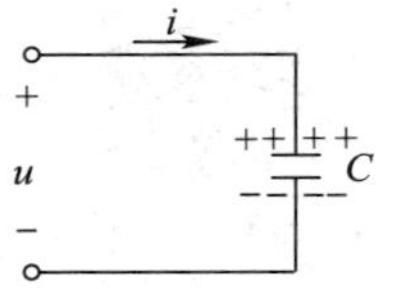

$$i=C\frac{\mathrm{d}u}{\mathrm{d}t}\text{（}u\text{、}i\text{ 为关联参考方向）}$$

$$i=-C\frac{\mathrm{d}u}{\mathrm{d}t}\text{（}u\text{、}i\text{ 为非关联参考方向）}$$

图 3.1.1　电容

电容的储能特性为

$$W=\frac{1}{2}Cu^2(t)\,[u(t)\text{为 }t\text{ 时刻电容两端的电压}]$$

（2）电感

电感的电路符号如图 3.1.2 所示。电感磁通 Φ 的参考方向与电流的参考方向满足右手螺旋定则时，磁通链 Ψ 与电流 i 的比值为

$$L=\frac{\Psi}{i}$$

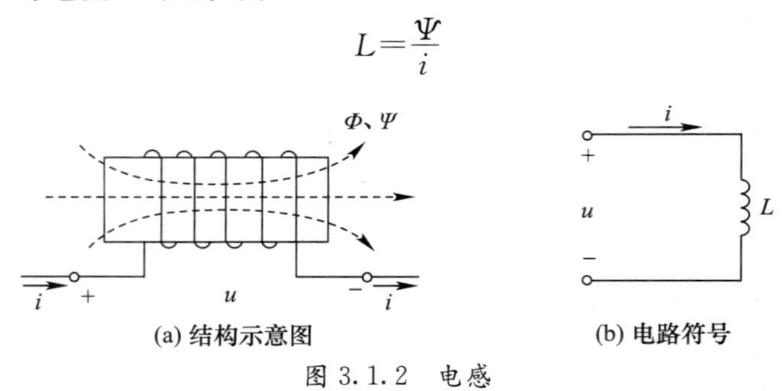

(a) 结构示意图　　(b) 电路符号

图 3.1.2　电感

电感的电压与电流关系为

$$u=L\frac{\mathrm{d}i}{\mathrm{d}t}\text{（}u\text{、}i\text{ 为关联参考方向）}$$

$$u=-L\frac{\mathrm{d}i}{\mathrm{d}t}\text{（}u\text{、}i\text{ 为非关联参考方向）}$$

电感的储能特性为

$$W=\frac{1}{2}Li^2(t)\,[i(t)\text{为 }t\text{ 时刻流过电感的电流}]$$

2. 暂态过程与换路定则

（1）暂态过程

电路由一种稳态向另一种稳态的变化过程称为暂态过程。产生暂态过程的原因：外因——电路的接通、断开，电路参数或电源的变化等；内因——电路中含有储能元件。

（2）换路定则

含有储能元件(电感或电容)的电路，换路时，储能元件的初始储能不能跃变，即电容上的电压、电感中的电流不能跃变。设换路发生在 $t=0$ 时刻，$t=0_-$ 表示换路发生前的瞬间，$t=0_+$ 表示换路发生后的瞬间，则换路定则可表示为

$$u_C(0_+)=u_C(0_-),\quad i_L(0_+)=i_L(0_-)$$

（3）初始值的确定

初始值是指在 $t=0_+$ 时刻电路中各部分电路电压和电流的值。确定初始值的方法如下：

① 画出 $t=0_-$ 时刻的等效电路(注意：画等效电路时，电容视为断路，电感视为短路)，求 $u_C(0_-)$ 和 $i_L(0_-)$，根据换路定则 $u_C(0_+)=u_C(0_-)$，$i_L(0_+)=i_L(0_-)$ 求 $u_C(0_+)$ 和 $i_L(0_+)$。

② 画出 $t=0_+$ 时刻的等效电路(原电路中的电容 C 等效为端电压为 $u_C(0_+)$ 的“理想电压源”，电感 L 等效为电流为 $i_L(0_+)$ 的“理想电流源”)，最后根据 $t=0_+$ 时刻的等效电路求其他电压或电流的初始值。

3. RC 电路的响应

（1）零输入响应

如图 3.1.3 所示电路，开关 S 在 $t=0$ 时刻从 1 的位置换到 2 的位置，无外加激励，输入信号为零，仅由储能元件的初始储能 $u_C(0_+)$ 所产生的响应称为零输入响应。其实质是 RC 电路的放电过程。电容电压 u_C 随时间的变化规律为

$$u_C(t)=U_0\mathrm{e}^{-\frac{t}{\tau}}\quad(\tau=R_2C)$$

（2）零状态响应

如图 3.1.3 所示电路，开关 S 在 $t=0$ 时刻从 2 的位置换到 1 的位置，储能元件电容的初始状态 $u_C(0_+)$ 为零，只由外加激励所产生的响应称为零状态响应。其实质是 RC 电路的充电过程。电容电压 u_C 随时间的变化规律为

$$u_C=U-U\mathrm{e}^{-\frac{t}{\tau}}\quad(\tau=R_1C)$$

（3）全响应

如图 3.1.4 所示电路，既存在电源激励，又有初始储能(储能元件电容的初始状态 $u_C(0_+)$ 不为零)的响应称为全响应。电容电压 u_C 随时间的变化规律为

$$u_C=U_0\mathrm{e}^{-\frac{t}{\tau}}+U(1-\mathrm{e}^{-\frac{t}{\tau}})\quad(\tau=RC)$$

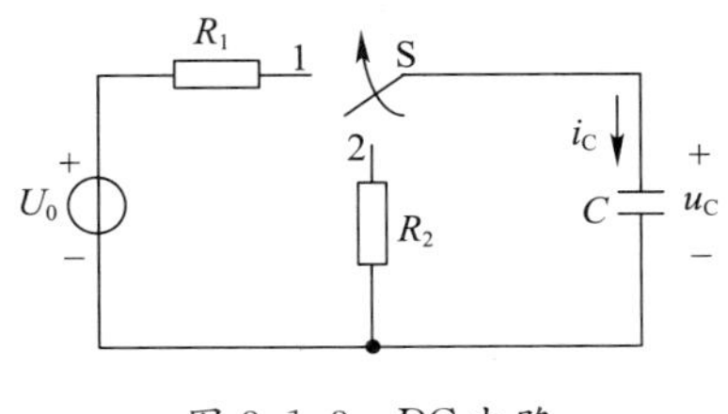

图 3.1.3　RC 电路

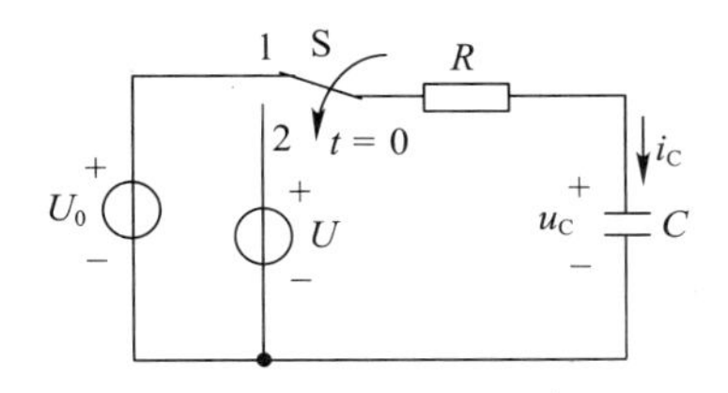

图 3.1.4　RC 电路的全响应

4. 三要素法——适用于一阶电路

一阶电路：只含有一个储能元件(电感或电容)或者可以等效成一个储能元件的电路。三要素法是工程上常使用的一种快捷分析一阶电路瞬态问题的方法。一阶电路的三要素法具有下述表示形式

$$f(t)=f(\infty)+[f(0_+)-f(\infty)]\mathrm{e}^{-\frac{t}{\tau}}$$

其中，$f(0_+)$ 为电压或电流的初始值，其确定方法要利用换路定则；$f(\infty)$ 为稳态值，用 $t=\infty$ 时刻电路达到新稳态的等效电路求解；τ 为时间常数，其单位为秒(s)。当电路只有一个储能元件时，τ 的求解过程如下：

将电容或电感从换路后的电路中断开，得到一个有源二端网络，通过戴维南定理求取该有源二端网络的等效电阻，用R_{eq}表示，则

$$\tau=R_{eq}C \quad 或 \quad \tau=\frac{L}{R_{eq}}$$

时间常数τ的物理意义：反映暂态过程的快慢。时间常数越大，则暂态过程历时越长。一般情况下，暂态过程在$t\geqslant 5\tau$时就已基本结束。

只要确定$f(0_+)$、$f(\infty)$和τ这3个关键量，$f(t)$就确定了，因此该方法称为三要素法。

5. 微分电路和积分电路

（1）微分电路

如图3.1.5(a)所示的RC电路，当输入电压u_1为周期性的矩形脉冲、电路的时间常数$\tau=RC\ll t_P$时，输出电压u_2为周期性的正负尖脉冲。从波形形状上看，输出的尖脉冲近似于对输入矩形脉冲的微分，因此这种电路称为微分电路。

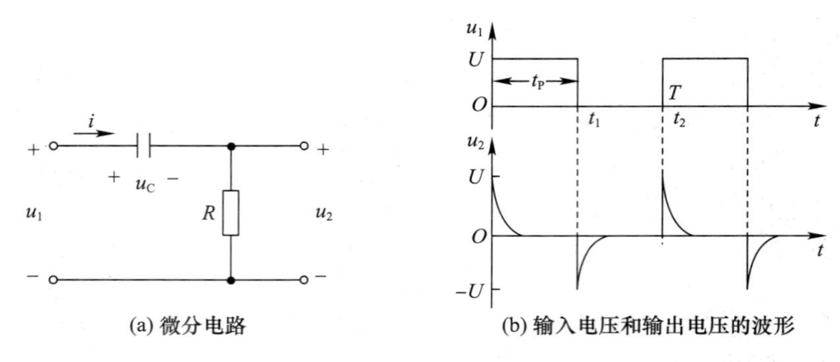

图3.1.5　微分电路及其工作波形

（2）积分电路

如图3.1.6(a)所示的RC电路，当输入电压u_1为周期性的矩形脉冲、电路的时间常数$\tau=RC\gg t_P$时，输出电压u_2为周期性的锯齿波。从波形形状上看，输出的锯齿波近似于对输入矩形脉冲的积分，因此这种电路称为积分电路。

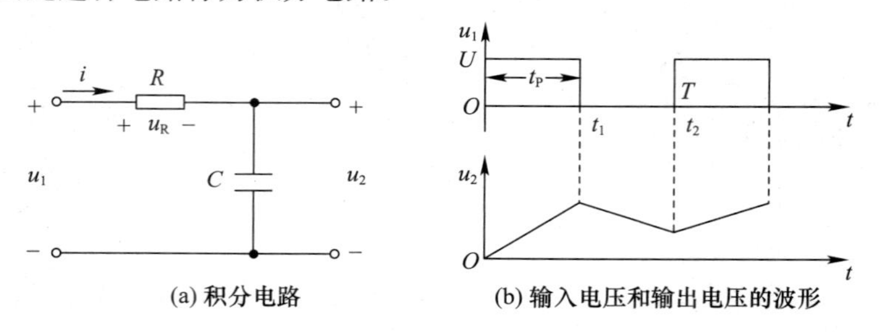

图3.1.6　积分电路及其工作波形

3.2 学习目标

① 掌握换路定则及暂态过程初始值的确定方法。

② 了解一阶电路的零输入响应、零状态响应和全响应的分析方法。

③ 明确一阶电路的暂态响应与时间常数的关系。

④ 熟悉微分电路和积分电路的工作原理。

⑤ 熟练掌握三要素法求解一阶电路的方法。

3.3 重点与难点

1. 重点

① 换路的概念、电路暂态过程产生的原因。

② 换路定则，初始值与稳态值的计算。

③ RC、RL 电路的零输入响应、零状态响应及全响应。

④ 一阶线性电路暂态分析的三要素法。

2. 难点

微分电路和积分电路。

3.4 知 识 导 图

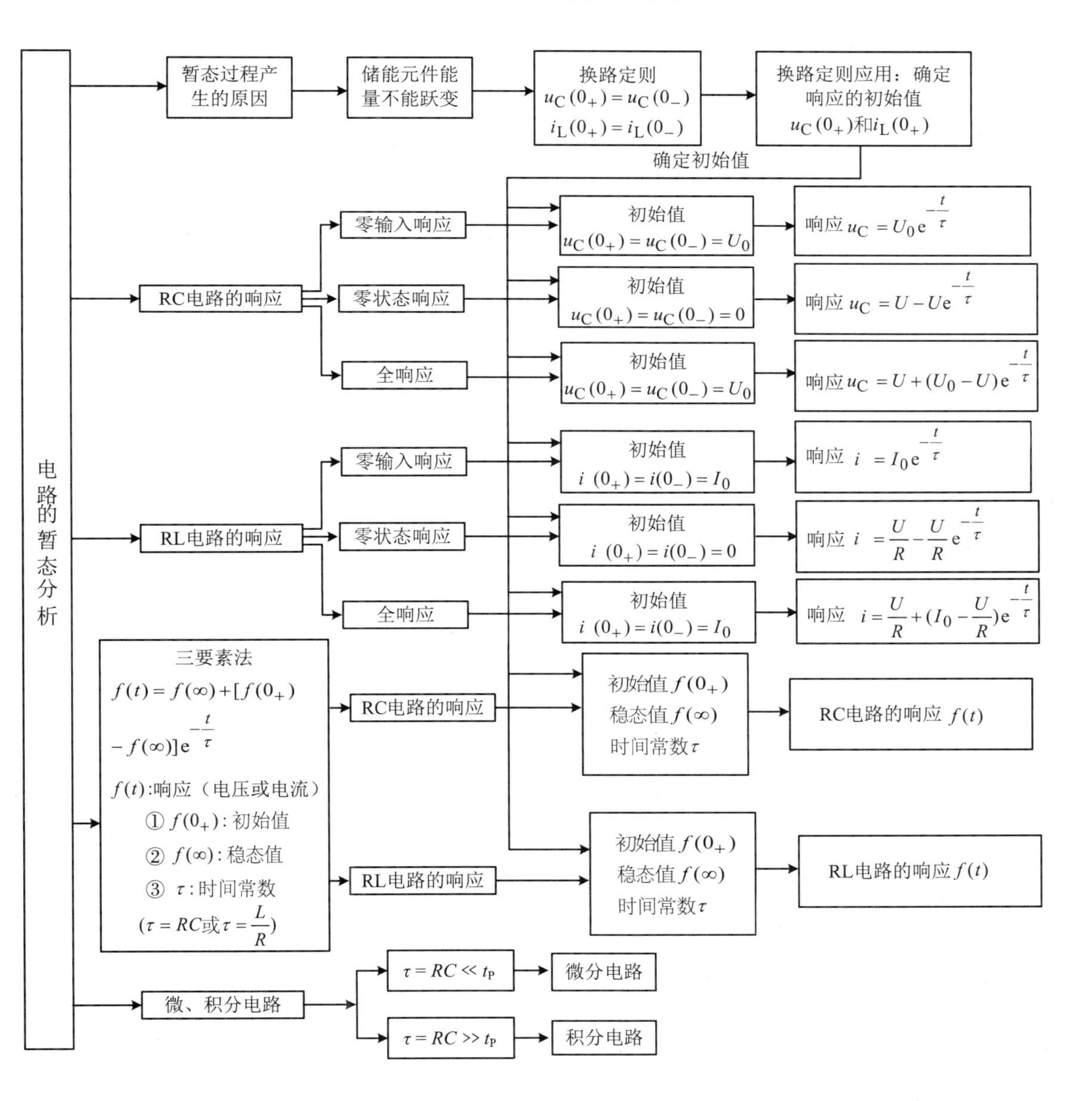

3.5　典型题解析

【例 1】 电路如图 3.5.1 所示，$I=10\text{mA}$，$R_1=3\text{k}\Omega$，$R_2=3\text{k}\Omega$，$R_3=6\text{k}\Omega$，$C=2\mu\text{F}$。在开关 S 闭合前，电路已处于稳态。求在 $t\geqslant0$ 时 $u_C(t)$ 和 $i_1(t)$，并作出它们随时间变化的曲线。

解：(1) 求初始值 $u_C(0_+)$ 和 $i_1(0_+)$

由 $t=0_-$ 时的电路得

$$u_C(0_-)=IR_3=10\times10^{-3}\times6\times10^3=60\text{V}$$

由换路定则，可知　　$u_C(0_+)=u_C(0_-)=60\text{V}$

由 $t=0_+$ 时的电路得

$$i_1(0_+)=\frac{u_C(0_+)}{(R_2/\!/R_3)+R_1}=\frac{60}{\dfrac{3\times10^3\times6\times10^3}{3\times10^3+6\times10^3}+3\times10^3}=12\times10^{-3}\text{A}=12\text{mA}$$

(2) 求 $u_C(\infty)$ 和 $i_1(\infty)$

由 $t=\infty$ 时的电路得

$$u_C(\infty)=0,\qquad i_1(\infty)=0$$

(3) 求时间常数 τ

$$\tau=[R_1+(R_2/\!/R_3)]C=\left(3\times10^3+\frac{3\times10^3\times6\times10^3}{3\times10^3+6\times10^3}\right)\times2\times10^{-6}=10\times10^{-3}\text{s}=10\text{ms}$$

(4) 由三要素法求 $t\geqslant0$ 时的 $u_C(t)$、$i_1(t)$

$$u_C(t)=u_C(\infty)+[u_C(0_+)-u_C(\infty)]e^{-\frac{t}{\tau}}=u_C(0_+)e^{-\frac{t}{\tau}}=60e^{-100t}\text{V}$$

$$i_1(t)=i_1(\infty)+[i_1(0_+)-i_1(\infty)]e^{-\frac{t}{\tau}}=i_1(0_+)e^{-\frac{t}{\tau}}=12e^{-100t}\text{mA}$$

(5) 画出 $u_C(t)$、$i_1(t)$ 随时间变化的曲线，如图 3.5.2 所示。

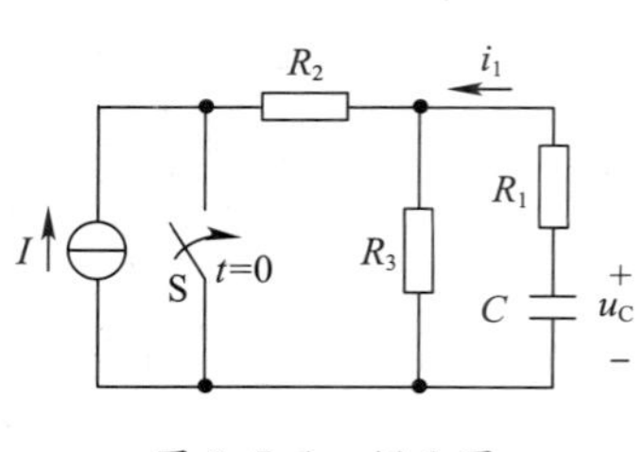

图 3.5.1　例 1 图

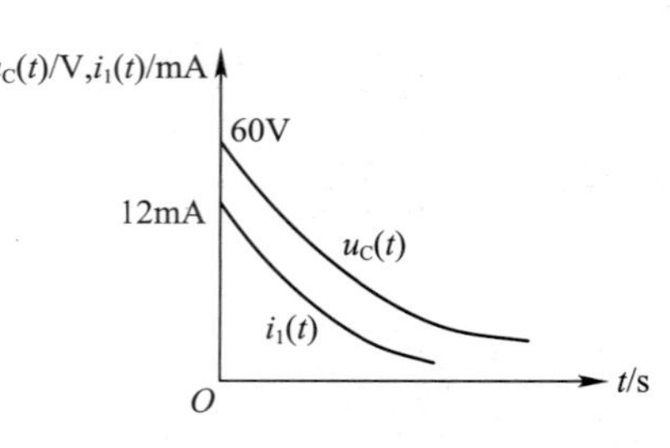

图 3.5.2　$u_C(t)$、$i_1(t)$ 随时间变化的曲线

本题中 $t=0$ 时 S 闭合，电流源 I 被短接掉，对 u_C 来讲，其变化过程实际为零输入响应，因此在求得 $u_C(0_+)$ 后可直接用零输入响应的表达式 $u_C(t)=u_C(0_+)e^{-\frac{t}{\tau}}$，进而求出

$$i_1(t)=-C\frac{du_C(t)}{dt}\text{（负号表示 } i_1(t) \text{ 与 } u_C(t) \text{ 为非关联参考方向）}$$

【例 2】 如图 3.5.3 所示，换路前电路已处于稳态，$I_S=1\text{mA}$，求换路后（$t\geqslant0$）的 $u_C(t)$。

解：(1) 确定 $u_C(0_+)$

$$u_C(0_+)=u_C(0_-)=I_S\cdot R_3-U_S=1\times10^{-3}\times20\times10^3-10=10\text{V}$$

(2) 确定 $u_C(\infty)$

$$u_C(\infty)=\left(\frac{R_1}{R_1+R_2+R_3}I_S\right)\cdot R_3-U_S=\frac{10\times10^3}{(10+10+20)\times10^3}\times1\times10^{-3}\times20\times10^3-10=-5\text{V}$$

(3) 确定时间常数 τ

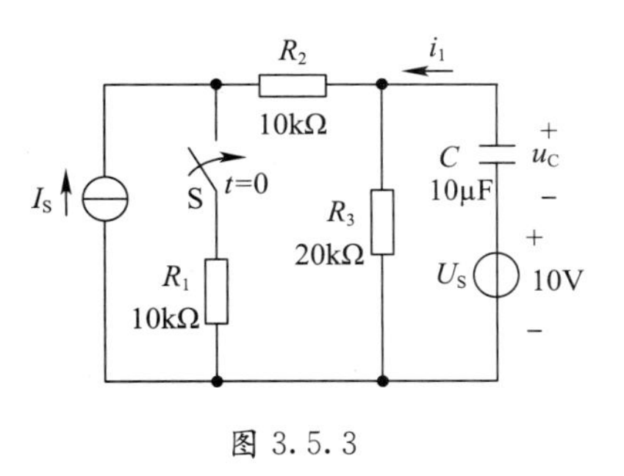

图 3.5.3

$$\tau=[(R_1+R_2)/\!/R_3]C$$

$$=\frac{(10\times10^3+10\times10^3)\times20\times10^3}{(10\times10^3+10\times10^3)+20\times10^3}\times10\times10^{-6}=0.1\text{s}$$

(4) 由三要素法求 $u_C(t)$

$$u_C(t)=u_C(\infty)+[u_C(0_+)-u_C(\infty)]e^{-\frac{t}{\tau}}$$

$$=-5+[10-(-5)]e^{-\frac{t}{0.1}}=(-5+15e^{-10t})\text{V}$$

3.6 习　　题

1. 填空题

3.1.1　在直流电路中,稳态时________可看作短路,________可看作开路。

3.1.2　暂态过程是由于储能元件的能量不能跃变而产生的,具体来说,就是________中储有的磁能不能跃变,反映在储能元件中的________不能跃变;________中储有的电能不能跃变,反映在储能元件上的________不能跃变。

3.2.3　换路定则就是指从 $t=0_-$ 到 $t=0_+$ 瞬间,电感的________和电容的________不能跃变,具体可以用公式表示为________________,________________。

3.2.4　充电电路时间常数 τ 越大,则电路达到稳态的速度________。

3.3.5　已知 RC 串联的一阶电路响应 $u_C(t)=6\times(1-e^{-20t})$V,电容 $C=2\mu$F,则电路时间常数 $\tau=$________s,电路的电阻 $R=$________kΩ。

3.4.6　在一阶线性电路中,只要求出________,________,________3 个要素,就可以直接写出电路响应的公式,这种方法就是三要素法。

3.6.7　在脉冲电路中,常用微分电路把________脉冲变换为________脉冲,作为触发信号。

3.6.8　在脉冲电路中,可用________电路把矩形脉冲变换为锯齿波,用于扫描等。

3.6.9　在 RC 串联电路中,输入脉冲宽度为 t_p 的矩形脉冲,当时间常数 τ 满足________时,从电阻端输出尖脉冲信号,此时电路称为________电路;当时间常数 τ 满足________时,从电容端输出锯齿波信号,此时电路称为________电路。

2. 判断题(结果写在题号前)

3.1.10　如果一个电感两端的电压为零,则其初始储能也一定为零。

3.1.11　如果流过一个电容的电流为零,则其初始储能也一定为零。

3.1.12　电感中通过恒定电流时可视为短路,此时电感量 L 为零。

3.1.13　电容两端加恒定电压时可视为开路,此时电容量 C 为无穷大。

3.2.14　暂态过程就是由电阻电路的接通或断开、电路参数变化等引起的。

3.2.15　换路定则是指电路发生换路时电容上电流和电感上电压不发生跃变。

3.3.16　RC 电路的零状态响应实际上就是电容的充电过程。

3.3.17　RC 电路的零输入响应实际上就是电容的充电过程。

3.3.18　RC 或 RL 电路的全响应可以看成零输入响应和零状态响应的叠加。

3.4.19　一阶暂态过程任意变量都可用 $f(t)=f(0_+)+[f(0_+)-f(\infty)]e^{-\frac{t}{\tau}}$ 描述。

3. 选择题

3.1.20　直流稳态时,电感上(　　)。

a. 有电流，有电压　　b. 有电流，无电压　　c. 无电流，无电压　　d. 无电流，有电压

3.1.21　直流稳态时，电容上（　　）。

a. 有电流，有电压　　b. 有电流，无电压　　c. 无电流，无电压　　d. 无电流，有电压

3.2.22　在题图 3-1 中，开关 S 闭合前电路已处于稳态，闭合 S 的瞬间，$u_L(0_+)$为（　　）。

a. 0V　　b. 100V　　c. 63.2V　　d. 36.2V

3.2.23　在题图 3-2 中，开关 S 闭合前电路已处于稳态，闭合 S 的瞬间，$i_L(0_+)$和 $i(0_+)$分别为（　　）。

a. 0A，1.5A　　b. 3A，3A　　c. 3A，1.5A　　d. 0A，3A

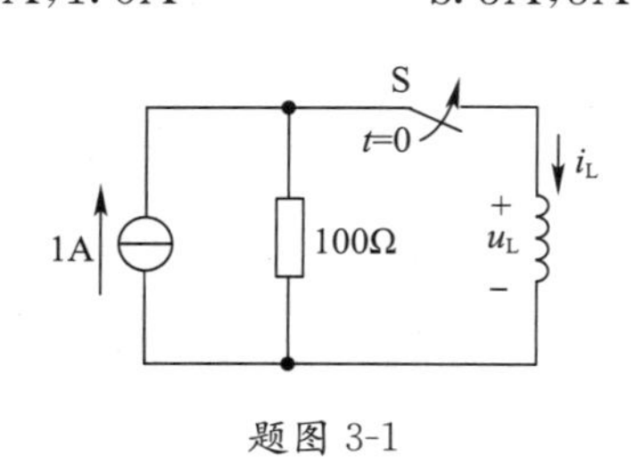

题图 3-1

题图 3-2

3.2.24　如题图 3-3 所示，开关 S 闭合前电容未储能，则 $i_C(0_+)$为（　　）。

a. 1A　　b. 2A　　c. 3A　　d. 4A

3.2.25　在题图 3-4 中，开关 S 闭合前电感和电容未储能，闭合开关瞬间发生跃变的是（　　）。

a. i 和 i_1　　b. i 和 i_3　　c. i_2 和 u_C　　d. i_1 和 u_C

3.4.26　在电路暂态过程中，时间常数 τ 愈大，则电流和电压的增长或衰减就（　　）。

a. 愈慢　　b. 愈快　　c. 无影响

3.4.27　电路的暂态过程从 $t=0$ 大致经过（　　）时间，就可认为到达稳定状态了。

a. τ　　b. $(3\sim5)\tau$　　c. 10τ

3.4.28　如题图 3-5 所示电路，开关 S 闭合前电路已处于稳态，当开关 S 闭合后，（　　）。

a. i_1，i_2，i_3 均不变　　b. i_1 不变，i_2 增大为 i_1，i_3 衰减为 0　　c. i_1 增大，i_2 增大，i_3 不变

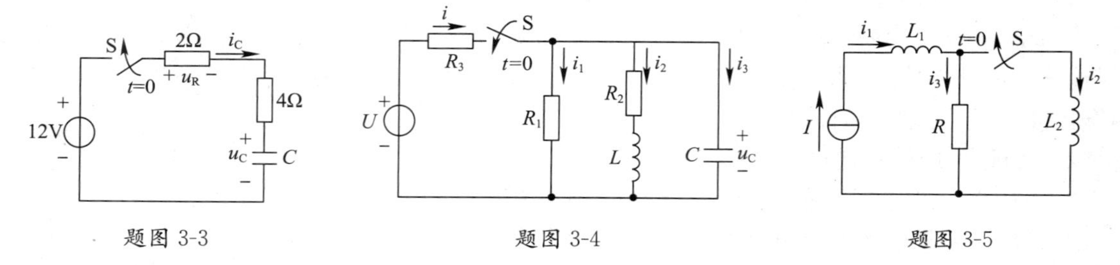

题图 3-3　　题图 3-4　　题图 3-5

3.4.29　RL 串联电路的时间常数 τ 为（　　）。

a. RL　　b. L/R　　c. R/L　　d. $1/(RL)$

4. 计算题

3.2.30　在题图 3-6 中，换路前电路处于稳态，求换路后初始瞬间的电压 u_C和电流 i_C，i_1，i_2。

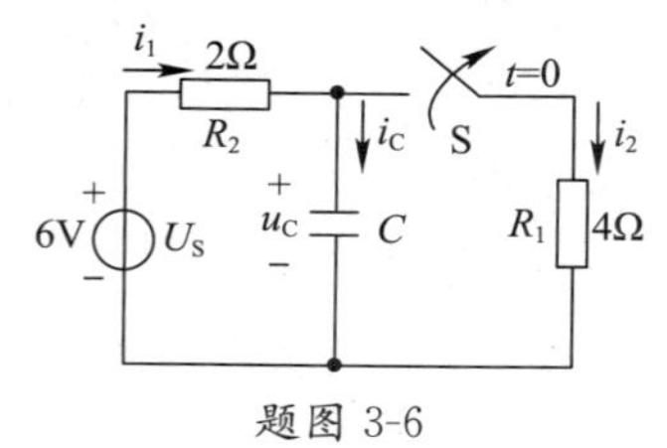

题图 3-6

习题 3.2.30

3.2.31　在题图 3-7 中，电路在换路前处于稳态，试求图中各电流和电压的初始值。

习题 3.2.31

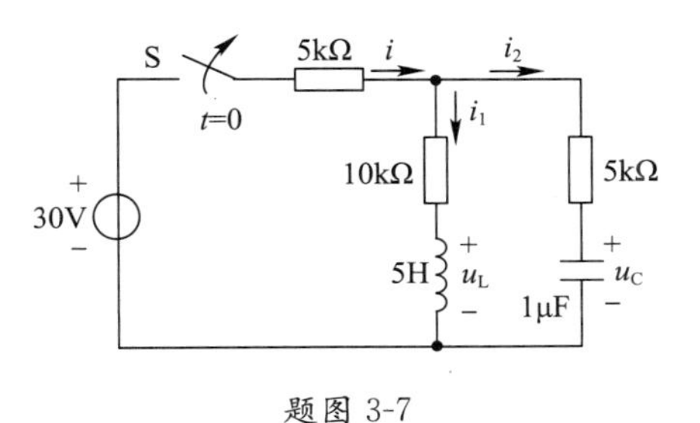

题图 3-7

3.5.32　电路如题图 3-8 所示，已知 $I_S=10\text{mA}, R_1=3\text{k}\Omega, R_2=3\text{k}\Omega, R_3=6\text{k}\Omega, C=2\mu\text{F}$。开关 S 闭合前电路处于稳态，求 S 闭合后的 u_C 和 i_1，并作出它们随时间变化的曲线。

习题 3.5.32

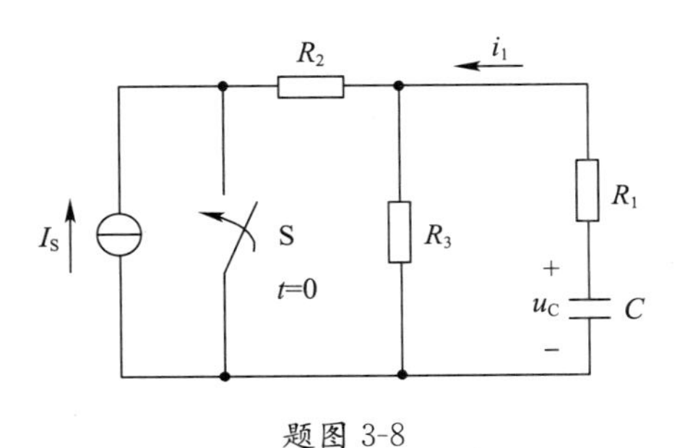

题图 3-8

3.5.33　如题图 3-9 所示，开关 S 长期合在位置 1 上，如果在 $t=0$ 时把它合到位置 2，求 S 闭合后的 u_C，并画出 u_C 随时间变化的曲线。已知 $R_1=1\text{k}\Omega, R_2=2\text{k}\Omega, R_3=3\text{k}\Omega, C=1\mu\text{F}$，电流源 $I=3\text{mA}$，电压源 $U=2\text{V}$。

习题 3.5.33

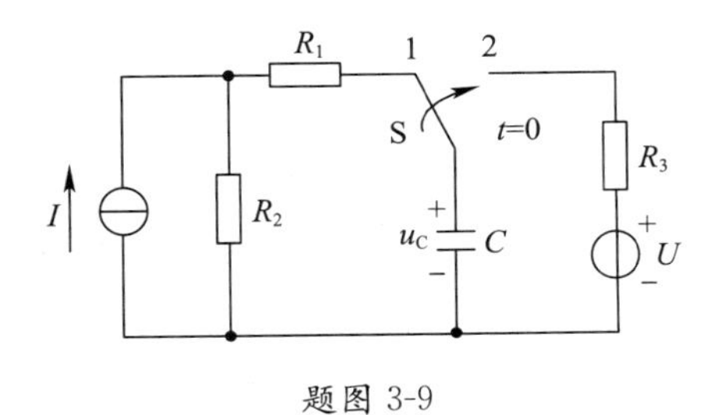

题图 3-9

3.5.34　如题图 3-10 所示，换路前电路已处于稳态，求换路后（$t \geqslant 0$）的 u_C，并作出它随时间变化的曲线。

习题 3.5.34

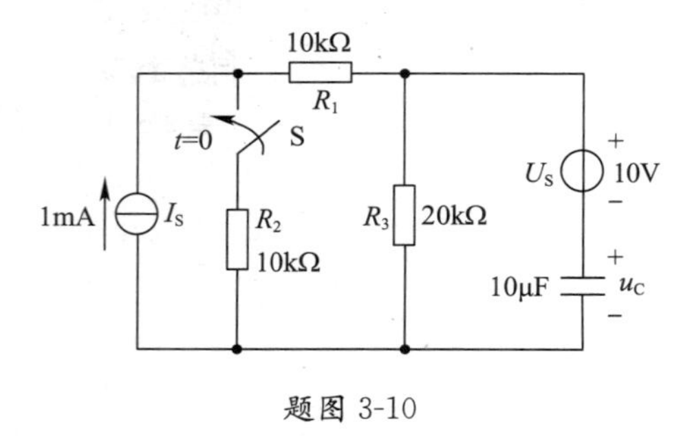

题图 3-10

3.5.35　如题图 3-11 所示，原电路已处于稳态，试用三要素法求开关 S 闭合后的 u_C 和 u_R。

习题 3.5.35

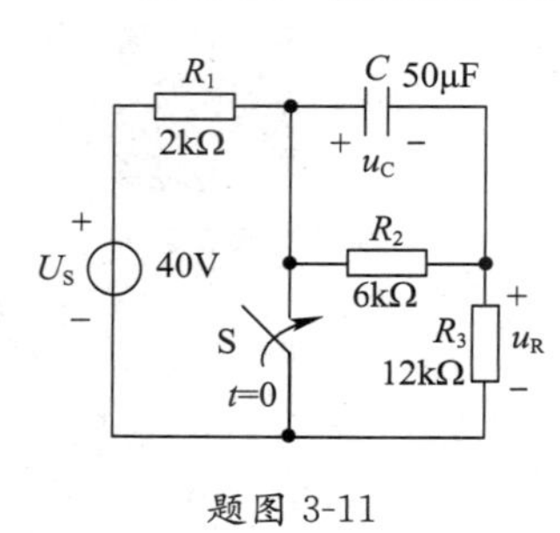

题图 3-11

3.6.36　写出题图 3-12 电路名称，并画出在矩形脉冲激励下电路的输出波形（$t_P \gg RC$）。

习题 3.6.36

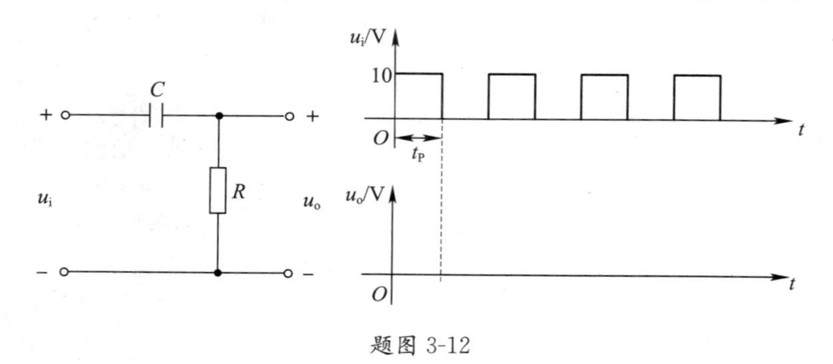

题图 3-12

3.6.37　根据题图 3-13 所示的输入 u_i、输出 u_o 波形，试画出该电路模型，写出其名称，说明输入信号脉冲宽度 t_P 与时间常数 τ 满足什么关系。

习题 3.6.37

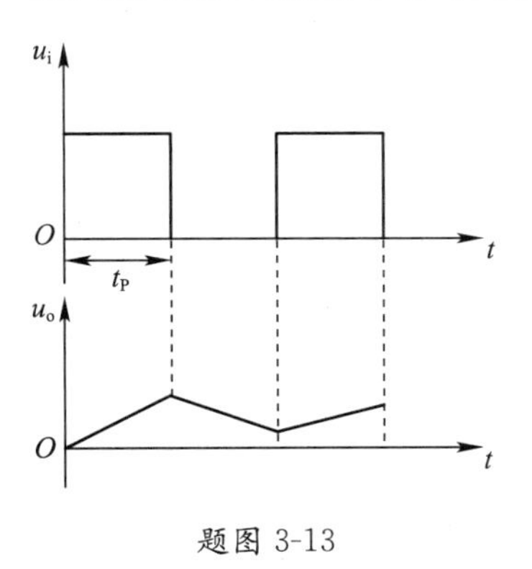

题图 3-13

3.2.38　如题图 3-14 所示，换路前电路都处于稳态，求换路后电流的初始值 $i(0_+)$ 和稳态值 $i(\infty)$。

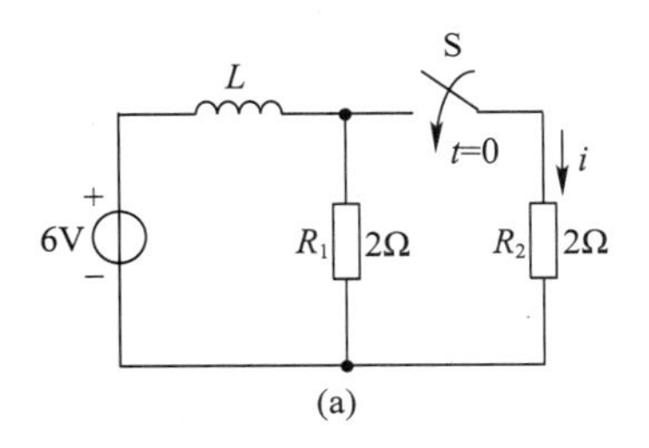

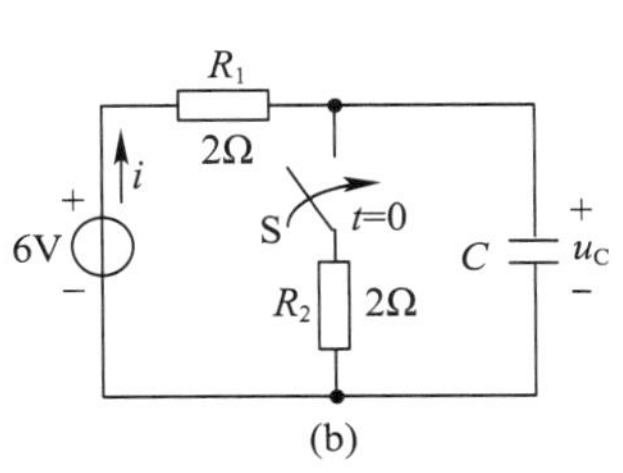

题图 3-14

习题 3.2.38(a)

习题 3.2.38(b)

3.2.39　如题图 3-15 所示，写出各波形所对应的 u_C 响应的数学表达式。时间常数都是 $\tau=0.2$s。

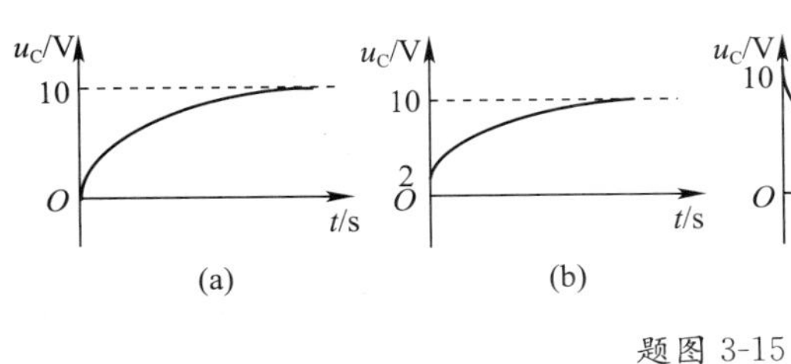

题图 3-15

习题 3.2.39

3.2.40　电路如题图 3-16 所示，两电容原先均未储能。当开关 S 闭合后，试求两电容串联后的电压 u_C。

习题 3.2.40

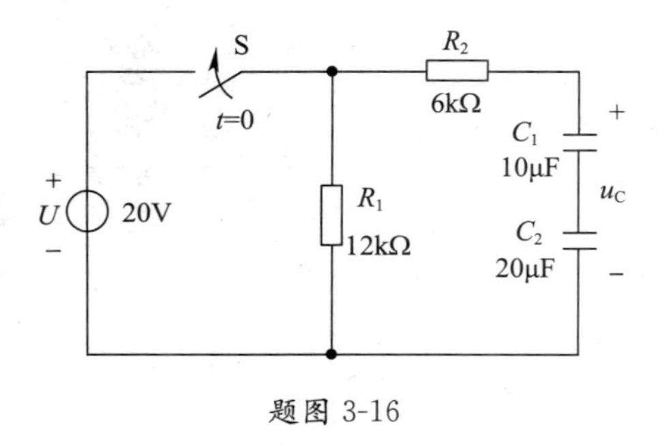

题图 3-16

3.2.41　如题图 3-17 所示电路，原电路已处于稳态，试用三要素法求开关 S 闭合后的 u_C。

习题 3.2.41

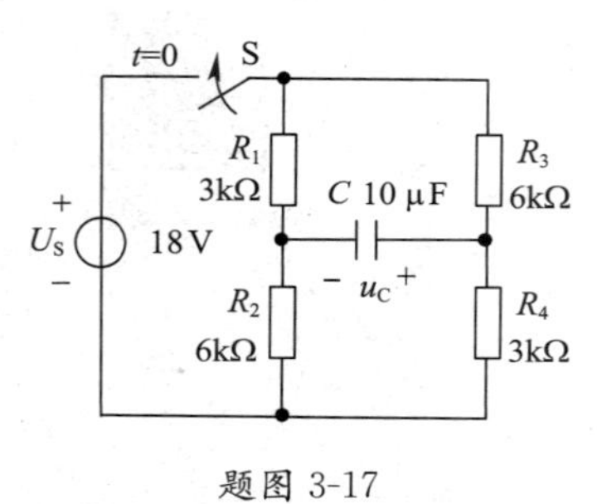

题图 3-17

3.5.42　在题图 3-18 中，R、L 组成电磁铁线圈，R_1 为限流电阻，r'为泄放电阻。当电磁铁未吸合时，继电器的触点 KT 是闭合的，R_1 被短接，使电源电压全部加在电磁铁线圈上以增大吸力；当电磁铁吸合后，触点 KT 断开，将 R_1 接入电路以减小电磁铁线圈中的电流。试求触点 KT 断开后电磁铁线圈中电流 i_L 的变化规律。设 $U=220\text{V}$，$L=20\text{H}$，$R=55\Omega$，$R_1=50\Omega$，$r'=50\Omega$。

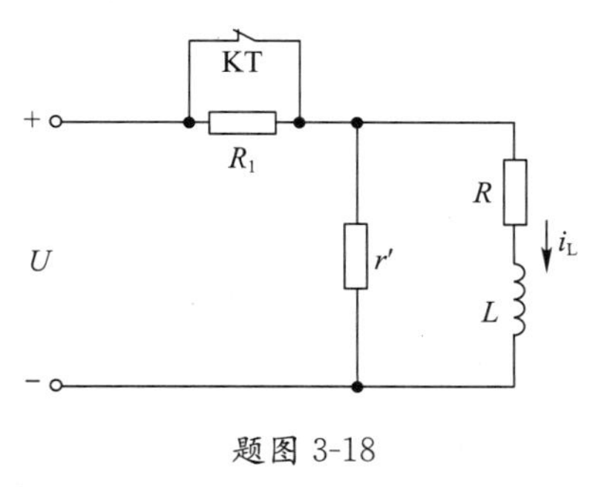

题图 3-18

习题 3.5.42

3.5.43　电路如题图 3-19(a)所示。u 为一阶跃电压，其波形如题图 3-19(b)所示。试求 i_3 和 u_C。设 $u_C(0_-)=1\text{V}$。

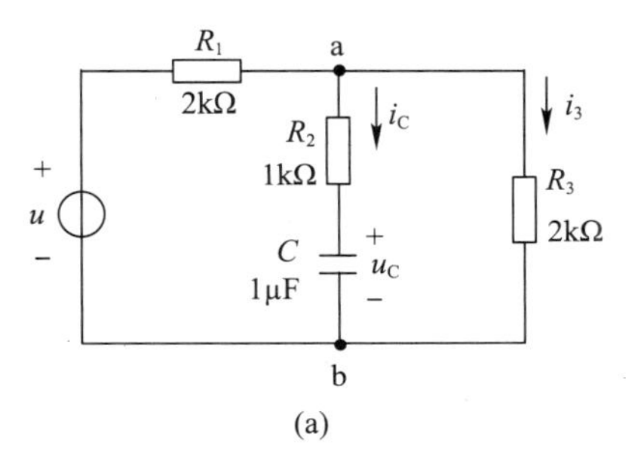

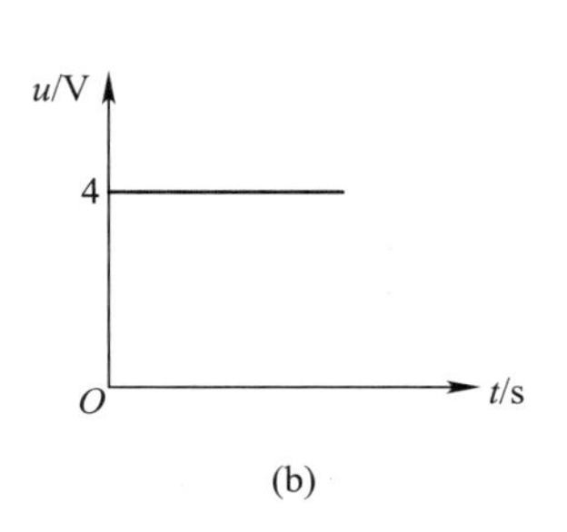

习题 3.5.43

题图 3-19

第4章　正弦交流电路

4.1　内 容 要 点

本章主要讨论正弦交流电路的稳态分析方法，包括正弦量的表示方法和正弦交流电路的分析方法。

1. 正弦量的基本概念

如图4.1.1所示，将一个正弦交流电压u加在电阻两端，电阻中有正弦交流电流i流过。在任意时刻的电压值、电流值称为瞬时值，用小写字母u、i表示。以时间为自变量的正弦量可用三角函数式表示，如$i=I_m\sin(\omega t+\varphi)$，$u=U_m\sin(\omega t+\varphi)$。

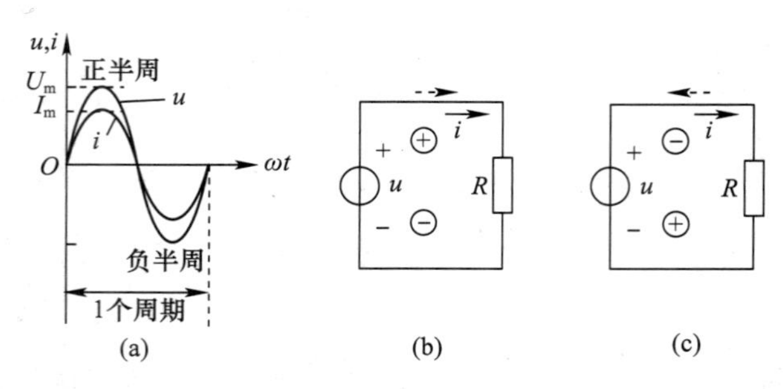

图4.1.1　正弦交流电压

(1) 正弦量的三要素——最大值、角频率、初相位

① 最大值和有效值的关系为

$$I=\frac{I_m}{\sqrt{2}},\quad U=\frac{U_m}{\sqrt{2}}$$

② 角频率ω、周期T和频率f

正弦量是周期变化的，变化一周所用时间称为周期，用字母T表示，单位为s(秒)；每秒变化的周数称为频率，用字母f表示，单位为Hz(赫兹)；每秒变化的角度称为角频率，用字母ω表示，单位为rad/s(弧度/秒)。角频率ω、周期T和频率f的关系为

$$f=\frac{1}{T},\quad \omega=2\pi f=\frac{2\pi}{T}$$

③ 初相位φ、相位$(\omega t+\varphi)$和相位差

$t=0$时刻的φ值称为初相位，而$(\omega t+\varphi)$称为相位。相位差是指同频率正弦量的相位之差。

假设两个频率相同的正弦量$u_1=U_{1m}\sin(\omega t+\varphi_1)$、$u_2=U_{2m}\sin(\omega t+\varphi_2)$，$u_1$与$u_2$的相位差有下述4种情况。

第一种情况：$0°<\varphi_1-\varphi_2<180°$，称为$u_1$超前$u_2$(或$u_2$滞后$u_1$)，即$u_1$的最大值比$u_2$的最大值先出现。

第二种情况：$\varphi_1-\varphi_2=0°$，即$\varphi_1=\varphi_2$，称u_1和u_2同相，这种情况下，u_1和u_2同增同减，变化相同。

第三种情况：$\varphi_1-\varphi_2=\pm180^\circ$，称 u_1 和 u_2 反相。

第四种情况：$-180^\circ<\varphi_1-\varphi_2<0^\circ$，称为 u_1 滞后 u_2（或 u_2 超前 u_1），即 u_2 的最大值比 u_1 的最大值先出现。

（2）正弦量的 4 种表示方法

正弦量可以用三角函数式、波形图、相量式和相量图来表示，如表 4.1.1 所示。

相量式和三角函数式虽然都是正弦量的表示方法，但是相量式为常复数，而三角函数式是以时间为自变量的实函数，两者之间不能等同。

表 4.1.1　正弦量的表示方法

三角函数式	$i=I_m\sin(\omega t+\varphi)$ 或 $i=\sqrt{2}I\sin(\omega t+\varphi)$
波形图	设φ>0 i　t　O　φ　T
相量式	$\dot{I}_m=I_m\angle\varphi$ 或 $\dot{I}=I\angle\varphi$
相量图	$\dot{I}$　φ

复数 $A=a+jb$，其实部为 a，虚部为 b，也可用复平面内的有向线段 $\overrightarrow{OA}$ 来表示，如图 4.1.2 所示。复数的模 $r=\sqrt{a^2+b^2}$，辐角 $\varphi=\arctan\dfrac{b}{a}$。

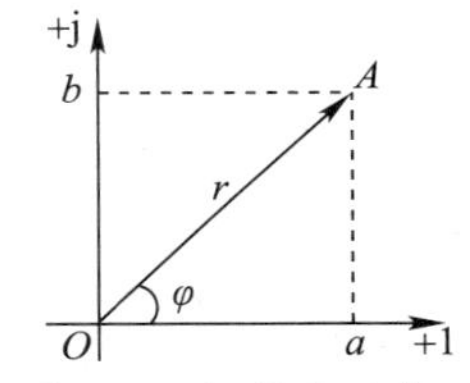

图 4.1.2　复数的表示

复数的代数式：$A=a+jb$。

复数的三角函数式：$A=r\cos\varphi+jr\sin\varphi=r(\cos\varphi+j\sin\varphi)$。

复数的指数式：$A=re^{j\varphi}$。

复数的极坐标式：$A=r\angle\varphi$。

上述几种表示式可以根据需要进行转换。

2. 单一参数电阻、电感、电容的电压和电流的相量式

在正弦交流电路中，若电压与电流的参考方向一致，则电阻、电感和电容的电压与电流之间的关系如表 4.1.2 所示。

表 4.1.2　电阻 *R*、电感 *L* 和电容 *C* 的电压与电流之间的关系

电路参数	电路图	基本关系式	电压与电流之间关系			平均功率	无功功率
			大小及相位	相量图	相量式		
R	i_R　+　u_R　R　−	$u_R=i_RR$	$U_R=I_RR$ 同相位	$\dot{I}_R$　$\dot{U}_R$	$\dot{U}_R=\dot{I}_RR$	$P=U_RI_R$	0

续表

电路参数	电路图	基本关系式	电压与电流之间关系			平均功率	无功功率
			大小及相位	相量图	相量式		
L	i_L + u_L L −	$u_L=L\frac{di_L}{dt}$	$U_L=I_LX_L$ 电压超前 电流 90°	$\dot{U}_L$ $\dot{I}_L$	$\dot{U}_L=j\dot{I}_LX_L$	$P_L=0$	$Q=I_LU_L$ $=I_L^2X_L$
C	i_C + u_C C −	$i_C=C\frac{du_C}{dt}$	$U_C=I_CX_C$ 电压滞后 电流 90°	$\dot{I}_C$ $\dot{U}_C$	$\dot{U}_C=-j\dot{I}_CX_C$	$P_C=0$	$Q=-I_CU_C$ $=-I_C^2X_C$

3. 正弦交流电路分析

(1) 阻抗的串并联

一般来说,在一个无源二端网络的两个出线端加一个电压 $\dot{U}$,得到一个电流 $\dot{I}$,设 $\dot{U}$ 和 $\dot{I}$ 的参考方向一致,如图 4.1.3 所示,则该无源二端网络的等效阻抗为

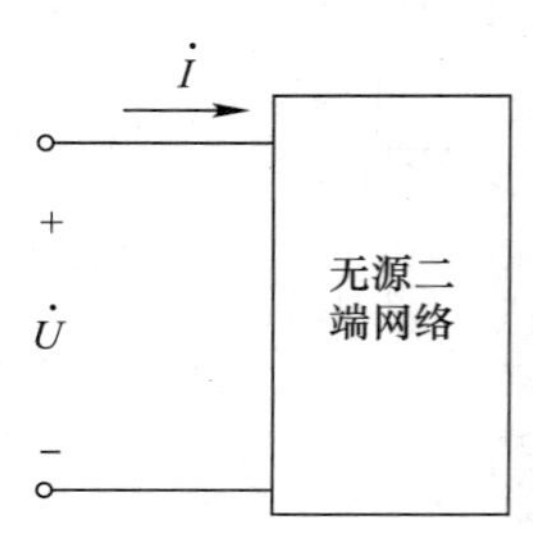

图 4.1.3 无源二端网络

$$Z=\frac{\dot{U}}{\dot{I}}=|Z|\angle\varphi,\qquad -90°\leqslant\varphi\leqslant 90°$$

式中,$|Z|$ 为等效阻抗的模,φ 为等效阻抗的辐角。Z 只与电源频率和电路元件的参数有关,与所加电压或电流的大小无关。

若 $\varphi>0$,则该无源二端网络为感性电路;若 $\varphi=0$,则该无源二端网络为阻性电路;若 $\varphi<0$,则该无源二端网络为容性电路。

(2) 一般正弦交流电路的分析

若把正弦交流电路转换为其相量模型($i\to\dot{I}$,$u\to\dot{U}$,$R\to R$,$L\to jX_L$,$C\to -jX_C$),则正弦交流电路的分析方法与直流电路中所介绍的分析方法完全相同。在分析正弦交流电路时,可以辅之以相量图。

4. 正弦交流电路中的功率

(1) 功率的计算

在电压、电流参考方向一致的情况下,正弦交流电路的有功功率 P、无功功率 Q 和视在功率 S 的计算公式为

$$P=UI\cos\varphi(\mathrm{W}),\quad Q=UI\sin\varphi(\mathrm{var}),\quad S=UI(\mathrm{V\cdot A})$$

式中,φ 为电压和电流的相位差,也是电路中等效阻抗的辐角。

在电压、电流参考方向不一致时,上述有功功率 P 和无功功率 Q 的计算公式前加负号。P、Q、S 三者之间满足 $S^2=P^2+Q^2$。

(2) 功率因数及感性负载功率因数的提高

功率因数 $$\lambda=\cos\varphi=\frac{P}{UI}$$

功率因数的影响：①降低供电设备的利用率；②增加供电设备和输电线路的功率损耗。若要将功率因数从 $\cos\varphi_1$ 提高到 $\cos\varphi$，需要并联电容大小的计算公式为

$$C=\frac{P}{\omega U^2}(\tan\varphi_1-\tan\varphi)$$

5. 串联谐振

(1) 谐振条件：$X_L=X_C$ 或 $2\pi fL=\frac{1}{2\pi fC}$。

(2) 谐振频率：$f_0=\frac{1}{2\pi\sqrt{LC}}$。

(3) 谐振特征：

① 电路阻抗模最小，$|Z|=\sqrt{R^2+(X_L-X_C)^2}=R$；

② 电压与电流同相，$\varphi=0$；

③ $U=U_R$，电感和电容上的电压可能远大于电源电压。

(4) 品质因数：$Q=\frac{U_C}{U}=\frac{U_L}{U}=\frac{1}{\omega_0 CR}=\frac{\omega_0 L}{R}=\frac{1}{R}\sqrt{\frac{L}{C}}$。

4.2 学习目标

① 理解正弦交流电路的基本概念。

② 理解"变换"的思想，掌握如何应用相量法分析正弦交流电路。

③ 掌握单一参数在交流电路中的特点及由单一参数组合成一般电路的分析计算。

④ 理解有功功率、无功功率、视在功率的物理意义，了解功率因数提高的意义和方法。

⑤ 理解滤波电路、谐振电路的工作原理、特点，了解其在生产、生活及航空军事领域的应用。

4.3 重点与难点

1. 重点

① 正弦量的表示方法。

② R、L、C 单一参数交流电路的电压与电流的关系。

③ RLC 串联交流电路的电压与电流的关系、阻抗的概念、电路性质的判别。

④ 正弦交流电路的功率、功率因数及感性负载功率因数的提高。

⑤ 滤波电路的工作原理。

⑥ RLC 串联谐振的条件和谐振特征。

2. 难点

感性负载的功率因数。

4.4 知识导图

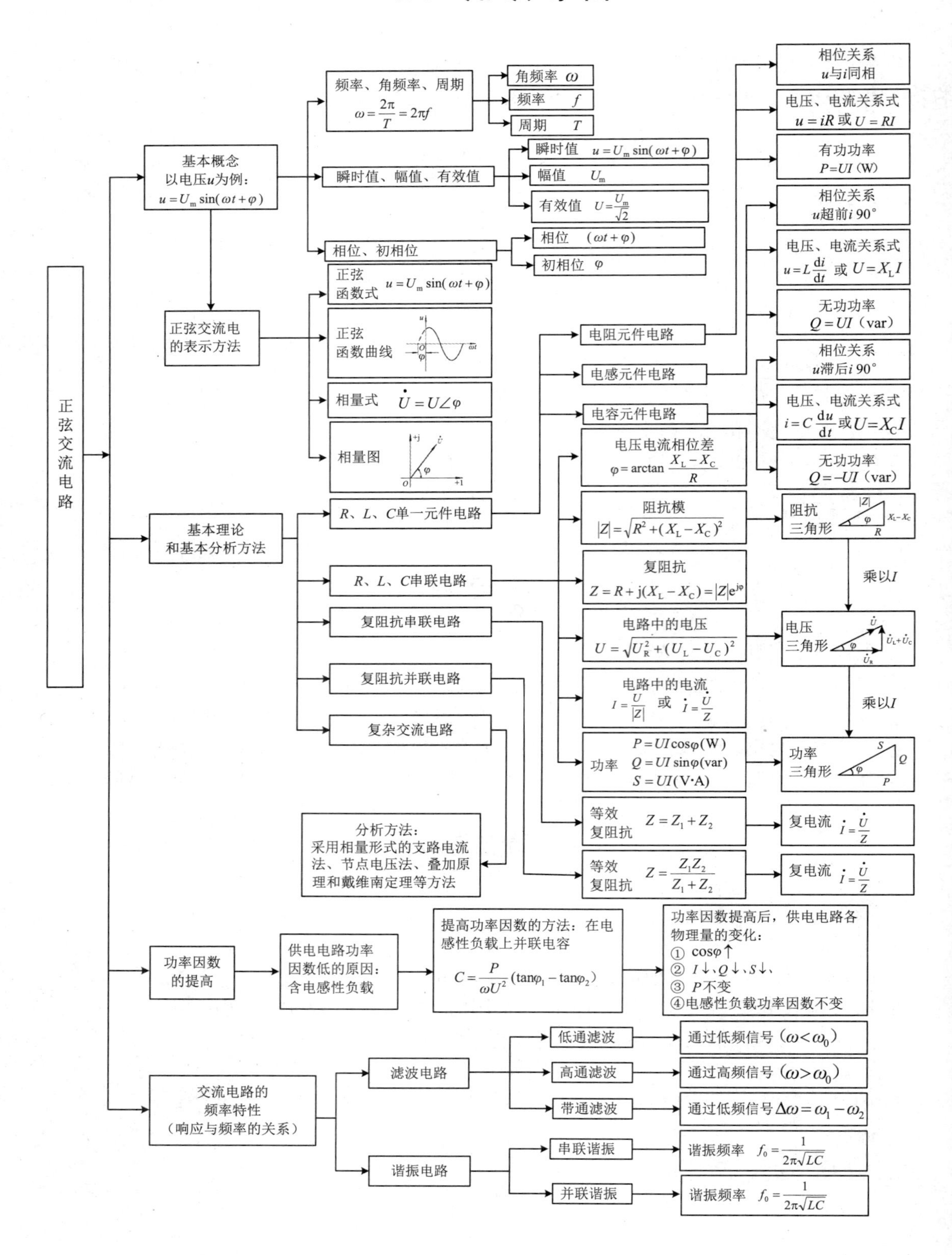

正弦交流电路
基本概念
以电压u为例：
$u=U_m\sin(\omega t+\varphi)$
频率、角频率、周期
$\omega=\frac{2\pi}{T}=2\pi f$
角频率 ω
频率 f
周期 T
瞬时值、幅值、有效值
瞬时值 $u=U_m\sin(\omega t+\varphi)$
幅值 U_m
有效值 $U=\frac{U_m}{\sqrt{2}}$
相位、初相位
相位 $(\omega t+\varphi)$
初相位 φ
正弦交流电的表示方法
正弦函数式 $u=U_m\sin(\omega t+\varphi)$
正弦函数曲线
相量式 $\dot{U}=U\angle\varphi$
相量图
基本理论和基本分析方法
R、L、C单一元件电路
电阻元件电路
相位关系 u与i同相
电压、电流关系式 $u=iR$ 或 $U=RI$
有功功率 $P=UI$（W）
电感元件电路
相位关系 u超前i 90°
电压、电流关系式 $u=L\frac{di}{dt}$ 或 $U=X_LI$
无功功率 $Q=UI$（var）
电容元件电路
相位关系 u滞后i 90°
电压、电流关系式 $i=C\frac{du}{dt}$ 或 $U=X_CI$
无功功率 $Q=-UI$（var）
R、L、C串联电路
电压电流相位差 $\varphi=\arctan\frac{X_L-X_C}{R}$
阻抗模 $|Z|=\sqrt{R^2+(X_L-X_C)^2}$
阻抗三角形
复阻抗 $Z=R+j(X_L-X_C)=|Z|e^{j\varphi}$
乘以I
电路中的电压 $U=\sqrt{U_R^2+(U_L-U_C)^2}$
电压三角形
乘以I
电路中的电流 $I=\frac{U}{|Z|}$ 或 $\dot{I}=\frac{\dot{U}}{Z}$
功率 $P=UI\cos\varphi$(W) $Q=UI\sin\varphi$(var) $S=UI$(V·A)
功率三角形
复阻抗串联电路
等效复阻抗 $Z=Z_1+Z_2$
复电流 $\dot{I}=\frac{\dot{U}}{Z}$
复阻抗并联电路
等效复阻抗 $Z=\frac{Z_1Z_2}{Z_1+Z_2}$
复电流 $\dot{I}=\frac{\dot{U}}{Z}$
复杂交流电路
分析方法：采用相量形式的支路电流法、节点电压法、叠加原理和戴维南定理等方法
功率因数的提高
供电电路功率因数低的原因：含电感性负载
提高功率因数的方法：在电感性负载上并联电容
$C=\frac{P}{\omega U^2}(\tan\varphi_1-\tan\varphi_2)$
功率因数提高后，供电电路各物理量的变化：
① cosφ↑
② I↓、Q↓、S↓、
③ P不变
④电感性负载功率因数不变
交流电路的频率特性（响应与频率的关系）
滤波电路
低通滤波
通过低频信号（$\omega<\omega_0$）
高通滤波
通过高频信号（$\omega>\omega_0$）
带通滤波
通过低频信号 $\Delta\omega=\omega_1-\omega_2$
谐振电路
串联谐振
谐振频率 $f_0=\frac{1}{2\pi\sqrt{LC}}$
并联谐振
谐振频率 $f_0=\frac{1}{2\pi\sqrt{LC}}$

4.5 典型题解析

【例 1】 如图 4.5.1 所示电路，除了表 A_0 和 V_0，其余电流表和电压表的读数在图上都已标出(都是正弦量的有效值)，试求电流表 A_0 和电压表 V_0 读数。

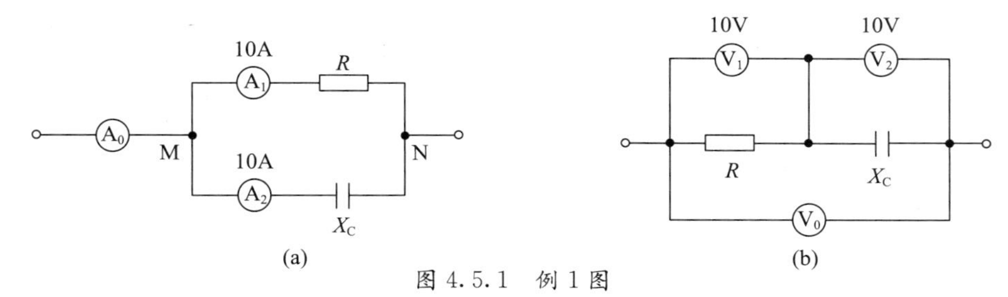

图 4.5.1 例 1 图

解：(a)利用相量图求解。

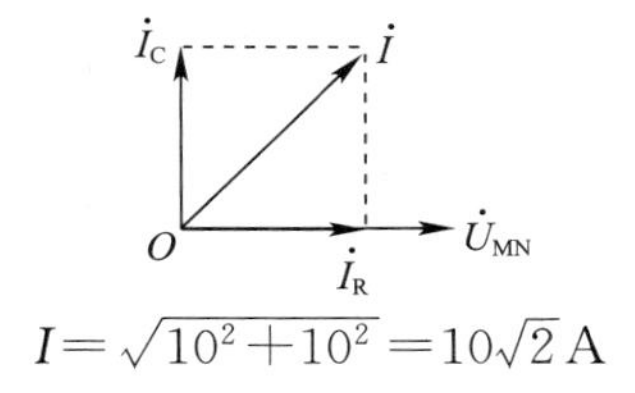

$$I=\sqrt{10^2+10^2}=10\sqrt{2}\,\text{A}$$

(b)利用相量图求解。

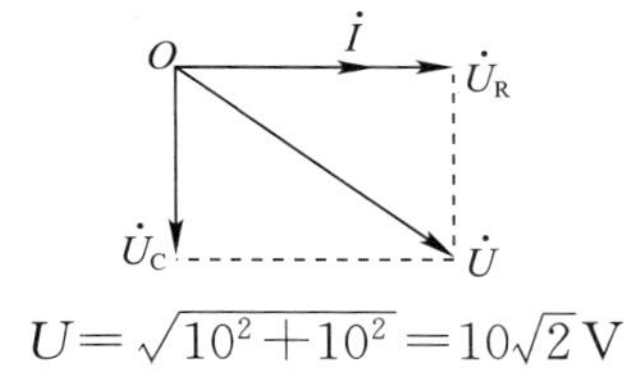

$$U=\sqrt{10^2+10^2}=10\sqrt{2}\,\text{V}$$

【例 2】 如图 4.5.2 所示，已知 $R_1=R_2=R=10\Omega$，$X_L=20\Omega$，$X_{L2}=X_C=10\Omega$，$\dot{U}=20\angle 90°\text{V}$。求：(1)总阻抗 Z，说明电路性质；(2)$\dot{U}_{ab}$；(3)I_1、I_2 和 I；(4)P、Q、S 及 $\cos\varphi$。

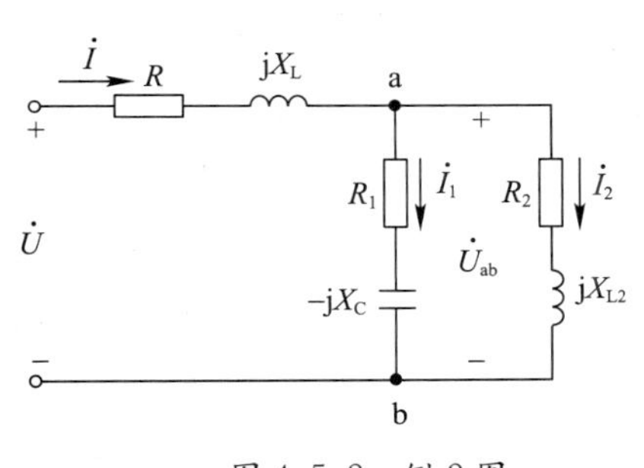

图 4.5.2 例 2 图

解：(1)

$$\begin{aligned}Z_{ab}&=(R_1-jX_C)//(R_2-jX_{L2})\\&=(10-j10)//(10+j10)\\&=10\Omega\end{aligned}$$

$$Z=R+jX_L+Z_{ab}=10+j20+10=20\sqrt{2}\angle 45°\Omega$$

电路呈感性。

(2) $$\dot{I}=\frac{\dot{U}}{Z}=\frac{20\angle 90°}{20\sqrt{2}\angle 45°}=\frac{\sqrt{2}}{2}\angle 45°\text{A}$$

$$\dot{U}_{ab}=\dot{I}Z_{ab}=\frac{\sqrt{2}}{2}\angle 45°\times 10=5\sqrt{2}\angle 45°\text{V}$$

(3) $$I_1=\frac{U_{ab}}{|R_1-jX_C|}=\frac{5\sqrt{2}}{\sqrt{10^2+10^2}}=0.5\text{A}$$

$$I_2=\frac{U_{ab}}{|R_2+jX_{L2}|}=\frac{5\sqrt{2}}{\sqrt{10^2+10^2}}=0.5\text{A}$$

$$I=\frac{\sqrt{2}}{2}\text{A}$$

(4) $$\cos\varphi=\cos 45°=\frac{\sqrt{2}}{2}$$

$$P=UI\cos\varphi=20\times\frac{\sqrt{2}}{2}\times\frac{\sqrt{2}}{2}=10\text{W}$$

$$Q=UI\sin\varphi=20\times\frac{\sqrt{2}}{2}\times\frac{\sqrt{2}}{2}=10\text{var}$$

$$S=UI=10\sqrt{2}\,\text{V}\cdot\text{A}$$

4.6 习　　题

1. 填空题

4.1.1　某正弦交流电压 $t=0$ 时为 220V，初相位为 45°，则电压有效值为________。

4.1.2　某机载交流电，$f=400\text{Hz}$，其周期 $T=$________s，角频率 $\omega=$________。

4.2.3　复数 $A=-8+\text{j}6$ 和 $B=3+\text{j}4$，则 $A+B=$________，$A-B=$________，$AB=$________，$A/B=$________。

4.2.4　某电路 $\dot{U}=(3+\text{j}4)\text{V}$，$\omega=2\text{rad/s}$，则对应的瞬时电压 $u(t)=$________V。

4.3.5　一个纯电感线圈接在直流电源上，其感抗 $X_\text{L}=$________，电路相当于________状态。

4.3.6　题图 4-1 为示波器观察的某一元件的电压和电流波形，(a)为______，(b)为______。

4.4.7　题图 4-2 中，$I=$________A，$Z=$________Ω。

4.3.8　两个串联元件的两端电压有效值分别为 6V 和 8V。若这两个元件分别是电阻和电感，则总电压有效值为______V；若这两个元件分别是电容和电感，则总电压有效值为______V。

(a)　　(b)

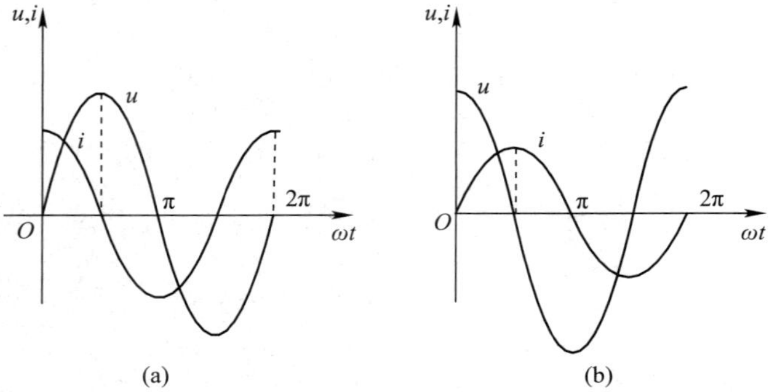

题图 4-1

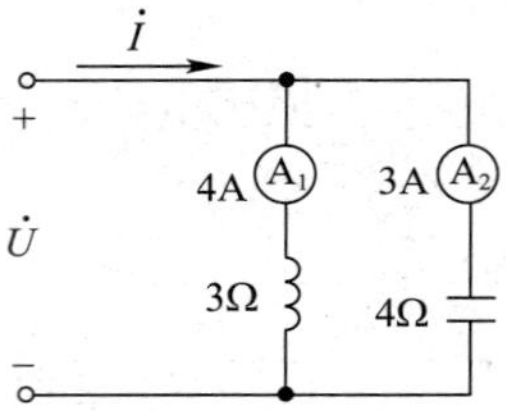

题图 4-2

4.4.9　题图 4-3 中，$u=20\sin(\omega t+90°)\text{V}$，则 $i=$__________________A。

4.4.10　题图 4-4 所示电路的等效阻抗 $Z_\text{ab}=$________Ω。

4.4.11　已知阻抗 $Z=(4-\text{j}3)\Omega$ 接在 220V 交流电源上，则电流 $I=$________A，电路性质为________。

4.4.12　在 RLC 串联的正弦稳态电路中，已知端口 $i=\sqrt{2}\sin(\omega t)\text{A}$，总电压为 $\dot{U}=50\angle 53.1°\text{V}$，电感电压为 60V，则电阻电压为________V，电容电压为________V。

4.4.13　RLC 串联电路，已知 $R=6\Omega$，$X_\text{L}=10\Omega$，$X_\text{C}=4\Omega$，则电路的性质为________，总电压比总电流________。

4.5.14　在交流电路中，功率因数的定义式为________，由于感性负载电路的功率因数往往比较低，通常采用________________________的方法来提高功率因数。

4.5.15　感性负载两端并联电容(若并联后仍呈感性)，则线路总电流将________(减小、增大、不变)，负载电流将________(减小、增大、不变)，线路功率因数将________(提高、降低)。

4.7.16　如题图 4-5 所示，已知电源电压 $U=20\text{V}$，$\omega=100\text{rad/s}$，$R=1\Omega$，$L=2\text{H}$，调节电容 C 使电路发生谐振，则电路发生谐振时的 $C=$________，电容两端的电压 $U_\text{C}=$________。

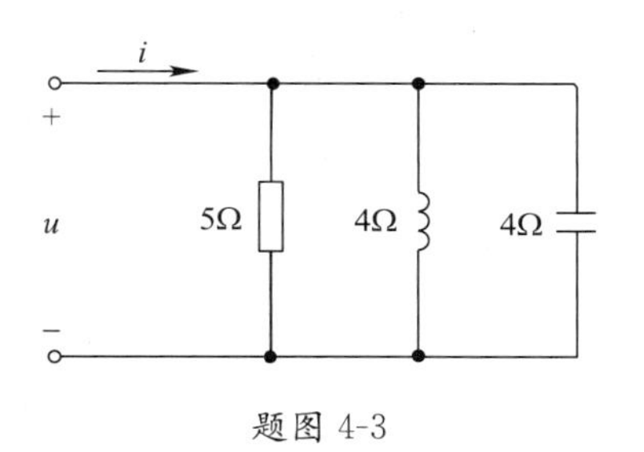

题图 4-3

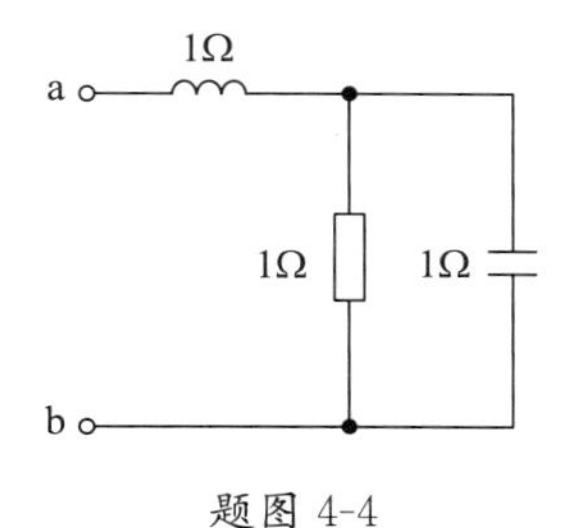

题图 4-4

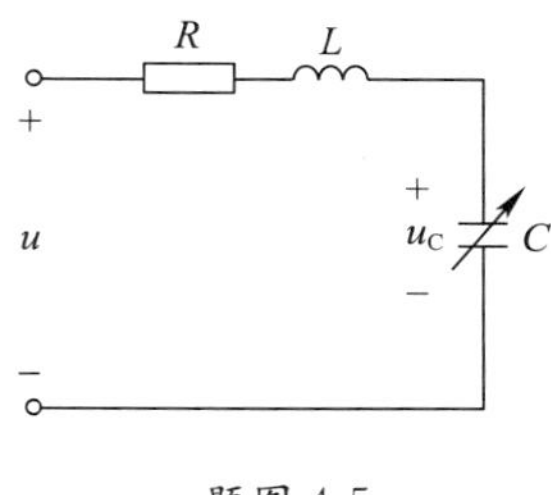

题图 4-5

2. 判断题(答案写在题号前)

4.1.17　已知 $i_1=100\sin(50\pi t+37°)$A，$i_2=50\sin(50\pi t-53°)$A，则 i_2 与 i_1 相位差为 90°。

4.2.18　在正弦交流电路中，纯电容上的电压超前电流 90°。

4.3.19　在纯电阻电路中，瞬时功率总是正值，因此它总是吸收能量。

4.4.20　在直流电路中，纯电感的感抗为零，相当于短路。

4.4.21　视在功率 S、有功功率 P、无功功率 Q 三者的关系为 $S=\sqrt{P^2+Q^2}$。

4.4.22　功率因数角在数值上与电压和电流的相位差角、阻抗角相等。

4.5.23　功率因数提高后，线路电流减小了，电表的走字速度会慢些(省电)。

4.5.24　自家的日光灯电路两端并联一个电容器，可以提高功率因数，少交电费。

4.6.25　医用心电图测试仪要抑制 50Hz 的交流电源干扰，需要选用高通滤波器。

4.7.26　当频率低于谐振频率时，RLC 串联电路呈容性。

4.7.27　在 RLC 串联电路中，当 $C>L$ 时，电路呈容性，电流超前于电压。

4.7.28　在 RLC 串联谐振电路中，增大电阻 R，将使电流谐振曲线变尖锐。

4.7.29　RLC 串联电路发生谐振时，因为 $\dot{U}_L+\dot{U}_C=0$，则 $U_L=U_C=0$。

3. 选择题

4.1.30　如题图 4-6 所示电路，不是交流电的是(　　)。

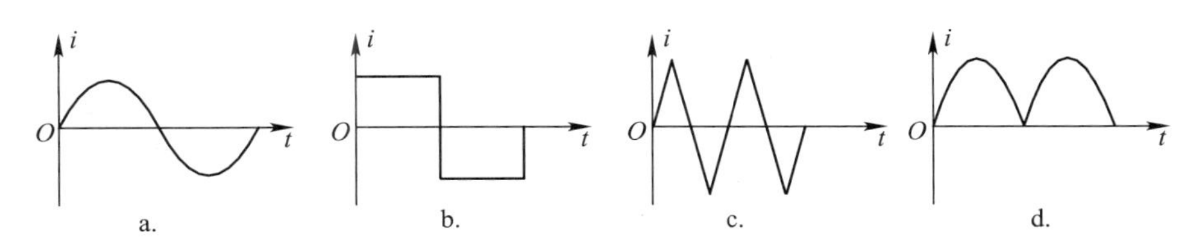

题图 4-6

4.1.31　人们常说的交流电压 220V、380V，是指交流电压的(　　)。

a. 幅值　　b. 瞬时值　　c. 平均值　　d. 有效值

4.1.32　有一正弦电流，其初相位 $\varphi=30°$，初始值 $I_0=10$A，则电流的最大值 I_m 为(　　)。

a. $10\sqrt{2}$A　　b. 20A　　c. 10A　　d. $20\sqrt{2}$A

4.1.33　关于交流电的有效值，下列说法正确的是(　　)。

a. 最大值是有效值的 2 倍　　b. 有效值是最大值的 $\sqrt{2}$ 倍

c. 最大值为 311V 的正弦交流电压就其热效应而言，相当于一个 220V 的直流电压

d. 最大值为 311V 的交流电，可以用 220V 的直流电代替

4.1.34　如题图 4-7 所示正弦交流电波形，它们的初相位分别为(　　)。

a. $\pi/2, 0, -\pi/2$　　b. $\pi/2, \pi, 3\pi/2$　　c. $\pi/2, \pi, -\pi/2$　　d. $-\pi/2, \pi, \pi/2$

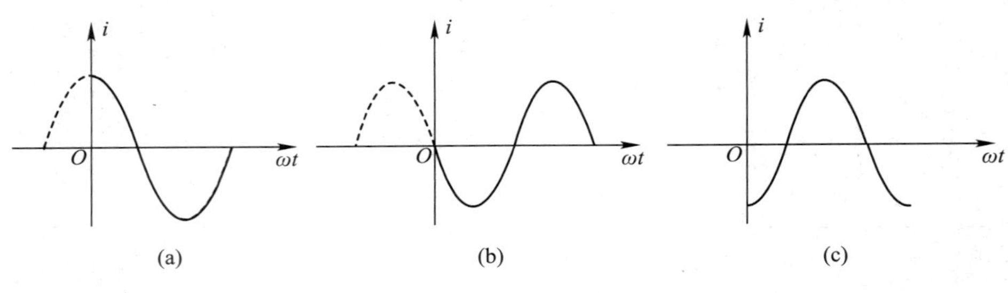

题图 4-7

4.1.35　已知 $u_1=5\sqrt{2}\sin(314t-30°)$ V，$u_2=220\sin(314t+45°)$ V，则两电压有相同的(　　)。

a. 最大值　　b. 周期　　c. 初相位　　d. 有效值

4.1.36　已知 $u_1=50\sin(314t+30°)$ V，$u_2=70\sin(628t-45°)$ V，则 u_1、u_2 的相位关系是(　　)。

a. u_1 超前 u_2 75°　　b. u_1 滞后 u_2 75°　　c. u_1 超前 u_2 15°　　d. 无固定相位关系

4.2.37　已知 $i=i_1+i_2+i_3=4\sqrt{2}\sin(\omega t)+8\sqrt{2}\sin(\omega t+90°)+4\sqrt{2}\sin(\omega t-90°)$ A，则 $\dot{I}=$(　　)。

a. $\dot{I}=4\sqrt{2}\angle 45°$ A　　b. $\dot{I}=4\sqrt{2}\angle -45°$ A

c. $\dot{I}=4\angle 45°$ A　　d. $\dot{I}=4\angle -45°$ A

4.2.38　已知 $\dot{U}=(1\angle 30°+1\angle -30°+2\sqrt{3}\angle -180°)$ V，则总电压 $\dot{U}$ 对应的正弦量为(　　)。

a. $u=\sqrt{3}\sin(\omega t+\pi)$ V　　b. $u=-\sqrt{6}\sin\omega t$ V

c. $u=\sqrt{3}\sqrt{2}\sin\omega t$ V　　d. $u=\sqrt{6}\sin(\omega t+\pi)$ V

4.3.39　在纯电容正弦交流电路中，电压有效值不变，增加电源频率时，电路中电流将(　　)。

a. 增大　　b. 不变　　c. 减小　　d. 不能确定

4.3.40　某电感接直流电时测得 $R=8\Omega$，接工频交流电时测得 $|Z|=10\Omega$，则 $X_L=$(　　)。

a. 10Ω　　b. 6Ω　　c. 4Ω　　d. 2Ω

4.3.41　在电感交流电路中，有(　　)。

a. $\dot{I}=\dfrac{U}{j\omega L}$　　b. $\dot{I}=j\dfrac{\dot{U}}{\omega L}$　　c. $\dot{I}=j\omega L\dot{U}$　　d. $\dot{I}=-j\omega L\dot{U}$

4.3.42　某负载电压和电流分别为 $u=100\sin314t$ V 和 $i=100\cos314t$ A，则该负载呈(　　)。

a. 阻性　　b. 感性　　c. 容性　　d. 不能确定

4.3.43　某电感的 $X_L=5\Omega$，其电压 $u=10\sin(\omega t+60°)$ V，则电流相量为(　　)。

a. $\dot{I}=50\angle 60°$ A　　b. $\dot{I}=2\sqrt{2}\angle 150°$ A

c. $\dot{I}=\sqrt{2}\angle -30°$ A　　d. $\dot{I}=50\sqrt{2}\angle 60°$ A

4.4.44　若一个电路总的复阻抗为 $Z=4-j5\Omega$，则电路中一定(　　)。

a. 只有电阻　　b. 只含有电阻与电感

c. 只有电容与电感　　d. 含有电阻与电容

4.4.45　已知某二端网络的电流 $i=\sin(314t)$A，该网络两端的电压 $u=5\sin(314t+60°)$V，则二端网络中的元件可能是(　　)。

a. 电阻　　b. 电感　　c. 电容

d. 阻容串联　　e. 阻感串联

4.4.46　对 RLC 串联的正弦交流电路来说，下列表达式正确的是(　　)。

a. $|Z|=R+(X_L+X_C)$　　b. $U=U_R+U_L+U_C$

c. $u=u_R+u_L+u_C$　　d. $\varphi=\arctan\dfrac{R}{X_L-X_C}$

4.4.47　在 RLC 串联电路中，阻抗的模为(　　)。

a. $|Z|=\dfrac{u}{i}$　　b. $|Z|=\dfrac{U}{I}$　　c. $|Z|=\dfrac{\dot{U}}{\dot{I}}$　　d. $Z=\dfrac{u}{i}$

4.4.48　在 RLC 串联电路中，若 $R=3\Omega$，$X_L=8\Omega$，$X_C=4\Omega$，则 $\cos\varphi=$(　　)。

a. 0.8　　b. 0.6　　c. 0.75　　d. 0.4

4.4.49　在 RLC 串联电路中，已知 $R=X_L=X_C=5\Omega$，$\dot{I}=1\angle 0°$A，则端电压 $\dot{U}$ 等于(　　)。

a. $5\angle 0°$V　　b. $1\angle 0°\times(5+j10)$V　　c. $15\angle 0°$V　　d. $5+j10$V

4.4.50　在 RLC 串联电路中，已知 $R=3\Omega$，$X_L=8\Omega$，$X_C=5\Omega$，则电路的性质为(　　)。

a. 感性　　b. 容性　　c. 阻性　　d. 非线性

4.5.51　交流电路中提高功率因数的目的是(　　)。

a. 提高电动机效率　　b. 减小线路损耗，减小电源的利用率

c. 增加用电器的输出功率　　d. 减小无功功率，提高电源的利用率

4.5.52　一单相电动机铭牌 $U=220$V，$I=3$A，$\cos\varphi=0.8$，则视在功率和有功功率分别为(　　)。

a. 660V·A，528W　　b. 825V·A，660W　　c. 528V·A，660W　　d. 660V·A，825W

4.7.53　在 RLC 串联电路中，发生串联谐振时，满足(　　)。

a. $X_L=X_C$　　b. $R=X_C$　　c. $R=X_L$　　d. $R=X_L+X_C$

4.7.54　在串联谐振电路中，电容与电感两端电压相等，相位(　　)。

a. 相同　　b. 相反　　c. 相差 90°　　d. 相差 45°

4. 计算题

4.1.55　某飞机交流电源所提供单相电压瞬时值为 $u=115\sqrt{2}\sin\left(2513t-\dfrac{\pi}{4}\right)$V。

(1) 试指出它的频率、周期、角频率、最大值、有效值及初相位各为多少；

(2) 画出波形图；

(3) 若 u 的参考方向取反，写出三角函数式，画出波形，问(1)中各项有无改变？

习题 4.1.55

4.2.56　已知 $\dot{I}_1=(2\sqrt{3}+\mathrm{j}2)\,\mathrm{A}$，$\dot{I}_2=(-2\sqrt{3}+\mathrm{j}2)\,\mathrm{A}$，$\dot{I}_3=(-2\sqrt{3}-\mathrm{j}2)\,\mathrm{A}$，$\dot{I}_4=(2\sqrt{3}-\mathrm{j}2)\,\mathrm{A}$，试把它们化为极坐标式，并写成正弦量 i_1、i_2、i_3 和 i_4。

习题 4.2.56

4.4.57　如题图 4-8 所示电路，除了电流表 A_0 和电压表 V_0，其余电流表和电压表的读数在图上都已标出（都是正弦量的有效值），试求电流表 A_0 和电压表 V_0 的读数。

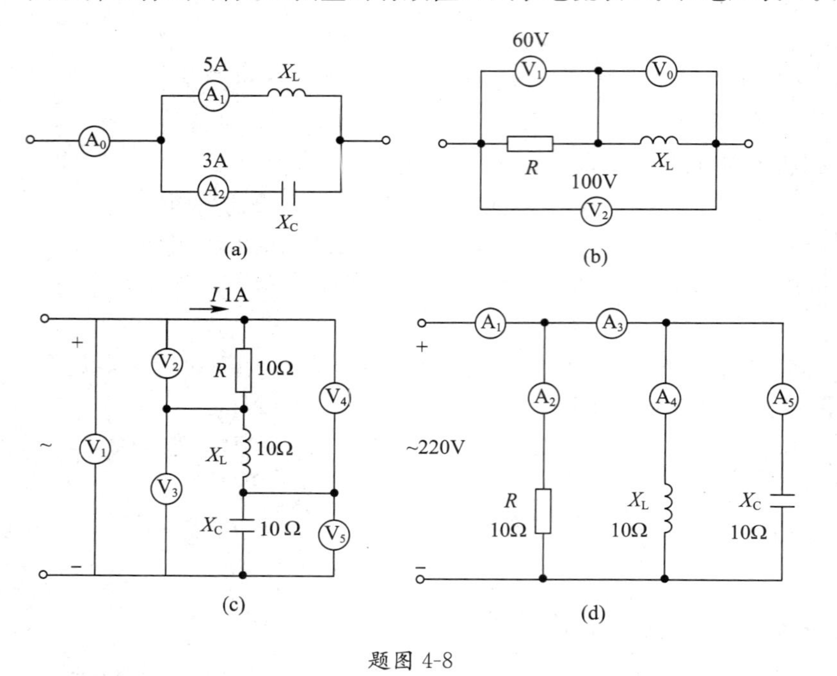

题图 4-8

习题 4.4.57(a)(b)

习题 4.4.57(c)(d)

4.4.58 如题图 4-9 所示，已知 $Z_1=1-\mathrm{j}\Omega$，$Z_2=1+\mathrm{j}\Omega$，$Z_3=2+\mathrm{j}2\Omega$，$\dot{I}=2\angle 0°\mathrm{A}$，试求：(1)电流$\dot{I}_1$和$\dot{I}_2$；(2)$\dot{U}$；(3)作出$\dot{I}_1$和$\dot{I}_2$的相量图。

习题 4.4.58

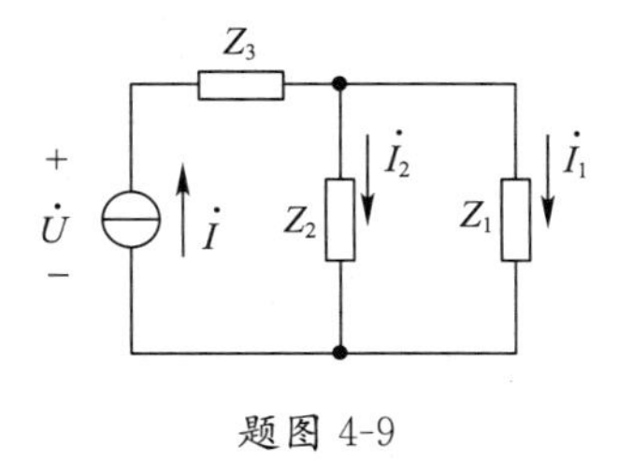

题图 4-9

4.4.59 如题图 4-10 所示电路，试求出各表的读数。

习题 4.4.59

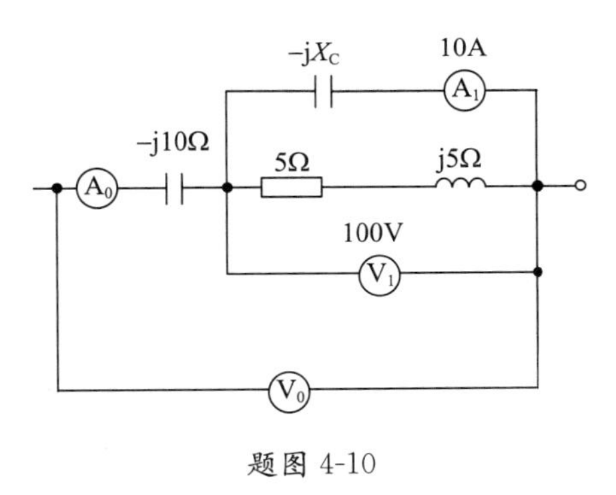

题图 4-10

4.4.60 如题图 4-11 所示电路，已知 $I_1=10\text{A}$，$I_2=10\sqrt{2}\,\text{A}$，$U=200\text{V}$，$R=5\Omega$，$R_2=X_L$，求 I、R_2、X_C 及 X_L。

习题 4.4.60

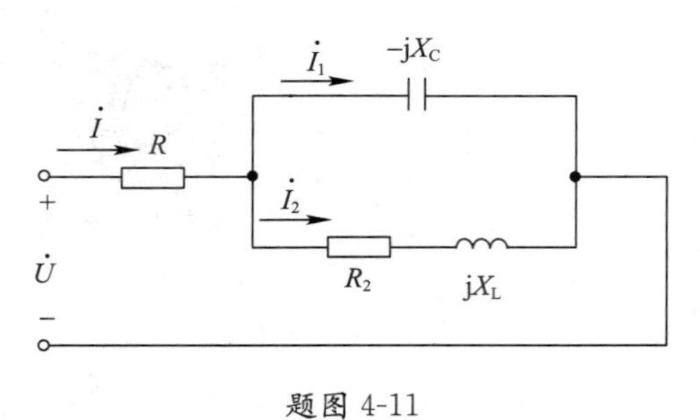

题图 4-11

4.5.61 日光灯可以等效为一个 RL 串联电路（工作时，灯管属于纯阻性负载，镇流器可近似看作纯电感），现将 40W 日光灯接在电压为 220V、频率为 50Hz 的电源上。已知此时灯管两端电压为 110V，试计算镇流器的感抗与电感，这时电路的功率因数为多少？

习题 4.5.61

4.7.62 某机载电台接收回路如题图 4-12 所示，可简化为 RLC 串联电路，其可变电容的调节范围为 30～365pF，试问：

(1) 为了使电路调谐到最低频率 540kHz，应配置多大的电感？

(2) 这个电路能接收到的最高频率是多大？

习题 4.7.62

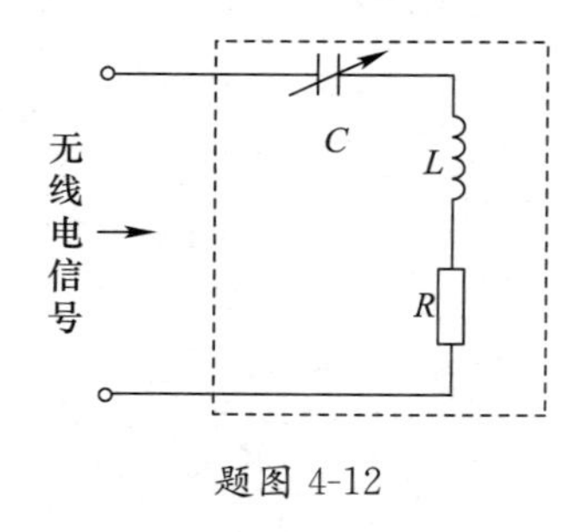

题图 4-12

第5章 三相电路

5.1 内容要点

三相交流电路是一种正弦交流电路，在分析三相交流电路时，要充分利用其特点来简化分析过程。

1. 对称三相电源

三相交流电源是由幅值相等、频率相同而相位互差 120°的 3 个单相交流电源按一定方式连接而成的，这样的一组电源称为三相对称电源。若以电源 A-X 的电压 u_{AX}为参考电压，并设它的初相位为 0，图 5.1.1 所示三相交流电源的电压可以分别表述为

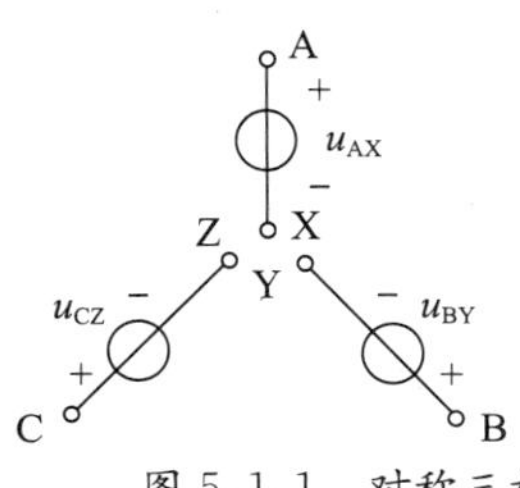

图 5.1.1 对称三相交流电源(符号)

$$u_{AX}=U_m\sin\omega t$$
$$u_{BY}=U_m\sin(\omega t-120°)$$
$$u_{CZ}=U_m\sin(\omega t+120°)$$

习惯上将电压 u_{AX}称为 A 相电压、u_{BY}称为 B 相电压、u_{CZ}称为 C 相电压。若以 u_{AX}作为参考电压，这 3 个电压的正相序是 A→B→C，即 B 相电压 u_{BY}落后于 A 相电压 u_{AX}120°，C 相电压 u_{CZ}落后于 B 相电压 u_{BY}120°。

2. 三相电源的星形(Y 形)连接

工农业生产生活中所使用的低压三相电源系统大多采用星形连接，如图 5.1.2 所示。

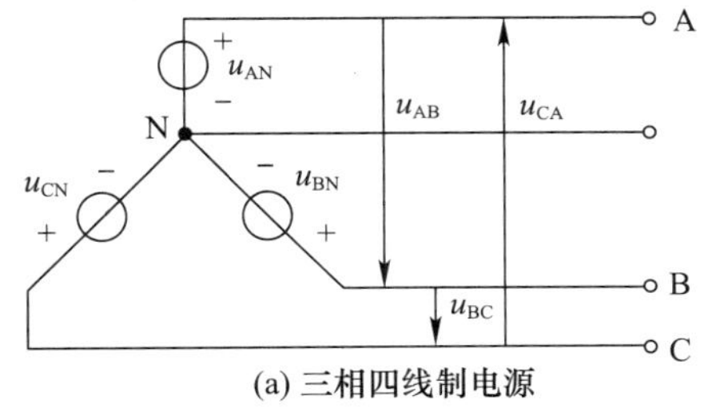

(a) 三相四线制电源

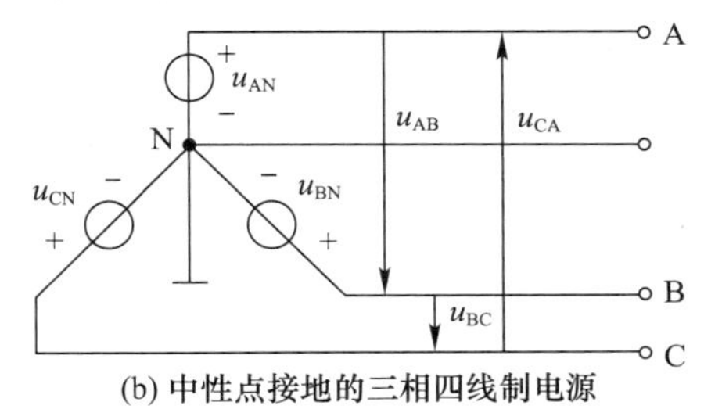

(b) 中性点接地的三相四线制电源

图 5.1.2 星形连接电源

三相电源星形连接时，相线与中性线之间的电压称为电源的相电压，有效值用 U_P表示，即

$$u_{AN}=\sqrt{2}U_P\sin\omega t\,\text{V}$$
$$u_{BN}=\sqrt{2}U_P\sin(\omega t-120°)\,\text{V}$$
$$u_{CN}=\sqrt{2}U_P\sin(\omega t+120°)\,\text{V}$$

三相四线制电源的任意两条相线间的电压称为电源的线电压，有效值用 U_L 表示。它们与相应的相电压具有如下关系

$$u_{AB}=u_{AN}+u_{NB}=u_{AN}-u_{BN}$$
$$u_{BC}=u_{BN}-u_{CN}$$
$$u_{CA}=u_{CN}-u_{AN}$$

对应的相量形式为

$$\dot{U}_{AB}=\dot{U}_{AN}-\dot{U}_{BN}=U_P\angle 0°-U_P\angle -120°=\sqrt{3}U_P\angle 30°$$
$$\dot{U}_{BC}=\dot{U}_{BN}-\dot{U}_{CN}=U_P\angle -120°-U_P\angle 120°=\sqrt{3}U_P\angle -90°$$
$$\dot{U}_{CA}=\dot{U}_{CN}-\dot{U}_{AN}=U_P\angle 120°-U_P\angle 0°=\sqrt{3}U_P\angle 150°$$

3. 三相负载

(1) 三相负载的连接方式

如图 5.1.3(a)、(b)所示分别为三相负载星形连接和三角形(△形)连接。当三相负载各相阻抗相同时,称为对称负载,否则称为不对称负载。输电线 3 条相线上的电流称为线电流,三相负载上的电流称为相电流。

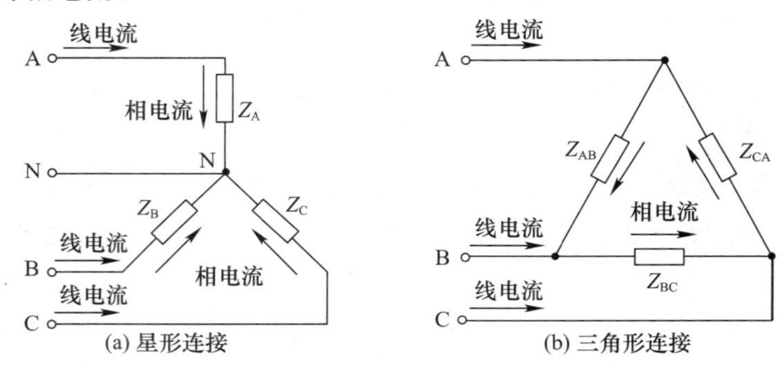

图 5.1.3　三相负载的连接方式

(2) 三相负载的星形连接

当三相负载采用有中线的星形连接时,每相负载的端电压等于三相电源的相电压,线电流和相电流相等。因此在分析这种接法的三相电路时,可把电路等效为 3 个简单电路,分析计算每相负载的电压和电流。当三相负载对称时,则其电压和电流也分别对称,此时只分析一相负载的电压和电流即可。

(3) 三相负载的三角形连接

每相负载的端电压等于三相电源的线电压,因此也可把电路等效成为 3 个简单电路,分析计算每相负载的电压和电流,线电流可由负载 3 个节点的 KCL 方程求出。

① 三相负载对称:其电压和电流也分别对称,此时分析一相负载的电压和电流即可,线电流与相电流之间满足下列通用关系式

$$\dot{I}_L = \sqrt{3}\,\dot{I}_P \angle -30°$$

采用该关系式时,注意线电流与相电流的对应关系,即 A 线→AB 相,B 线→BC 相,C 线→CA 相。

② 三相负载不对称:对三相交流电路的分析可通过节点电压法或支路电流法等进行计算。

(4) 三相功率的计算

星形连接或三角形连接的对称三相负载,可直接采用下述公式计算负载的功率

$$P = \sqrt{3} U_L I_L \cos\varphi$$
$$Q = \sqrt{3} U_L I_L \sin\varphi$$
$$S = \sqrt{3} U_L I_L$$

当三相负载不对称时,要分别计算每相负载的有功功率和无功功率,再用下述公式计算线路的功率

$$P = P_A + P_B + P_C$$
$$Q = Q_A + Q_B + Q_C$$
$$S^2 = P^2 + Q^2$$

5.2　学 习 目 标

① 了解三相电源产生的基本原理,理解三相电源的对称性特点。

② 理解三相四线制的供电连接方式与特点，掌握对称三相电路的分析方法，理解三相功率概念及电感性负载功率因数提高的意义及原理。

③ 联系生产生活实际，了解安全用电常识。

5.3 重点与难点

1. 重点

① 三相对称电源线电压和相电压大小与相位的关系。

② 对称三相负载的概念及负载的连接方式。

③ 对称三相负载电路（星形连接，三角形连接）的特点及其分析计算方法。

④ 三相功率的计算方法。

2. 难点

① 星形连接不对称负载电路的分析与计算方法。

② 三相电路电压、电流相量图的正确绘制。

5.4 知 识 导 图

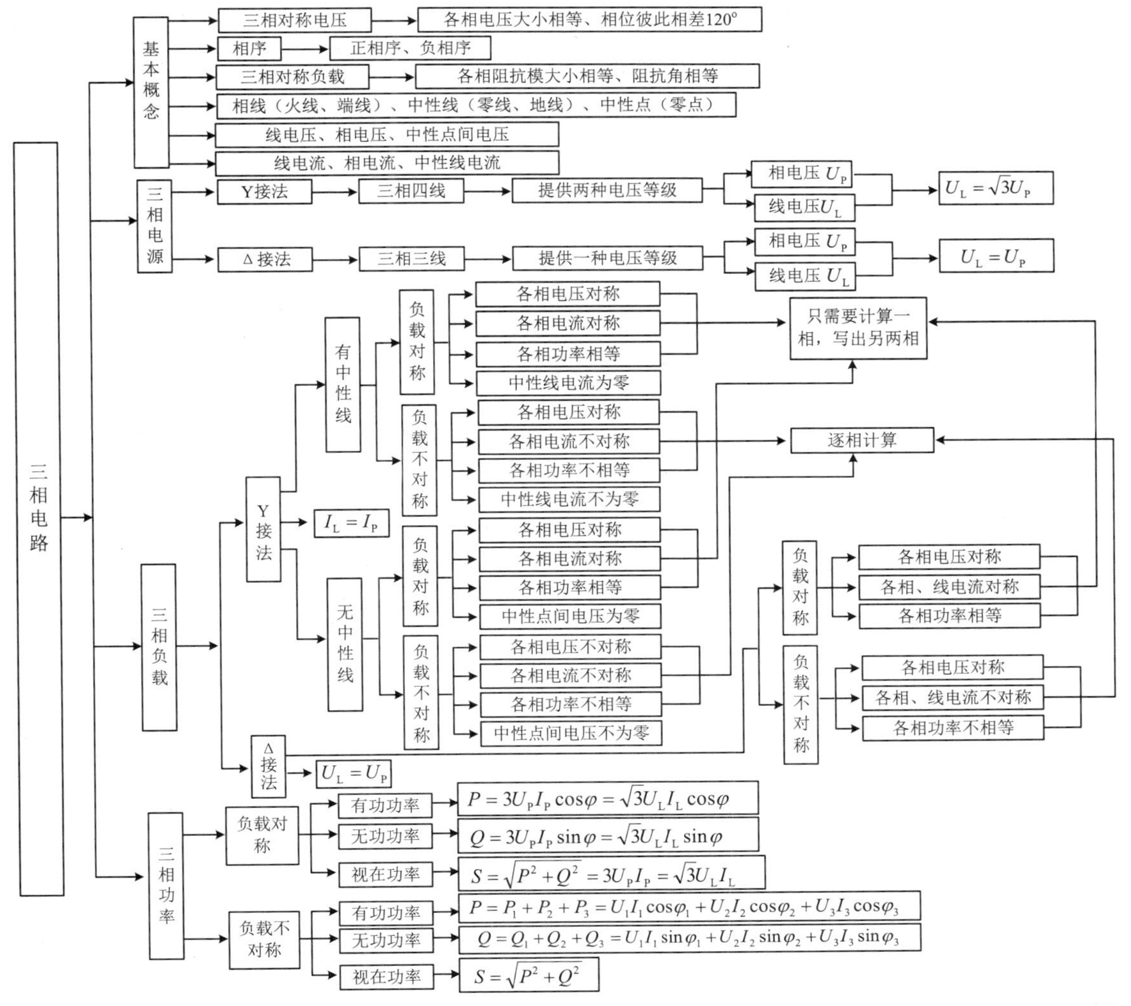

5.5　典型题解析

【例 1】 关于三相不对称负载的功率，下列关系式错误的是(　B　)。

A. $P=P_A+P_B+P_C$　　B. $Q=\sqrt{3}U_L I_L \sin\varphi$　　C. $S=\sqrt{P^2+Q^2}$

解：由于三相负载不对称，$P\neq\sqrt{3}U_L I_L\cos\varphi$，$Q\neq\sqrt{3}U_L I_L\sin\varphi$，故三相不对称负载的总有功功率、无功功率、视在功率应为各相负载相应的功率之和，注意要分别计算。

【例 2】 关于三相对称电压，下列关系式错误的是(　A　)。

A. $0=U_A+U_B+U_C$　　B. $0=\dot{U}_A+\dot{U}_B+\dot{U}_C$　　C. $0=u_A+u_B+u_C$

解：U_A，U_B，U_C 表示三相对称电压的有效值，不包含相位信息，故 $U_A+U_B+U_C\neq 0$。

5.6　习　　题

1. 填空题

5.1.1　三相对称交流电源是指由 3 个频率________，幅值________，相位互差________，并且各瞬时值之和等于________ 的单相交流电动势组成的供电系统。

5.1.2　三相四线制能提供两种电压，线电压 U_L 是指________与________之间的电压；相电压 U_P 是指________与________之间的电压，$U_L=$________ U_P。

5.1.3　如题图 5-1 所示，试指出各负载的连接方式及供电方式：图(a)所示的供电方式为________，图(b)所示的接法为________连接，图(c)所示的供电方式为________，图(d)所示的接法为________连接。

5.1.4　当三相发电机的绕组连接成星形时，若已知线电压 $u_{12}=380\sqrt{2}\sin(\omega t-30°)$V，则对应的相电压 $u_1=$________V，$u_2=$________V。

5.2.5　三相负载接法分____________和________，其中，________接法，线电流等于相电流，________接法，线电压等于相电压。

5.2.6　星形连接的三相对称负载接于三相电源上，已知电源的线电压 $U_L=380$V，则负载的相电压 $U_P=$________V。

5.3.7　中性线的作用是使星形连接的不对称负载的相电压________。

5.3.8　当三相负载的额定电压等于三相电压的线电压时，应采用________形连接；当三相负载的额定电压等于三相电压的相电压时，应采用________形连接。

5.3.9　电路如题图 5-2 所示，在线电压为 380V 的三相电源上，接有 3 个完全相同的线圈，线

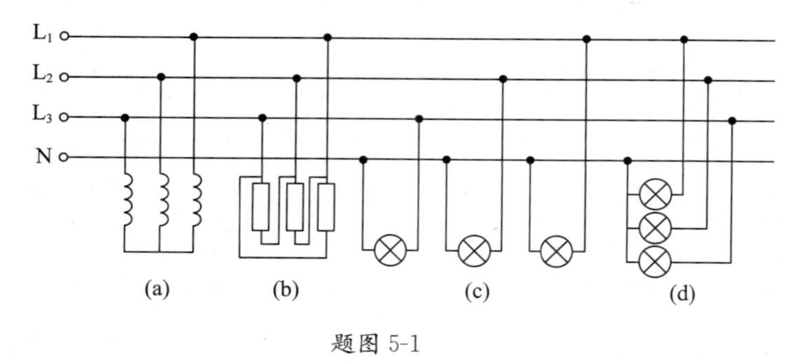

题图 5-1

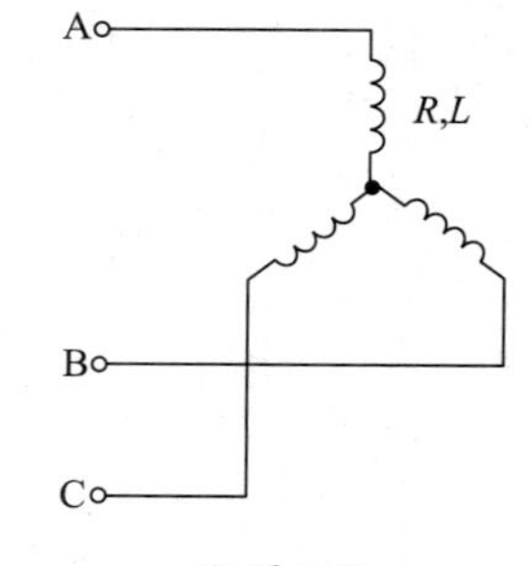

题图 5-2

圈电阻 $R=3\Omega$,感抗 $X_L=4\Omega$,则各线圈的电流为 $I_{RL}=$________A,每相的功率因数为=________,三相总有功功率为=________。

2. 判断题(答案写在题号前)

5.1.10　任一瞬时三相对称电源电压的代数和为零。

5.1.11　三相电源系统总是对称的,与负载的连接方式无关。

5.1.12　三相四线制的相电压对称,而线电压是不对称的。

5.1.13　电源的线电压大小与三相负载的连接方式无关。

5.2.14　在三相四线制供电线路中,可获得电源电压和负载电压两种电压。

5.2.15　在三相四线制供电线路中,任何一相负载的变化,都不会影响其他两相。

5.2.16　三相负载星形连接时,一定要有中性线。

5.2.17　三相负载星形连接时,若负载不对称,线电流就不等于对应负载的相电流。

5.2.18　在同一电源作用下,负载星形连接的线电压等于三角形连接时的线电压。

5.2.19　对称负载的三相交流电路中,零线电流为零。

5.2.20　为防止负载短路导致线路被烧毁,会在零线上装设熔断器来实现负载短路保护。

5.2.21　三相负载三角形连接时,无论负载对称与否,线电流必定是相电流的 $\sqrt{3}$ 倍。

5.2.22　三相对称负载连成三角形时,线电流的有效值是相电流有效值的 $\sqrt{3}$ 倍,且相位比对应的相电流超前 30°。

5.2.23　三相电源的线电压是 380V,一台三相电动机每个绕组的额定电压是 220V,则这台电动机绕组应做三角形连接。

5.3.24　只要三相对称负载中的每相负载所承受的相电压相同,则不论是三角形连接还是星形连接,其相电流和功率都相等。

5.3.25　在三相交流电路中,同一组对称负载接到同一电源时,因计算功率的公式相同,所以做星形连接和做三角形连接所消耗的功率相等。

5.3.26　三相对称负载做星形或三角形连接时,总有功功率表达式都相同。

5.3.27　在三相交流电路中,负载消耗的功率与连接方式有关。

5.4.28　小鸟落在一根高压线上不会触电,而人触及单根相线有可能触电。

3. 选择题

5.1.29　下列有关三相电源的说法错误的是(　　)。

a. 三相交流发电机主要由定子和转子组成

b. 三相对称正弦电压是指 3 个幅值相等,频率相同,相位互差 120°的电压

c. 三相对称电压的瞬时值之和、相量之和和有效值之和都等于零

d. 三相电压依次出现最大值(或零值)的顺序,称为相序

5.1.30　下列各组电压是三相对称电压的是(　　)。

a. $u_1=380\sin(314t-30°)\text{V}$, $u_2=380\sqrt{2}\sin(314t-150°)\text{V}$, $u_3=380\sqrt{2}\sin(314t+90°)\text{V}$

b. $u_1=220\sin(314t+60°)\text{V}$, $u_2=220\sqrt{2}\sin(314t-120°)\text{V}$, $u_3=220\sqrt{2}\sin(314t+120°)\text{V}$

c. $u_1=330\sin(100\pi t)\text{V}$, $u_2=310\sin(100\pi t-120°)\text{V}$, $u_3=310\sin(100\pi t+120°)\text{V}$

d. $u_1=933\sin(100\pi t+150°)\text{V}$, $u_2=933\sin(100\pi t-90°)\text{V}$, $u_3=933\sin(100\pi t+30°)\text{V}$

5.1.31　三相对称交流电源的特点是(　　)。

a. 频率、幅值、有效值、相位均相等

b. 相位是否相等,要看计时起点的选择

c. 频率、幅值、有效值均相等，相位互差 120°

d. 频率、幅值、有效值均相等，相位互差 60°

5.1.32　三相交流电源采用星形连接时，线电压是相电压的(　　)。

a. 相等数值　　b. $\sqrt{2}$倍　　c. $\sqrt{3}$倍　　d. $1/\sqrt{3}$

5.2.33　下列有关三相负载的说法错误的是(　　)。

a. 负载对称是指各负载阻抗的模相等，相位互差 120°

b. 负载对称时中性线电流等于零

c. 中性线的作用就是使星形连接的不对称负载的相电压对称

d. 三相负载的连接方式应视其额定电压而定

5.2.34　关于三相交流电源的零线，正确的说法是(　　)。

a. 零线不允许安装熔断器　　b. 零线必须安装熔断器

c. 零线必须安装保护开关　　d. 对于对称三相负载，零线不可省去

5.2.35　在三相四线制照明电路中，忽然有两相电灯变暗、一相电灯变亮，故障的原因是(　　)。

a. 有一相短路　　b. 电源电压突然降低

c. 有一相断路　　d. 不对称负载，中性线突然断开

5.2.36　如题图 5-3 所示，三相负载对称，电流表 A_1 的读数为 18A，则电流表 A_2 的读数为(　　)。

a. $18\sqrt{2}$ A　　b. $5\sqrt{2}$ A　　c. $18\sqrt{3}$ A　　d. $6\sqrt{3}$ A

5.2.37　如题图 5-4 所示，三相负载对称，电压表 V_2 的读数为 660V，则电压表 V_1 的读数为(　　)。

a. $110\sqrt{2}$ A　　b. $220\sqrt{3}$ A　　c. $660\sqrt{2}$ A　　d. $660\sqrt{3}$ A

5.2.38　如题图 5-5 所示电路，如果不接中性线，则开关 S 断开时出现的情况是(　　)。

a. B、C 灯因过亮而烧毁　　b. B、C 灯变暗

c. B、C 灯立即熄灭　　d. B、C 灯仍能正常发光

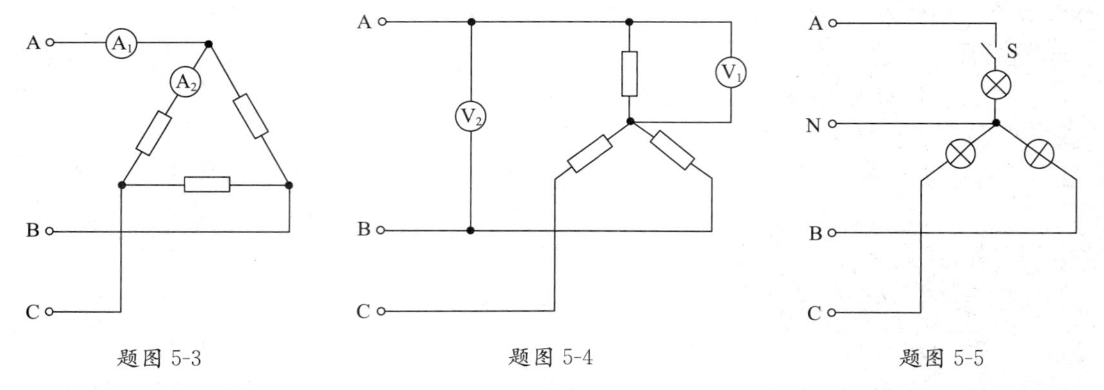

题图 5-3　　题图 5-4　　题图 5-5

5.2.39　如题图 5-6 所示的三相四线制照明电路，各相负载电阻不等。如果中性线在“×”处断开，后果是(　　)。

a. 各相电灯中电流均为零　　b. 各相电灯中电流不变

c. 各相电压重新分配，高于或低于额定值，因此有的电灯不能正常发光，有的可能烧坏灯丝

d. 各相电灯上电压将高于额定值，各相电灯将不能正常发光

5.2.40　在题图 5-6 中,若中性线未断开,测得 $I_1=2A$,$I_2=4A$,$I_3=4A$,则中性线电流为(　　)。

a. 10A　　b. 6A　　c. 8A　　d. 2A

5.2.41　如题图 5-7 所示,两组电阻性三相对称负载,$R_1=30\Omega$,$R_2=10\Omega$。若电压表读数为 380V,则电流表读数为(　　)。

a. 76A　　b. 22A　　c. 44A　　d. 33A

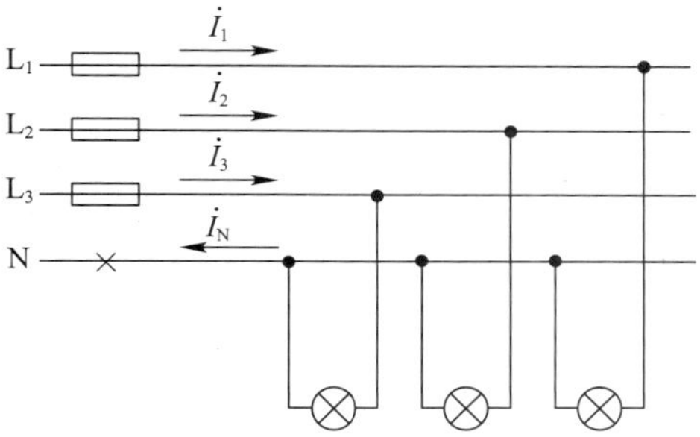

题图 5-6

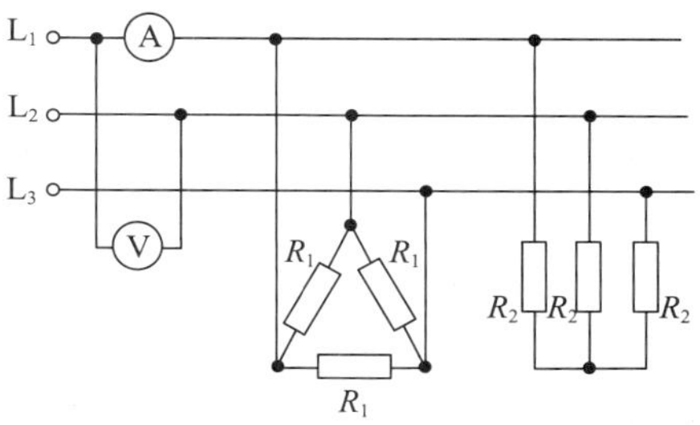

题图 5-7

5.2.42　三相负载不对称时应采用的供电方式为(　　)。

a. 三角形连接　　b. 星形连接

c. 星形连接有中性线　　d. 星形连接并在中性线上加装熔断器

5.2.43　额定电压为 220V 的电热丝,接到线电压为 380V 三相电源上,最佳接法是(　　)。

a. 三角形连接　　b. 星形连接无中性线　　c. 星形连接有中性线

5.2.44　三相负载是做三角形连接还是做星形连接,要根据负载的(　　)而定。

a. 额定电压　　b. 额定电流

c. 额定功率　　d. 额定电流和额定功率

5.3.45　三相不对称负载接到三相电源,其总有功功率、总无功功率和总视在功率分别为 P、Q、S,则下列关系是正确的是(　　)。

a. $S=S_A+S_B+S_C$　　b. $Q=3U_PI_P\cos\varphi$　　c. $Q=3U_PI_P$　　d. $S=\sqrt{P^2+Q^2}$

5.3.46　对称三相电路的有功功率 $P=\sqrt{3}U_LI_L\cos\varphi$,其中 φ 角为(　　)。

a. 线电压与线电流之间的相位差　　b. 相电压与相电流之间的相位差

c. 线电压与相电压之间的相位差　　d. 相电压与线电流之间的相位差

5.3.47　在相同线电压作用下,同一台三相异步电动机做三角形连接所取用的功率是做星形连接所取用功率的(　　)倍。

a. $\sqrt{3}$　　b. 1/3　　c. 3　　d. $1/\sqrt{3}$

5.4.48　一旦发生触电事故,不应该(　　)。

a. 切断电源　　b. 直接接触触电者　　c. 用绝缘物使触电者脱离电流

5.4.49　一旦发生电气火灾,应该(　　)。

a. 切断电源,进行扑救　　b. 迅速离开现场

c. 就近寻找水源进行扑救

5.4.50　在三相四线制中,人站在地上触及一根相线的触电是(　　)。

a. 单相触电　　b. 两相触电　　c. 三相触电　　d. 跨步电压

5.4.51　对人体最危险的电流频率是(　　)。

a. 25Hz 以下　　b. 25～300Hz　　c. 300Hz 以上　　d. 600Hz 以上

5.4.52　保护接地的主要作用是(　　)和减少经人体的电流。

a. 防止人身触电　　b. 减少接地电流　　c. 短路保护　　d. 降低接地电压

4. 计算题

5.4.53　有一对称三相负载，每相电阻 $R=3\Omega$，感抗 $X_L=4\Omega$，分别对其做星形连接和三角形连接，接在线电压为 380V 的对称三相电源上。求：

(1) 负载做星形连接时的相电流 I_P、线电流 I_L；

(2) 负载做三角形连接时的相电流 I_P、线电流 I_L。

习题 5.4.53

5.3.54　某航空三相异步电动机，其绕组(负载)连接成三角形，接在电源线电压 $U_L=200$V 上，从电源所取用的功率 $P=11.43$kW，功率因数 $\cos\varphi=0.87$，试求该航空电动机的相电流和线电流。

习题 5.3.54

第6章　变　压　器

6.1　内容要点

变压器是在交流铁心线圈电路的基础上来讨论的，其中有电压、电流关系和阻抗关系等方面的问题。

1. 变压器的基本结构

心式变压器和壳式变压器，它们都是由铁心和绕组等主要部分构成的。在变压器中，铁心的主要作用是构成磁路，绕组的主要作用是构成电路。

2. 变压器的工作原理

(1) 空载运行

变压器初级、次级绕组电压 U_1 与 U_2 的数值关系为

$$\frac{U_1}{U_2} \approx \frac{E_1}{E_2} = \frac{N_1}{N_2} = k\text{(变比)}$$

(2) 有载运行

变压器初级、次级绕组电压的有效值用 U_1 与 U_2 表示；初级、次级绕组电流的有效值用 I_1 与 I_2 表示；负载阻抗用 Z 表示，相对于与初级绕组相连的电源而言，变压器及后面的电路可以看成一个阻抗，用 Z' 表示。

电压变换
$$\frac{U_1}{U_2} \approx \frac{E_1}{E_2} = \frac{N_1}{N_2}$$

电流变换
$$\frac{I_1}{I_2} = \frac{N_2}{N_1}$$

阻抗变换
$$|Z'| \approx \left(\frac{N_1}{N_2}\right)^2 |Z|$$

3. 变压器绕组的极性

同极性端(同名端)：变压器初级、次级绕组电位瞬时极性相同的一对端点称为同极性端，用“•”、“*”或“△”表示。

6.2　学习目标

① 了解变压器的基本结构和工作原理。

② 理解变压器的 3 种变换。

③ 掌握变压器绕组同极性端的表示方法和实验判断方法。

④ 了解变压器在机载设备中的应用。

6.3　重点与难点

1. 重点

① 变压器的电压变换、电流变换和阻抗变换作用。

② 变压器的绕组极性及其同极性端的判别方法。

2. 难点

① 变压器的阻抗变换。

② 变压器同极性端的判别。

6.4 知识导图

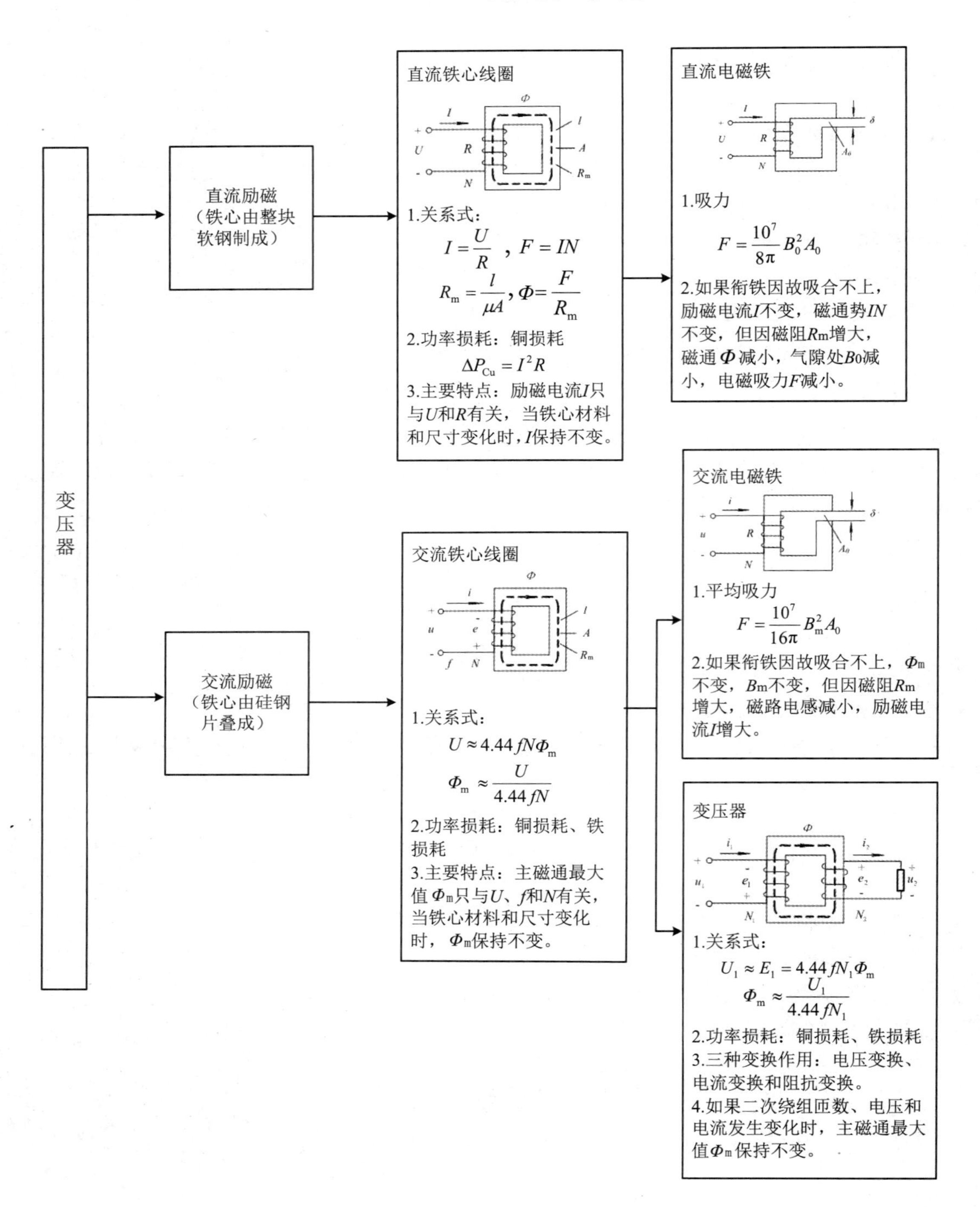

6.5 典型题解析

【例】 如图 6.5.1 所示，希望负载 R_L 获得最大输出功率，则变压器的变比为（ A ）。

A. 10　　B. 1/10　　C. 100　　D. 1/100

解：$\frac{800}{8}=k^2$，故 $k=10$。

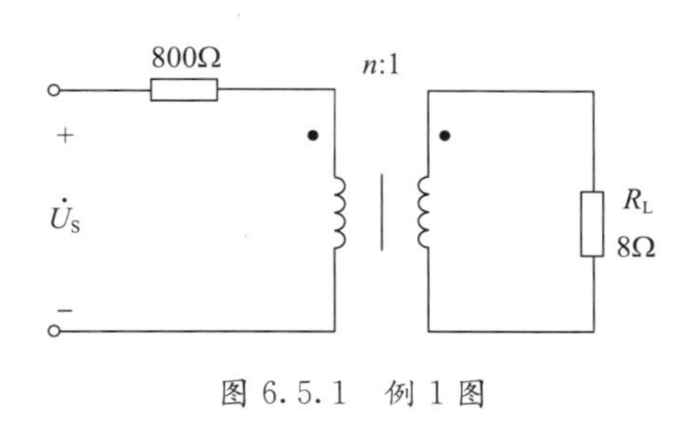

图 6.5.1　例 1 图

6.6 习　　题

1. 填空题

6.1.1　各种变压器的构造基本是相同的，主要由________和________两部分组成。

6.1.2　变压器是利用________原理工作的，它的用途有________、________和________等。

6.2.3　变压器初级电压为 2000V，次级电压为 100V，若次级电流为 2A，则初级电流为________A。

6.2.4　变压器初级绕组为 880 匝，接在 20V 的交流电源上，要在次级绕组上得到 6V 电压，次级绕组的匝数应为________，若次级绕组上接有 3Ω 的电阻，则初级绕组的电流为________A。

6.2.5　变比为 10 的变压器，初级绕组接上 10V 的交流电源，次级绕组两端电压为________V，如果负载电阻 $R_L=2\Omega$，那么初级绕组的等效电阻为________Ω。

6.2.6　一台初级绕组为 1320 匝的单相变压器，当初级绕组接在 220V 的交流电源上时，要求次级电压为 36V，则该变压器次级绕组的匝数为________匝。

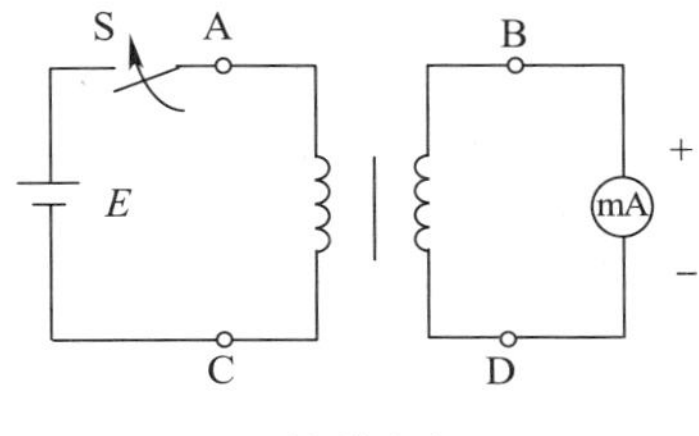

题图 6-1

6.2.7　如题图 6-1 所示，E 为直流电源，若 A、D 为一对同极性端，开关原来闭合，则当开关打开时，变压器次级回路将有电流产生，它的实际方向应为________。如果开关原来断开，当开关闭合时，变压器次级回路电流的实际方向应为________。

6.2.8　某变压器的初级绕组由两个相同的线圈构成，它们的额定电压分别为 20V 和 10V。现接到 10V 的电源上，需要将两者________（同或反）向串联。

2. 判断题(答案写在题号前)

6.1.9　无论是交流电还是直流电,都可以用变压器来变换电压。

6.1.10　变压器的输出电压大小取决于输入交流电压有效值大小和变比。

6.2.11　利用变压器只能改变电压,而不能改变电流。

6.2.12　变压器只能传递电能,而不能产生电能。

6.2.13　作为升压用的变压器,其变比 $k>1$。

6.2.14　变压器的初级电流大小由电源电压决定,次级电流大小由负载决定。

6.2.15　无论是交流电还是直流电,都可以用变压器来变换电压。

6.2.16　变压器次级绕组的电压通常低于初级绕组的电压。

3. 选择题

6.1.17　变电系统的主要作用是(　　)。

a. 升压　　b. 降压　　c. 升压或降压　　d. 转换频率

6.1.18　变电系统的核心部件是(　　)。

a. 转换开关　　b. 变压器　　c. 传输线　　d. 发电机

6.1.19　为了降低远距离传送电能所造成的传输损失,一般采用的方法是(　　)。

a. 输电电压提高　　b. 输电电流提高　　c. 传输线径加粗　　d. 输出电压降低

6.2.20　变压器初级、次级绕组中不能改变的物理量是(　　)。

a. 电压　　b. 电流　　c. 阻抗　　d. 频率

6.2.21　对于理想变压器,下列说法正确的是(　　)。

a. 可以变换直流电的电压

b. 变压器初级的输入功率由次级的输出功率决定

c. 变压器能变换输出电流和电功率

d. 可以变换交直流阻抗

6.2.22　变压器匝数少的初级绕组(　　)。

a. 电流大、电压高　　b. 电流大、电压低　　c. 电流小、电压高　　d. 电流小、电压低

6.2.23　下述选项中,变压器额定容量的单位是(　　)。

a. W　　b. var　　c. V·A　　d. Hz

6.2.24　如题图 6-2 所示,若使 4Ω 电阻获得最大功率,理想变压器的变比 n=(　　)。

a. 10　　b. 100　　c. 0.1　　d. 16

6.2.25　如题图 6-1 所示,开关 S 由断开到闭合时,电流表正偏,则(　　)。

a. A 与 B 是同极性端　　b. A 与 D 是同极性端　　c. 以上都不是

6.2.26　如题图 6-3 所示,则下列说法正确的是(　　)。

a. a 与 b 是同极性端　　b. a 与 d 是同极性端　　c. a 与 c 是同极性端

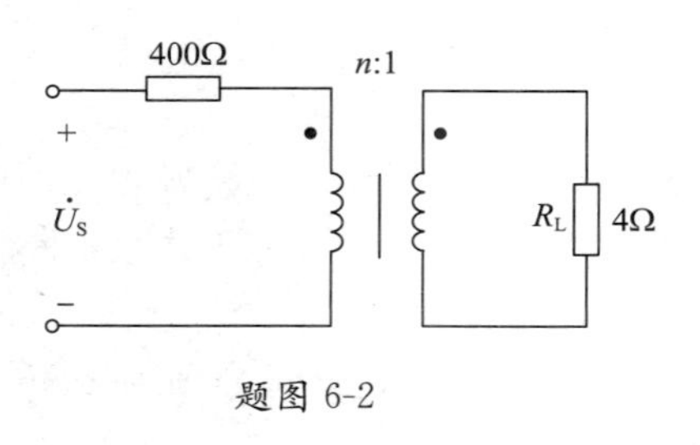

题图 6-2

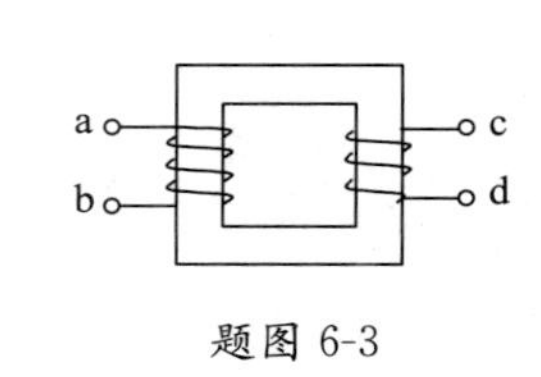

题图 6-3

4. 计算题

6.2.27　如题图 6-4 所示，交流信号源 $E=120\text{V}$，内阻 $R_0=800\Omega$，$R_L=8\Omega$。

(1) 当 R_L 获得最大输出功率时，求变压器的变比和信号源的输出功率；

(2) 当将 R_L 直接与信号源连接时，信号源的输出功率为多少？

(3) 说明此电路中变压器的作用。

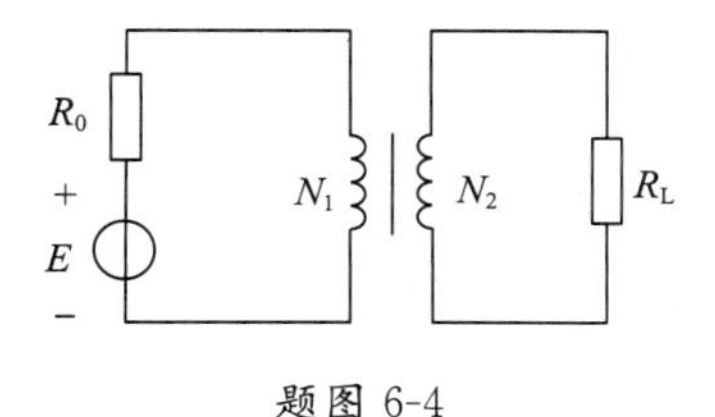

题图 6-4

习题 6.2.27

6.3.28　如题图 6-5(a)所示，E 为直流电源，开关 S 原来断开。当开关由断开到闭合的瞬间，变压器次级回路中检流计指针反向偏转，请在图中标出初级、次级绕组的同极性端。题图 6-5(b)所示互感线圈的同极性端已标出，试画出线圈的绕向。

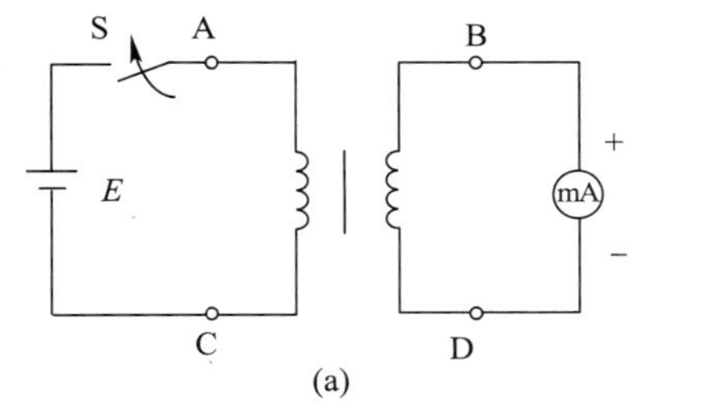

(a)

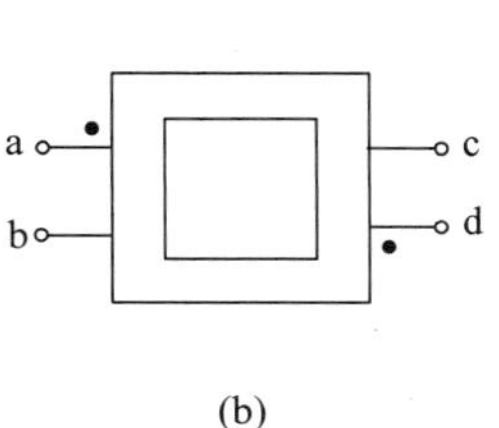

(b)

题图 6-5

习题 6.3.28(a)

第7章　电　动　机

7.1　内容要点

电动机是将电能转化为机械能的装置。按照用途来看，电动机的种类特别多，我们主要介绍以下几种。

1. 三相异步电动机

无论是工业生产，还是航空装备，三相异步电动机的应用都极为广泛。通过对三相异步电动机的全面学习，了解电动机的作用、工作原理、使用方法，为学习其他种类的电动机打下一定的基础。

(1) 构造

三相异步电动机的两个基本组成部分是定子(固定部分)和转子(旋转部分)。此外，还有端盖、风扇等附属部分。

(2) 转动原理

定子三相绕组通入三相电流后产生旋转磁场，旋转磁场切割转子(导条)时便在其中感应出电动势和电流(电动势的方向由右手定则确定)，转子电流与旋转磁场相互作用而产生电磁转矩(电磁力的方向由左手定则确定)，电磁转矩使转子转动。

(3) 同步转速、转子转速和转差率

同步转速(旋转磁场)　　$n_1=\dfrac{60f_1}{p}$

转子转速　　$n=(1-s)n_1$

转差率　　$s=\dfrac{n_1-n}{n_1}$

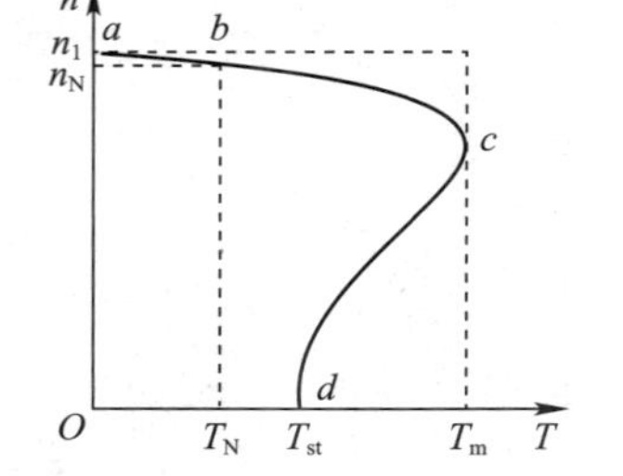

图 7.1.1　机械特性曲线

(4) 电磁转矩和机械特性曲线(见图 7.1.1)

电磁转矩　　$T=K\dfrac{sR_2}{R_2^2+(sX_{20})^2}U_1^2$

(5) 铭牌和主要技术数据

电动机的铭牌上标注有它的主要性能和技术数据，一般包括功率、转速、电压、电流、频率和功率因数等额定数据以及电动机型号、定子绕组接法、工作方式等。另有其他技术数据，如效率 η、$\dfrac{T_{st}}{T_N}$、$\dfrac{T_m}{T_N}$等，可从产品手册上查出。

(6) 使用方法

了解启动、反转、调速和制动的方法。

(7) 三相异步电动机的选择

参考功率、类型、电压、转速和接线方法等要素。

2. 其他类型的电动机

了解单相异步电动机、直流电动机、步进电动机、舵机的用途。

7.2 学习目标

① 了解电动机的工作原理。
② 掌握三相异步电动机的转动原理。
③ 了解三相异步电动机的铭牌和额定数据。
④ 了解三相异步电动机的转矩和机械特性。
⑤ 熟悉三相异步电动机的启动、调速和制动方法及直流电动机的换向方法。
⑥ 了解直流电动机的基本工作原理。
⑦ 了解电动机在航空军事领域的应用。

7.3 重点与难点

1. 重点

① 电动机的用途及种类。
② 三相异步电动机的转动原理。
③ 三相异步电动机的转矩和机械特性。
④ 三相异步电动机的使用。

2. 难点

三相异步电动机的转动原理。

7.4 知识导图

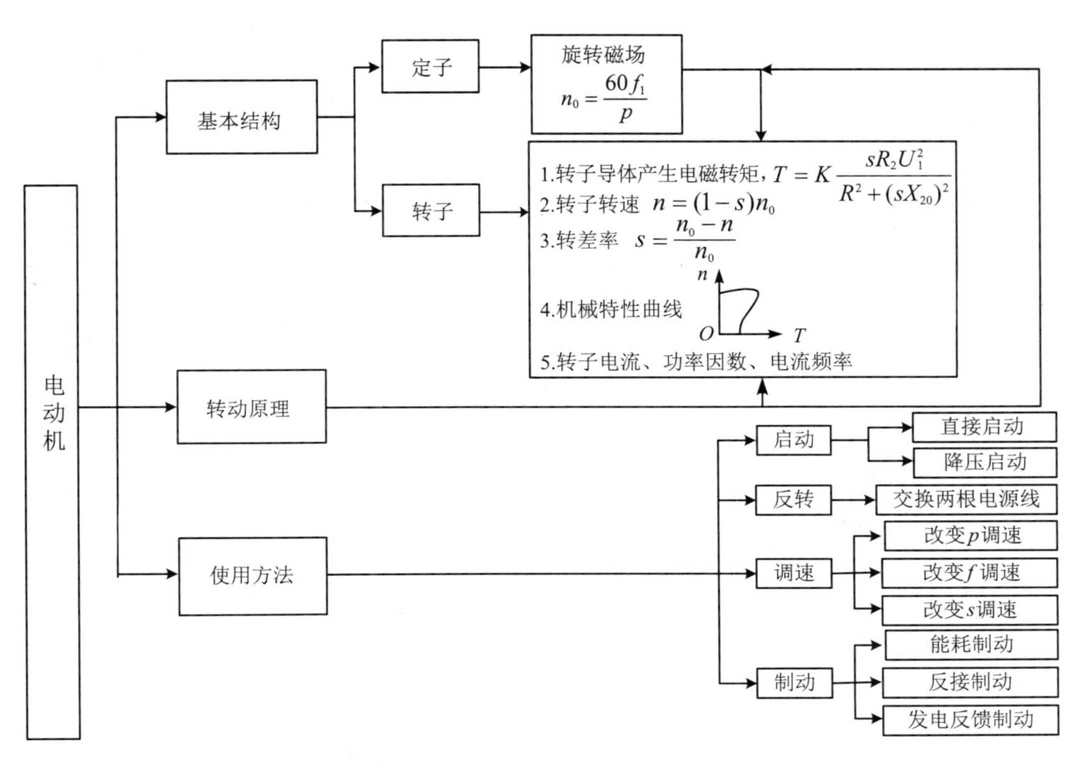

7.5 典型题解析

【例】 某三相异步电动机接入频率为 50Hz 的三相电源，磁极对数 p 为 2，转差率为 0.04，则转子转速是多少？

解：

同步转速 $$n_1=\frac{60f_1}{p}=\frac{60\times50}{2}=1500\text{r/min}$$

转子转速 $$n=(1-s)n_1=(1-0.04)\times1500=1440\text{r/min}$$

7.6 习　　题

1. 填空题

7.1.1 电动机按照供电电源的不同，分为交流电动机和________两大类；按照用途的不同，分为动力电动机和________两大类。

7.1.2 交流电动机按照工作原理不同，分为________和________两大类；按照供电电源的不同，分为________和________两大类。

7.1.3 采用交流供电系统的飞机，________电动机广泛应用于燃油和滑油系统（燃油泵、滑油泵）、冷却系统（风扇）、操作系统（驱动舵面、襟翼、副翼等）以及其他各种机构中；________电动机应用在应急开关、应急放油、大气通风活门、冲压空气排风、温度控制阀门等电动机构中。

7.1.4 三相异步电动机的构造主要由________和________两部分组成。三相异步电动机的定子三相绕组的接线方式有________和________两种，转子根据构造不同可分为________和________。

7.2.5 三相异步电动机的________和________的比值，称为转差率。若电动机在我国工频电源下工作，如果转子的转速为 1475r/min，则该电动机的磁极对数 $p=$________ 。

7.5.6 单相异步电动机的转子都是鼠笼式的，按定子的结构不同可分为________和________两大类。

7.6.7 直流电机既可以作为________使用，得到直流电源，也可以作为电动机使用，尤其是用在对电机的启动和调速性能要求较高的场合。

2. 判断题(答案写在题号前)

7.1.8 三相异步电动机结构简单、运行可靠、坚固耐用、易于控制，因而是应用较广泛的一种电动机。

7.1.9 某型航空用三相异步电动机，其额定电压为 200V，指的是相电压。

7.1.10 航空用三相异步电动机，其电源额定频率是 400Hz。

7.1.11 航空用三相异步电动机，空载功率因数为 0.2～0.3，额定功率因数为 0.7～0.9。

7.1.12 三相异步电动机定子与转子绕组不仅处于同一磁路，且两绕组间有电的联系。

7.2.13 在三相异步电动机中定子绕组可以产生旋转磁场。

7.2.14 三相异步电动机旋转磁场的转速取决于磁极对数和电源频率。

7.2.15 三相异步电动机定子磁极数越多，则转速越高，反之则越低。

7.2.16 在交流异步电动机中，旋转磁场转向的变化会直接影响转子的旋转方向。

7.4.17 改变三相电源的相序，就可以改变三相异步电动机的转动方向。

7.6.18　无刷直流电动机解决了传统直流电动机的机械摩擦问题。

3. 选择题

7.2.19　下列说法正确的是(　　)。

a. 异步电动机转子的转速总是等于旋转磁场的转速

b. 异步电动机转子的转速总是高于旋转磁场的转速

c. 异步电动机转子的转速总是低于旋转磁场的转速

d. 异步电动机转子的转速与旋转磁场的转速无关

7.2.20　某台三相四极异步电动机，接在频率 50Hz 的电源上，其同步转速为(　　)。

a. 750r/min　　b. 3000r/min　　c. 1000r/min　　d. 1500r/min

7.2.21　三相异步电动机旋转磁场的转向决定于三相电源的(　　)。

a. 相位　　b. 频率　　c. 相序　　d. 幅值

7.2.22　转差率 s 是反映异步电动机“异步”程度的参数，当电动机工作时，(　　)。

a. 转差率 $s=1$　　b. 转差率 $s>1$　　c. 转差率 $s<0$　　d. 转差率 $0<s\leqslant 1$

4. 综合题

7.1.23　已知 Y100L1-4 型异步电动机的铭牌数据如下：

功率 2.2kW	电压 380V	接法 Y/△
转速 1420r/min	$\cos\varphi=0.82$	$\eta=81\%$

(1) 请说明各个数据的含义；

(2) 接线柱示意图如题图 7-1 所示。当电源线电压为 380V 时，电动机的定子绕组需采用三角形连接，请在题图 7-1 中将连接导线画出来。

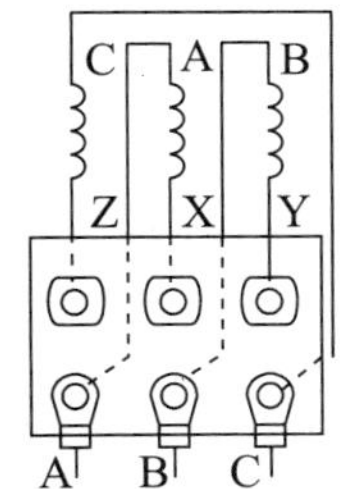

题图 7-1

习题 7.1.23

7.2.24　简述三相异步电动机的转动原理。

7.4.25　简述三相异步电动机的启动方法。

7.4.26　简述三相异步电动机的调速方法。

7.4.27　简述三相异步电动机的制动方法。

第 8 章　继电器及其控制系统

8.1　内 容 要 点

1. 常用控制电器

控制电器是对电动机和生产设备进行控制与保护的电工设备或元件，一般分为手控电器和自控电器两大类。前者靠人力手控操作而动作，后者靠控制条件（信号或参数）变化而自动动作。

（1）手控电器

常用的有闸刀开关、组合开关（又称转换开关）、按钮等。

① 闸刀开关：是开关中最简单且最常用的一种，通常在电流不大的线路中直接用于接通或切断电源。按极数不同，闸刀开关分为单极（单刀）、双极（双刀）和三极（三刀）3 种，一般额定电压在 500V 以内，额定电流在 60A 以内。安装时，电源线应接在静刀座上。切断较大的电流负载时，应注意避免被产生的电弧烧伤。

② 组合开关：是一种通过手柄旋转作用进行通断控制的开关。一般有彼此绝缘的多对动触片和静触片，旋转手柄一定角度，可使一些触片接通，另一些触片断开，因而可同时分别接通或切断相应的电路。常用来作为电源引入开关，也可用来对小容量电动机进行直接启动和停止控制。一般分为单极、双极、三极和四极几种，额定持续电流在 100A 以内，额定电压在 500V 以内。

③ 按钮：是一种“发令”电器，常用来接通或断开控制电路（其中电流很小），以控制电动机或其他电气设备的运行。其中有动触点和静触点。未按动时原本就接通、按动后断开的触点称为动断触点或常闭触点；未按动时原本断开、按动后接通的触点称为动合触点或常开触点。同时具有一对动合触点和一对动断触点的按钮称为复合按钮。选用时，有触点额定电流和额定电压两个主要指标。

（2）自控电器

常用的有接触器、中间继电器、时间继电器、热继电器、熔断器、空气断路器（自动空气开关）和行程开关等。

① 接触器：是利用电磁铁线圈通电后产生的电磁吸力带动触点接通或断开的电器，常用于接通或断开电动机或其他设备的主电路。主要由电磁铁和触点两个主要部分构成。其中触点包括主触点（动合型，通过电流较大，接于主电路）和辅助触点（动合或动断型，通过电流较小，接于控制电路）；依照电磁铁励磁电压交、直流性质的不同分为交流型和直流型两类。选用时，应注意主触点和辅助触点的额定电流、线圈电压及触点数量等。

② 中间继电器：结构和原理与接触器相同，电磁系统较小，触点较多。通常用于中间传递信号或同时把信号传给数个有关的控制元件以控制多个电路，也可直接用来控制小容量电动机或其他电气执行元件。选用时，主要考虑交流或直流型、电压等级、触点（动合和动断）数量及触点的电流容量。

③ 时间继电器：是一种能延缓触点接通或断开的电器，由电磁铁线圈、触点系统和触点延时机构组成。分为通电延时式和断电延时式。结构有空气式、电磁式、电子式等。主要技术指标有线圈额定电压、触点电流容量、触点数量和种类、延时调节时间等。其各种触点常用于对时间有要求的控制电路中。

④ 热继电器：是利用电流的热效应而动作的电器，主要由热元件、动断触点和复位机构组成。热元件接在电动机主电路中，当其中持续流过的电流超过容许值一定时间后，双金属片变形导致串联在控制电路中的动断触点断开，使接触器线圈断电，从而断开电动机的主电路，实现过载保护。其主要技术数据为整定电流，按所控制的电动机额定电流选择，并可通过自身的“整定电流调节装置”进行调节。

⑤ 熔断器：是最简便而有效的短路保护电器，当发生短路或严重过载时，其中的熔丝或熔片应立即熔断。有管式、插式和螺旋式等不同类型。主要技术数据为额定熔断电流。选择方法一般为确定额定熔断电流 I_{NFU}。多台电动机合用时，$I_{NFU} \geqslant (1.5 \sim 2.5) \times$ 容量最大的电动机的额定电流＋其余电动机的额定电流之和。

⑥ 空气断路器（自动空气开关）：是一种能实现短路、过载和失压保护的多功能低压保护电器。它通过手动操作机构闭合，当发生严重过载或短路故障，以及电压严重下降或断电时，主触点自动断开。主要用于电源的接通和分断。按极数可分为单极、双极、三极和四极几种，额定电流可在 4～5000A 之间依照负载需要的分断能力来选择。

⑦ 行程开关（限位开关）：结构类似于按钮，有一副动合触点和一副动断触点，靠运动部件机械力碰压而动作。常用于行程和限位控制电路。

2. 常用控制线路

（1）常用主电路的控制

① 直接启动主电路：通过接触器三相主触点的闭合将三相交流电源加到电动机三相定子绕组上，电动机通电转动。主电路中一般包括三极闸刀开关（或组合开关）、熔断器、接触器主触点、热继电器的热元件、电动机三相定子绕组。小功率电动机可直接启动。

② 正反转主电路：组成部分与直接启动主电路相同，不同的是接有两组接触器的主触点——一组用于将电源以正相序加给电动机定子绕组，实现正向转动；另一组用于将电源以负相序加给电动机定子绕组，实现反向转动。两组接触器通过调换主触点任意一侧的两根接线完成换相。两组主触点由各自的接触器线圈的通电和断电来控制其开闭。在任一瞬间两组主触点不能同时闭合，否则将造成电源短路。

③ 星形-三角形换接启动主电路：用于定子绕组工作时为三角形接法的较大功率电动机的启动，比直接启动主电路多两组接触器主触点——一组闭合时将定子绕组接成星形，进行降压启动；另一组闭合时将定子绕组换接成三角形，进行正常工作。两组主触点闭合与断开有先后次序和时间间隔，不允许同时闭合。

（2）常用控制电路

① 直接启动控制电路：包括启、停按钮，接触器线圈，热继电器动断触点，接触器自锁触点。用于完成对接触器线圈的通电、断电控制，是最基本的控制电路。

② 正反转控制电路：对正、反转两个接触器线圈进行通电和断电控制，在正、反转直接启动控制电路基础上互相向对方回路中串联本回路启动按钮的动断触点和接触器的动断触点，以实现机械互锁和电气互锁，保证正、反两接触器线圈不能同时通电。

③ 时间控制电路：通过时间继电器各类触点的延时动作实现对不同控制电路的接通或断开的延时控制。通电延时或断电延时、动合触点或动断触点的选择要根据具体控制要求进行。

④ 行程控制电路：依靠行程开关触点的动合或动断来实现对控制电路接通或断开的控制，常与正反转控制电路相结合。

⑤ 顺序控制电路：通过接触器和其他继电器辅助动合、动断触点的适当连接实现不同控制电路或控制元件通断的先后次序控制。

3. 常用控制保护

① 短路保护:通过熔断器熔断或空气断路器跳开动作来实现自动切断电源与电路连接的作用。

② 过载保护:通过热继电器或空气断路器实现线路长时间流过过载电流时自动切断电源与电路的连接。

③ 零压保护:通过接触器自锁触点或空气断路器实现电源断电后恢复送电时,线路需重新按启动按钮或重新合闸才能工作的功能。

④ 联锁保护:通过机械触点或电气触点实现对某些控制电路通电、断电的制约。

常用电动机与控制电器的电气图形符号列于表 8-1 中。

表 8-1 常用电动机与控制电器的电气图形符号

名称		符号
三相鼠笼式异步电动机		 M 3~
三相绕线式异步电动机		 M 3~
三极开关 Q(隔离开关 QS)		
熔断器 FU		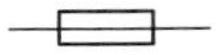
指示灯		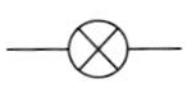
按钮 SB	动合(常开)	
	动断(常闭)	

名称			符号
接触器(KM)、继电器(KA)、时间继电器(KT)的线圈			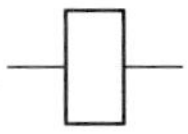
接触器(KM)的主触点		动合(常开)	
		动断(常闭)	
接触器(KM)的辅助触点和断电器(KA)的触点		动合(常开)	
		动断(常闭)	
时间继电器(KT)的触点	通电时触点延时动作	动合延时闭合	
		动断延时断开	
	断电时触点延时动作	动合延时断开	
		动断延时闭合	
普通开关		接通开关	
		转换开关	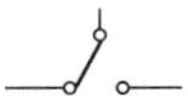
热继电器 FR(KH)		动断触点	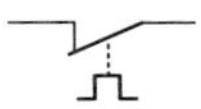
		发热元件	

8.2 学习目标

① 了解电磁铁的基本结构和动作原理。

② 熟悉常用控制器件的工作原理和图形符号。

③ 熟悉典型的控制电路中常用控制器件的使用。

④ 了解常用控制器件在航空军事领域的应用。

8.3 重点与难点

1. 重点

① 常用控制电器的工作原理、控制作用、电路符号。

② 常用基本控制电路——三相异步电动机的直接启动、过载保护等基本控制电路。

③ 读懂电气控制电路图。

2. 难点

电气控制电路的读图。

8.4 知 识 导 图

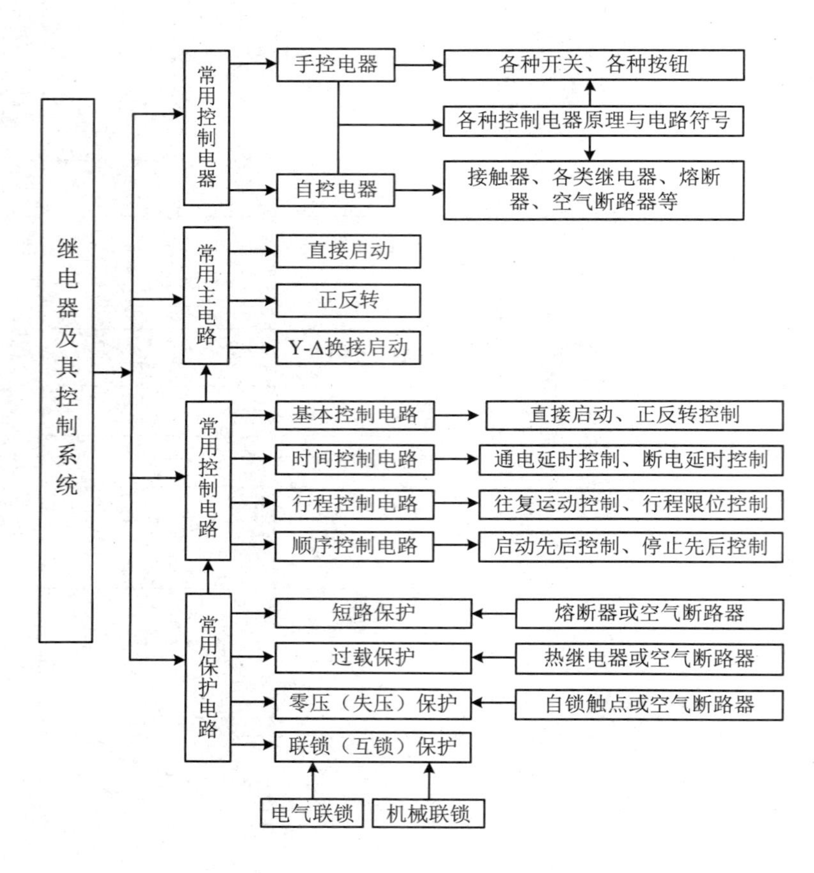

8.5 典型题解析

【例】 图 8.5.1(a)所示为小型继电器的结构示意图,图 8.5.1(b)所示是飞机起落架控制显示电路,绿色 LED 指示起落架收起,红色 LED 指示起落架放下。试说明该电路的工作过程。

解: S_2 断开时,继电器线圈未通电,此时,闭合 S_1,红色 LED 亮,绿色 LED 不亮。

保持 S_1 闭合,再闭合 S_2,继电器线圈通电,常闭触点断开、常开触点闭合,使得红色 LED 不亮、绿色 LED 亮。

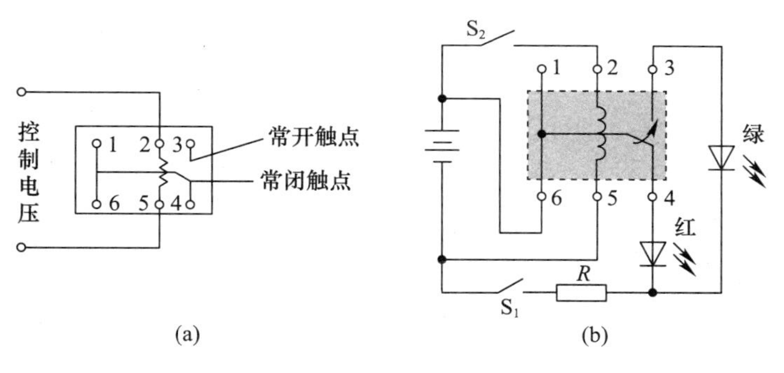

图 8.5.1 例图

8.6 习 题

1. 填空题

8.1.1 电磁铁的铁心有两块，分别是________和________。

8.2.2 接触器是一种利用________________原理工作的控制电器，主要由________________和____________组成。

8.3.3 组合开关是一种通过______________________作用进行通断控制的开关，常用来作为电源引入开关，也可以用来对小容量电动机进行直接启动或停止控制。

8.3.4 按钮是一种“发令”电器，常用来接通或断开控制电路，以控制电动机或其他电气设备的运行。通常，停止按钮用________色，启动按钮用________色，点动按钮用________色，复位按钮用________色。

8.3.5 熔断器是一种__________________保护器件。当被保护电路的______________超过规定值，熔体自身产生的热量将会________________熔体，使电路断开，从而对用电系统起到保护作用。

8.4.6 电气控制原理图的读图顺序是____。

2. 判断题(答案写在题号前)

8.1.7 低压电器指在额定交流电压 1500V 以下的电力线路中起保护、控制作用的电器。

8.1.8 低压电器指在额定直流电压 1200V 以下的电力线路中起保护、控制作用的电器。

8.2.9 继电器和接触器都是利用电磁铁原理工作的控制电器。

8.2.10 交流接触器中线圈通电后，动合触点闭合，动断触点断开。

8.2.11 交流接触器的主触点用来接通和断开主电路。

8.3.12 更换熔断器时必须把电源断开，防止触电。

8.3.13 熔断器与被保护设备的连接为串联关系。

8.3.14 空气断路器不可频繁通断电源。

8.3.15 自动空气断路器除了具有接通与分断负载电路的功能，还具有过载、短路、失压、欠压保护的功能。

3. 选择题

8.1.16 下列关于电磁铁的描述错误的是(　　)。

a. 电磁铁是一种能将电能转换为机械能的电气元件

b. 电磁铁主要由线圈和铁心组成

c. 电磁铁是一种具有可动铁心和可变气隙的电磁装置

d. 无论电磁铁通电与否都会对铁磁物质产生吸力

8.2.17 下列关于继电器的说法，错误的是(　　)。

a. 继电器在被控电路中就相当于开关

b. 热继电器具有短路保护的作用

c. 电磁继电器在飞机上用途广泛，电源、空调、起落架等都要用到

d. 继电器线圈通电后，使得常开触点闭合，常闭触点断开

8.2.18 关于交流接触器，描述正确的是(　　)。

a. 交流接触器的主触点不可频繁通断　　b. 主触点具有自锁功能

c. 主触点采用灭弧措施　　d. 辅助触点有灭弧装置而主触点没有

8.3.19 下列器件中不属于常用电磁控制器件的是(　　)。

a. 接触器　　b. 时间继电器　　c. 开关继电器　　d. 熔断器

8.3.20 下列所示电路符号中，属于电路保护器件的符号是(　　)。

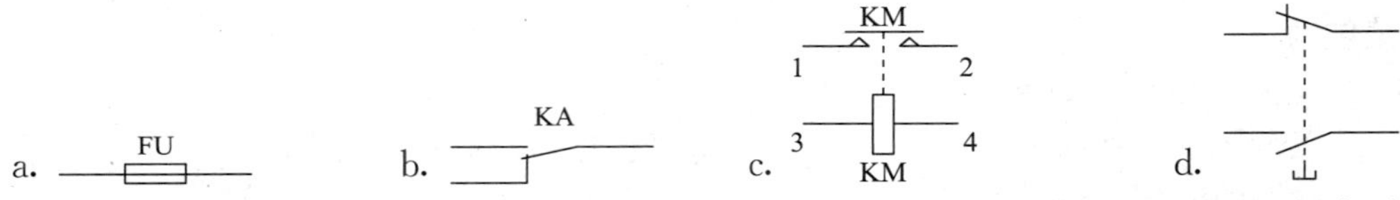

8.4.21 如题图 8-1 所示，描述正确的是(　　)。图中，SB_1 是停止按钮，SB_2 是启动按钮。

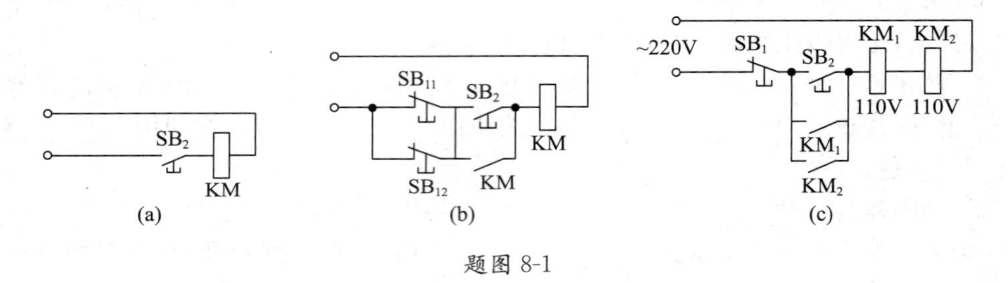

题图 8-1

4. 综合题

8.5.22 如题图 8-2 所示，试分析电路的启动过程和停车过程。

习题 8.5.22 和
习题 8.5.23

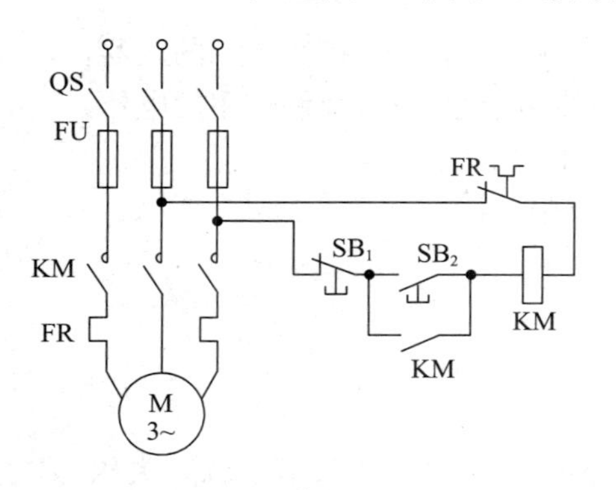

题图 8-2

8.5.23　如题图 8-3 所示，试分析电路的启动过程和停车过程。

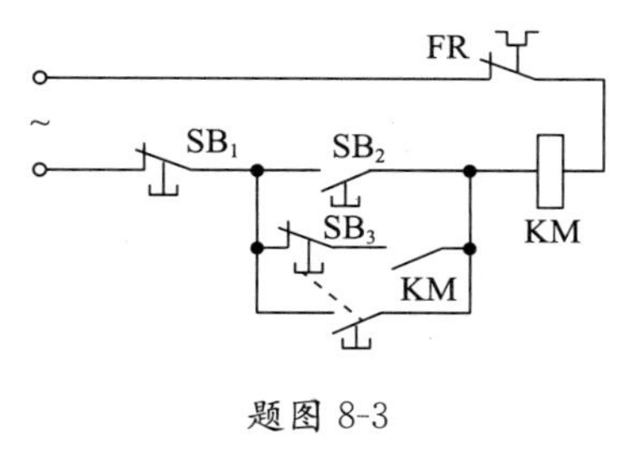

题图 8-3

8.4.24　如题图 8-4(a)所示为继电器结构示意图，其中引脚 2 和引脚 5 之间是一个电感线圈，当外接控制电压时，常开触点闭合，常闭触点断开。题图 8-4(b)所示是一种水位自动报警器的原理示意图，其中 A 和 B 为金属块。试说明该电路的工作原理。

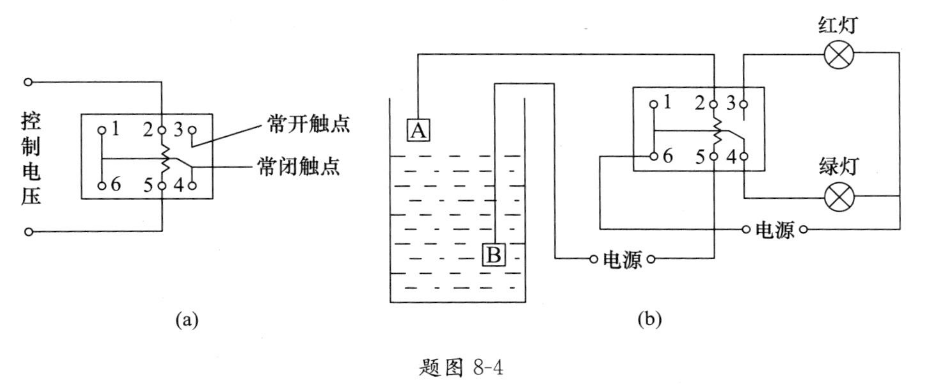

题图 8-4

习题 8.4.24

2019—2020学年秋季学期期中考试题

第一题:填空题(共8题,每空2分,总计24分。)

1. 电路如图1所示,已知某器件的额定电压为5V,额定功率为1W。若要该器件正常工作,需要串联电阻。串联的电阻R大小为________Ω。我们在选择电阻时,除了阻值,常常还要考虑功率。该电路中,电阻实际消耗的功率为________W。

2. 电路如图2所示,在开关S断开时,A端的电位是________。

3. 在正弦交流电路中,已知电压有效值$U=100$V,频率为50Hz,初相角为75°,写出该电压的瞬时值表达式________________V。

4. 电路如图3所示。该电路具有波形变换的作用,电路输入脉冲宽度为t_P的矩形脉冲,当时间常数τ满足________时,从电容两端输出锯齿波信号,由于输出电压和输入电压的函数关系,这种电路被称为________电路。该电路还具有滤波作用,可以滤除(填写:低频、高频)________信号。

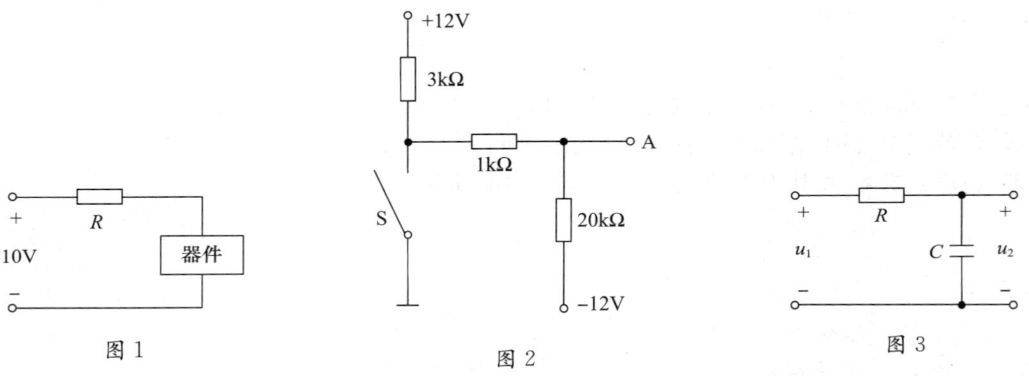

图1　　图2　　图3

5. 已知三相电源的相电压为220V,若三相对称负载$Z=6+\mathrm{j}8\Omega$采用星形接法,则电路中的相电流大小为________A。

6. 图4所示为示波器观察到的某元件的电压和电流的波形图,由此可以判断u和i的相位差是________,判断该元件为________。

7. 某型变压器,初级接有音频放大电路,次级接4Ω的扬声器。测量发现变压器的初级电压U_1为2200V、次级电压U_2为220V时,扬声器得到最大功率,则音频放大电路等效的电压源内阻是________Ω。

8. 电路如图5所示,开关S闭合时,电流表反偏,则端点A和________是同极性端。

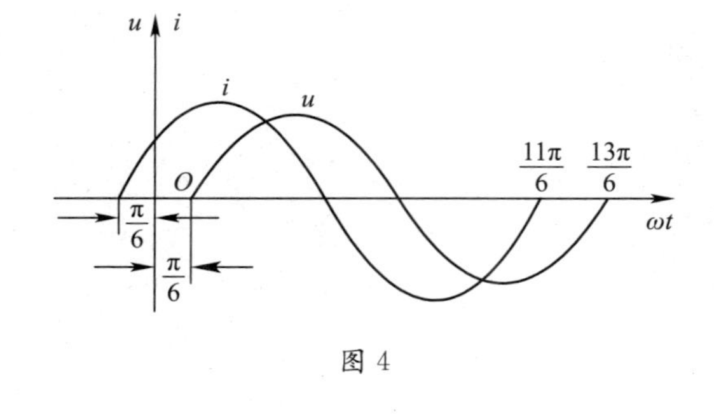

图4

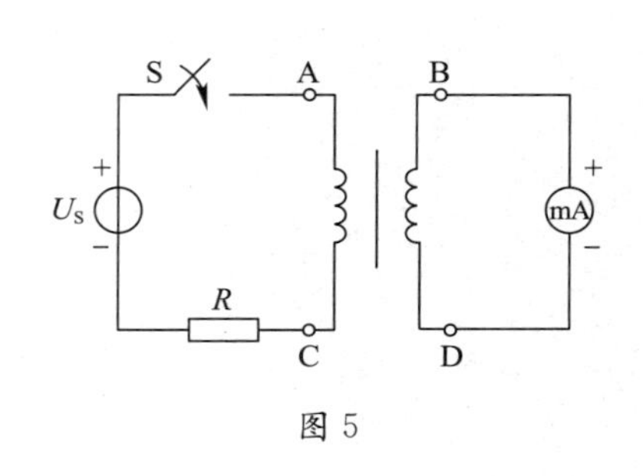

图5

第二题:选择题(共 10 小题,每题 2 分,总计 20 分。)

1. 下列说法正确的是(　　)。

A. 在线性电路和非线性电路中都可以使用叠加定理

B. 叠加定理不仅适用于电压、电流的叠加,也适用于功率的叠加

C. 最大功率传输定理不仅适用于直流电路,还适用于交流电路

2. 关于正弦交流电路中的串联谐振,下列说法错误的是(　　)。

A. $U_L=U_C=0$　　B. 总电压与总电流同相　　C. 品质因数越大,频率选择性越好

3. 关于"RLC 串联交流电路的研究"这一实验,下列说法错误的是(　　)。

A. 实验采用的调谐方法是:固定电路参数,调整电源频率使其等于电路的固有频率

B. 实验过程中,信号发生器、示波器、电路板之间不需要共地

C. 测绘频率特性曲线时,需要始终保持信号源的输出电压有效值不变

4. 下列说法错误的是(　　)。

A. 只要电路中含有储能元件,电路就能产生暂态过程

B. RC 电路的全响应,是零输入响应和零状态响应的叠加

C. 时间常数越大,暂态响应的时间越长

5. 关于功率因数的描述,错误的是(　　)。

A. 功率因数角,在数值上与阻抗角、总电压总电流的相位差相等

B. 提高感性负载功率因数的有效措施是:在感性负载两端并联电容

C. 功率因数提高后,线路电流减小了,电表的走字速度会慢些(省电)

6. 如图 6 所示的三相四线制照明电路中,各相负载电阻不等。如果中性线在"×"处断开,后果是(　　)。

A. 各相电灯中的电流均为零　　B. 各相电压重新分配,电灯不能正常发光

C. 各相电灯的电压都将低于额定值,不能正常发光

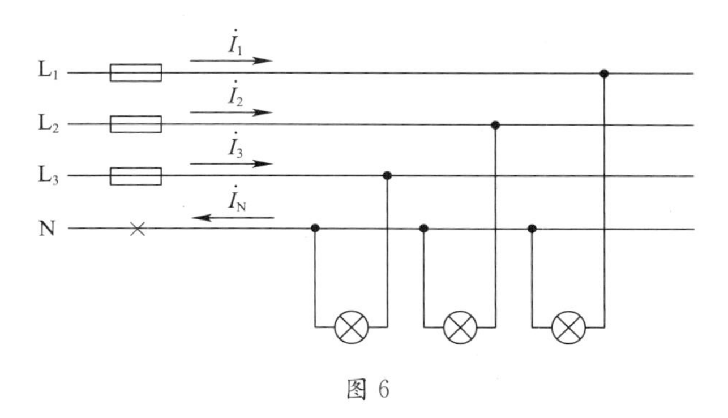

图 6

7. 关于三相电路,下列说法错误的是(　　)。

A. 中性线的作用就是使星形连接的不对称负载的相电压对称

B. 负载对称,是指各负载阻抗的模相等,相位互差 120°

C. 三相负载的连接方式应视其额定电压而定

8. 关于电动机,以下说法错误的是(　　)。

A. 三相异步电动机中,定子通三相电可以产生旋转磁场

B. 三相异步电动机转子的转向总是和旋转磁场的转动方向相同

C. 三相异步电动机旋转磁场的转速低于转子转速

9. 一台磁极对数 $p=2$ 的三相异步电动机,接在频率为 400Hz 的交流电上,则旋转磁场的

转速为(　　)。

A. 3000r/min　　B. 6000r/min　　C. 12000r/min

10. 下列低压控制器件,没有利用电磁铁原理的是(　　)。

A. 组合开关　　B. 接触器　　C. 继电器

第三题:综合题(共 5 题,总计 56 分。)

1. 如图 7 所示直流电路,画出最简等效电路(要求:体现必要的化简步骤)。(12 分)

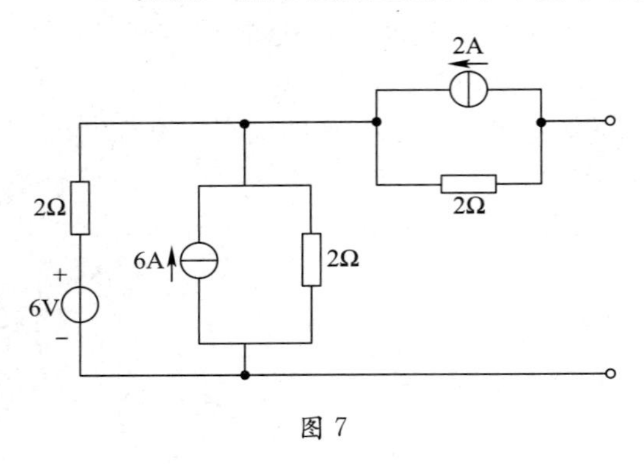

图 7

2. 如图 8 所示直流电路,运用戴维南定理求 I。(12 分)

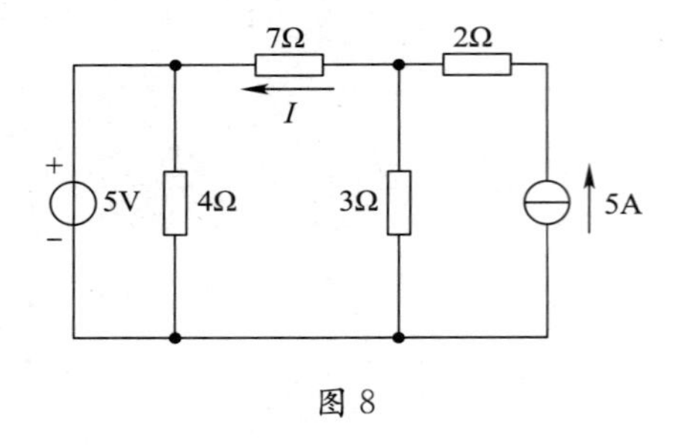

图 8

3. 图 9 所示电路处于稳态，已知 $E=6\text{V}$，$R=2\Omega$，$C=0.75\ \mu\text{F}$，当 $t=0$ 时，开关 S 断开。(1)求$t\geqslant0$ 时的 $u_{\text{C}}(t)$，并绘出它的暂态响应曲线；(2)暂态响应时间的长短与哪些电路参数有关？(12 分)

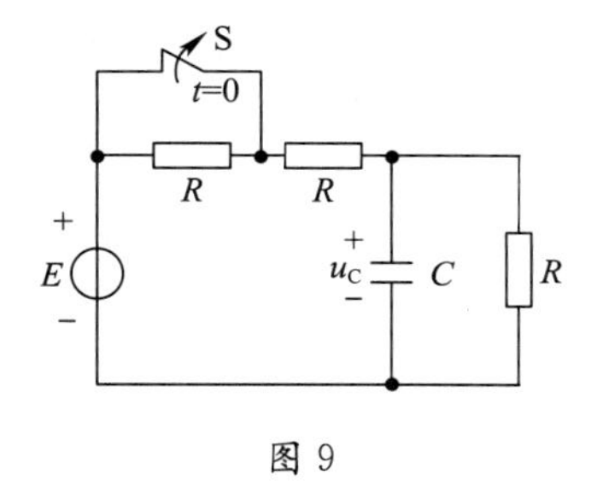

图 9

4. 电路如图 10 所示，已知 $\dot{I}_{\text{S}}=30\angle45^{\circ}\text{A}$。(1)求电压表和电流表的读数；(2)作出 $\dot{I}_{\text{S}}$、$\dot{I}_1$ 和 $\dot{I}_2$ 的相量图；(3)求电路消耗的有功功率和无功功率；(4)若发现电流表 A_1 的读数为 30A，试分析原因。(14 分)

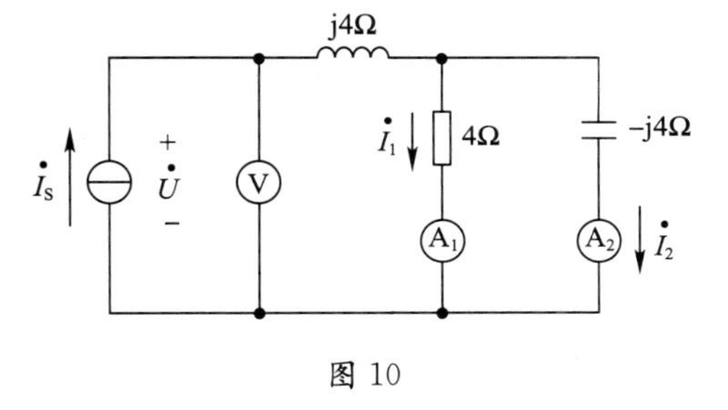

图 10

5. 用以下 6 个元件构成一个电路，实现：当 S 断开时，LED 不亮；当 S 闭合时，LED 逐渐点亮。(6 分)

R_1　R_2　+ 6V −　C　S

2020—2021 学年秋季学期期中考试题

第一题:选择题 (共 12 题,每题 2 分,总计 24 分。)

1. 下列说法中正确的是(　　)。

A. 电路中两点间电压大小与参考点的选取有关

B. 若求出的电流值为负,说明该电流的实际方向与参考方向相反

C. 电路中的电源都是发出功率的

2. 叠加定理适用于(　　)。

A. 线性电路中电压和电流的计算　B. 线性电路中功率的计算

C. 含有非线性元件电路的电压与电流的计算

3. 电路发生换路时,以下哪个量是不能跃变的(　　)。

A. 电容电流　　B. 电感电压　　C. 电容电压

4. 如图 1 所示电路,要使 6V、50mA 的电珠正常发光,应采用(　　)电路连接。

A. a　　B. b　　C. c

5. 如图 2 所示电路,设 $i=2\sin 6280t$mA,$R=1\text{k}\Omega$,$C=50\mu\text{F}$,则电流在 R 和 C 两个支路之间的分配关系为(　　)。

A. 电流几乎全部通过 R　　B. 电流几乎全部通过 C

C. R 和 C 上电流几乎相等

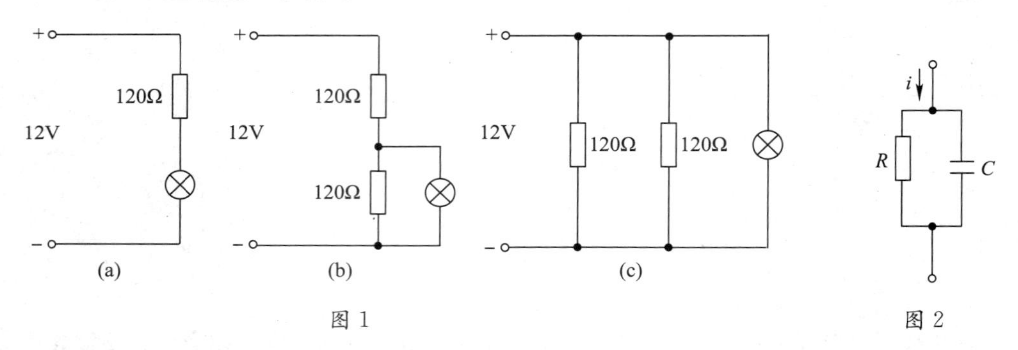

图 1　　图 2

6. 如图 3 所示电路,不是交流电的是(　　)。

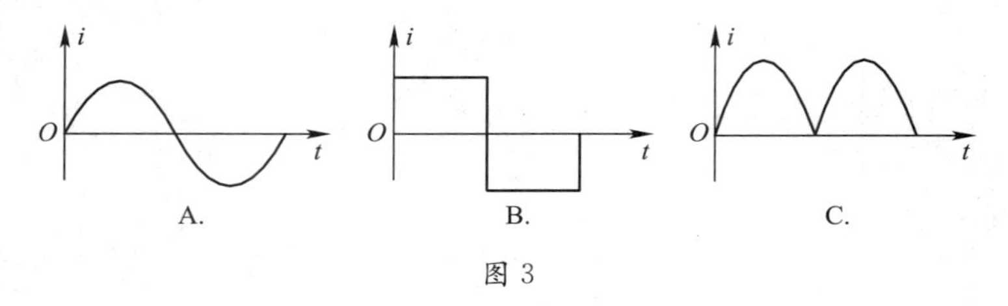

图 3

7. 以下说法错误的是(　　)。

A. 理想电压源与理想电流源可以等效变换

B. 理想电压源与内阻串联可以等效成理想电流源与内阻并联

C. 与理想电压源并联或与理想电流源串联的元件对外电路求解无影响,可去掉

8. 在 RLC 串联电路呈现阻性的情况下，将电容值调小，电路将会呈现(　　)。

A. 电容性　　　　B. 电阻性　　　　C. 电感性

9. 用有效值相量表示正弦电压 $u=220\sin(\omega t-90^\circ)$V 时，可写作(　　)。

A. $\dot{U}_\mathrm{m}=220\angle-90^\circ$V　　B. $\dot{U}=220\angle-90^\circ$V　　C. $\dot{U}=\dfrac{220}{\sqrt{2}}\angle-90^\circ$V

10. 如图 4(a)和(b)所示电路，电压表 V_0 和电流表 A_0 的读数是(　　)。

A. 4V，8A　　　　B. 2V，0A　　　　C. 8V，8A

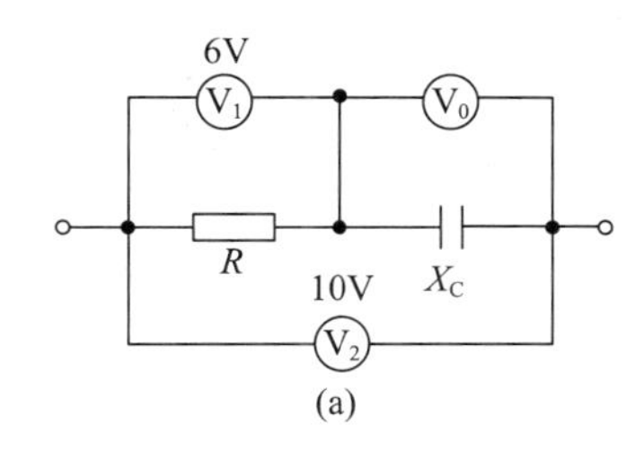

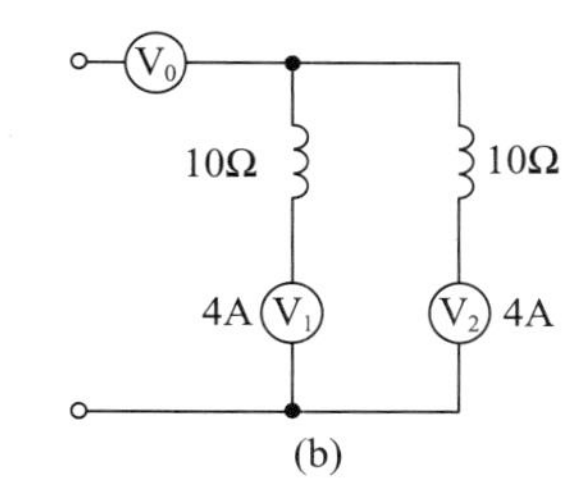

图 4

11. 关于三相不对称负载的功率，下列关系式错误的是(　　)。

A. $P=P_\mathrm{A}+P_\mathrm{B}+P_\mathrm{C}$　　B. $Q=\sqrt{3}U_\mathrm{L}I_\mathrm{L}\sin\varphi$　　C. $S=\sqrt{P^2+Q^2}$

12. 关于功率因数的描述，错误的是(　　)。

A. 功率因数提高后，线路电流减小了，电表的走字速度会慢些(省电)

B. 功率因数角在数值上与电压和电流的相位差、阻抗角相等

C. 提高功率因数的目的是：减小设备和线路的损耗，提高电源的利用率

第二题：填空题(共 6 题，每空 2 分，总计 20 分。)

1. 在实际电路中，常用微分电路把矩形脉冲变换为________。

2. 在 RLC 串联电路中，谐振时，电容两端电压与电感两端电压大小相等，相位________。

3. 电路如图 5 所示，交流信号源 $E=120$V，内阻 $R_0=400\Omega$，变压器匝数比为 10；当负载获得最大输出功率时，其阻抗 $R_\mathrm{L}=$________Ω；此变压器为________变压器。(升压/降压)

4. 电路如图 6 所示，开关 S 闭合时，电流表正偏，则端点 A 和________是同极性端。

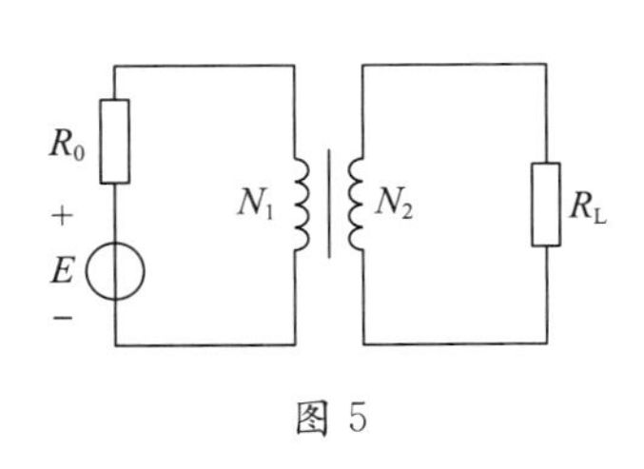

图 5

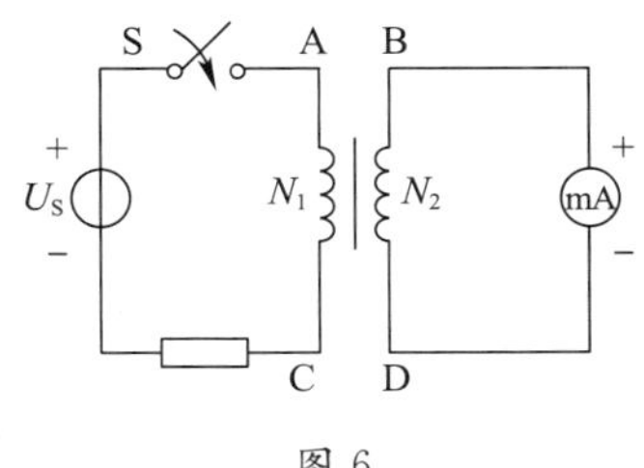

图 6

5. 某航空三相异步电动机，其绕组(负载)连成三角形，每相绕组为 $3+\mathrm{j}4\Omega$。将电动机接在线电压 $U_\mathrm{L}=200$V 的主电源上，则负载相电流大小为________A，线电流大小为________A；该电动机取用的无功功率为________var。

6. 已知 Y200L-4 型三相异步电动机的额定数据如下：

功率	转速	电压	接法	效率	频率	电流
30kW	1470r/min	380V	△	92.2%	50Hz	57.5A

试求电动机的磁极对数 $p=$________，额定负载时的转差率 $s=$________。

第三题:综合题(共 6 题,共 56 分。)

1. 电路如图 7 所示,计算 A 点和 B 点的电位。(8 分)

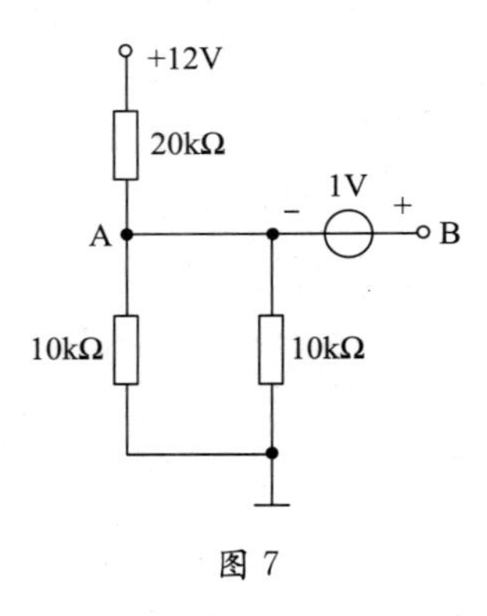

图 7

2. 如图 8 所示电路。当 $R=3\Omega$ 时,$I=2\text{A}$,利用戴维南定理计算当 $R=8\Omega$ 时电流 I 的值。(10 分)

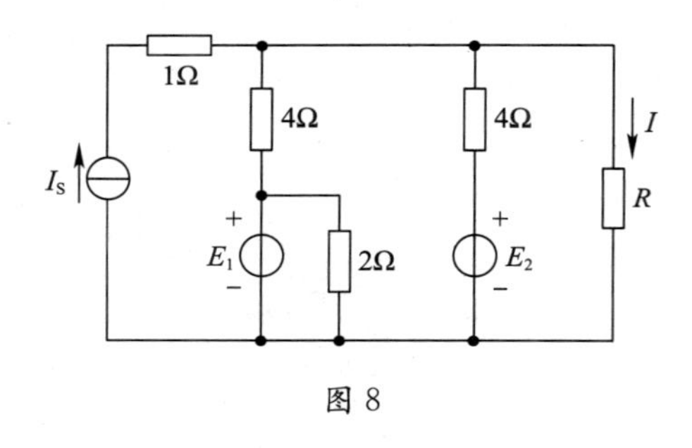

图 8

3. 电路如图 9 所示，已知换路前电路已处于稳态。试求：(1)换路后电容电压 $u_C(t)$；(2)画出 $u_C(t)$随时间变化的曲线；(3)电路产生暂态现象的原因是什么？(4)调整电路中的哪些参数，可以改变暂态过程的长短？(14 分)

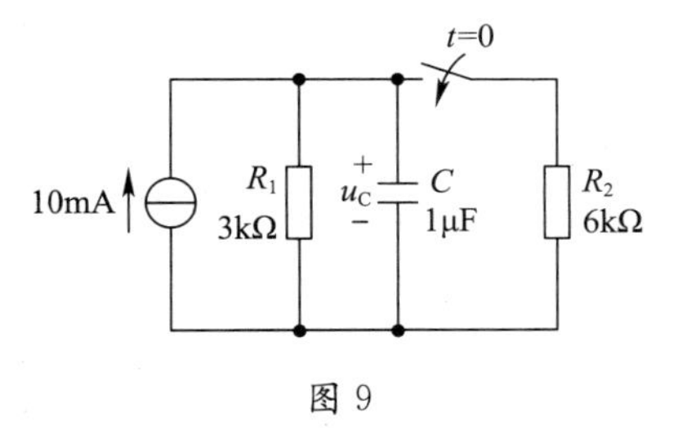

图 9

4. 电路如图 10 所示，已知 $R_1=R_2=2\Omega$，$X_L=4\Omega$，$X_C=2\Omega$，电压 $\dot{U}=10\angle 0^\circ \text{V}$。试求：(1)电路的总阻抗 Z；(2)电流 $\dot{I}_1$、$\dot{I}_2$ 和 $\dot{I}$；(3)视在功率 S。(14 分)

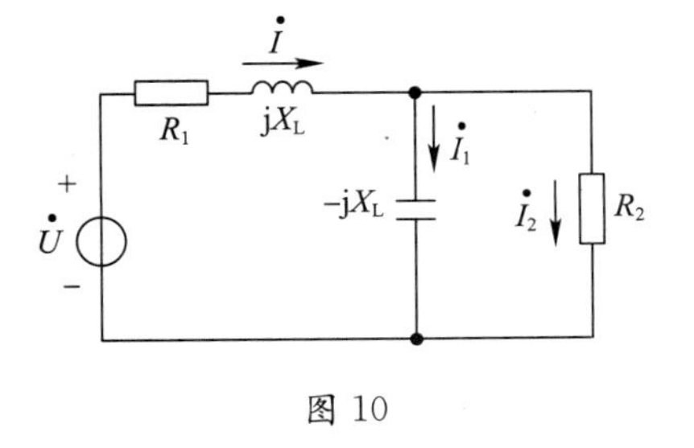

图 10

5. 基础学院某三层教学楼照明电路如图 11 所示。试分析:(1)该教学楼的电灯属于哪种负载连接方式?(2)某天电路突然在“×”处断开,分析各楼层的电灯亮度是否发生变化?如果发生变化,每一层楼的电灯亮度是怎么变化的?试分析原因。(6 分)

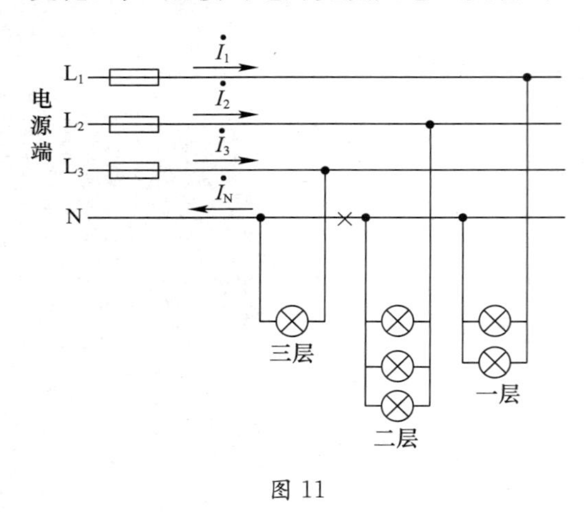

图 11

6. 如图 12 所示电路为模拟鸟撞飞机报警电路,其中,继电器 4 脚是常闭触点,3 脚是常开触点。当鸟撞飞机时开关 S 断开,试描述该电路的工作原理。如果想在该电路的基础上,同时实现声光报警功能,请完善电路,并画出电路图。(4 分)

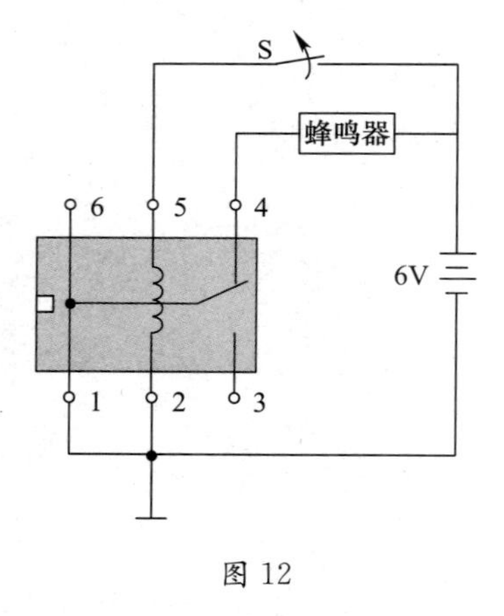

图 12

2021—2022 学年秋季学期期中考试题

第一题：选择题(共 12 题，每题 2 分，总计 24 分。)

1. 将一只额定值为“110V、100W”白炽灯和一只额定值为“110V、40W”的白炽灯，串联后接入 220V 电源上，当将开关闭合时，(   )。

A. 二者都能正常工作　B. 40W 的灯丝烧毁　C. 100W 的灯丝烧毁　D. 两只灯都烧毁

2. 叠加定理适用于(   )。

A. 线性电路中电压和电流的计算　　B. 线性电路中功率的计算

C. 非线性电路中电压与电流的计算　　D. 任意电路中电压与电流的计算

3. 图 1 所示为三相鼠笼式异步电动机，与图(a)的转子转向相同的是(   )。

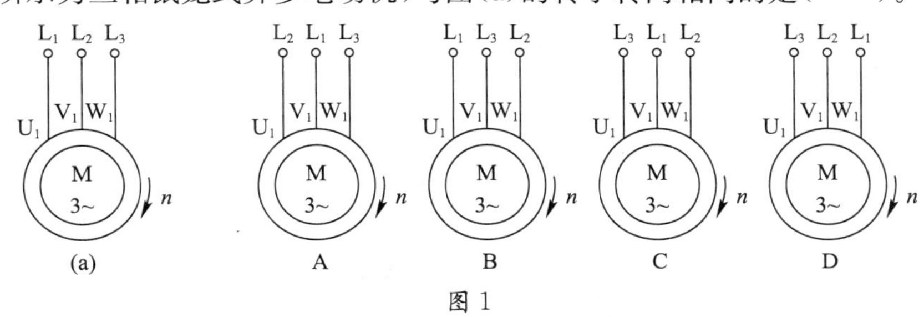

图 1

4. 下列说法中错误的是(   )。

A. 电路中某点电位大小与参考点的选取有关

B. 若计算出的电流值为负，说明该电流的实际方向与参考方向相反

C. 电路中的电源都是发出功率的

D. 任意线性有源二端网络都可以用一个理想电压源和电阻串联来代替

5. 图 2 所示电路的伏安特性是(   )。

A. $U=54+9I$　　B. $U=54-2I$　　C. $U=72-9I$　　D. $U=54-9I$

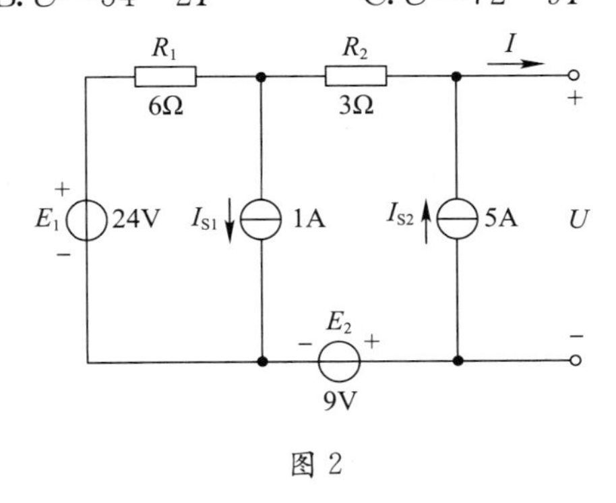

图 2

6. 在 RLC 串联交流电路中，增大电阻 R 将使(   )。

A. 谐振频率降低　　B. 谐振频率升高

C. 电流谐振曲线变尖锐　　D. 电流谐振曲线变平坦

7. 下列描述中错误的是(   )。

A. 正弦电流是交流电流的一种　　B. 直流电流的频率为 0

C. 当时间计算起点向后移 $T/6$，正弦量的初相位增加了 π

D. 正弦交流电流的有效值是其幅值的$\frac{1}{\sqrt{2}}$

8. 下列说法中错误的是(　　)。

A. 滤波电路利用容抗或感抗随频率变化的特性，让需要的某一频带信号顺利通过，抑制不需要的其他频率信号

B. 低通滤波电路的电路形式与积分电路相同

C. 高通滤波电路的电路形式与积分电路相同

D. 滤波电路通常可分为低通、高通、带通、带阻 4 种形式

9. 下列说法错误的是(　　)。

A. 电磁铁主要由线圈和铁心构成　　B. 继电器在被控制电路中就相当于开关

C. 热继电器具有短路保护的作用　　D. 电磁铁是一种将电能转换为机械能的电气元件

10. 关于暂态过程以下说法错误的是(　　)。

A. 电容电压不能跃变　　B. 电感电流不能跃变

C. 工程中，认为暂态过程从 $t=0$ 大致经过$(3\sim5)\tau$ 时间就到达稳定状态

D. 暂态过程产生的原因是电阻电路中发生了换路

11. 关于功率因数的描述，正确的是(　　)。

A. 功率因数提高后，线路电流减小了，电表的走字速度会慢些(省电)

B. 感性负载并联电容后，电路总电流比原来电流增大

C. 提高功率因数的目的是：减小设备和线路的损耗，提高电源的利用率

D. 根据 $\lambda=\cos\varphi=\frac{P}{UI}$，当电压 U 升高时，负载的功率因数会降低

12. 当给某个线圈加 100V 电压时，流过线圈的电流为 2A，有功功率为 120W，则该线圈的电路模型可等效为(　　)。

A. $R=30\Omega$ 与 $X_L=40\Omega$ 串联　　B. $R=40\Omega$ 与 $X_L=30\Omega$ 串联

C. $R=30\Omega$ 与 $X_L=50\Omega$ 串联　　D. $R=40\Omega$ 与 $X_L=50\Omega$ 串联

第二题：填空题(共 5 题，每空 2 分，总计 18 分。)

1. 图 3 所示电路有________条支路和________个节点，$U_{ab}=$________V，$I=$________A 。

2. 已知某负载两端的电压 u 和流过该负载的电流 i 分别为 $u=-100\sin314t$V 和 $i=10\cos314t$A，则该负载为________。(电阻性、电感性、电容性)

3. 电路如图 4 所示，开关 S 断开瞬间，电流表正偏，则端点 A 和________是同极性端。

4. 电路如图 5 所示，万用表测得直流电压 $U_{AB}=0.71$V，$U_{BC}=5.3$V，则 U_{AC}为________V。

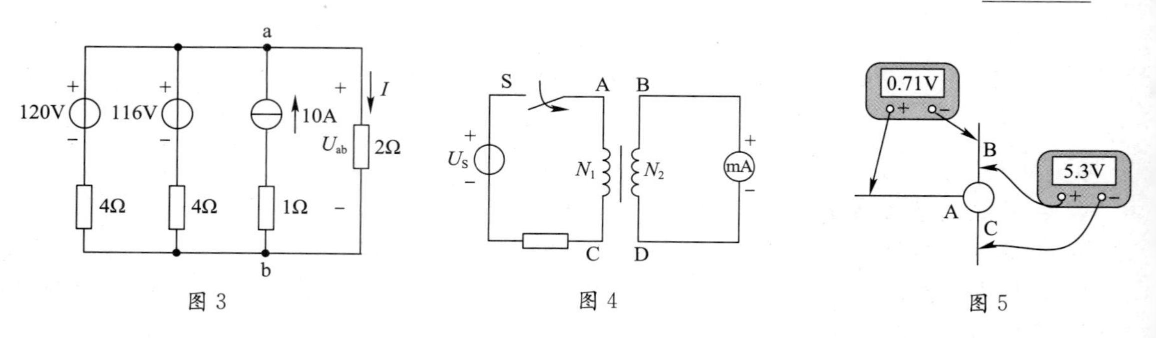

图 3　　图 4　　图 5

5. 已知 Y132S-4 型三相异步电动机的额定数据如下：

功率	转速	电压	接法	效率	功率因数	I_{st}/I_N	T_{st}/T_N	T_{max}/T_N	f
30kW	1470r/min	220V	Y	85.5%	0.84	7	2	2.2	50Hz

试求电动机的磁极对数 $p=$________，额定状态下电动机的转差率 $s=$________。

第三题：综合题（共 6 题，共计 58 分。）

1. 如图 6 所示电路，利用戴维南定理计算电路中电压源 U 的电流 I。（10 分）

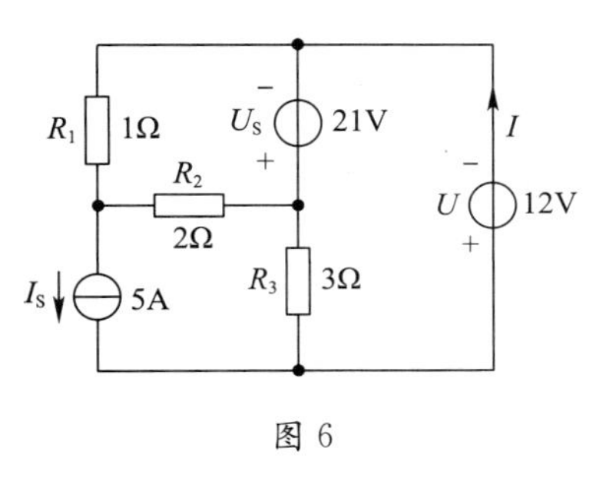

图 6

2. 电路如图 7 所示，已知换路前电路已处于稳态。试求：(1)换路后电容电压 $u_C(t)$；(2)画出 $u_C(t)$随时间变化的曲线；(3)电路产生暂态现象的原因是什么？(4)调整电路中的哪些参数，可以改变暂态过程的长短？（14 分）

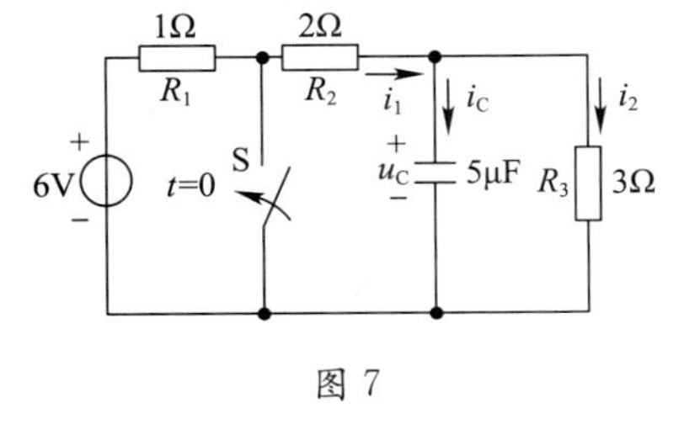

图 7

3. 电路如图 8 所示,已知 $R_1=R_2=2\Omega$,$X_L=4\Omega$,$X_C=2\Omega$,电流源 $\dot{I}=\frac{5}{3}\sqrt{2}\angle-45°\text{A}$。试求:(1)电路的总阻抗 Z,判断电路的性质;(2)电流表 A_1 和 A_2 的读数;(3)视在功率 S。(14 分)

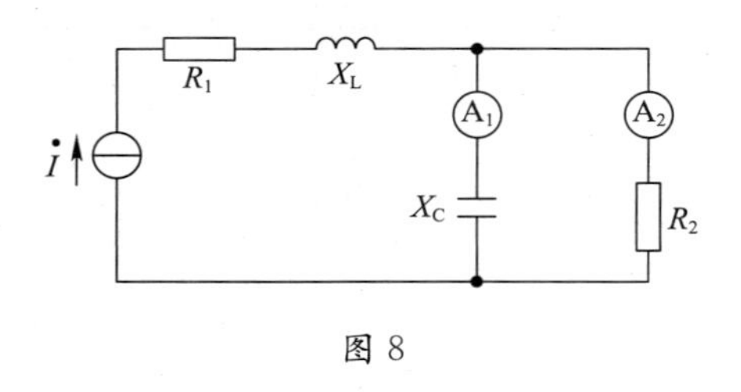

图 8

4. 如图 9 所示,电源线电压为 380V。(1)若图中各相负载的阻抗模都等于 10Ω,负载是否是对称的?(2)试求各相电流大小。(3)试求三相有功功率。(12 分)

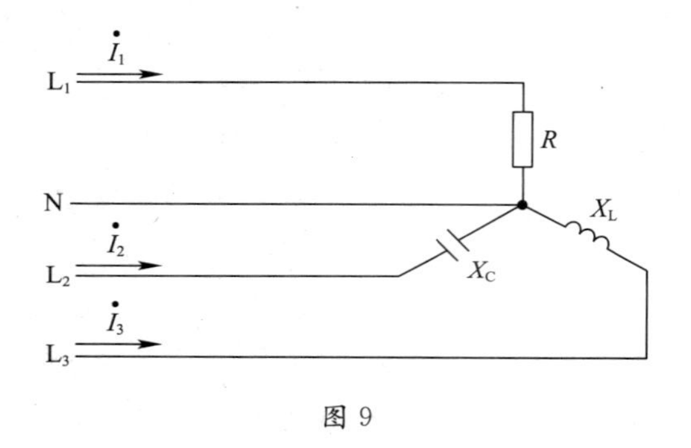

图 9

5. 电阻值为 8Ω 的扬声器,通过变压器接到 $U_S=10\text{V}$、$R_S=250\Omega$ 的信号源上。设变压器初级绕组的匝数为 500 匝,次级绕组的匝数为 100 匝。求:(1)变压器初级的等效阻抗模 $|Z'|$;(2)扬声器消耗的功率。(8 分)

2022—2023 学年秋季学期期中考试题

第一题：选择题（共 15 小题，每题 2 分，总计 30 分。）

1. 电路如图 1 所示，则电路的时间常数为（　　）。

A. $\frac{5}{16}$s　　B. $\frac{1}{3}$s　　C. $\frac{16}{5}$s　　D. 2s

2. 在图 2 所示电路中，24V 电压源单独作用于电路时产生的电流 I 的分量应为（　　）。

A. −2A　　B. −6A　　C. 0　　D. −1A

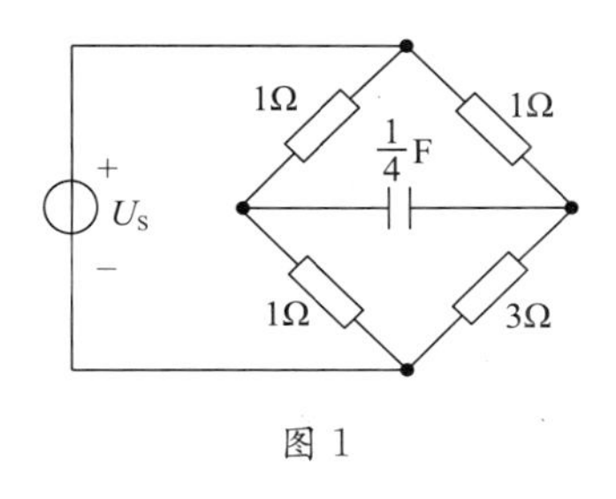

图 1

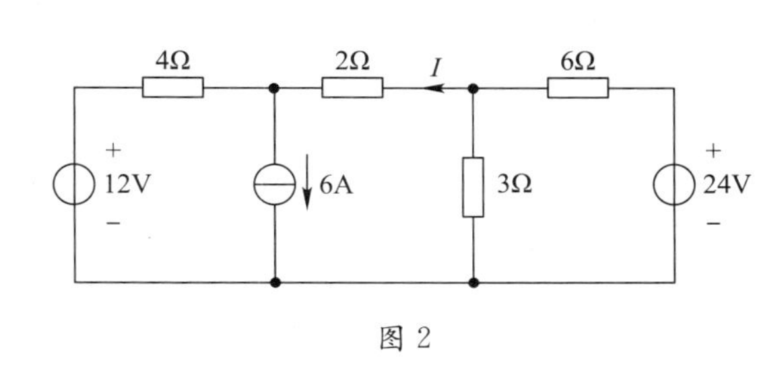

图 2

3. 如图 3 所示电路，ab 端口电压与电流的关系式是（　　）。

A. $U=2.5-7I$　　B. $U=2.5-4.5I$　　C. $U=22.5-4.5I$　　D. $U=2.5+4.5I$

4. 在图 4 所示正弦交流电路中，若开关 S 闭合前后电流表 A 读数无变化，则可判断容抗 X_C 与感抗 X_L 的关系为（　　）。

A. $X_C=X_L$　　B. $X_C=2X_L$　　C. $X_C=\frac{1}{2}X_L$　　D. $X_C=3X_L$

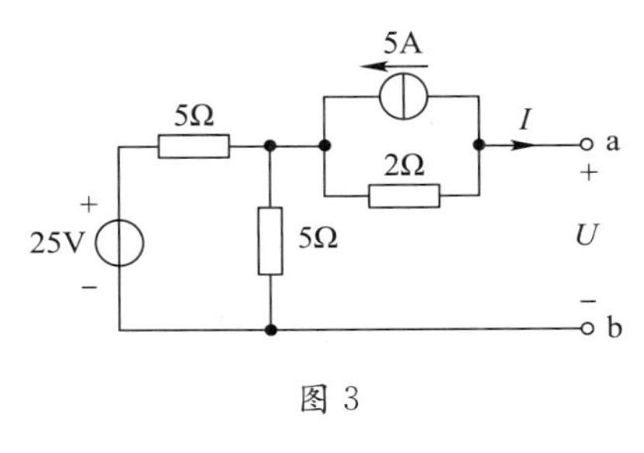

图 3

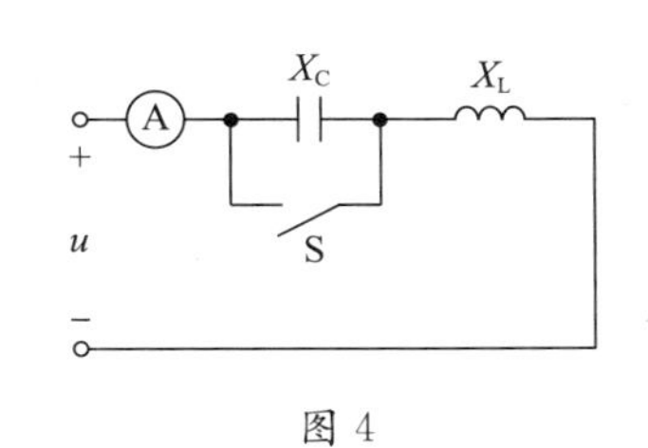

图 4

5. 电路如图 5 所示，当可变电阻 R 由 60kΩ 减为 30kΩ 时，电压 U_{ab} 的相应变化为（　　）。

A. 不变　　B. 增加　　C. 减少　　D. 不能确定

6. 如图 6 所示电路，节点 a 的节点电压方程为（　　）。

A. $U_a=6$　　B. $1.7U_a=7$　　C. $2.7U_a=7$　　D. $9U_a=7$

7. 在图 7 所示电路中，SB 是按钮，KM 是接触器，KM_1 和 KM_2 均已通电动作，此时若按下 SB_4，则（　　）。

A. 接触器 KM_1 和 KM_2 均断电停止运行

B. 只有接触器 KM_2 断电停止运行

C. 接触器 KM_1 和 KM_2 均不能断电停止运行

D. 只有接触器 KM_1 断电停止运行

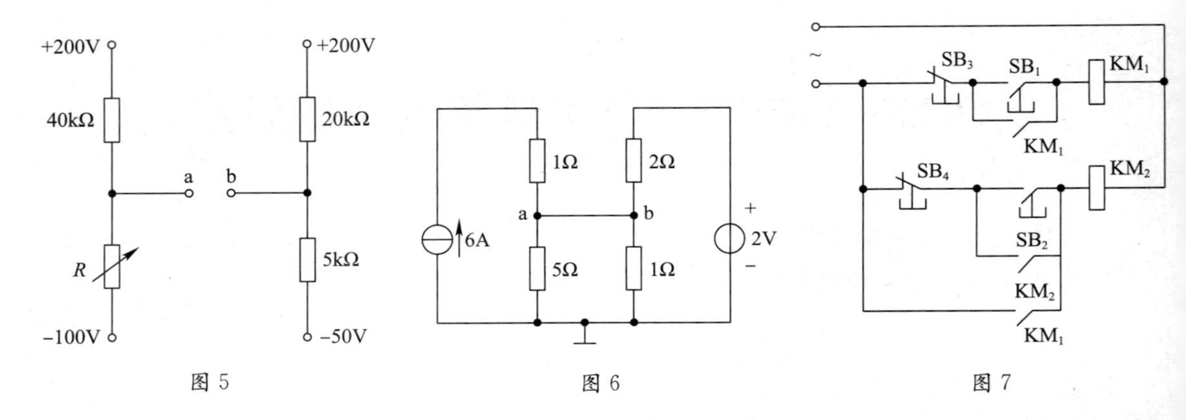

图 5　　图 6　　图 7

8. 一个 $R_L=800\ \Omega$的负载,经理想变压器接到信号源上,信号源的内阻 $R_0=8\ \Omega$,变压器初级绕组的匝数 $N_1=100$,若要通过阻抗匹配使负载得到最大功率,则变压器次级绕组的匝数 N_2 应为(　　)。

A. 10　　B. 100　　C. 500　　D. 1000

9. RL 串联电路外施电压为 $u(t)=100\sin(\omega t+45°)$ V,已知电路的阻抗为 $Z=20\angle 60°\Omega$,则电流 $i(t)$为(　　)。

A. $\frac{100}{20\angle 60°}\sin(\omega t+45°)$ A　　B. $\frac{100}{20}\sin(\omega t+45°)$ A

C. $\frac{100}{20}\sin(\omega t+45°-60°)$ A　　D. $\frac{100}{20}\sin(\omega t+45°+60°)$ A

10. 一阶电路的全响应是指(　　)。

A. 电容电压 $u_C(0_-)\neq 0$ 或电感电压 $u_L(0_-)\neq 0$,且电路有外加激励作用

B. 电容电流 $i_C(0_-)\neq 0$ 或电感电压 $u_L(0_-)\neq 0$,且电路无外加激励作用

C. 电容电流 $i_C(0_-)\neq 0$ 或电感电流 $i_L(0_-)\neq 0$,且电路有外加激励作用

D. 电容电压 $u_C(0_-)\neq 0$ 或电感电流 $i_L(0_-)\neq 0$,且电路有外加激励作用

11. 电路如图 8 所示,若电压源的电压 $U_S>0$,则电路的功率情况为(　　)。

A. 电阻与电流源均吸收功率,电压源供出功率

B. 仅电阻吸收功率,电压源供出功率

C. 电阻与电压源均吸收功率,电流源供出功率

D. 仅电阻吸收功率,电流源供出功率

12. 在电动机的继电接触器控制电路中,熔断器的功能是实现(　　)。

A. 过载保护　　B. 零电压保护　　C. 短路保护　　D. 启动保护

13. 电路如图 9 所示,I_S 为独立电流源,若外电路不变,仅电阻 R 变化,将会引起(　　)。

A. 电流源 I_S 两端电压的变化　　B. 端电压 U 的变化

C. 输出电流 I 的变化　　D. 上述三者同时变化

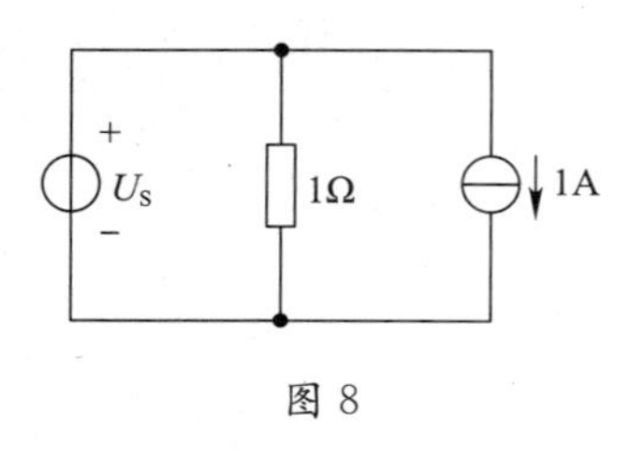

图 8

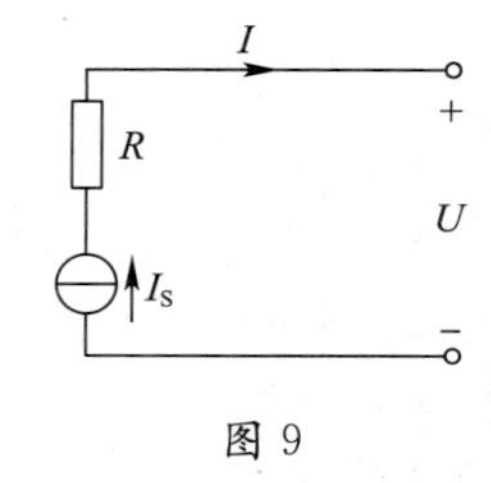

图 9

14. 下列关于三相电路的电压(电流)的关系式中,正确的是(　　)。

A. 任何三相电路中,线电流 $\dot{I}_1+\dot{I}_2+\dot{I}_3=0$

B. 任何三相电路中,线电压 $\dot{U}_{12}+\dot{U}_{23}+\dot{U}_{31}=0$

C. 任何三角形连接的三相电路中,$I_L=\sqrt{3}I_P$

D. 任何星形连接的三相电路中,$U_L=\sqrt{3}U_P$

15. 关于叠加定理的应用,下列叙述中错误的是(　　)。

A. 对含有受控源的电路,在应用叠加定理是,不能把受控源像独立源一样计算其响应

B. 叠加定理只适用于计算线性电路的电压和电流,而不适用于计算功率

C. 各个响应分量在进行叠加时,只是在数值上进行相加,不必考虑各个响应的参考方向

D. 应用叠加定理,当考虑电路中某一独立电源单独作用时,其余不作用的独立电源要置零

第二题:填空题(共 7 题,每空 2 分,总计 20 分。)

1. 用支路电流法求解图 10 所示电路中的支路电流时,需根据 KCL 列写________个方程,需根据 KVL 列写____个方程。

2. 已知图 11 所示二端网络的输入阻抗 $Z=10\angle 36.9°\Omega$,$\dot{U}=100\angle 30°$V,则此二端网络所吸收的平均功率 $P=$________。

3. 电路如图 12 所示,开关 S 闭合时,电流表反偏,则 A 端和________是同极性端。

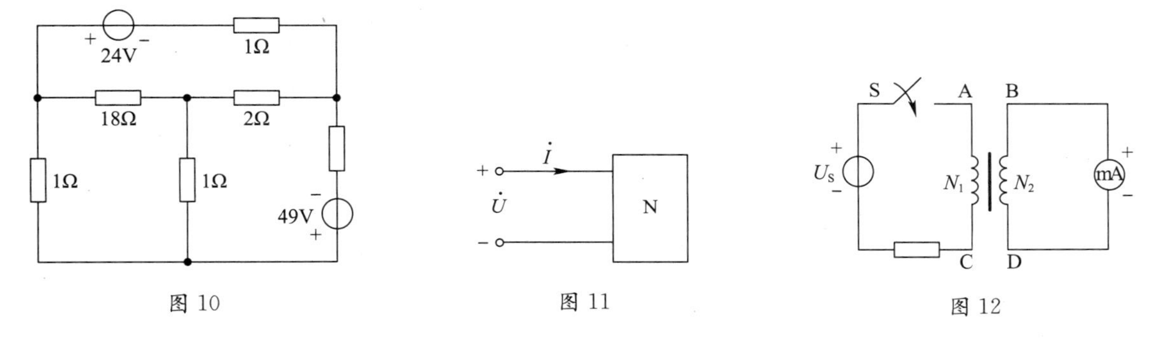

图 10　　图 11　　图 12

4. 如图 13 所示正弦交流电路,已知电流有效值分别为 $I=5$A,$I_R=5$A,$I_L=3$A,则 $I_C=$________;若 $I=5$A,$I_R=4$A,$I_L=3$A,则 $I_C=$________。

5. 如图 14 所示电路,N 为一含源线性电阻网络,开关 S_1 打开时,$U_{ab}=10$V,开关 S_1、S_2 均合上时,$I=5$A。当 S_1 合上、S_2 打开时,8 Ω电阻的电压为____V。

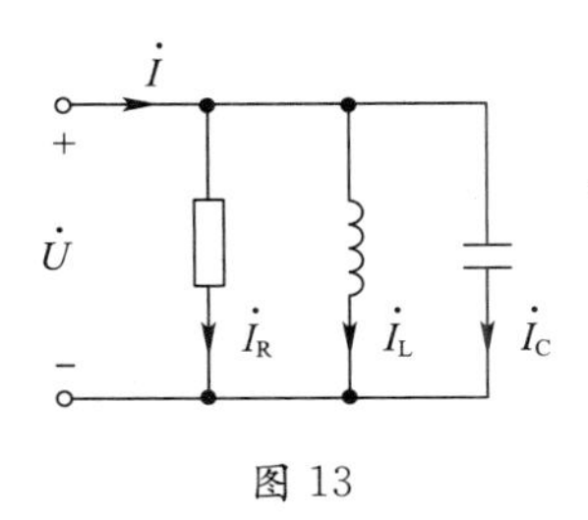

图 13

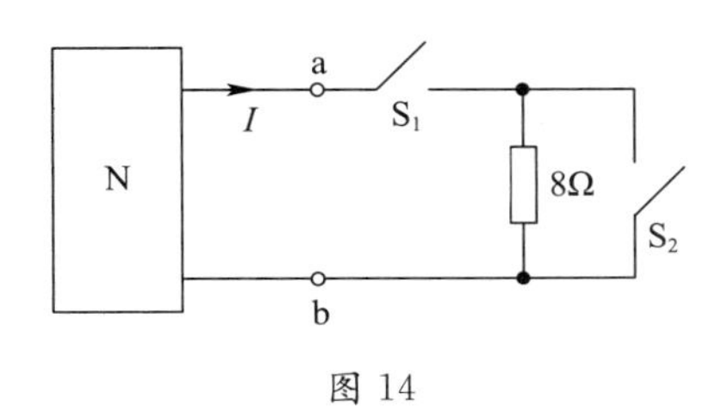

图 14

6. 正序对称三相电压源作星形连接,若相电压 $\dot{U}_2=220\angle 90°$V,则线电压 $\dot{U}_{13}$等于________________。

7. 已知 SLD-5500 航空三相笼型电动机的额定数据如下:

功率	转速	电压	接法	效率	功率因数	I_{st}/I_N	T_{st}/T_N	T_{max}/T_N
5.5kW	11460r/min	200V	Y	85.5%	0.84	7	2	2.2

电源频率为400Hz。试求电动机的磁极对数 $p=$____，额定状态下电动机的转差率 $s=$______。

第三题：综合题（共6题，第1题10分、第2题8分、第3题8分、第4题10分、第5题14分，总计50分。）

1. 用戴维南定理求图15所示电路中的电流 I。（10分）

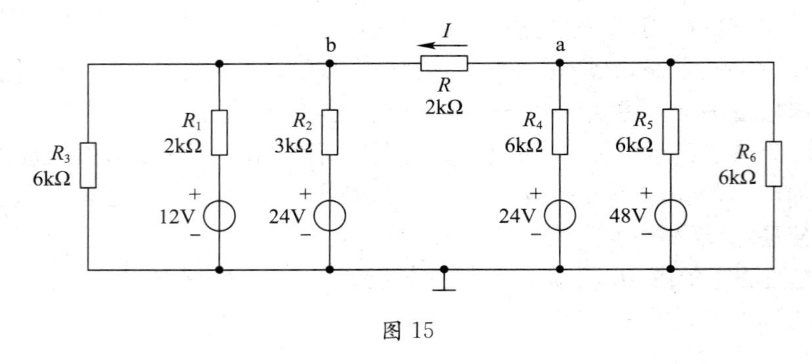

图 15

2. 如图16所示电路为自动控制系统中的速率电桥。虚线框内为直流电动机的等效电路，其中 E 是电动机的反电动势，它与电动机的转速 n 成正比，即 $E=kn$。试用叠加定理求出电压 U 的表达式，并证明当 $R_1R_3=R_2R_4$ 时，U 正比于电动机的转速 n。（8分）

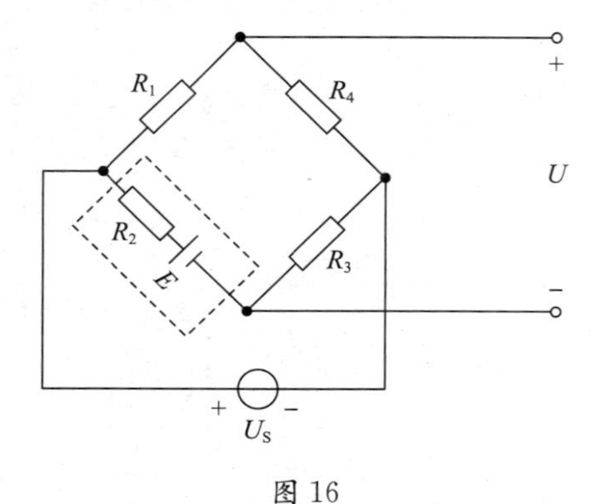

图 16

3. 如图 17 所示电路，已知 $U_S=24\text{V}$，$R_1=230\Omega$，K 是电阻为 250Ω、吸合时电感为 25H 的直流继电器。若该继电器的释放电流为 4mA（电流小于该值时继电器释放），开关 S 闭合后经多长时间该继电器释放？调整电路中的什么参数，可以改变延迟释放时间的长短？（8 分）

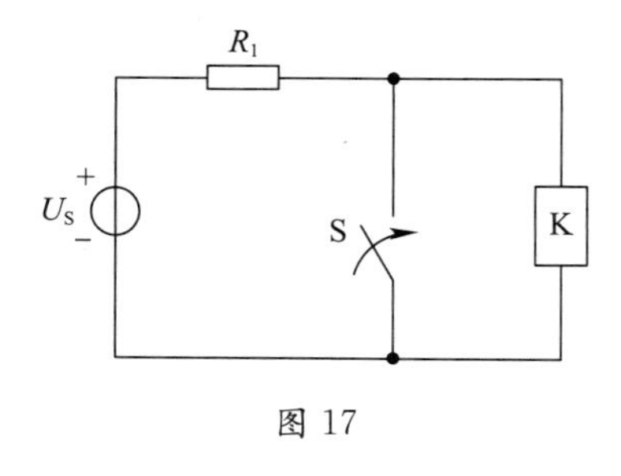

图 17

4. 如图 18 所示三相电路，电源和负载都是对称的，已知：电源相电压 $\dot{U}_1=115\angle 0°\text{V}$，负载 $Z=50\angle 37°\Omega$，求：(1) 三相电路的线电流 $\dot{I}_1$、$\dot{I}_2$、$\dot{I}_3$；(2) 三相电路的有功功率和无功功率；(3) 当 L_1 线断开时，求三相电路的有功功率 P。（10 分）

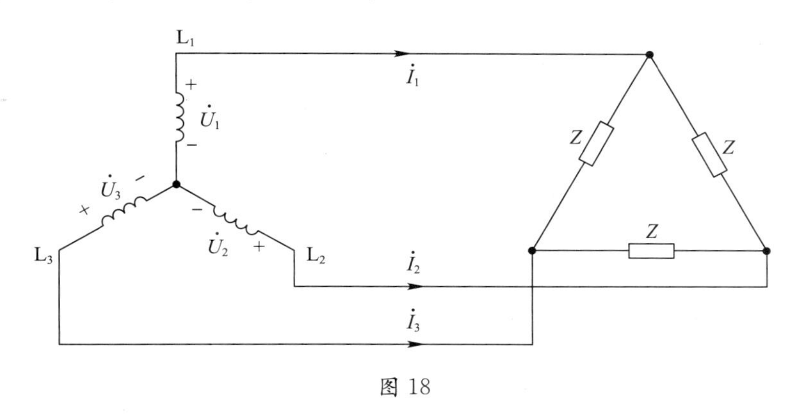

图 18

5. 如图 19 所示为三表法测试交流电路等效参数的电路图，试求电路中的参数 R 和 L。

(1) 已知图(a)中 3 个表的读数分别为：电流表 1A、电压表 2.82V、功率表 2W，交流电源输出角频率 $\omega=400\text{rad/s}$。(6 分)

(2) 已知图(b)中 3 个电压表的读数分别为：V 表 220V，V_1 表 100V，V_2 表 152V，$R_1=10\Omega$，交流电源输出频率 $f=50\text{Hz}$。(8 分)

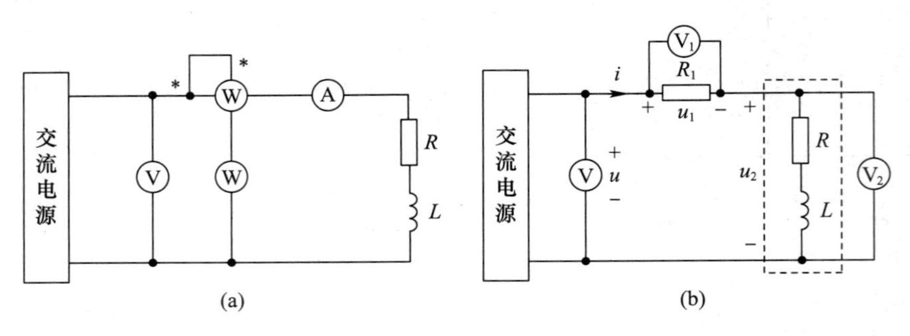

图 19

2023—2024 学年秋季学期期中考试题

第一题:选择题(共 15 小题,每题 2 分,总计 30 分。)

1. 下列关于电路分析的各个定律(理)中,说法正确的是(　　)。

A. 基尔霍夫定律和欧姆定律被称为电工学的两大基本定律

B. 叠加定理可以计算线性电路的电压、电流和功率

C. 戴维南定理可以计算任何电路

D. 恒流源和恒压源是可以等效互换的

2. 如图 1 所示电路,下列说法正确的是(　　)。

A. U_S、I_S都作电源　　B. U_S、I_S都作负载

C. U_S作电源,I_S作负载　　D. U_S作负载、I_S作电源

3. 在两个阻抗 Z_1、Z_2串联的交流电路中,下列表达式正确的是(　　)。

A. $|Z|=|Z_1|+|Z_2|$　　B. $U=U_1+U_2$

C. $P=P_1+P_2$　　D. $S=S_1+S_2$

4. 正弦交流电路如图 2 所示,已知 A_1表的读数为 6A,则 A 表的读数为(　　)。

A. 2A　　B. 6A　　C. 10A　　D. 14A

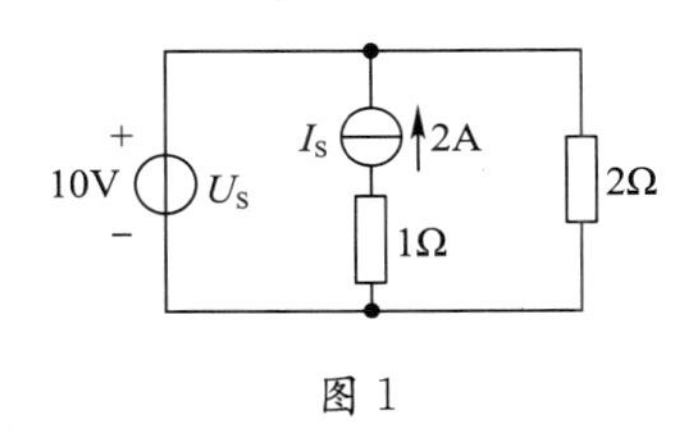

图 1

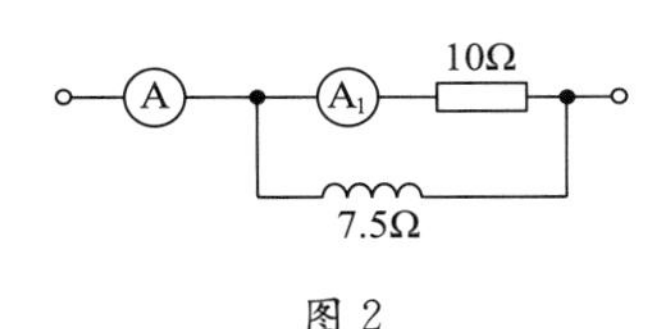

图 2

5. 图 3 所示电路中的电压 U=(　　)。

A. $U=10I$　　B. $U=U_S-10I$　　C. $U=U_S+10I$　　D. $U=U_S$

6. 正弦交流电路如图 4 所示,已知 $R=X_L=2X_C$,则 u 与 i 的相位差为(　　)。

A. 90°　　B. −90°　　C. 45°　　D. −45°

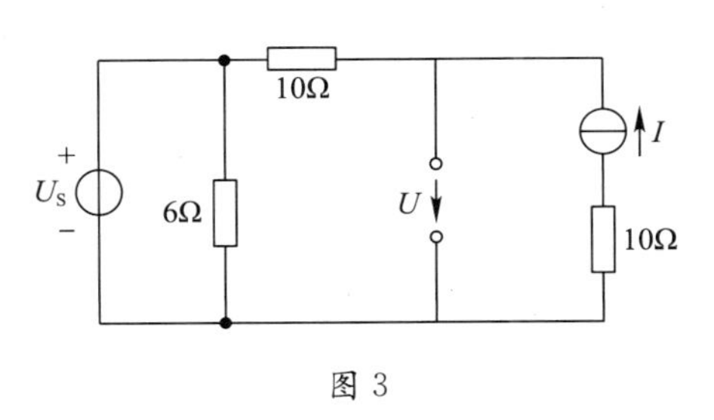

图 3

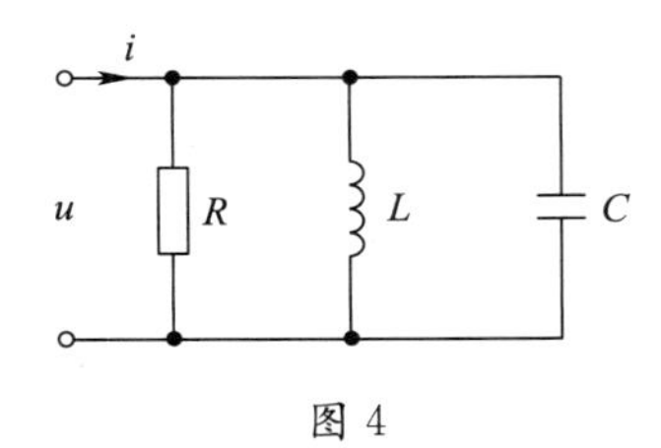

图 4

7. 在三相四线制供电系统中,中线的作用是(　　)。

A. 使不对称负载的功率对称　　B. 构成电流回路

C. 使电源的线电压对称　　D. 使不对称负载的相电压对称

8. 在图 5 所示电路中,u_i为矩形脉冲,脉冲宽度 $t_P=1$ms,则令输出电压 u_o为尖脉冲的电路是(　　)。

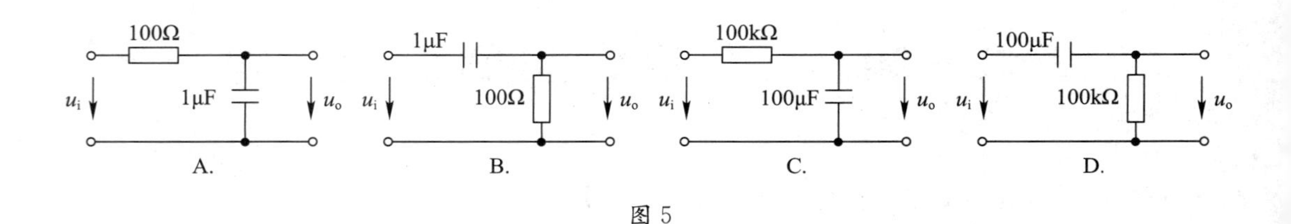

图 5

9. 不会出现在电动机继电控制主电路中的低压控制电器是（　　）。

A. 熔断器　　B. 按钮　　C. 交流接触器　　D. 热继电器

10. 在图 6 所示电路中，$E=120V$，$R_0=640\Omega$，$R_L=10\Omega$，当 R_L 在初级的等效电阻等于 R_0 时，变压器的匝数比为（　　）。

1. 4　　B. 12　　C. 8　　D. 10

11. 在图 7 所示电路中，$t=0$ 时开关 S 闭合，则 $u_C(t)$ 的响应是（　　）。

A. 零输入响应　　B. 零状态响应　　C. 全响应　　D. 其他

12. 感性负载想提高电路的功率因数，一般在负载两端并联电容，功率因数提高后，以下说法正确的是（　　）。

A. 总电路的平均功率增大　　B. 总电路的无功功率减小

C. 感性负载的功率因数增大　　D. 感性负载的电流减小

13. 图 8 所示的继电接触器控制电路，若先按下 SB2，再按下 SB1，下面正确的结论是（　　）。

A. 只有 KM1 通电　　B. 只有 KM2 通电

C. KM1 和 KM2 都通电　　D. KM1 和 KM2 都不能通电

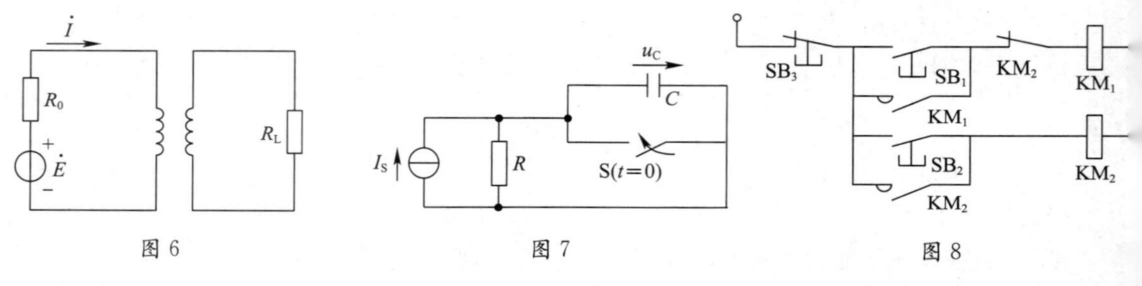

图 6　　图 7　　图 8

14. 关于 RLC 串联谐振，以下说法错误的是（　　）。

A. 电路发生谐振时，电流会达到最大值

B. 电路发生谐振时，电路的阻抗值最小

C. 收音机利用了串联谐振的原理

D. 电路发生谐振时，电感和电容上的电压通常比电阻上的电压小

15. 当三相电源的相序从 $L_1L_2L_3$ 变为（　　）时，三相异步电动机将转向不变。

A. $L_1L_3L_2$　　B. $L_3L_2L_1$　　C. $L_2L_1L_3$　　D. $L_2L_3L_1$

第二题：填空题（共 7 题，每空 2 分，总计 18 分。）

1. 在图 9 所示电路中，A 点电位为____V。

2. 图 10 为 i_1 和 i_2 暂态过程的变化曲线，则两个时间常数 τ_1______τ_2。（$>$；$=$；$<$）

3. 图 11 所示电路是直流电动机的一种调速电阻的电路模型，$R_1=3\Omega$，$R_2=R_3=R_4=6\Omega$，它利用了几个开关的闭合和断开，可以得到多种电阻值。则开关 S_1、S_3、S_4 闭合，电流 $I=$____A。

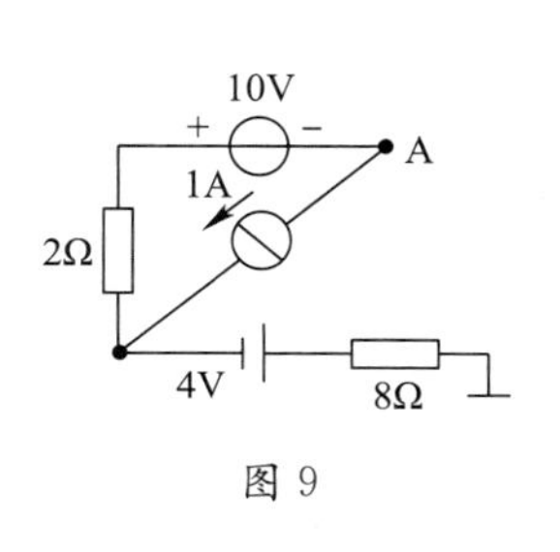

图 9

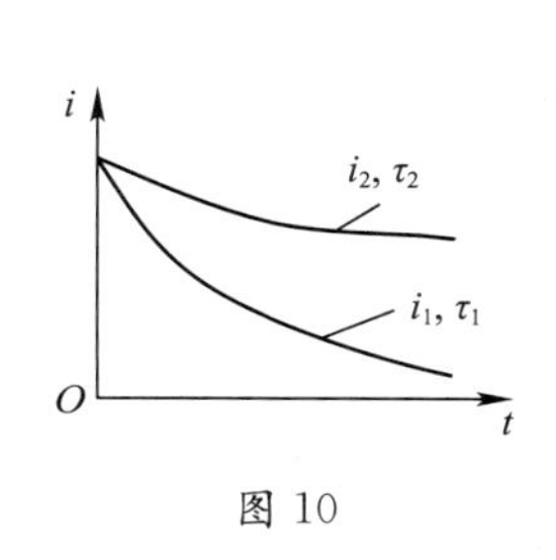

图 10

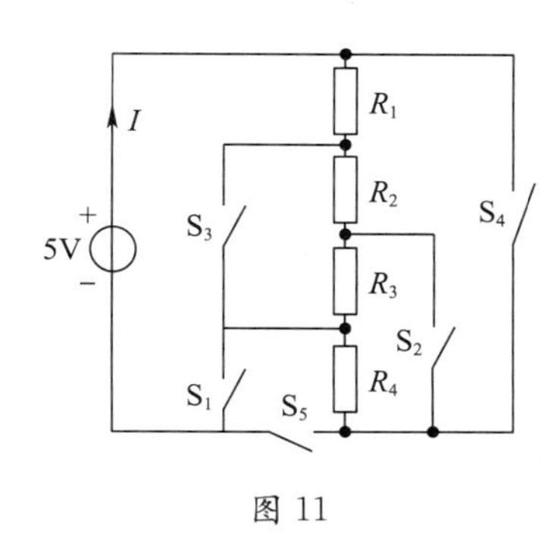

图 11

4. 在 RLC 串联交流电路中，$X_L > X_C$，若想把负载从感性变为容性，需要____电源频率 f。(填“增大”或“减小”)

5. 某正弦电路电压 $\dot{U}=220\angle 30°\text{V}$，电流 $\dot{I}=2\angle 60°\text{A}$，则该电路的无功功率 $Q=$____var。

6. 电源电压为 380V，如果给一个额定电压 220V 的灯泡供电，需要接入一个变比 k 为____的变压器，若测得初级电流 $I_1=0.263\text{A}$，则灯泡的功率 $P=$________W。

7. 三相交流电路的平均功率 $P=\sqrt{3}U_L I_L\cos\varphi$，其中 φ 是______和______的相位差。

第三题:综合题(共 5 题，第 1 题 15 分、第 2 题 8 分、第 3 题 12 分、第 4 题 12 分、第 5 题 5 分，总计 52 分。)

1. 试用戴维南定理求图 12 所示电路中通过理想电压源的电流 I。若电路中 U_S 从 10V 上升至 20V，则电流的变化量 $\Delta I=$?

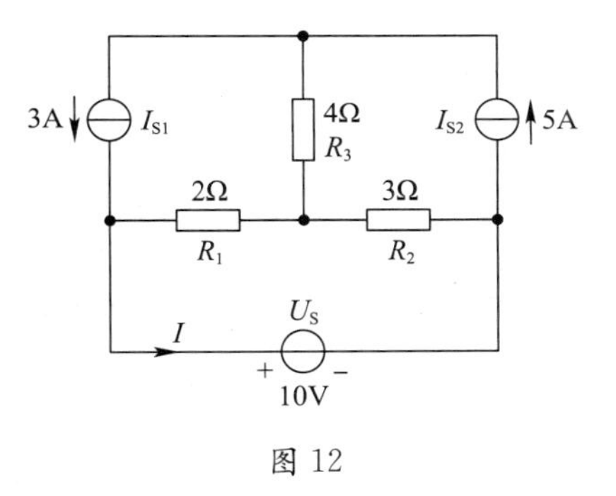

图 12

2. 如图 13 所示电路，在换路前已处于稳态，$t=0$ 时刻将开关 S 闭合，试用三要素法求 S 闭合后($t\geqslant 0$)的 $u_C(t)$。

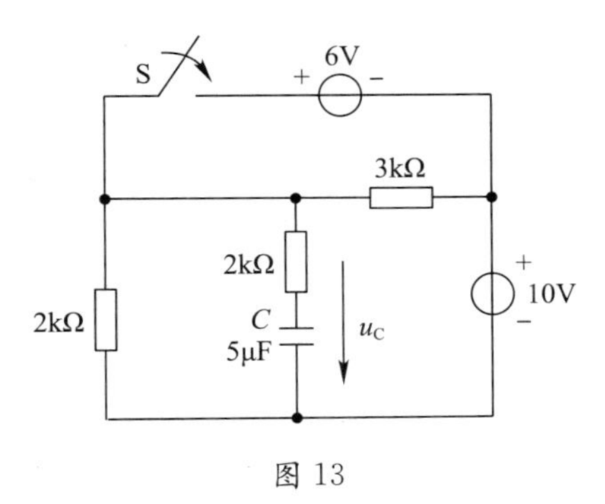

图 13

3. 正弦交流电路如图 14 所示，已知 $\dot{U}_2=1\angle 0°\text{V}$，计算 $\dot{I}_1$、$\dot{I}_2$、$\dot{I}$、$\dot{U}_1$、$\dot{U}$ 及总电路的 $\cos\varphi$。

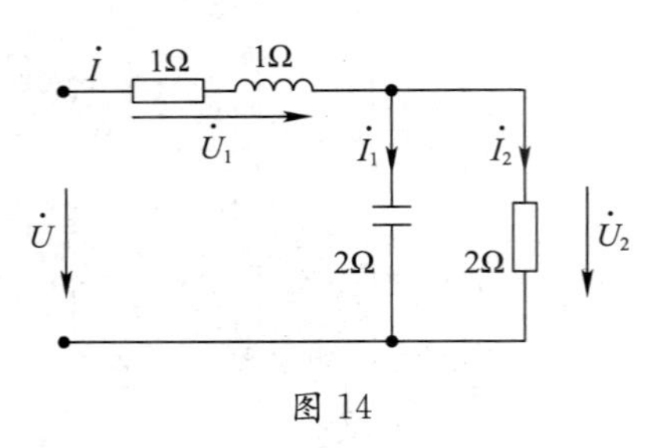

图 14

4. 三相电路如图 15 所示，电压表读数为 127V，负载阻抗 $|Z|=50\Omega$，三相负载有功功率 $P=2053\text{W}$，①求电流表 A 的读数、功率因数 $\cos\varphi$、三相负载无功功率 Q 和视在功率 S。②若在电流表处断开，请在电路图中圈出能够正常工作的负载。（提示：$\sqrt{3}\approx 1.732$）

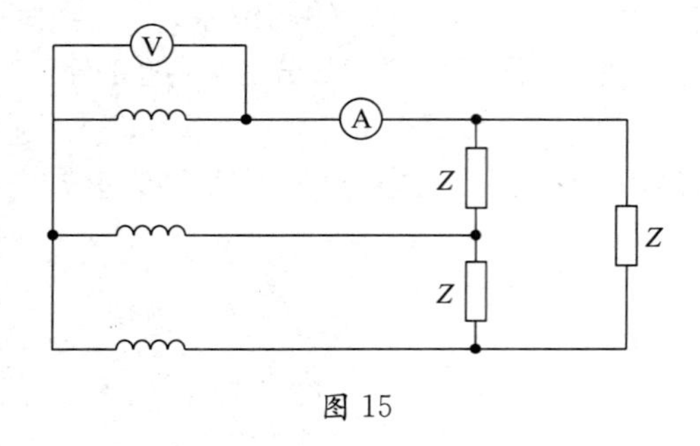

图 15

5. 某步进电动机的等效电路如图 16 所示，已知 $R=10\Omega$，$L=5\text{mH}$，u_i 为矩形波，周期为 1ms，电感线圈初始储能为零。试计算 0.5ms 时电流 i_L 的大小，并定性画出 $t\geqslant 0$ 时 i_L 的波形。（提示：$\text{e}\approx 2.72$）

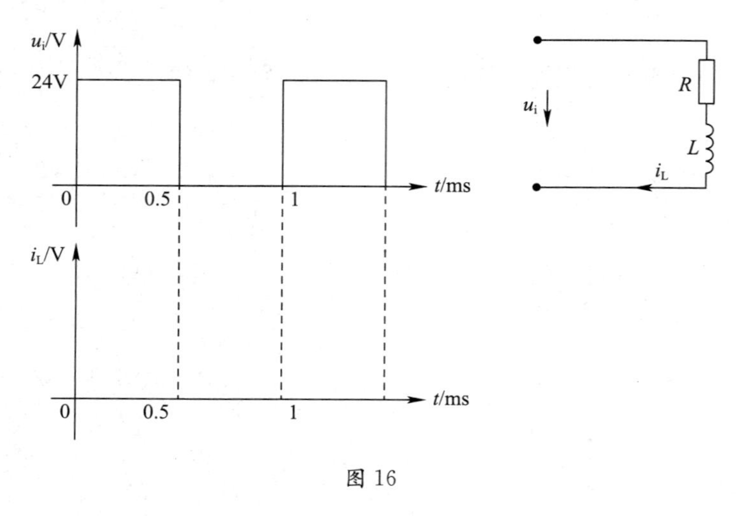

图 16

第1~8章习题及期中考试题答案

第1章　电路的基本概念与基本定律习题答案

1. 填空题

1.2.1　关联参考方向　1.2.2　额定值　1.2.3　电源,负载　1.3.4　0,5.5,6,0

1.4.5　9　1.5.6　参考点　1.5.7　0

2. 判断题

1.1.8　×　1.1.9　×　1.2.10　×　1.3.11　×　1.4.12　×　1.5.13　√　1.5.14　×

3. 选择题

1.1.15　b　1.2.16　b　1.3.17　d　1.3.18　c　1.4.19　b　1.5.20　c

4. 计算题

1.4.21　解:

$$\left.\begin{aligned}&I_1+6+12-10+3I_2=0\\&I_1=I_2\end{aligned}\right\}\Rightarrow I_1=I_2=-2\text{A}\Rightarrow U_{AB}=-3I_2+10=16\text{V}$$

1.4.22　解:首先,在图中标出节点,用A、B、C、D表示,如题解图1-1所示。

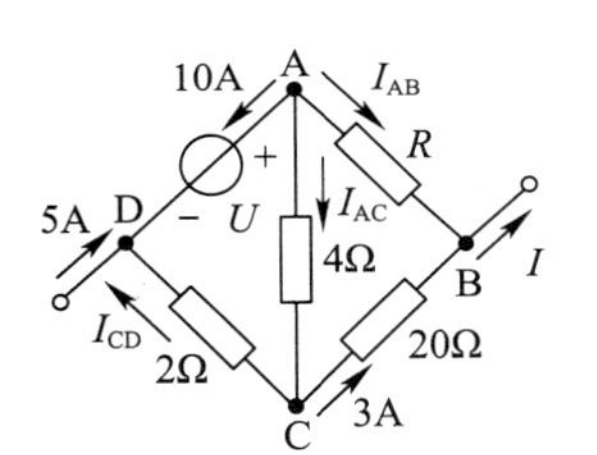

题解图1-1　习题1.4.22的图

根据KCL和KVL得

$$I_{CD}=-5-10=-15\text{A},I_{AC}=-15+3=-12\text{A},$$

$$U=-12\times4+(-15)\times2=-78\text{V}\quad I=5\text{A}$$

由于$U_{AB}=-12\times4+3\times20=12\text{V}$,$I_{AB}=-(-12)-10=2\text{A}$,得

$$R=12\div2=6\Omega$$

1.5.23　解:由图可知,$I_3=0\text{A}$,$U_{AB}=-4\text{V}$。由于$I_1R_1+I_2R_2-E_1=0$,且$I_1=I_2$,得$I_1=I_2=1\text{A}$,所以$V_B=I_2R_2=2\text{V}$,得$V_A=V_B+U_{AB}=-2\text{V}$。

1.2.24　解:$P_{电源}=-2\times6+1\times3=-9\text{W}$,$P_{电阻}=9\text{W}$

1.3.25　解:当S位于位置1时,电源处于开路状态,电源内阻上没有电流流过,电压表读数10V,也就是$U\text{s}=10\text{V}$;当S位于位置2时,电源短路,电流表读数$I=U_S/R_0=5\text{mA}$,可求出$R_0=10/5\times10^{-3}=2\text{k}\Omega$;当S位于位置3时,电流表读数$I=10/(2\times10^3+3\times10^3)=2\text{mA}$,电压表读数$U=2\times10^{-3}\times3\times10^3=6\text{V}$。

1.2.26　解:$P=460.8/8=57.6\text{W}$,$I=57.6/28=2.06\text{A}$

1.2.27　解:$P=-UI$,当$P>0$时,机载设备为蓄电池充电,蓄电池起负载作用;当$P<0$时,蓄电池为机载设备供电,蓄电池起电源作用。

1.4.28　解:

$I_{R1}=-I_{S2}-I_{S3}=-5\text{A}$　　$U_1=-5\times2=-10\text{V}$　　$P_{R1}=50\text{W}$

$I_{R2}=I_{S1}-I_{R1}=6\text{A}$　　$U_2=6\times1=6\text{V}$　　$P_{R2}=36\text{W}$

$I_{R3}=-I_{S1}-I_{S2}=-3\text{A}$　　$U_3=-3\times3=-9\text{V}$　　$P_{R3}=27\text{W}$

$U_{S1}=U_2-U_3=15\text{V}$　　$P_{S1}=-U_{S1}\times I_{S1}=-15\text{W}$

$U_{S2}=-U_{S1}+U_1=-25\text{V}$　　$P_{S2}=-U_{S2}\times I_{S2}=-50\text{W}$

$U_{S3}=-U_2+U_1=-16\text{V}$　　$P_{S3}=U_{S3}\times I_{S3}=-48\text{W}$

第2章 电路的分析方法习题答案

1. 填空题

2.1.1 41.7,240.2　　2.2.2 10,5,5,2　　2.2.3 0,E/R_0,0

2.3.4 2,4　　2.4.5 相同,相反　　2.5.6 电压源,电流源

2.6.7 串,开路,有源二端网络中的除源电阻　　2.7.8 1,25

2. 判断题

2.1.9 ×　2.1.10 ×　2.1.11 ×　2.1.12 ×　2.2.13 √　2.2.14 ×

2.2.15 ×　2.3.16 √　2.3.17 √　2.3.18 ×　2.4.19 ×　2.7.20 √

3. 选择题

2.1.21 a　2.1.22 c　2.1.23 b　2.1.24 a　2.1.25 b　2.2.26 b　2.2.27 c

2.2.28 b　2.2.29 b　2.2.30 c　2.3.31 c　2.3.32 d　2.2.33 c　2.4.34 b

2.5.35 a　2.5.36 c　2.6.37 b

4. 计算题

2.1.38 首先,在图中标出节点,用A、B、C表示,如题解图2-1(a)所示。每个电阻都处于两个节点之间,转换之后的电路如题解图2-1(b)所示,在该电路中计算出各个电阻流过的电流,可得:$I_4=\dfrac{12}{3/\!/3/\!/3+3}=3\text{A}$,$I_1=I_2=I_3=1\text{A}$。

将电流标注到原电路图中,如题解图2-1(c)所示。

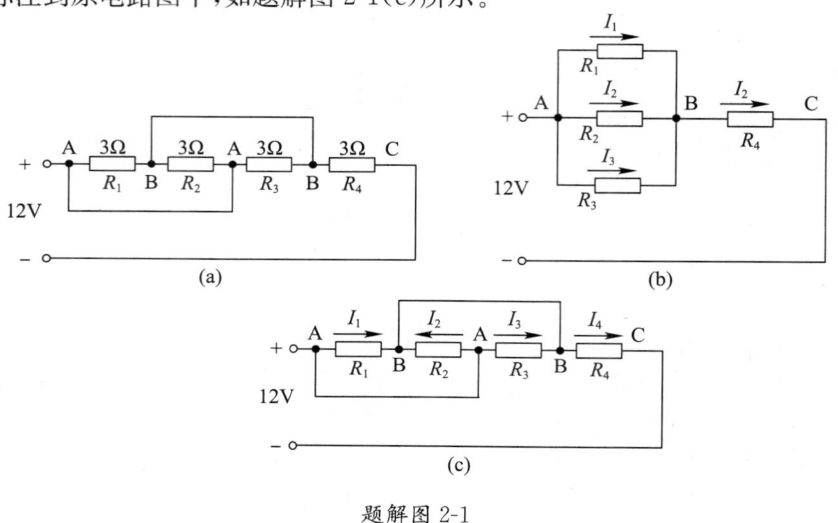

题解图 2-1

2.2.39 题中所示电路可变换为题解图2-2所示电路,得 $I=3\text{mA}$。

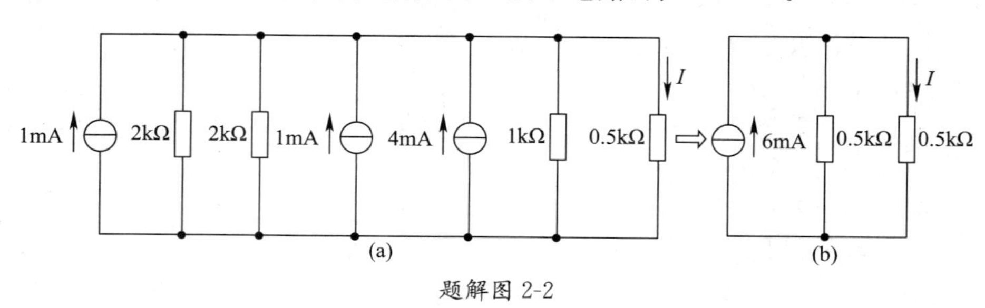

题解图 2-2

2.2.40 (1)利用电源等效变换,如题解图 2-3(a)、(b)、(c)所示,将题图 2-15 变换为最简电流源形式,可求得 $I=6\text{A}$。

(2)回到原电路图中计算理想电压源 U_1 中的电流 I_{U1} 和理想电流源 I_S 两端的电压 U_{IS}。

根据 KCL,已知 $I=6\text{A}$,$I_S=2\text{A}$,所以

$$I_{R1}=I_S-I=-4\text{A}$$

已知 $I_{R3}=\dfrac{U_1}{R_3}=\dfrac{10}{5}=2\text{A}$,$I_{R1}=-4\text{A}$,所以

$$I_{U1}=I_{R3}-I_{R1}=6\text{A}$$

根据 KVL 得 $$U_{IS}=I\cdot R+I_S\cdot R_2=6+4=10\text{V}$$

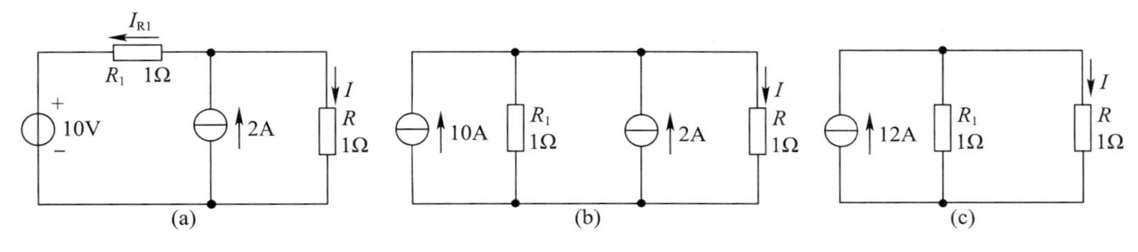

题解图 2-3

2.3.41 电路有 2 个节点,3 条支路,其中一条支路为电流源,大小已知,所以只需要列出两个方程即可。

根据 KCL 得 $$I_1+5\text{A}=I_2$$

根据 KVL 得 $$12\times I_2+6\times I_1=24\text{V}\text{(按最外围电路回路)}$$

由以上方程联立求解,得 $$\begin{cases}I_1=-2\text{A}\\I_2=3\text{A}\end{cases}$$

2.4.42 由节点电压法公式,可得

$$V_A=\frac{\dfrac{-4}{2}+\dfrac{6}{3}+\dfrac{-8}{4}}{\dfrac{1}{2}+\dfrac{1}{3}+\dfrac{1}{4}+\dfrac{1}{4}}=-1.5\text{V}$$

$$I=\frac{-1.5}{4}=-0.375\text{A}$$

2.5.43 题解图 2-4(a)和(b)所示为电流源和电压源单独作用时的电路图。

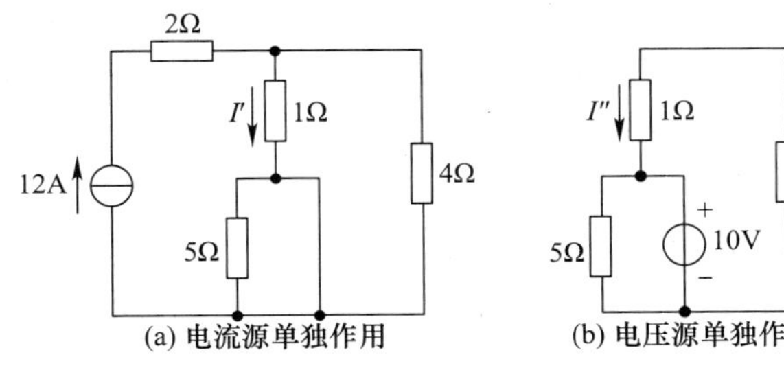

题解图 2-4

电流源单独作用时 $$I'=10\times\frac{4}{1+4}=8\text{A}$$

电压源单独作用时 $$I''=-\frac{10}{1+4}=-2\text{A}$$

两个电源共同作用时 $I=I'=I''=8-2=6\text{A}$

2.6.44 (1)求 A、B 间的开路电压 U_{AB0}

将待求支路断开，如题解图 2-5(a)所示，其中，图中所示

$$U_1=60\times\frac{10}{10+10}=30\text{V}$$

根据 KVL，按图所示绕行方向，得

$$U_{AB0}=30\times5-U_1=120\text{V}$$

(2) 求 A、B 间的等效电阻 R_{AB0}

将理想电流源断开、理想电压源短路，如题解图 2-5(b)所示，可得

$$R_{AB0}=30+10/\!/10=35\Omega$$

(3)求待求电流 I

如题解图 2-5(c)所示，可得 $I=\frac{120}{35+25}=2\text{A}$

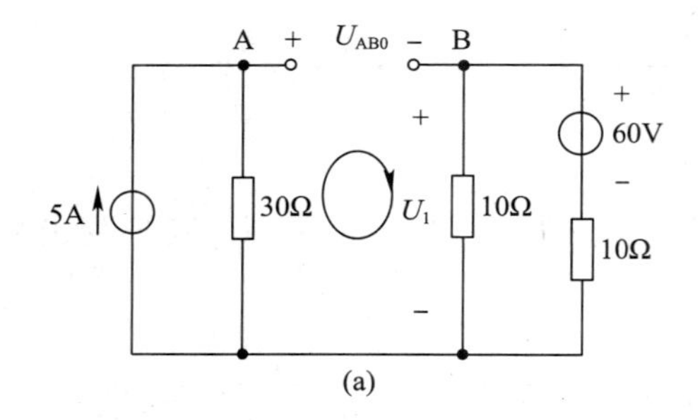

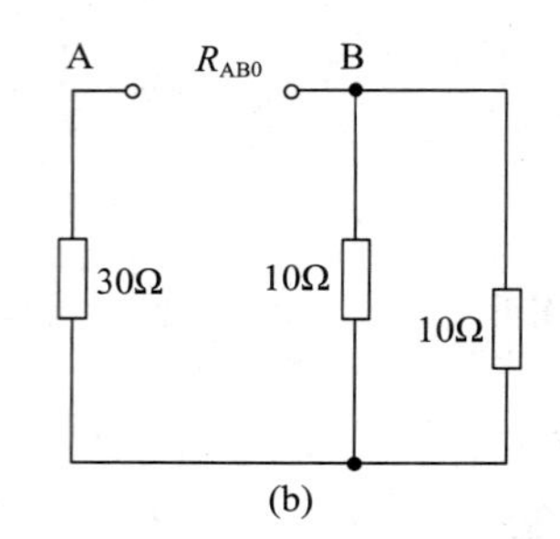

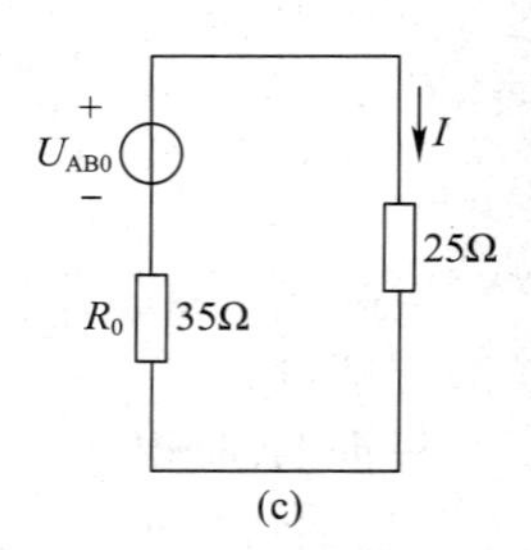

题解图 2-5

2.7.45 利用电源等效变换和戴维南定理两种方法求解。

方法 1:戴维南定理解法

(1) 求 a、b 间的开路电压 U_{ab0}[如题解图 2-6(b)]

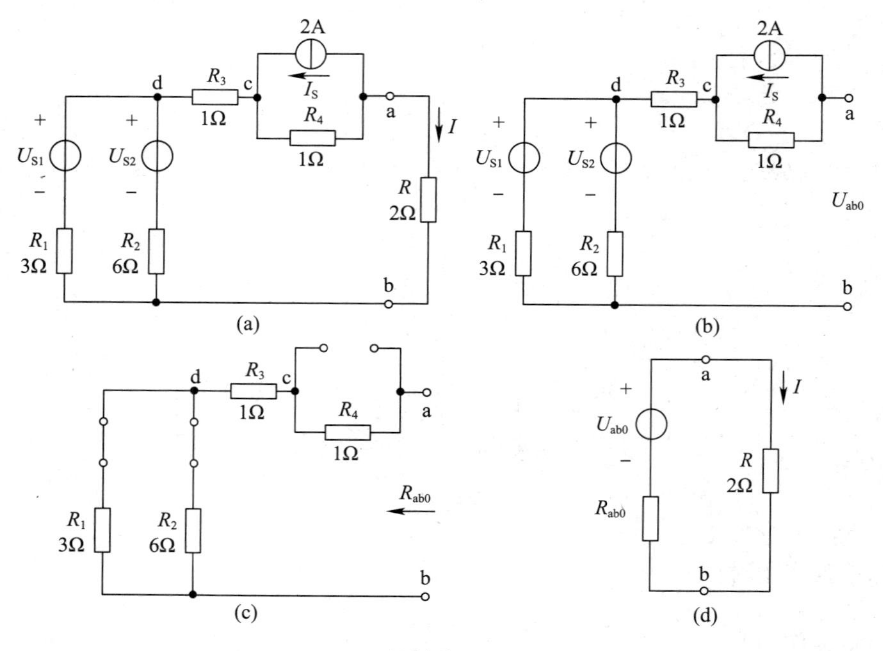

题解图 2-6

$$U_{ab0}=U_{ac0}+U_{cd0}+U_{db0}=-I_SR_4+0+\frac{\frac{U_{S1}}{R_1}+\frac{U_{S2}}{R_2}}{\frac{1}{R_1}+\frac{1}{R_2}}=-2\times1+0+\frac{\frac{6}{3}+\frac{12}{6}}{\frac{1}{3}+\frac{1}{6}}=6\text{V}$$

方法 2：电源等效变换解法

电路经电压源与电流源之间的等效变换[如题解图 2-7(a)、(b)、(c)、(d)所示]可得

$$I=\frac{6}{4+2}=1\text{A}$$

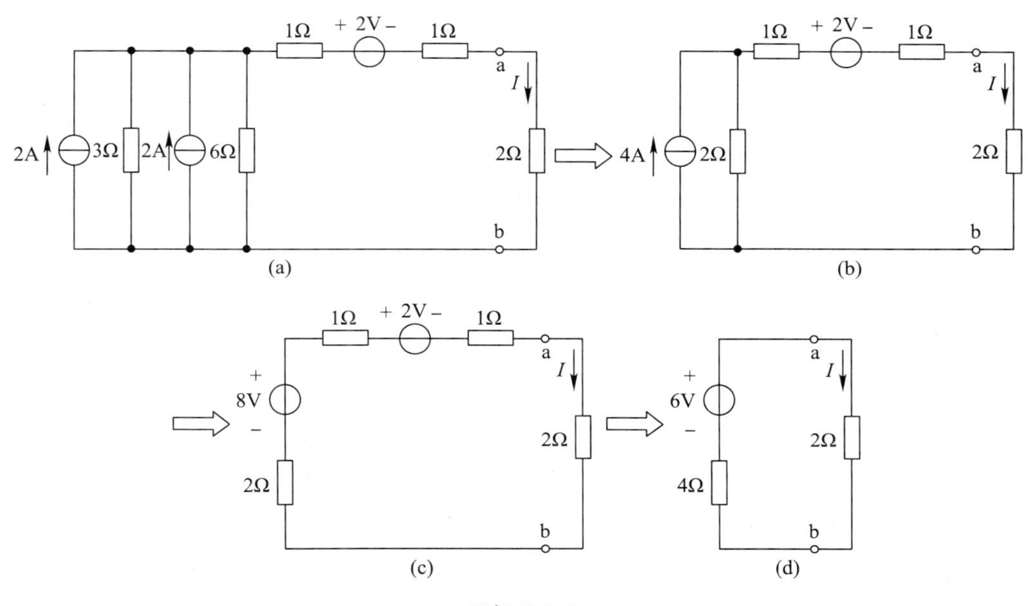

题解图 2-7

(2) 求 a、b 间的等效电阻 R_{ab0}[如题解图 2-6(c)]

$$R_{ab0}=R_1 /\!/ R_2+R_3+R_4=\frac{3\times6}{3+6}+1+1=4\Omega$$

(3) 求电流 I

由题解图 2-6(d)所示戴维南等效电路，得

$$I=\frac{U_{ab0}}{R_{ab0}+R}=\frac{6}{4+2}=1\text{A}$$

2.6.46　戴维南等效电路采用理想电压源和内阻相串联的形式，原电路可化成题解图 2-8(a)的形式，需要计算出 U_0 和 R_0。

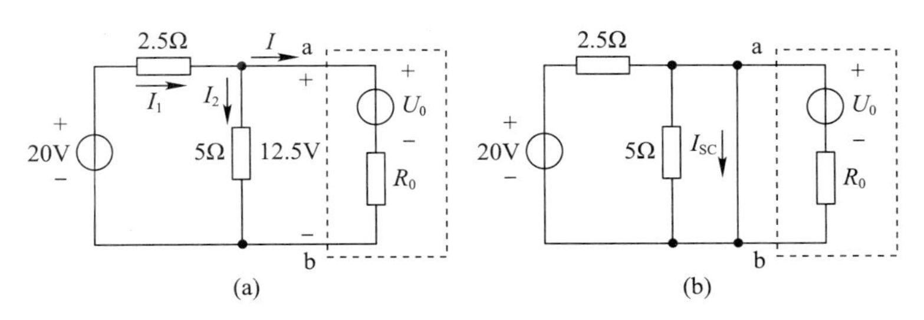

题解图 2-8

在图(a)中，$U_{ab}=12.5$V，可得

$$I_2=\frac{12.5}{5}=2.5\text{A}, I_1=\frac{20-12.5}{2.5}=3\text{A}$$

根据 KCL 得

$$I=I_1-I_2=0.5\text{A}$$

由此可以列出 U_0 和 R_0 的方程

$$U_0+0.5\times R_0=12.5 \quad ①$$

当把 a、b 端短路时，如题解图 2-8(b)所示，可得

$$I_{SC}=\frac{20}{2.5}+\frac{U_0}{R_0}=10\text{A}\Rightarrow U_0=2R_0 \quad ②$$

由方程①和方程②联立求解，可得

$$\begin{cases}U_0=10\text{V}\\R_0=5\Omega\end{cases}$$

2.7.47 (1)将除待求支路之外的其他电路等效成实际电压源，如题解图 2-9(a)所示，当电阻 R 与电源内阻 R_0 一致时，吸收的功率最大。现利用电源等效变换对电路进行化简，如题解图 2-9(b)～(g)所示，可知，当 $R=R_0=10\Omega$ 时，吸收功率最大。此时，吸收的功率为

$$P_R=\left(\frac{U_0}{R_0+R}\right)^2\times R=\left(\frac{50}{20}\right)^2\times 10=62.5\text{W}$$

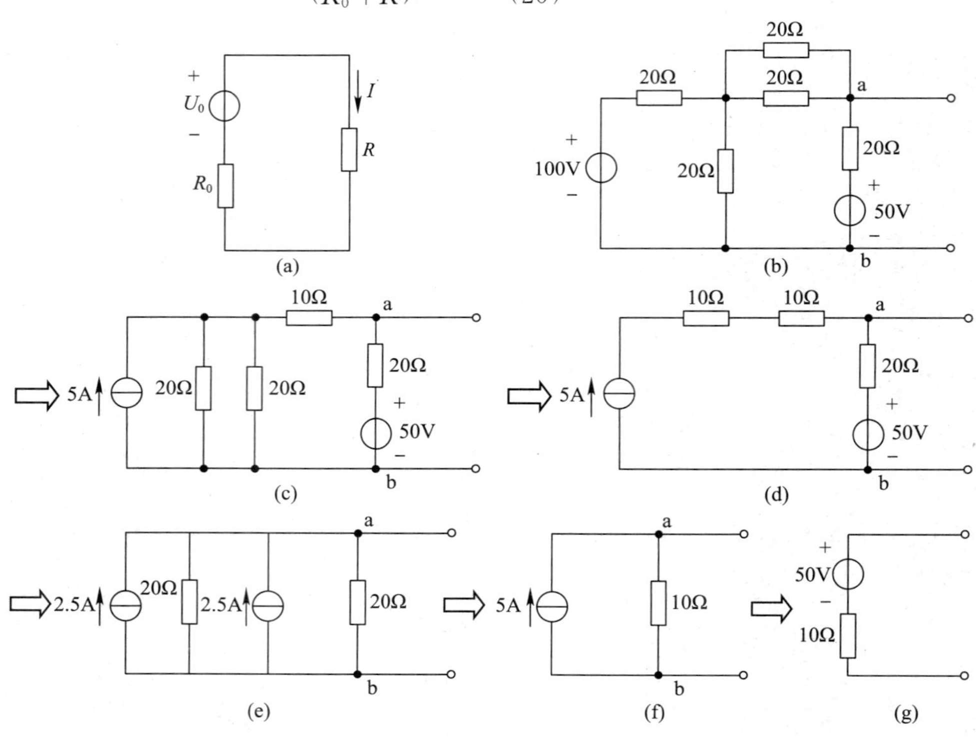

题解图 2-9

(2) 分析电路，如题解图 2-10(a)所示，欲使流过电阻 R 的电流 I 为零，则所加的元件两端电压 U 为 0，即流过电阻 R 的电流 $I=\frac{50}{10}=5\text{A}$，所加的元件流过电流为 5A，两端电压为 0，可以加 5A 的理想电流源，如题解图 2-10(b)所示。

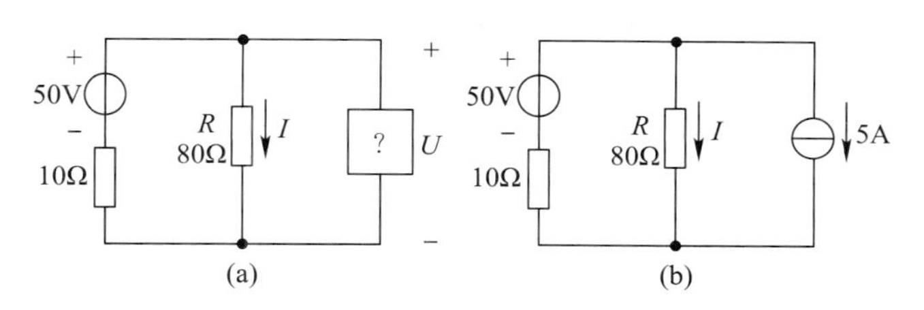

题解图 2-10

2.6.48　戴维南等效电路采用理想电压源和内阻相串联的形式，如题解图 2-11(a)中虚线框住的部分。由题可知，当 $U_{ab}=12.1\text{V}$ 时，$I=10\text{A}$；当 $U_{ab}=10.6\text{V}$ 时，$I=250\text{A}$，可得如下方程，联立求解，所以此蓄电池的戴维南等效电路如题解图 2-11(b)所示。

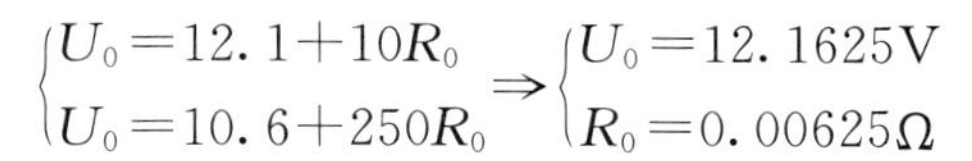

$$\begin{cases}U_0=12.1+10R_0\\U_0=10.6+250R_0\end{cases}\Rightarrow\begin{cases}U_0=12.1625\text{V}\\R_0=0.00625\Omega\end{cases}$$

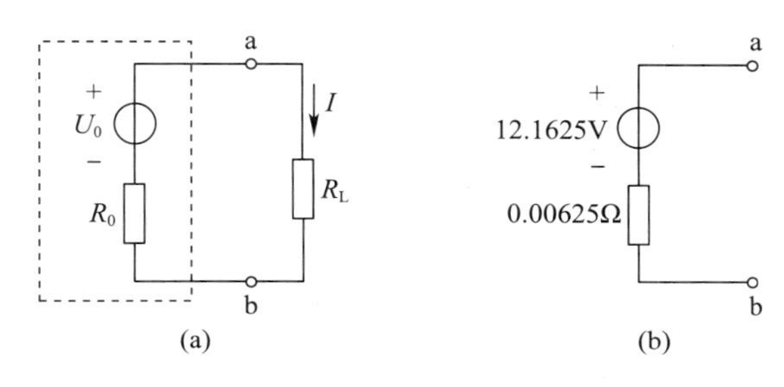

题解图 2-11

2.1.49　当飞机飞行高度发生变化时，在飞机升力与重力的作用下，“电位器式加速度传感器”内的电位器的抽头位置在弹簧的带动下会与电位器发生相对位移，进而改变输出电压 U_0，通过 U_0 反映飞行器载荷的大小。

2.6.50　将电流源左侧的电路等效为戴维南等效电路，分别由题解图 2-12(a)、(b)所示的电路计算开路电压和除源内阻，得到题解图 2-12(c)所示的戴维南等效电路。

$$\begin{cases}U_{01}=U_1+U_2=\dfrac{3}{3+6}\times36-\dfrac{24}{12+24}\times36=-12\text{V}\\R_{01}=6/\!/3+12/\!/24=10\Omega\end{cases}$$

将电流源右侧电路等效为戴维南等效电路，分别由题解图 2-12(d)、(e)所示的电路计算开路电压和除源内阻，得到题解图 2-12(f)所示的戴维南等效电路。

$$\begin{cases}U_{02}=\dfrac{\dfrac{24}{4}-\dfrac{4}{4}-2}{\dfrac{1}{4}+\dfrac{1}{4}}=6\text{V}\\R_{02}=4/\!/4=2\Omega\end{cases}$$

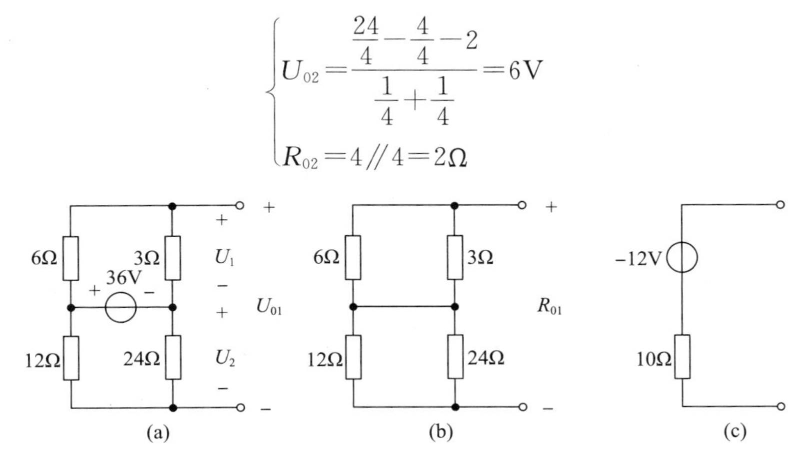

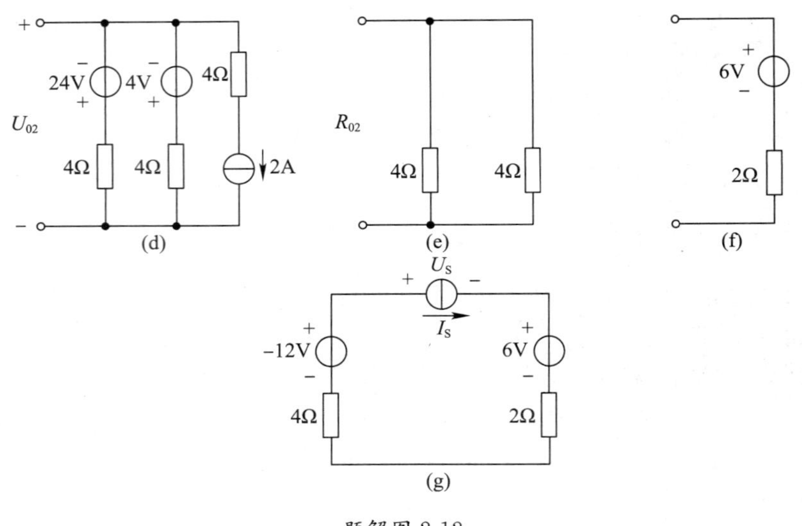

题解图 2-12

原电路转换为题解图 2-12(g)所示，由于$U_S=0$V，所以 $I_S=\frac{-12-6}{10+2}=-1.5$A。

第 3 章　电路的暂态分析习题答案

1. 填空题

3.1.1　电感，电容　　3.1.2　电感，电流，电容，电压

3.2.3　电流，电压、$i_L(0_+)=i_L(0_-)$，$u_C(0_+)=u_C(0_-)$

3.2.4　越慢　　3.3.5　0.05，25　　3.4.6　$f(0_+)$，$f(\infty)$，τ

3.6.7　矩形，尖　　3.6.8　积分　　3.6.9　$\tau \gg t_P$，微分，$\tau \gg t_P$，积分

2. 判断题

3.1.10　×　3.1.11　×　3.1.12　×　3.1.13　×　3.2.14　×　3.2.15　×

3.3.16　√　3.3.17　×　3.3.18　√　3.4.19　×

3. 选择题

3.1.20　b。解：直流稳态时，电感电阻为 0，相当于短路，其上电压为 0，但有电流流过，电流大小由电感以外的电路决定$\left(\text{由 } u_L=L\frac{\mathrm{d}i_L}{\mathrm{d}t}\text{ 也可知直流稳态时 } u_L=0\text{，但 } i_L\text{ 不一定为 } 0\right)$。故应选 b。

3.1.21　d。解：直流稳态时，电容电阻为∞，相当于开路，其中电流为 0，但两端可以有电压，电压大小由电容以外的电路决定$\left(\text{由 } i_C=C\frac{\mathrm{d}u_C}{\mathrm{d}t}\text{ 也可知直流稳态时 } i_C=0\text{，但 } u_C\text{ 不一定为 } 0\right)$。故应选 d。

3.2.22　b。解：S 闭合前电路已处于稳态，即 $i_L(0_-)=0$，则 $i_L(0_+)=i_L(0_-)=0$，闭合 S 瞬间，L 两端的电压 $u_L(0_+)=1\times100=100$V。故应选 b。

3.2.23　b。解：开关 S 闭合前电路已处于稳态，则由换路定则得

$$i_L(0_+)=i_L(0_-)=\frac{U_S}{R_1}=\frac{6}{2}=3\text{A}$$

又 $i_L(\infty)=\frac{U_S}{R_1}=\frac{6}{2}=3\text{A}, \tau=\frac{L}{R_1 /\!/ R_2}$,则

$$i_L(t)=i_L(\infty)+[i_L(0_+)-i_L(\infty)]e^{-\frac{t}{\tau}}=3+(3-3)e^{-\frac{t}{\tau}}=3\text{A}$$

而 $u_L(t)=L\frac{di_L}{dt}=0$,所以

$$i(0_+)=\frac{U_S-u_L(0_+)}{R_1}=\frac{6-0}{2}=3\text{A}$$

故应选 b。

3.2.24　b。解:$u_C(0_+)=u_C(0_-)=0, i_C(0_+)=\frac{12}{2+4}=2\text{A}$,故应选 b。

3.2.25　b。解:开关 S 闭合前,L、C 均未储能,则

$$i_L(0_+)=0,\quad u_C(0_-)=0$$

且

$$i_1(0_-)=0, i_2(0_-)=i_L(0_-)=0, i_3(0_-)=0, i(0_-)=0$$

闭合开关 S 瞬间($t=0_+$),有

$$i_2(0_+)=i_L(0_+)=i_L(0_-)=0, u_C(0_+)=u_C(0_-)=0, i_3(0_+)=\frac{U}{R_3}$$

$$i_1(0_+)=\frac{u_C(0_+)}{R_1}=0$$

$$i(0_+)=\frac{U-u_C(0_+)}{R_3}=\frac{U-0}{R_3}=\frac{U}{R_3}$$

故应选 b。

3.4.26　a　3.4.27　b　3.4.28　b　3.4.29　b

4. 计算题

3.2.30　解:因 S 断开前电路已处于稳态,故

$$u_C(0_-)=\frac{R_1}{R_1+R_2}\cdot U_S=\frac{4}{2+4}\times 6=4\text{V}$$

根据换路定则可知,$u_C(0_+)=u_C(0_-)=4\text{V}$,$t=0_+$ 时的等效电路如题解图 3-1 所示。则

$$i_C(0_+)=i_1(0_+)=\frac{U_S-u_C(0_+)}{R_1}=\frac{6-4}{2}=1\text{A},\quad i_2(0_+)=0$$

3.2.31　解:在 $t=0_-$ 电路中求出

$$u_C(0_+)=u_C(0_-)=20\text{V}, i_L(0_+)=i_L(0_-)=2\text{mA}$$

画出 $t=0_+$ 时的等效电路,如题解图 3-2 所示。

$$i_1(0_+)=i_L(0_+)=2\text{mA}, i(0_+)=0\text{mA}$$

$$i_2(0_+)=-i_1(0_+)=-2\text{mA}, u_L(0_+)=-10i_1(0_+)+5i_2(0_+)+20=-10\text{V}$$

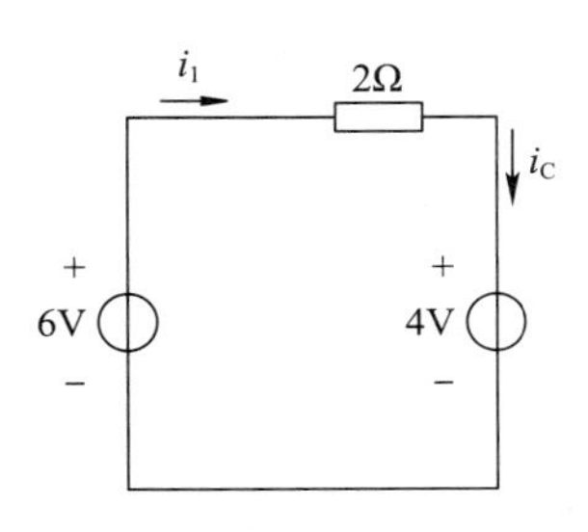

题解图 3-1

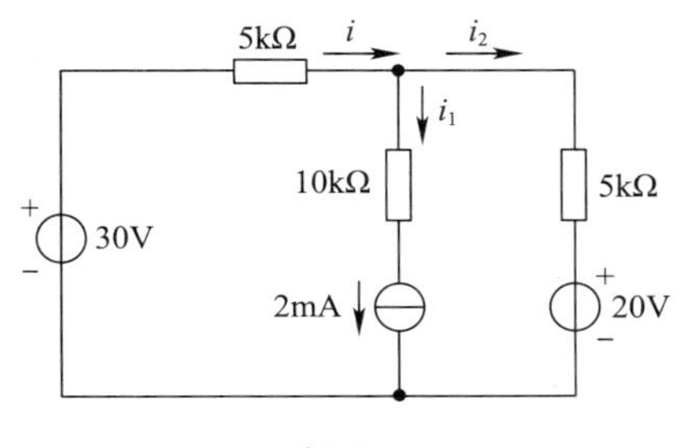

题解图 3-2

3.5.32 解:(1)求初始值 $u_C(0_+)$和 $i_1(0_+)$,由 $t=0_-$时的电路得

$$u_C(0_-)=I_S R_3=10\times10^{-3}\times6\times10^3=60\text{V}$$

由换路定则,可知 $$u_C(0_+)=u_C(0_-)=60\text{V}$$

由 $t=0_+$时的电路得

$$i_1(0_+)=\frac{u_C(0_+)}{(R_2/\!/R_3)+R_1}=\frac{60}{\frac{3\times10^3\times6\times10^3}{3\times10^3+6\times10^3}+3\times10^3}=12\times10^{-3}\text{A}=12\text{mA}$$

(2) 求稳态值 $u_C(\infty)$和 $i_1(\infty)$,由 $t=\infty$时的电路可知 $u_C(\infty)=0$,$i_1(\infty)=0$。

(3) 求时间常数 τ

$$\tau=[R_1+(R_2/\!/R_3)]C=\left(3\times10^3+\frac{3\times10^3\times6\times10^3}{3\times10^3+6\times10^3}\right)\times2\times10^{-6}=10\times10^{-3}\text{s}=10\text{ms}$$

(4) 由三要素法求 $t\geqslant0$ 时的 u_C、i_1

$$u_C=u_C(\infty)+[u_C(0_+)-u_C(\infty)]e^{-\frac{t}{\tau}}=u_C(0_+)e^{-\frac{t}{\tau}}=60e^{-100t}\text{V}$$

$$i_1=i_1(\infty)+[i_1(0_+)-i_1(\infty)]e^{-\frac{t}{\tau}}=i_1(0_+)e^{-\frac{t}{\tau}}=12e^{-100t}\text{mA}$$

(5) 画出 u_C、i_1 随时间变化的曲线,如题解图 3-3 所示。

本题中,$t=0$ 时 S 闭合,电流源 I_S 被短接。对 u_C 来讲,其变化过程实际为零输入响应,因此在求得 $u_C(0_+)$后可直接用零输入响应的表达式 $u_C=u_C(0_+)e^{-\frac{t}{\tau}}$,进而求出 $i_1=-C\frac{du_C}{dt}$(负号源于 i_1 与 u_C 的参考方向相反)。

3.5.33 解:由三要素法求 $t\geqslant0$ 时的 u_C

$$u_C(0_+)=u_C(0_-)=6\text{V}$$

$$u_C(\infty)=2\text{V}$$

$$\tau=R_3C=3\text{ms}$$

$$u_C(t)=2+(6-2)e^{-\frac{t}{3\times10^{-3}}}=(2+4e^{-\frac{t}{3\times10^{-3}}})\text{V}$$

u_C 的变化曲线如题解图 3-4 所示。

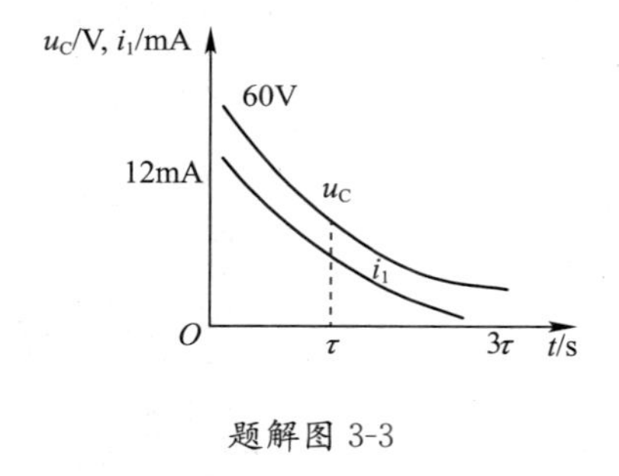

题解图 3-3

题解图 3-4

3.5.34 解:用三要素法求解本题。由于电路中有 I_S 和 U_S 两个电源,所以在确定初始值和稳态值时可运用叠加定理。

(1) 确定初始值 $u_C(0_+)$ 。

$$u_C(0_+)=u_C(0_-)=I_S\cdot R_3-U_S=1\times10^{-3}\times20\times10^3-10=10\text{V}$$

(2) 确定稳态值 $u_C(\infty)$。

$$u_C(\infty)=\left(\frac{R_1}{R_1+R_2+R_3}I_S\right)R_3-U_S=\frac{10\times10^3}{10\times10^3+10\times10^3+20\times10^3}\times1\times10^{-3}\times20\times10^3-10=-5\text{V}$$

(3) 确定时间常数 τ

$$\tau=[(R_1+R_2)/\!/R_3]C=\frac{(10\times10^3+10\times10^3)\times20\times10^3}{(10\times10^3+10\times10^3)+20\times10^3}\times10\times10^{-6}=0.1\text{s}$$

(4) 由三要素法求 u_C

$$u_C=u_C(\infty)+[u_C(0_+)-u_C(\infty)]e^{-\frac{t}{\tau}}=-5+[10-(-5)]e^{-\frac{t}{0.1}}=(-5+15e^{-10t})\text{V}$$

电容电压 u_C 的曲线如题解图 3-5 所示。

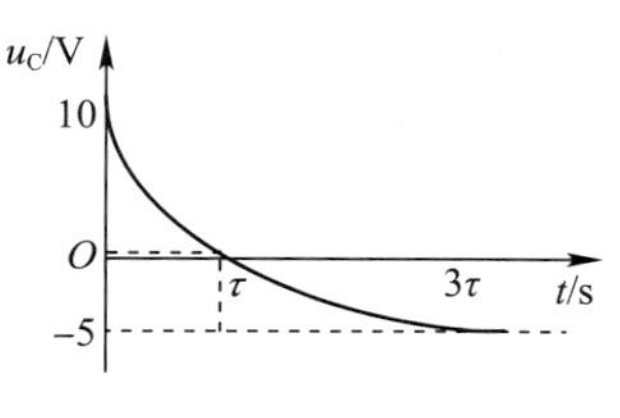

题解图 3-5

3.5.35 解:由三要素法求 $t\geqslant 0$ 时的 u_C 和 u_R

$$u_C(0_+)=u_C(0_-)=\frac{R_2}{R_1+R_2+R_3}U_S=12\text{V}$$

$$u_C(\infty)=0\text{V}$$

$$\tau=(R_2/\!/R_3)C=0.2\text{s}$$

$$u_C(t)=0+(12-0)e^{-\frac{t}{0.2}}=12e^{-5t}\text{V}$$

$$u_R(t)=-u_C(t)=12e^{-5t}\text{V}$$

3.6.36 微分电路,如题解图 3-6 所示。

3.6.37 积分电路,如题解图 3-7 所示,$t_P\ll RC$。

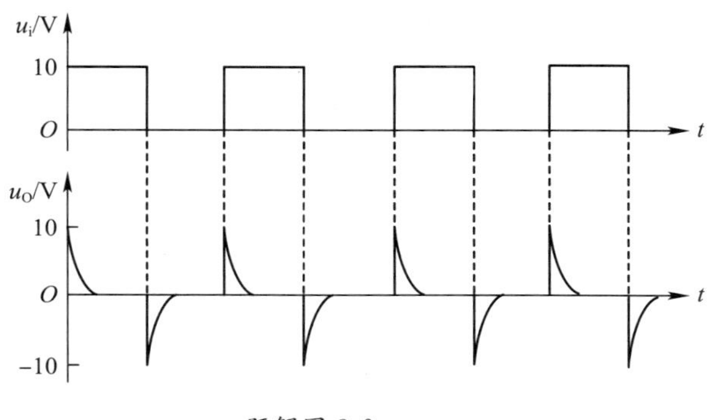

题解图 3-6

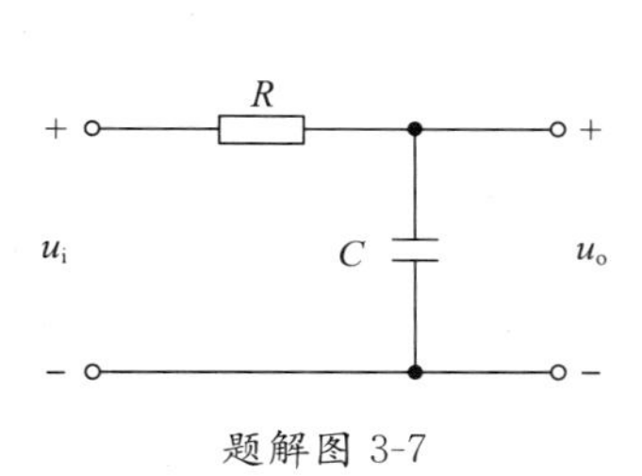

题解图 3-7

3.2.38 解:针对题图 3-8(a)所示电路。

(1) 在 $t=0_-$ 电路中求出

$$i_L(0_-)=\frac{E}{R_1}=\frac{6}{2}=3\text{A}$$

(2) 根据换路定则得

$$i_L(0_+)=i_L(0_-)=\frac{E}{R_1}=\frac{6}{2}=3\text{A}$$

(3) 画出 $t=0_+$ 等效电路,如题解图 3-8(a)所示。

(4) 在 $t=0_+$ 等效电路中求得

$$i(0_+)=\frac{R_1}{R_1+R_2}i_L(0_+)=\frac{2}{2+2}\times 3=1.5\text{A}$$

(5) 在 $t=\infty$ 电路中求得

$$i(\infty)=\frac{E}{R_2}=\frac{6}{2}=3\text{A}$$

针对题图 3-8(b)所示电路。

(1) 在 $t=0_-$ 电路中求出得

$$u_C(0_-)=6\text{V}$$

(2) 根据换路定则得

$$u_C(0_+)=u_C(0_-)=6\text{V}$$

(3) 画出 $t=0_+$ 等效电路,如题解图 3-8(b)所示。

(4) 在 $t=0_+$ 等效电路中求得

$$i(0_+)=\frac{E-u_C(0_+)}{R_1}=\frac{6-6}{2}=0$$

(5) 在 $t=\infty$ 电路中求得

$$i(\infty)=\frac{E}{R_1+R_2}=\frac{6}{2+2}=1.5\text{A}$$

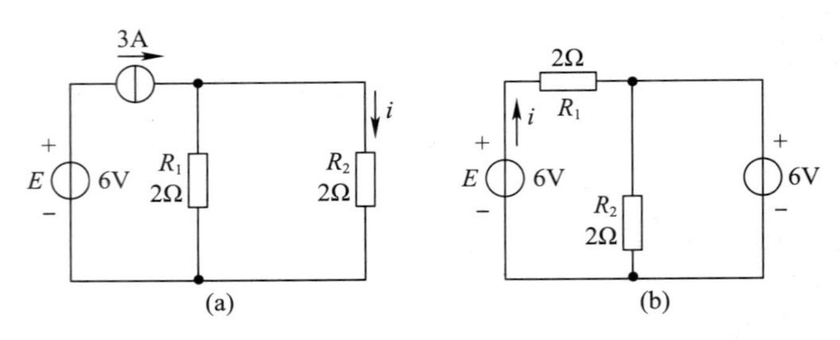

题解图 3-8

3.2.39　解:用三要素法解题。

(a) $u_C=u_C(\infty)+[u_C(0_+)-u_C(\infty)]e^{-\frac{t}{\tau}}=10+(0-10)e^{-\frac{t}{0.2}}=(10-10e^{-5t})\text{V}$

(b) $u_C=u_C(\infty)+[u_C(0_+)-u_C(\infty)]e^{-\frac{t}{\tau}}=10+(2-10)e^{-\frac{t}{0.2}}=(10-8e^{-5t})\text{V}$

(c) $u_C=u_C(\infty)+[u_C(0_+)-u_C(\infty)]e^{-\frac{t}{\tau}}=0+(10-0)e^{-\frac{t}{0.2}}=10e^{-5t}\text{V}$

(d) $u_C=u_C(\infty)+[u_C(0_+)-u_C(\infty)]e^{-\frac{t}{\tau}}=2+(10-2)e^{-\frac{t}{0.2}}=(2+8e^{-5t})\text{V}$

3.2.40　解:C_1 与 C_2 串联后的等效电容为

$$C=\frac{C_1C_2}{C_1+C_2}=\frac{10\times10^{-6}\times20\times10^{-6}}{10\times10^{-6}+20\times10^{-6}}=6.67\times10^{-6}\text{F}=6.67\mu\text{F}$$

(1) 确定初始值 $u_C(0_+)$:$u_C(0_+)=u_C(0_-)=0$(电容原先未储能)。

(2) 确定稳态值 $u_C(\infty)$:$u_C(\infty)=U$。

(3) 确定时间常数 τ:$\tau=R_2C=6\times10^3\times\frac{20}{3}\times10^{-6}=0.04\text{s}$。

(4) 由三要素法确定 u_C

$$\begin{aligned}u_C&=u_C(\infty)+[u_C(0_+)-u_C(\infty)]e^{-\frac{t}{\tau}}\\&=u_C(\infty)(1-e^{-\frac{t}{\tau}})=U(1-e^{-\frac{t}{0.04}})=20(1-e^{-25t})\text{V}\quad(t\geqslant0)\end{aligned}$$

本题中,$t=0$ 时 S 闭合,闭合前电容 C 无初始储能,对 u_C 来说,其变化过程实际为零状态响应,因此求得 $u_C(\infty)$后可直接用零状态响应表达式 $u_C=u_C(\infty)(1-e^{-\frac{t}{\tau}})$。

3.2.41　解:由三要素法求开关闭合后的 u_C

$$u_C(0_+)=u_C(0_-)=0\text{V}$$

$$u_C(\infty)=\frac{U_S}{R_1+R_2}R_1-\frac{U_S}{R_3+R_4}R_3=-6\text{V}$$

$$\tau=RC=(R_1/\!/R_2+R_3/\!/R_4)C=40\times10^{-3}\text{s}$$

由三要素法可得

$$u_C=u_C(\infty)+[u_C(0_+)-u_C(\infty)]e^{-\frac{t}{\tau}}=(-6+6e^{-25t})\text{V}$$

3.5.42　解:由三要素法求 KT 断开后 i_L的变化规律。

$$i_L(0_+)=i_L(0_-)=\frac{U}{R}=\frac{220}{55}=4\text{A}$$

$$i_L(\infty)=\frac{U}{R_1+r'/\!/R}\cdot\frac{r'}{r'+R}=1.375\text{A}$$

$$\tau=RC=\frac{L}{R_1/\!/r'+R}=0.25\text{s}$$

$$i_L(t)=i_L(\infty)+[i_L(0_+)-i_L(\infty)]\text{e}^{-\frac{t}{\tau}}=(1.375+2.625\text{e}^{-4t})\text{A}$$

3.5.43　解：(1)先求 u_C。

$$u_C(0_+)=u_C(0_-)=1\text{V}(\text{已知})$$

$$u_C(\infty)=\frac{R_3}{R_1+R_3}u=\frac{2}{2+2}\times4=2\text{V}$$

$$\tau=RC=(R_2+R_1/\!/R_3)C=\left(1+\frac{2\times2}{2+2}\right)\times10^3\times1\times10^{-6}=2\times10^{-3}\text{s}$$

由三要素法可得

$$u_C=u_C(\infty)+[u_C(0_+)-u_C(\infty)]\text{e}^{-\frac{t}{\tau}}=2+(1-2)\text{e}^{-\frac{t}{2\times10^{-3}}}=(2-\text{e}^{-500t})\text{V}$$

(2) 再求 i_3。

$$i_3(0_+)=\frac{u_{ab}(0_+)}{R_3}$$

$u_{ab}(0_+)$可通过节点电压法求出，即

$$u_{ab}(0_+)=\frac{\dfrac{u}{R_1}+\dfrac{u_C(0_+)}{R_2}}{\dfrac{1}{R_1}+\dfrac{1}{R_2}+\dfrac{1}{R_3}}=\frac{3}{2}\text{V}$$

则
$$i_3(0_+)=\frac{u_{ab}(0_+)}{R_3}=\frac{3}{4}\times10^{-3}\text{A}=\frac{3}{4}\text{mA}$$

又
$$i_3(\infty)=\frac{u}{R_1+R_3}=\frac{4}{2\times10^3+2\times10^3}=10^{-3}\text{A}=1\text{mA}$$

故由三要素法得

$$i_3=i_3(\infty)+[i_3(0_+)-i_3(\infty)]\text{e}^{-\frac{t}{\tau}}=[1+(0.75-1)\text{e}^{-500t}]\text{mA}=(1-0.25\text{e}^{-500t})\text{mA}$$

本题中 i_3 可看作电压源 u 和电容电压 u_C 共同作用的结果，因此应用叠加定理即可求得

$$i_3=\frac{u}{R_1+(R_2/\!/R_3)}\cdot\frac{R_2}{R_2+R_3}+\frac{u_C}{R_2+(R_1/\!/R_3)}\cdot\frac{R_1}{R_1+R_3}$$

本题中 i_3 也可通过列写电路右侧回路的基尔霍夫电压定律方程直接求出，即通过

$$R_2\cdot C\frac{\text{d}u_C}{\text{d}t}=u_C=i_3\cdot R_3$$

将(1)中求出的 u_C 代入上式整理即得 i_3。

以上 3 种方法的结果相同。

第 4 章　正弦交流电路习题答案

1. 填空题

4.1.1　220V　　4.2.2　0.0025，800π　　4.2.3　$-5+\text{j}10$，$-11+\text{j}2$，$50\angle196°$，$20\angle90°$

4.2.4　$5\sqrt{2}\sin(2t+53°)$　　4.3.5　0Ω，短路　　4.3.6　电容，电感　　4.4.7　1，j12

4.3.8　10，2　　4.4.9　$4\sin(\omega t+90°)$　　4.4.10　$\frac{\sqrt{2}}{2}\angle45°$　　4.4.11　44，电容性

4.4.12　30,20　　4.4.13　电感性,超前45°　　4.5.14　$\cos\varphi=\frac{P}{S}$,感性负载两端并联电容器

4.5.15　减小,不变,提高　　4.7.16　$50\mu F$,4000V

2. 判断题

4.1.17 × 4.2.18 × 4.3.19 √ 4.4.20 √ 4.4.21 √ 4.4.22 √ 4.5.23 ×

4.5.24 × 4.6.25 × 4.7.26 √ 4.7.27 × 4.7.28 × 4.7.29 ×

3. 选择题

4.1.30 d 4.1.31 d 4.1.32 b 4.1.33 c 4.1.34 c 4.1.35 b 4.1.36 d

4.2.37 a 4.2.38 d 4.3.39 a 4.3.40 b 4.3.41 a 4.3.42 c 4.3.43 c

4.4.44 d 4.4.45 e 4.4.46 c 4.4.47 b 4.4.48 b 4.4.49 a 4.4.50 a

4.5.51 d 4.5.52 a 4.7.53 a 4.7.54 b

4. 计算题

4.1.55　解:(1) $f=400\text{Hz}$, $T=0.0025\text{s}$, $\omega=2513\text{rad/s}$, $U_m=115\sqrt{2}\text{V}$, $U=115\text{V}$, $\varphi=-\frac{\pi}{4}$。

(2) 如题解图4-1(a)所示。

(3) $u'=115\sqrt{2}\sin\left(2513t+\frac{3}{4}\pi\right)\text{V}$,初相位改变,其余不变。波形如题解图4-1(b)所示。

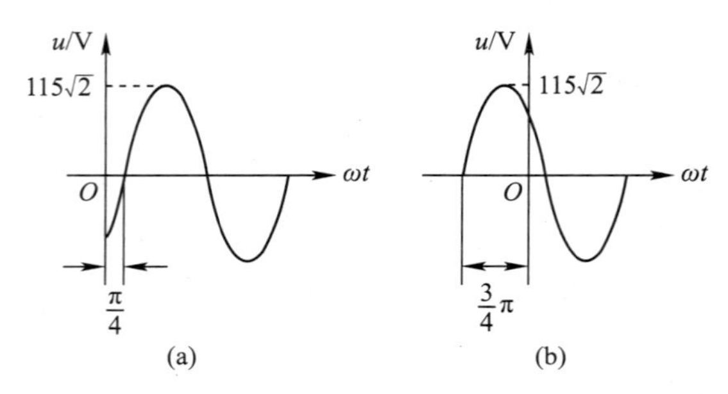

题解图 4-1

4.2.56　解:$\dot{I}_1=4\angle 30°\text{A}$, $i_1=4\sqrt{2}\sin(\omega t+30°)\text{A}$;

$\dot{I}_2=4\angle 150°\text{A}$, $i_2=4\sqrt{2}\sin(\omega t+150°)\text{A}$;

$\dot{I}_3=4\angle -150°\text{A}$, $i_3=4\sqrt{2}\sin(\omega t-150°)\text{A}$;

$\dot{I}_4=4\angle -30°\text{A}$, $i_4=4\sqrt{2}\sin(\omega t-30°)\text{A}$。

4.4.57　解:图(a),各相量如题解图4-2(a)所示,相量图如题解图4-2(b)所示,可得$I_0=I_2-I_1=5-3=2\text{A}$。

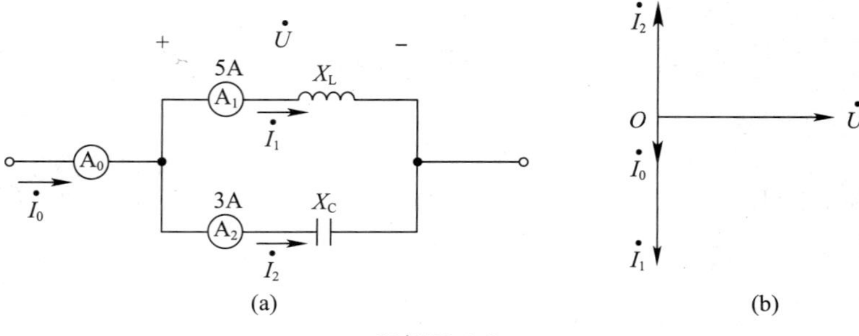

题解图 4-2

图(b)，各相量如题解图 4-3(a)所示，相量图如题解图 4-3(b)所示，可得 $U_0=\sqrt{U_2^2-U_1^2}=\sqrt{100^2-60^2}=80\text{V}$。

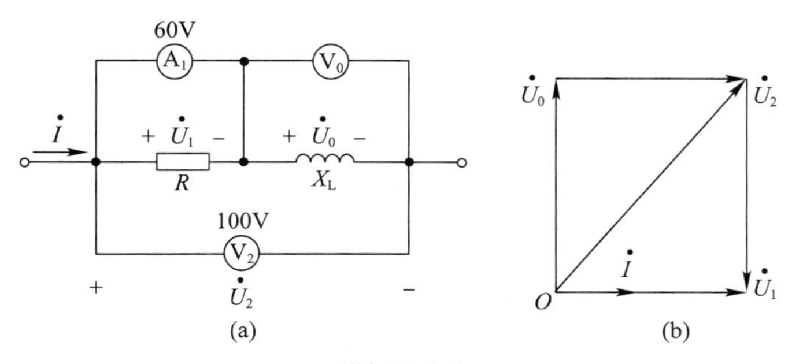

题解图 4-3

图(c)，由于$X_L=X_C=10\Omega$，因此满足 RLC 串联谐振的条件，由此可得 $U_2=1\times10=10\text{V}$，由串联谐振的特点可知$U_1=10\text{V}$，$U_3=U_L-U_C=0\text{V}$，$U_4=\sqrt{U_R^2+U_L^2}=\sqrt{10^2+10^2}=10\sqrt{2}\text{V}$，$U_5=1\times10=10\text{V}$，即 $U_1=10\text{V}$，$U_2=10\text{V}$，$U_3=0\text{V}$，$U_4=10\sqrt{2}\text{V}$，$U_5=10\text{V}$。

图(d)，由于$X_L=X_C=10\Omega$，因此满足 RLC 并联谐振的条件，由此可得$I_1=I_2=\frac{220}{10}=22\text{A}$，由并联谐振的特点可知$I_4=I_5=\frac{220}{10}=22\text{A}$，方向相反，因此可得$I_3=0\text{A}$。即 $I_1=22\text{A}$，$I_2=22\text{A}$，$I_3=0\text{A}$，$I_4=0\text{A}$，$I_5=0\text{A}$。

4.4.58 解：设题中各支路的相量如题解图 4-4(a)所示。

(1)
$$\dot{I}_1=\frac{Z_2}{Z_1+Z_2}\dot{I}=\frac{1+\text{j}}{1+\text{j}+1-\text{j}}\times2\angle0^\circ=\sqrt{2}\angle45^\circ\text{A}$$

$$\dot{I}_2=\frac{Z_1}{Z_1+Z_2}\dot{I}=\frac{1-\text{j}}{1+\text{j}+1-\text{j}}\times2\angle0^\circ=\sqrt{2}\angle-45^\circ\text{A}$$

则
$$I_1=I_2=\sqrt{2}\text{A}$$

(2) 设 $Z=Z_1/\!/Z_2=1\Omega$，则

$$\dot{U}_1=\dot{I}Z=2\angle0^\circ\times1=2\angle0^\circ\text{V}$$

$$\dot{U}_3=\dot{I}Z_3=2\angle0^\circ\times2\sqrt{2}\angle45^\circ=4\sqrt{2}\angle45^\circ\text{V}$$

$$\dot{U}=\dot{U}_1+\dot{U}_3=2\angle0^\circ+4\sqrt{2}\angle45^\circ=2+4\sqrt{2}(\cos45^\circ+\text{j}\sin45^\circ)=6+\text{j}4\text{V}$$

(3) $\dot{I}_1$ 与 $\dot{I}_2$ 的相量图如题解图 4-4(b)所示。

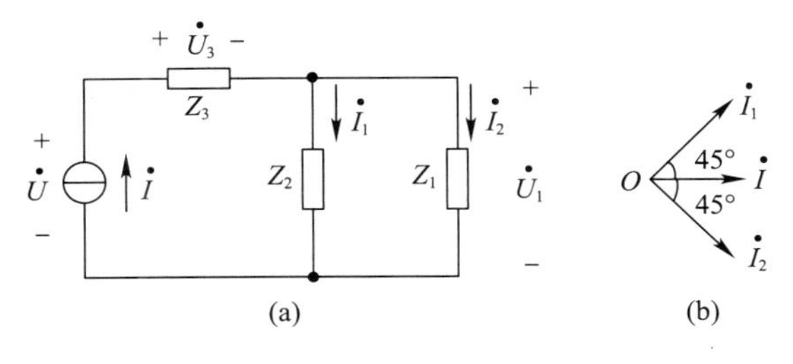

题解图 4-4

4.4.59 解：题中各支路的相量如题解图 4-5(a)所示。

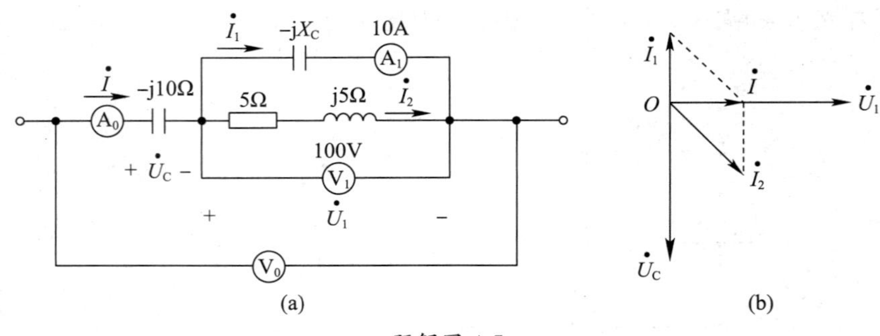

题解图 4-5

设$\dot{U}_1=100\angle 0°\text{V}$，令$Z_1=5+\text{j}5=5\sqrt{5}\angle 45°\Omega$，则 $\dot{I}_1=10\angle 90°\text{A}$，$\dot{I}_2=\dfrac{\dot{U}_1}{Z_1}=10\sqrt{2}\angle -45°\text{A}$。

相量图如题解图 4-5(b)所示，可求得 $\dot{I}=10\angle 0°\text{A}$，则

$$\dot{U}_C=-\text{j}10\times\dot{I}=100\angle -90°\text{V}$$

$$\dot{U}=\sqrt{U_1^2+U_C^2}=\sqrt{100^2+100^2}=100\sqrt{2}\,\text{V}$$

即 A_0 表的读数为 10A，V_0 表的读数约为 141V。

4.4.60　解：题中各支路的相量如题解图 4-6(a)所示。

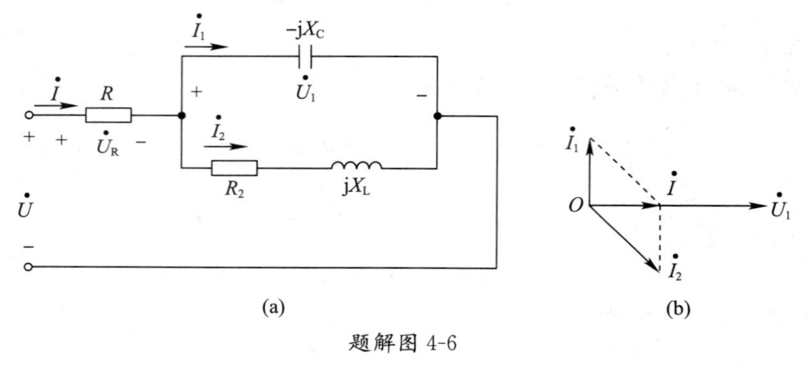

题解图 4-6

设$\dot{U}_1=U_1\angle 0°\text{V}$，根据电容的电压与电流之间的关系可得

$$\dot{I}_1=10\angle 90°\text{A},\quad \dot{I}_2=10\sqrt{2}\angle -45°\text{A}$$

则可根据如题解图 4-6(b)所示相量图画出 $\dot{I}$ 的相量，并得到 $\dot{I}=10\angle 0°\text{A}$，则

$$\dot{U}_R=R\times\dot{I}=50\angle 0°\text{V},\quad \dot{U}=\dot{U}_1+\dot{U}_R=U_1\angle 0°+50\angle 0°=200\angle 0°\text{V}$$

可得$\dot{U}_1=150\angle 0°\text{V}$。因此得

$$X_C=\frac{U_1}{I_1}=\frac{150}{10}=15\Omega$$

又因为$|Z|=\sqrt{R_2^2+X_L^2}=\sqrt{2}R=\dfrac{150}{10\sqrt{2}}\Omega$，可得

$$R_2=X_L=7.5\Omega$$

即 $I=10\text{A}$，$R_2=X_L=7.5\Omega$，$X_C=15\Omega$。

4.5.61　解：日光灯的等效电路如题解图 4-7 所示，设 $\dot{I}=I\angle 0°\text{A}$，则

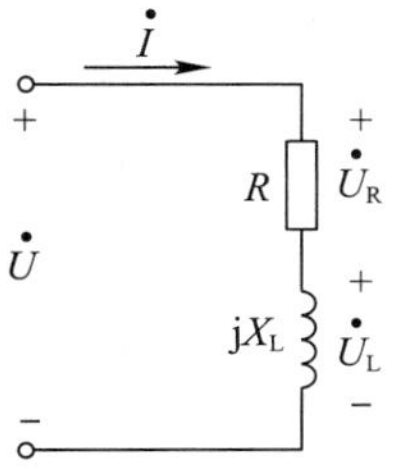

$$\begin{cases}U_R=IR=110\text{V}\\ I^2R=40\text{W}\end{cases},\text{可得}\begin{cases}I=\dfrac{4}{11}\text{A}\\ R=302.5\Omega\end{cases}$$

根据电路可知

$$U_L=\sqrt{U^2-U_R^2}=\sqrt{220^2-110^2}=110\sqrt{3}\text{V}$$

则

$$X_L=\frac{U_L}{I}=\frac{110\sqrt{3}}{\dfrac{4}{11}}=303.5\sqrt{3}\Omega$$

题解图 4-7

又因为$X_L=2\pi fL$，所以可得

$$L=\frac{X_L}{2\pi f}=1.67\text{mH}$$

功率因数

$$\cos\varphi=\frac{P}{S}=\frac{40}{220\times\dfrac{4}{11}}=0.5$$

4.7.62　解：(1)根据公式 $f=\dfrac{1}{2\pi\sqrt{LC}}$，可知 $540\times10^3=\dfrac{1}{2\pi\sqrt{365\times10^{-12}L}}$，可得

$$L\approx0.24\text{mH}$$

(2) $f_{max}=\dfrac{1}{2\pi\sqrt{30\times10^{-12}\times0.24\times10^{-3}}}\approx1.87\times10^6\text{Hz}$

第5章　三相电路习题答案

1. 填空题

5.1.1　相同，相等，120°，0　　5.1.2　火线，火线，零线，火线，$\sqrt{3}$

5.1.3　三相三线制，三角形，三相四线制，星形

5.1.4　$220\sqrt{2}\sin(\omega t-60°)$，$220\sqrt{2}\sin(\omega t-180°)$

5.2.5　三角形，星形，星形，三角形　　5.2.6　220　　5.3.7　对称

5.3.8　三角形，星形　　5.3.9　44，0.6，17424W

2. 判断题

5.1.10 √　5.1.11 √　5.1.12 ×　5.1.13 √　5.2.14 ×　5.2.15 √　5.2.16 ×
5.2.17 ×　5.2.18 √　5.2.19 √　5.2.20 ×　5.2.21 ×　5.2.22 ×　5.2.23 ×
5.3.24 √　5.3.25 ×　5.3.26 √　5.3.27 √　5.4.28 √

3. 选择题

5.1.29 c　5.1.30 d　5.1.31 c　5.1.32 c　5.2.33 a　5.2.34 a　5.2.35 d
5.2.36 d　5.2.37 b　5.2.38 b　5.2.39 c　5.2.40 d　5.2.41 c　5.2.42 c
5.2.43 c　5.2.44 a　5.3.45 d　5.3.46 b　5.3.47 c　5.4.48 b　5.4.49 a
5.4.50 a　5.4.51 b　5.4.52 a

4. 计算题

5.4.53　解：

(1)$Z=3+\text{j}4=5\angle53°\Omega$，$U_P=\dfrac{U_L}{\sqrt{3}}=220\text{V}$

$$I_P=\frac{U_P}{|Z|}=\frac{220}{5}=44\text{A}, I_L=I_P=44\text{A}$$

（2） $Z=3+\text{j}4=5\angle 53^\circ\Omega$

$$I_P=\frac{U_L}{|Z|}=\frac{380}{5}=76\text{A}$$

$$I_L=\sqrt{3}I_P=76\sqrt{3}\text{A}$$

5.3.54　解：由于负载对称，故

$$P_1=\sqrt{3}U_L I_L\cos\varphi$$

则线电流

$$I_L=\frac{P_1}{\sqrt{3}U_L I_L\cos\varphi}=\frac{11.43\times 10^3}{\sqrt{3}\times 200\times 0.87}=38\text{A}$$

相电流

$$I_P=\frac{I_L}{\sqrt{3}}=\frac{38}{\sqrt{3}}=22\text{A}$$

第6章　变压器习题答案

1. 填空题

6.1.1　铁心，绕组　　6.1.2　电磁感应，变电压，变电流，变阻抗

6.2.3　0.1　　6.2.4　264，0.6　　6.2.5　1，200　　6.2.6　216

6.2.7　顺时针，逆时针　　6.2.8　反

2. 判断题

6.1.9　×　6.1.10　√　6.2.11　×　6.2.12　√　6.2.13　×　6.2.14　×

6.2.15　×　6.2.16　×

3. 选择题

6.1.17　c　6.1.18　b　6.1.19　a　6.2.20　d　6.2.21　b　6.2.22　b

6.2.23　c　6.2.24　a　6.2.25　a　6.2.26　b

4. 计算题

6.2.27　解：(1)等效电路图如题解图 6-1 所示。

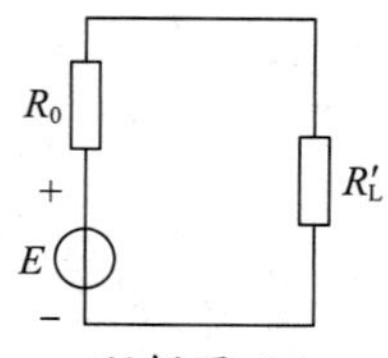

题解图 6-1

$$R'_L=R_0=800\Omega, R'_L=k^2R_L$$

$$k=\sqrt{\frac{R'_L}{R_L}}=\sqrt{\frac{800}{8}}=10$$

$$P_{\text{omax}}=\left(\frac{E}{R_0+R'_L}\right)^2\cdot R'_L=\left(\frac{120}{800+800}\right)^2\times 800=4.5\text{W}$$

（2） $P_o=\left(\frac{E}{R_0+R'_L}\right)^2\cdot R'_L=0.176\text{W}$

（3）此电路中变压器具有阻抗匹配的作用，即负载电阻 R_L 与信号源内阻 R_0 间的阻抗匹配。

6.3.28　解：如题解图 6-2 所示。

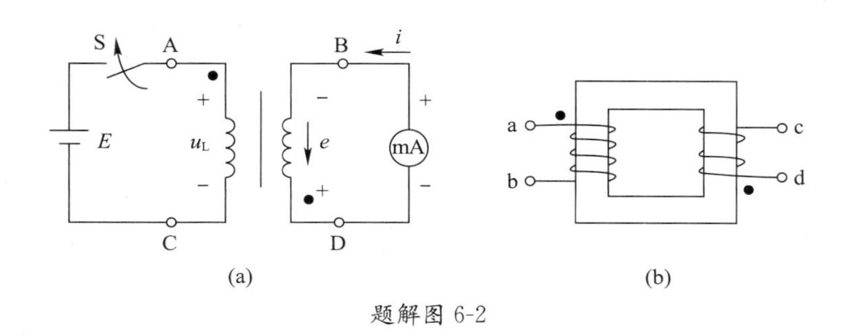

题解图 6-2

第 7 章　电动机习题答案

1. 填空题

7.1.1　直流电动机，控制电动机　　7.1.2　同步，异步，单相，三相

7.1.3　三相异步，单相异步　　7.1.4　定子，转子，星形，三角形，鼠笼式，绕线式

7.2.5　旋转磁场与转子转速差，磁场转速，2　　7.5.6　分相式，罩极式　　7.6.7　发电机

2. 判断题

7.1.8　√　7.1.9　×　7.1.10　√　7.1.11　√　7.1.12　×　7.2.13　√

7.2.14　√　7.2.15　×　7.2.16　√　7.4.17　√　7.6.18　√

3. 选择题

7.2.19　c　7.2.20　d　7.2.21　c　7.2.22　d

4. 综合题

7.1.23　解：(1)额定功率 2.2kW，额定电压 380V，电动机的定子绕组接成星形或三角形，额定转速 1420r/min，额定功率因数 $\cos\varphi=0.82$，额定效率 $\eta=81\%$；(2)连接导线如题解图 7-1 所示。

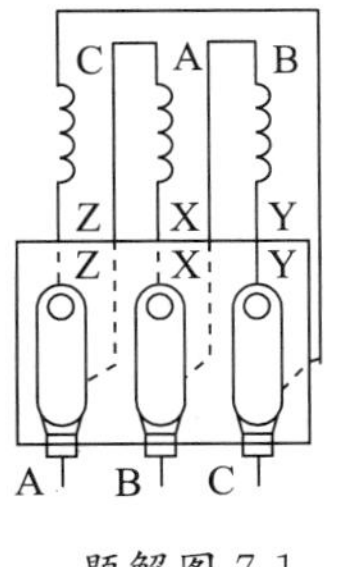

题解图 7-1

7.2.24　解：

定子绕组通电 → 产生旋转磁场 → 转子相对磁场转动，切割磁力线 → 转子绕组中产生感应电动势 → 转子闭合路径产生感应电流 → 通电(载流)导体受磁力的作用 → 带动机械运转

7.4.25　解：直接启动，降压启动，转子绕组串电阻启动。

7.4.26　解：变电源频率调速，变磁极对数调速，变转差率调速。

7.4.27　解：能耗制动，反接制动，发电反馈制动。

第 8 章　继电器及其控制系统习题答案

1. 填空题

8.1.1　静铁心，活动铁心或衔铁　　8.2.2　电磁铁，电磁铁，接触装置

8.3.3　手柄旋转　　8.3.4　红，绿，黑，蓝　　8.3.5　短路/过电流，电流，熔断

8.4.6　先看主电路，后看控制电路；自上而下、自左至右

2. 判断题

8.1.7　×　8.1.8　×　8.2.9　√　8.2.10　√　8.2.11　√　8.3.12　√

8.3.13 √ 8.3.14 × 8.3.15 √

3. 选择题

8.1.16 d 8.2.17 b 8.2.18 c 8.3.19 d 8.3.20 a 8.4.21 b

4. 综合题

8.5.22 解:(1)启动过程:合上刀闸开关 QS,按下启动按钮 SB_2→控制电路接通→KM 线圈通电

→KM 主触点闭合→主电路接通→电动机启动

→KM 常开辅助触点闭合→当启动按钮 SB_2 松开时,控制电路通过 KM 常开辅助触点接通,电动机不会停机,即实现自锁功能。

(2)停车过程:按下停止按钮 SB_1→控制电路断开→KM 线圈断电→

→KM 主触点断开→主电路断开→电动机停车。

→KM 常开辅助触点断开→当松开停止按钮 SB_1 时,控制电路不会接通。

8.5.23 解:点动过程:按下 SB_3 按钮→其常闭触点首先断开,此时其常开触点还没有闭合,使 KM 常开辅助触点不能闭合,从而保证控制电路不能产生自锁→SB_3 常开辅助触点随后闭合→KM 线圈通电→KM 主触点闭合,主电路接通→电动机启动;松开 SB_3 按钮→其常开触点首先断开,此时其常闭触点仍未闭合→保证 KM 线圈断电→KM 主触点断开,KM 常开辅助触点断开→电动机停止,SB_3 常闭辅助触点闭合。

启动按钮 SB_2 的作用:①使接触器线圈 KM 通电;②线圈 KM 能自锁。

点动按钮 SB_3 的作用:①使接触器线圈 KM 通电;②使线圈 KM 不能自锁。

8.4.24 解:当水位处于正常水位(A 以下)时,绿灯亮;当水位超过正常水位(A 以上)时,继电器控制线圈的 2 脚和 5 脚被接通,常闭触点断开(4 脚和 6 脚之间断开)、常开触点闭合(3 脚和 6 脚之间接通),红灯亮。

2019—2020 学年秋季学期期中考试题答案

第一题:填空题

1. 25Ω,1W 2. 8V 3. $u=100\sqrt{2}\sin(314t+75°)$

4. $\tau \gg t_P$,积分,高频 5. 22A 6. $-\pi/3$,电容 7. 400Ω 8. D

第二题:选择题

题号	1	2	3	4	5	6	7	8	9	10
答案	C	A	B	A	C	B	B	C	C	A

第三题:综合题

1.

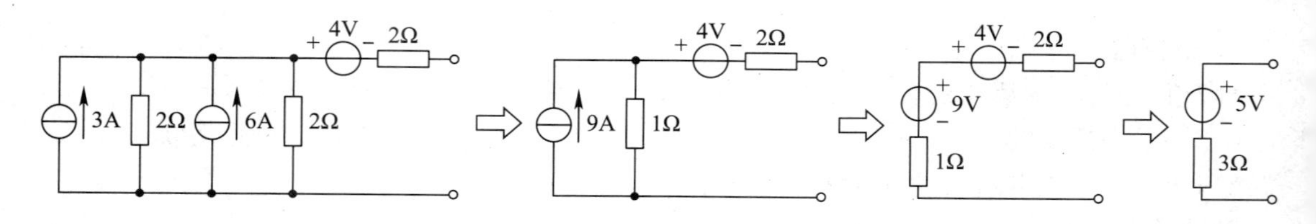

2.

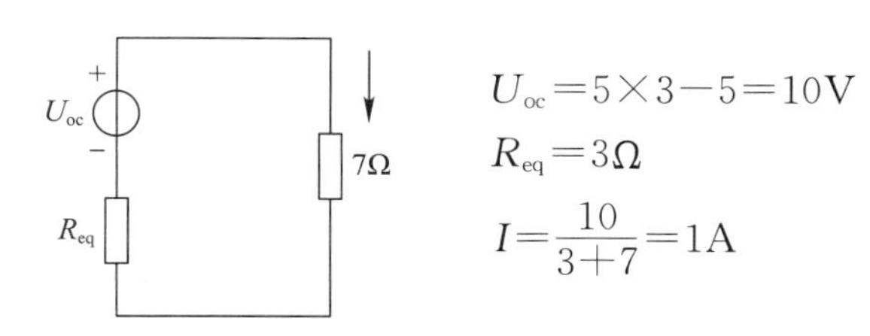

$U_{oc}=5\times3-5=10\text{V}$

$R_{eq}=3\Omega$

$I=\frac{10}{3+7}=1\text{A}$

3.（1） $u_C(0_+)=u_C(0_-)=6\times\frac{2}{2+2}=3\text{V}$

$u_C(\infty)=6\times\frac{2}{2+2+2}=2\text{V}$

$\tau=(2+2)/2\times0.75\times10^{-6}=1\times10^{-6}\text{s}$

$u_C(t)=u_C(\infty)+[u_C(0_+)-u_C(\infty)]e^{-\frac{t}{\tau}}=(2+e^{-10^6t})\text{V}$

（2）暂态响应时间的长短与 R、C 有关。

4.（1） $\dot{I}_1=15\sqrt{2}\angle0^\circ\text{A}$，$A_1$ 表读数为 $15\sqrt{2}\text{A}$；

$\dot{I}_2=15\sqrt{2}\angle90^\circ\text{A}$，$A_2$ 表读数为 $15\sqrt{2}\text{A}$；

$\dot{U}=60\sqrt{2}\angle90^\circ\text{V}$，V 表读数为 $60\sqrt{2}\text{V}$。

（2）

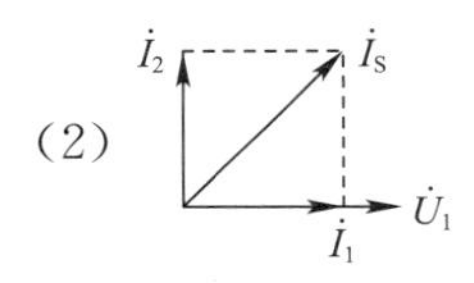

（3） $P=I^2R=(15\sqrt{2})^2\times4=1800\text{W}$ 或 $P=UI_S\cos\varphi=60\sqrt{2}\times30\times\cos45^\circ=1800\text{W}$

$Q=UI_S\sin\varphi=60\sqrt{2}\times30\times\sin45^\circ=1800\text{var}$

（4）电容开路。

5. 无标准答案，考查学员的发散思维能力。

2020—2021 学年秋季学期期中考试题答案

第一题：选择题

题号	1	2	3	4	5	6	7	8	9	10	11	12
答案	B	A	C	A	B	C	A	A	C	C	B	A

第二题：填空题

1. 尖脉冲　2. 相反　3. 4，降压　4. B　5. 40，$40\sqrt{3}$，19200　6. 2，2%（或 0.02）

第三题：综合题

1. 由 $\frac{12-V_A}{20\times1000}=\frac{V_A}{5\times1000}$ 得 $V_A=2.4\text{V}$，则 $V_B=V_A+1=2.4+1=3.4\text{V}$。

2. 戴维南等效电路为

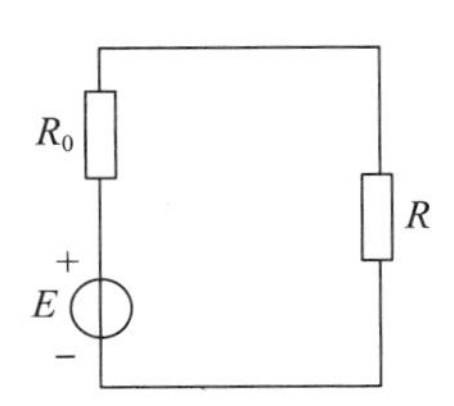

$R_0=4//4=2\Omega$，$E=(2+3)\times I=10\Omega$，当 $R=8\Omega$ 时，$I=1\text{A}$。

3. (1) $u_C(0_+)=u_C(0_-)=30\text{V}, u_C(\infty)=20\text{V}, \tau=2\times10^{-3}\text{s}$,则

$$u_C(t)=20+10e^{-\frac{t}{2\times10^{-3}}}\text{V}$$

(2)

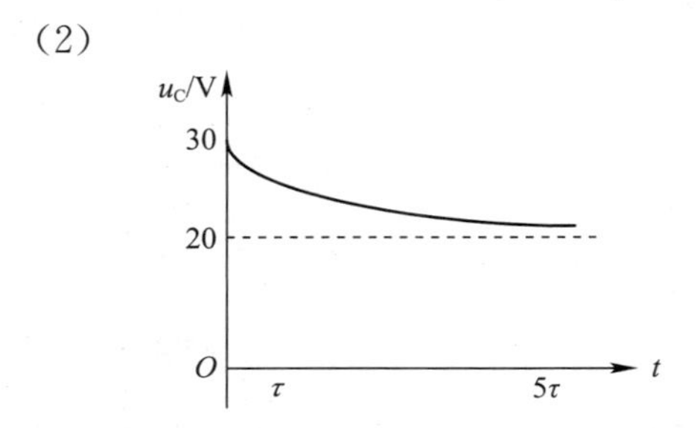

(3) 外因:电路发生换路;内因:电路内部含有储能元件。

(4) 调整 R_1 或 R_2 或 C 可以改变暂态过程的长短。

4. (1) $Z=3+j3\Omega$ 或者 $Z=3\sqrt{2}\angle45°\Omega$。

(2) $I=\frac{5}{3}\sqrt{2}\angle-45°\text{A}$, $\dot{I}_1=\frac{5}{3}\angle-0°\text{A}$, $\dot{I}_2=\frac{5}{3}\angle-90°\text{A}$。

(3) $S=UI=\frac{50}{3}\sqrt{2}\text{V}\cdot\text{A}$。

5. (1)星形连接。

(2) 发生变化,一层变亮,二层变暗,三层不变。因零线在三层和二层之间断开,所以三层的电灯未受影响,亮度未变,而一层和二层因零线断开而重新分配线电压,二层使用的电灯多,总电阻小,分压小,因此,二层的电灯变暗,一层的电灯变亮。

6. 飞机正常飞行时开关 S 闭合,线圈通电,继电器常闭触点 4 断开,常开触点 3 闭合,蜂鸣器不响;当有小鸟触碰到报警电路时,开关 S 断开,继电器线圈断电,继电器开关打到位置 4,蜂鸣器报警。

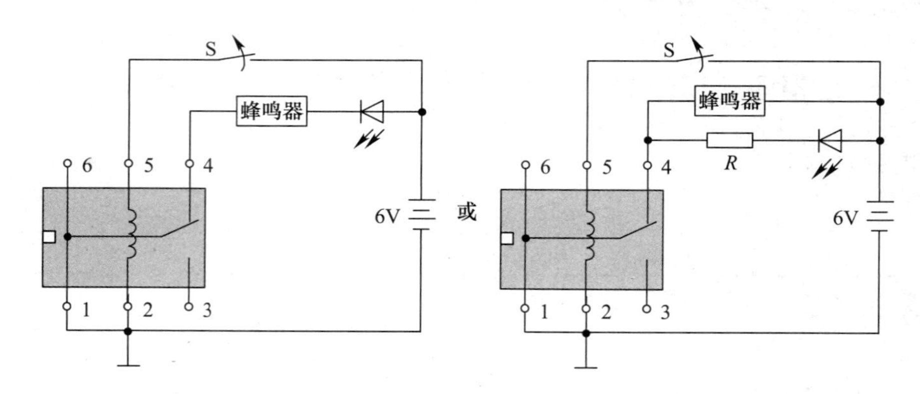

2021—2022 学年秋季学期期中考试题答案

第一题:选择题

题号	1	2	3	4	5	6	7	8	9	10	11	12
答案	B	A	C	C	D	D	C	C	C	D	C	A

第二题:填空题

1. 4,2,11V,5.5A　　2. 电感性　　3. D　　4. 6.01　　5. 2,0.02

第三题:综合题

1. 戴维南等效电路为

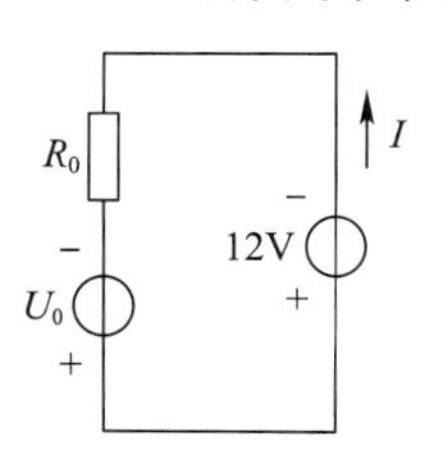

$$R_0=R_3=3\Omega$$

$$U_0=3\times5+21=36\text{V}$$

$$I=\frac{36-12}{3}=8\text{A}$$

2. (1) $u_C(0_+)=3\text{V}$,$u_C(\infty)=0\text{V}$,$\tau=R_{eq}C=6\times10^{-6}\text{s}$,则

$$u_C(t)=3e^{-\frac{t}{6\times10^{-6}}}\text{V}$$

(2)

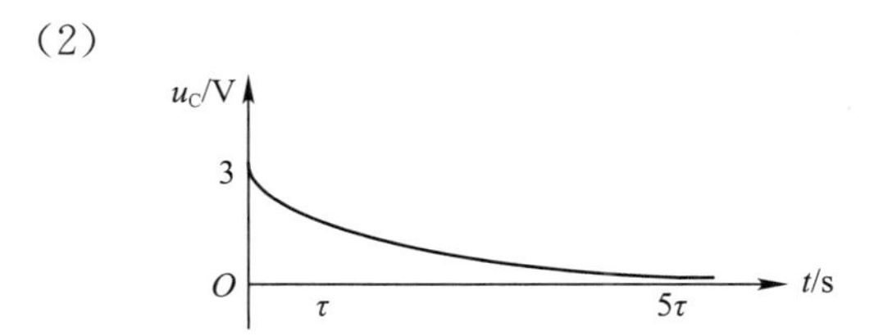

(3) 外因:电路发生换路;内因:电路内部含有储能元件。

(4) 调整 R_2 或 R_3 或 C 可以改变暂态过程的长短。

3. (1)$Z=3+j3\Omega$ 或 $Z=3\sqrt{2}\angle45°\Omega$,电路呈感性。

(2) A_1 的读数是$\frac{5}{3}$A,A_2 表的读数是$\frac{5}{3}$A。

(3)$S=UI=\frac{50}{3}\sqrt{2}\text{V}\cdot\text{A}$。

4. (1)负载不对称;(2)$I_1=I_2=I_3=22\text{A}$;(3)$P=4840\text{W}$。

5. (1)$|Z'|=200\Omega$;(2)$P=0.099\text{W}$。

2022—2023 学年秋季学期期中考试题答案

第一题:选择题

题号	1	2	3	4	5	6	7	8	9	10	11	12	13	14	15
答案	A	D	B	B	C	B	C	D	C	D	A	C	A	B	C

第二题:填空题

1. 3　　2. 800W　　3. D　　4. 6A　　5. 8　　6. $380\angle0°$V　　7. 2,4.5%

第三题:综合题

1. 解:

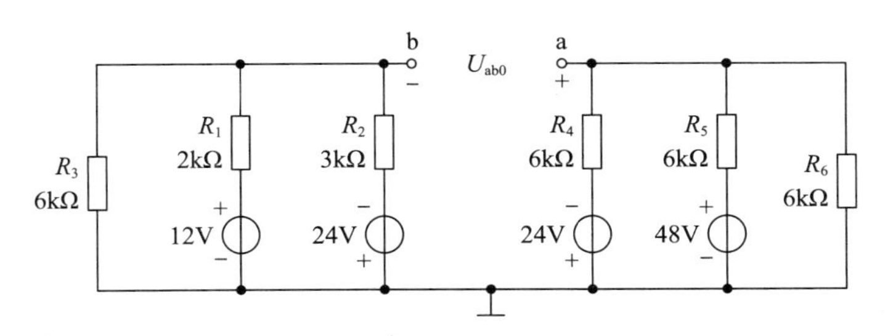

由节点电压法可得

$$V_{a0}=\frac{\frac{(-24)}{R_4}+\frac{48}{R_5}}{\frac{1}{R_4}+\frac{1}{R_5}+\frac{1}{R_6}}=\frac{\frac{-24}{6\times10^3}+\frac{48}{6\times10^3}}{\frac{1}{6\times10^3}+\frac{1}{6\times10^3}+\frac{1}{6\times10^3}}=8\text{V}$$

$$V_{b0}=\frac{\frac{12}{R_1}+\frac{(-24)}{R_2}}{\frac{1}{R_1}+\frac{1}{R_2}+\frac{1}{R_3}}=\frac{\frac{12}{6\times10^3}-\frac{24}{3\times10^3}}{\frac{1}{2\times10^3}+\frac{1}{3\times10^3}+\frac{1}{6\times10^3}}=-2\text{V}$$

$$U_{ab0}=V_{a0}-V_{b0}=8-(-2)=10\text{V}$$

电源除去后求等效电阻得

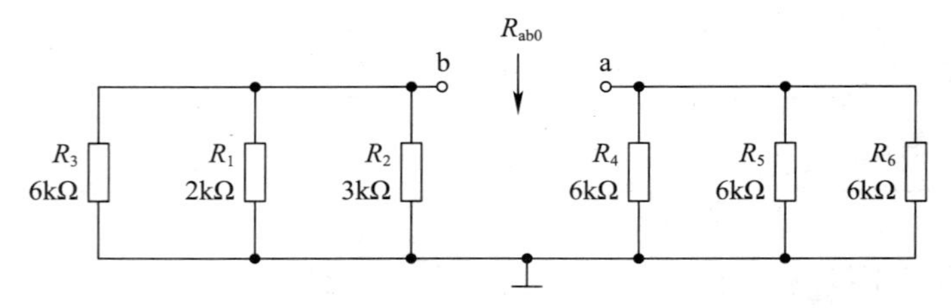

$$R_{ab0}=(R_1/\!/R_2/\!/R_3)+(R_4/\!/R_5/\!/R_6)$$

$$=\frac{1}{\frac{1}{2\times10^3}+\frac{1}{3\times10^3}+\frac{1}{6\times10^3}}+\frac{1}{\frac{1}{6\times10^3}+\frac{1}{6\times10^3}+\frac{1}{6\times10^3}}$$

$$=1\times10^3+2\times10^3=3\times10^3\,\Omega=3\text{k}\Omega$$

求电流 I 得

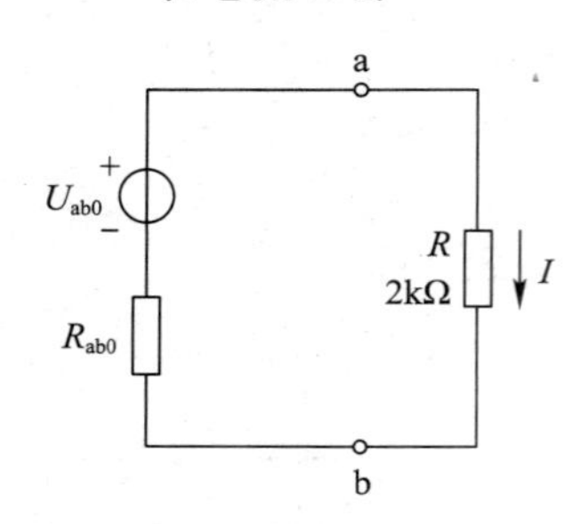

$$I=\frac{U_{ab0}}{R_{ab0}+R}=\frac{10}{(3+2)\times10^3}=2\times10^{-3}\text{A}=2\text{mA}$$

2. 解:(1)当 U_S 单独作用时,有

$$U'=\frac{U_SR_4}{R_1+R_4}-\frac{U_SR_3}{R_2+R_3}$$

当 E 单独作用时,有

$$U''=\frac{ER_3}{R_2+R_3}$$

由叠加定理可得

$$U=U'+U''=\frac{U_SR_4}{R_1+R_4}+\frac{R_3}{R_2+R_3}(E-U_S)$$

(2)证明:当 $R_1R_3=R_2R_4$ 时,有

$$U=U_S\times\frac{R_4R_2}{(R_1+R_4)R_2}+(E-U_S)\frac{R_3R_1}{(R_2+R_3)R_1}=\frac{R_3E}{R_2+R_3}=\frac{R_3}{R_2+R_3}\times kn=k'n$$

即 U 正比于电动机的转速 n。

3. 解:直流继电器的内阻 $R=250\Omega$,$L=25\text{H}$,由换路定则,有

$$i_L(0_+)=i_L(0_-)=\frac{U_S}{R_1+R}=0.05\text{A},i_L(\infty)=0\text{A},\tau=\frac{L}{R}=\frac{25}{250}=0.1\text{s}$$

则

$$i_L(t)=50\text{e}^{-\frac{t}{\tau}}=50\text{e}^{-10t}\text{mA}$$

当继电器释放时,有

$$i_L(t)=50\text{e}^{-10t}=4\text{mA},\quad t=0.1\ln\frac{50}{4}=0.25\text{s}$$

4. 解:(1) $\dot{I}_{12}=\frac{\dot{U}_{12}}{Z}=\frac{200\angle 30^\circ}{50\angle 37^\circ}=4\angle -7^\circ A$, $\dot{I}_1=\sqrt{3}\ \dot{I}_{12}\angle -30^\circ=4\sqrt{3}\angle -37^\circ A$

$\dot{I}_2=4\sqrt{3}\angle -157^\circ A$, $\dot{I}_3=4\sqrt{3}\angle 83^\circ A$

(2) $P=\sqrt{3}U_L I_L \cos 37^\circ=\sqrt{3}\times 200\times 4\sqrt{3}\times 0.8=1920W$

$Q=\sqrt{3}U_L I_L \sin 37^\circ=\sqrt{3}\times 200\times 4\sqrt{3}\times 0.6=1440var$

(3) $P=U_P I_P \cos 37^\circ+U'_P I'_P \cos 37^\circ=\frac{(200)^2}{100}\times 0.8+\frac{(200)^2}{50}\times 0.8=960W$

5. 解:(1) 功率表测量值为 R 的有功功率,有

$$R=\frac{P}{I^2}=2\Omega,\quad |Z|=\frac{U}{I}=2.82\Omega,\quad \cos\varphi=\frac{P}{UI}=\frac{2}{2.82}=0.71,$$

$$X_L=|Z|\sin\varphi=2\Omega,\quad L=\frac{X_L}{\omega}=\frac{2}{400}=5mH$$

(2) 作参考相量图

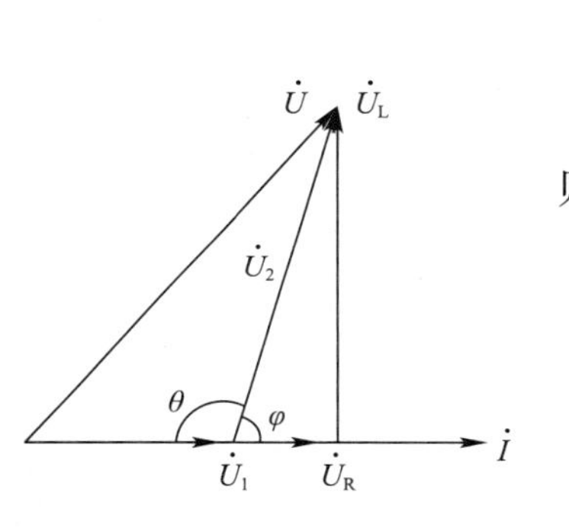

由 $U^2=U_1^2+U_2^2-2U_1U_2\cos\theta$ 得

$$\cos\theta=\frac{U_1^2+U_2^2-U^2}{2U_1U_2}=\frac{100^2+152^2-220^2}{2\times 100\times 152}=-0.5$$

则 $\theta=120^\circ$,$\varphi=180^\circ-120^\circ=60^\circ$。

由 $I=\frac{U_1}{R_1}=\frac{50}{5}=10A$,$U_R=RI=U_2\cos\varphi$,得

$$R=\frac{U_2\cos\varphi}{I}=\frac{152\cos 60^\circ}{10}=7.6\Omega$$

$$X_L=\frac{U_2\sin\varphi}{I}=\frac{152\sin 60^\circ}{10}=13.2\Omega$$

$$L=\frac{X_L}{2\pi f}=\frac{13.2}{314}=0.042H=42mH$$

2023—2024 学年秋季学期期中考试题答案

第一题:选择题

题号	1	2	3	4	5	6	7	8	9	10	11	12	13	14	15
答案	A	A	C	C	C	D	D	B	B	C	A	B	B	D	D

第二题:填空题

1. $-16V$　2. $<$　3. $2.5A(R=R_1 /\!/ R_4)$　4. 减小

5. $-220var$　6. 1.73,100W　7. 相电压(U_P),相电流(I_P)

第三题:综合题

1. 解:$R_0=2+3=5\Omega$,$U_0=2\times 3+3\times 5=21V$,则 $I=\frac{21-10}{5}=2.2A$,$\Delta I=\frac{-10}{5}=-2A$。

等效电路为:

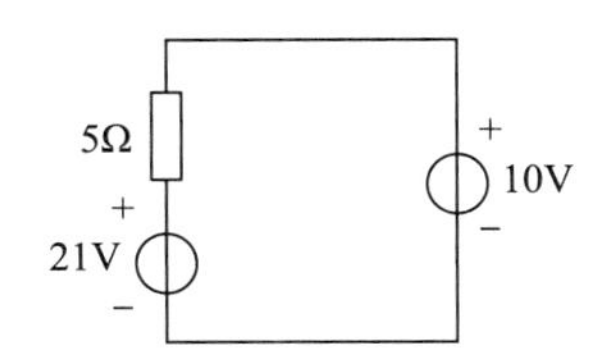

2. 解：$u_C(0_+)=10\times2/(2+3)=4\text{V}$，$u_C(\infty)=6+10=16\text{V}$，$\tau=2\times5\times10^{-3}=1\times10^{-2}\text{s}$，则 $u_C(t)=16-12\text{e}^{-100t}\text{V}$。

3. 解：$\dot{I}_1=0.5\angle90^\circ\text{A}$，$\dot{I}_2=0.5\text{A}$，$\dot{I}=0.5\sqrt{2}\angle45^\circ\text{A}$，$\dot{U}_1=1\angle90^\circ\text{V}$，$\dot{U}=\sqrt{2}\angle45^\circ\text{V}$，$\cos\varphi=1$。

4. 解：$U_L=220\text{V}$，$I_P=220/50=4.4\text{A}$，电流表 A 的读数为 7.62A。

由 $P=3\times220\times4.4\times\cos\varphi$ 得 $\cos\varphi=0.707$，则

$Q=3\times220\times4.4\times\sin\varphi=2053\text{var}$

$S=3\times220\times4.4=2904\text{V}\cdot\text{A}$

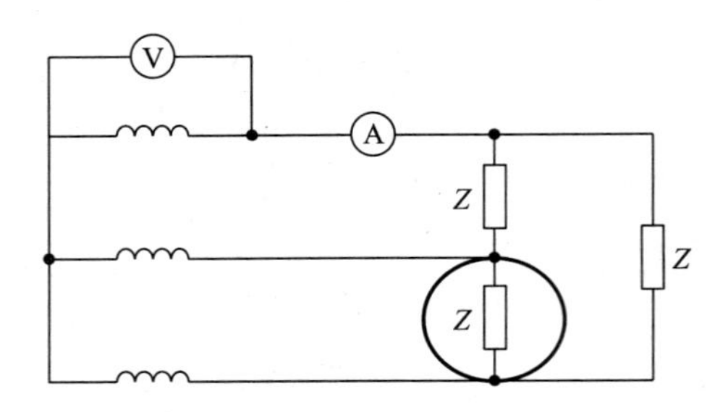

5. 解：由于 $i_L(t)=2.4(1-\text{e}^{-2000t})\text{A}$，得 $i_L(0.5\text{ms})=1.517\text{A}$。

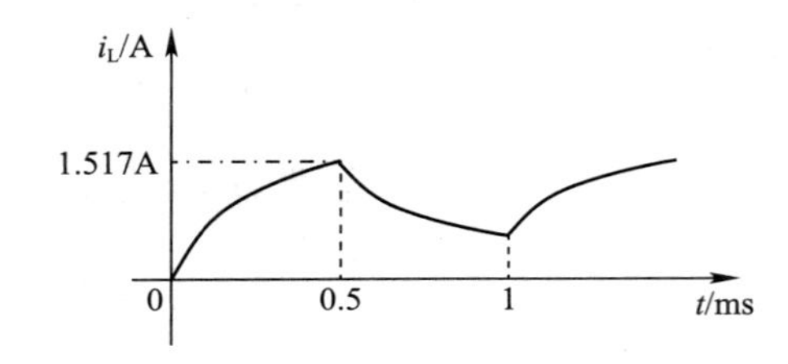

第9章　半导体二极管及其基本应用电路

9.1　内容要点

1. 半导体的基础知识

① 本征半导体：完全纯净且具有晶体结构的半导体。

② 共价键：半导体材料硅和锗原子的最外层价电子数为4，晶体中的原子排列为整齐的点阵，相邻原子的最外层价电子构成共价键。

③ 载流子、自由电子和空穴：载流子就是可以移动的电荷。当本征半导体受热激发时，价电子挣脱共价键的束缚，成对地产生自由电子和空穴这两种极性不同的载流子。

④ 复合：自由电子在运动过程中与空穴相遇再形成共价键，自由电子和空穴成对产生的同时，又不断复合。本征半导体的导电能力很差。

⑤ N型半导体和P型半导体：通过扩散工艺，在本征半导体中掺入5价元素形成了N型半导体，掺入3价元素则形成P型半导体。在N型半导体中，自由电子是多数载流子，空穴是少数载流子；在P型半导体中则相反。

2. PN结及其单向导电性

(1) 扩散运动和漂移运动

因浓度差异产生的多数载流子的运动称为扩散运动；由电位差而产生的少数载流子的运动称为漂移运动。扩散运动和漂移运动的载流子运动方向相反，最后达到动态平衡，形成PN结。

(2) PN结的单向导电性

当在PN结两端外加电压时，将破坏扩散运动和漂移运动的平衡。若PN结上外加正向电压(正向偏置，P区电位高于N区电位)，PN结导通；若PN结上加反向电压，因为形成的反向电流很小，可以认为PN结截止。

3. 半导体二极管

① 将PN结封装并引出两个电极就构成了半导体二极管，因此二极管具有单向导电性。普通二极管都是利用其单向导电性工作的。

② 二极管的伏安特性曲线如图9.1.1(b)所示，分为正向特性和反向特性。当正向电压未超过开启电压(又称死区电压)U_{on}时，电流很小，电阻较大，可认为二极管尚未导通；当正向电压超过开启电压时，正向电流随电压呈指数形式增加。反向电流是少数载流子的漂移电流，其值很小(微安级)。在一定温度下，当反向电压较小时，反向电流随反向电压的增加而增加；当反向电压足够大时，反向电流基本不变，即为反向饱和电流I_S，这时二极管的反向电阻很高；当反向电压增高到击穿电压U_{BR}时，反向电流突然剧增，管子遭到损坏。

4. 稳压二极管

稳压二极管(稳压管)是一种特殊的半导体二极管，其伏安特性曲线如图9.1.2(b)所示。与一般二极管不同，稳压管工作在反向击穿区，其反向击穿电压低，反向击穿特性陡。若将反向击穿电流限制在一定范围内，去掉反向电压又能恢复正常。图中U_Z为稳压管输出电压值，I_{Zmin}和I_{Zmax}分别为稳压管工作在稳定区的最小和最大稳定电流。在稳压管的应用电路中，必须有一个限流电阻将稳压管中的电流限制在I_{Zmin}和I_{Zmax}之间。

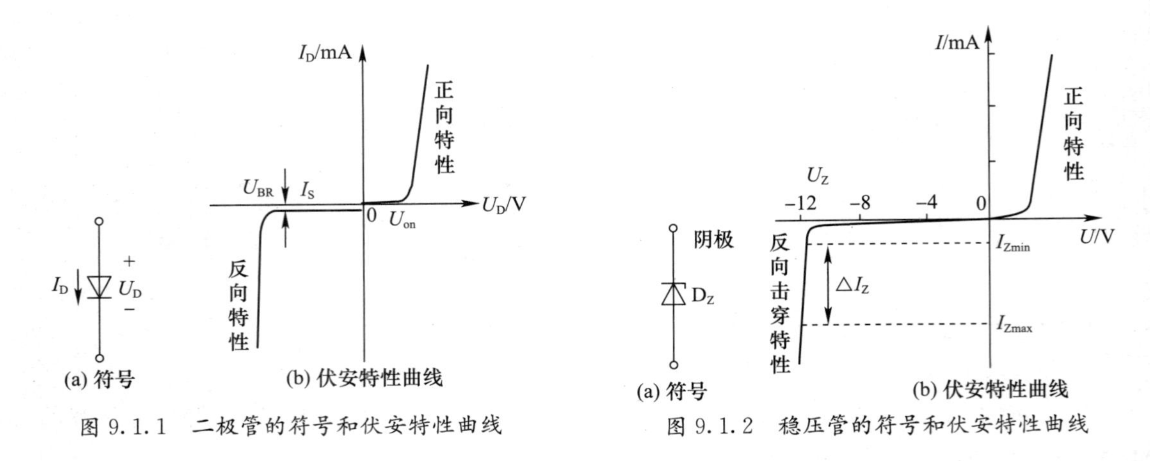

图 9.1.1　二极管的符号和伏安特性曲线　　　图 9.1.2　稳压管的符号和伏安特性曲线

9.2 学 习 目 标

① 了解半导体的基础知识，理解 PN 结的单向导电性。
② 掌握半导体二极管的结构、特性、参数、分析模型及应用。
③ 掌握几种特殊二极管的特性及应用。
④ 了解半导体器件在航空航天领域中的主要应用。

9.3 重点与难点

1. 重点

① PN 结的单向导电性。
② 二极管的伏安特性及基本应用电路。
③ 稳压管的稳压原理。

2. 难点

① PN 结的单向导电性。
② 二极管的应用电路。

9.4 知 识 导 图

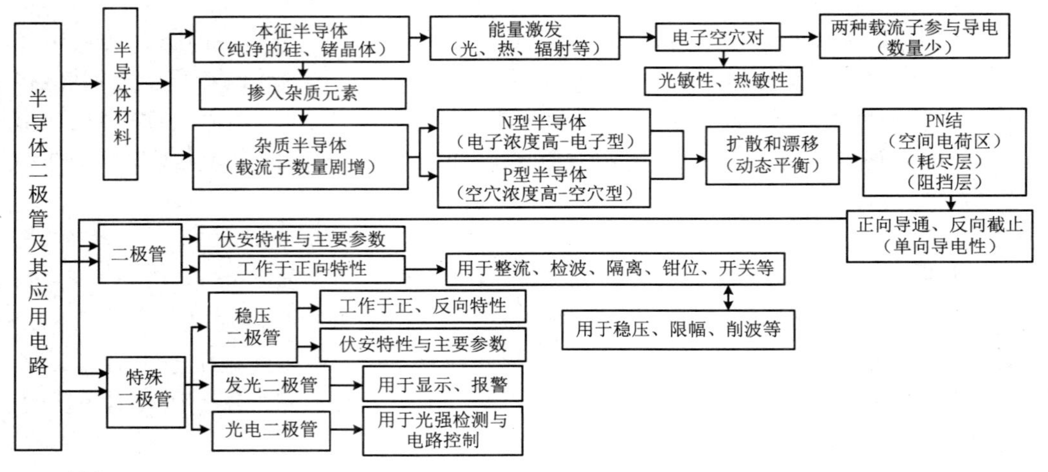

9.5 典型题解析

【例 1】 在图 9.5.1 所示两个电路中，已知直流电压 $U_1=3\text{V}$，$R=1\text{k}\Omega$，二极管的正向压降为 0.7V，试求 U_2。

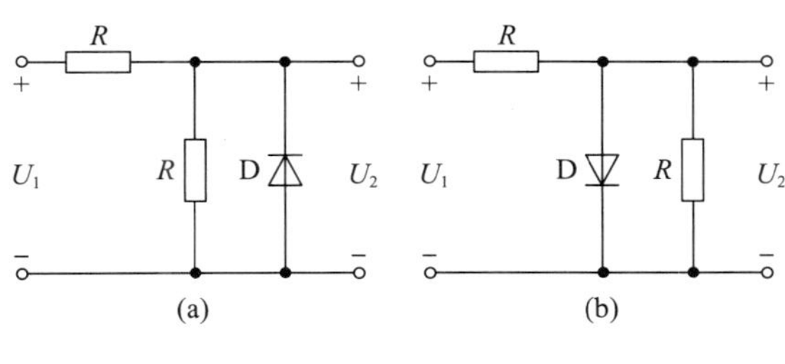

图 9.5.1 例 1 图

解：在图 9.5.1(a)中，二极管 D 因承受反向电压而截止，输出电压取决于与之并联的电阻 R 上的电压，此时

$$U_2=\frac{1}{2}U_1=1.5\text{V}$$

在图 9.5.1(b)中，二极管 D 因正向偏置而导通，输出电压被钳位，此时

$$U_2=0.7\text{V}$$

【例 2】 电路如图 9.5.2 所示，试求电流 I。设二极管的正向压降可忽略不计。

解：共阴极连接的二极管 D_1 和 D_2，阳极电位相对较高的二极管优先导通。图 9.5.2 所示电路中，D_2 的阳极电位为 12V，高于 D_1 的阳极电位（9V），D_2 导通后，阴极电位被钳位在 12V，阳极电位较低的二极管 D_1 承受反向电压而截止。忽略二极管的正向导通压降，则

$$I=\frac{12-6}{6}=1\text{A}$$

【例 3】 如图 9.5.3 所示电路，稳压管 D_{Z1} 和 D_{Z2} 的稳定电压分别为 5V 和 7V，其正向电压可忽略不计，则 U_O 为（ a ）。

a. 5V　　　　　　　　b. 7V　　　　　　　　c. 0V

解：D_{Z1} 工作于反向击穿区，D_{Z2} 工作于反向截止区，所以 $U_O=5\text{V}$。

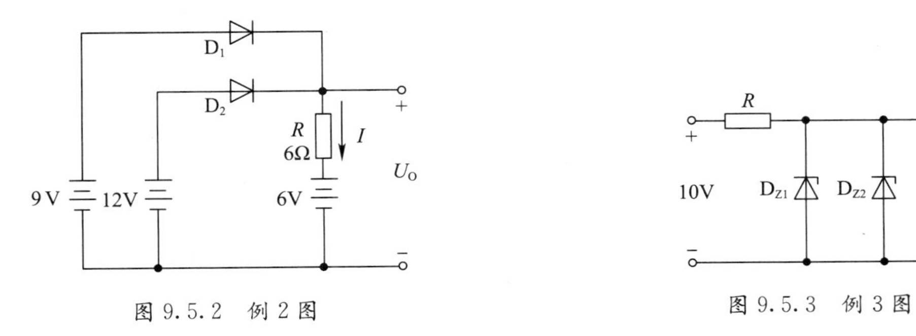

图 9.5.2 例 2 图　　　　图 9.5.3 例 3 图

【例 4】 如图 9.5.4(a)所示是一二极管削波电路，设二极管的正向压降可忽略不计，当输入正弦电压 $u_i=10\sin\omega t\text{V}$[波形如图 9.5.4(b)所示]时，试画出输出电压 u_o 的波形。

解：当输入电压 $u_i>5\text{V}$ 时，二极管 D_1 导通，输出电压 u_o 被钳位在 5V；

当输入电压 $u_i<-5\text{V}$ 时，二极管 D_2 导通，输出电压 u_o 被钳位在 -5V。

对应输入电压 u_i 的输出电压 u_o 波形如题图 9.5.4(c)所示。

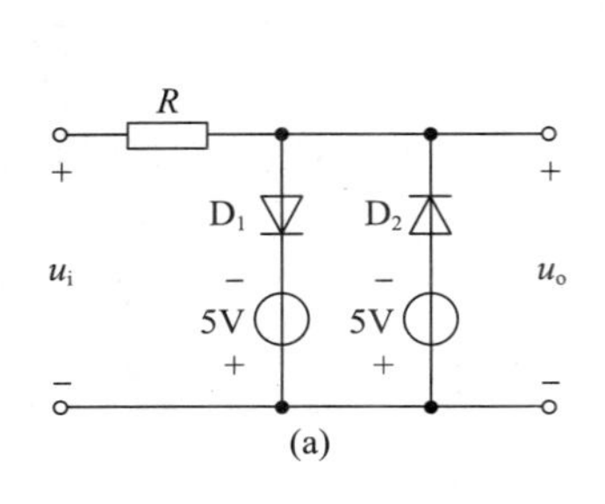

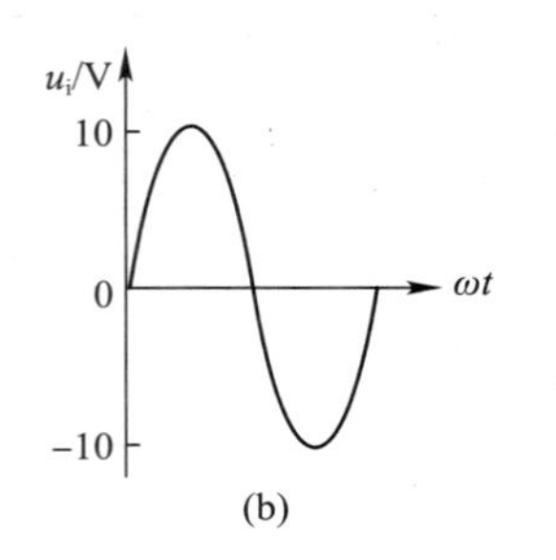

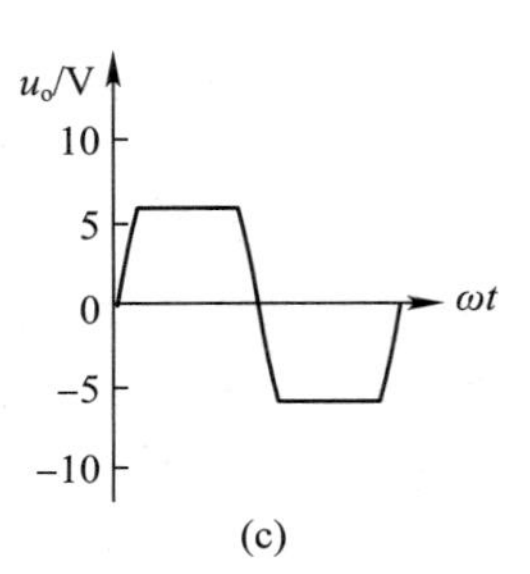

图 9.5.4　例 4 图

9.6　习　　题

1. 填空题

9.1.1　半导体是一种导电能力介于________ 与________ 之间的物质。

9.1.2　在本征半导体中掺入少量的 3 价元素,将形成________型半导体。掺入少量的 5 价元素,将形成________ 型半导体。

9.1.3　P 型半导体,是在本征半导体中掺入________价元素,其多子是________,少子是________。N 型半导体,是在本征半导体中掺入________价元素,其多子是________,少子是________。

9.1.4　PN 结正向偏量时,PN 结________;PN 结反向偏置时,PN 结________。二极管具有________性。

9.1.5　PN 结加正向电压指 P 区电位________ N 区电位,加反向电压指 P 区电位________N 区电位。

9.2.6　当二极管外加正向电压时,处于________状态。当二极管的反向电压增大到一定数值时,反向电流会突然增大,此现象称为______________现象。

9.2.7　如题图 9-1 所示电路,二极管的正向电压为 0.3V 时,V_Y=________V。

9.2.8　如题图 9-2 所示,设二极管 D_A、D_B为理想二极管,则 D_A________ ,D_B________(填"导通"或"截止"),输出电压 U_O=________V,I=________A。

9.3.9　在题图 9-3 所示电路中,通过稳压管的电流 I_Z=________ mA。稳压管起稳压作用时,工作在________区,使用时需要________联一限流电阻。其反向击穿区特性曲线比普通二极管在击穿区的特性曲线更加________(填"陡峭"或"平缓")

2. 判断题(答案写在题号前)

9.1.10　在 N 型半导体中如果掺入足量的 3 价元素,可将其改型为 P 型半导体。

9.1.11　P 型半导体参与导电的主要是带正电的空穴。

9.1.12　杂质半导体的导电性能弱于纯净半导体。

9.2.13　二极管的反向电流大说明二极管的单向导电性能差。

9.2.14　硅管的死区电压约为 0.5V,锗管约为 0.1V。

9.2.15　硅管的导通电压为 0.6~0.8V,锗管为 0.2~0.3V。

9.2.16　当二极管承受的反向电压已达到击穿电压时,反向电流会急剧增加。

9.2.17　用万用表不同的电阻挡测量二极管的正反向电阻,读数是不同的。

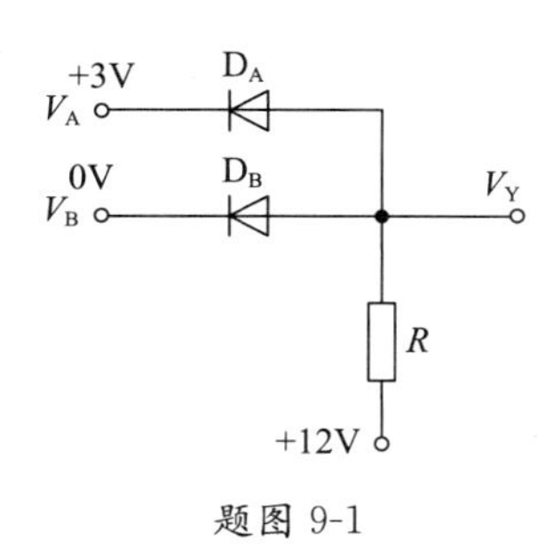

题图 9-1

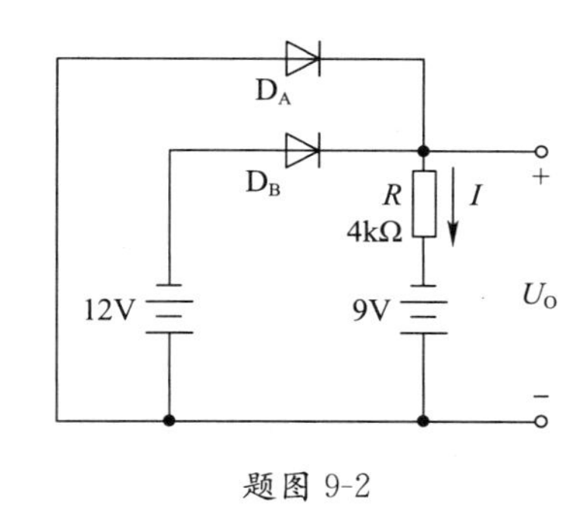

题图 9-2

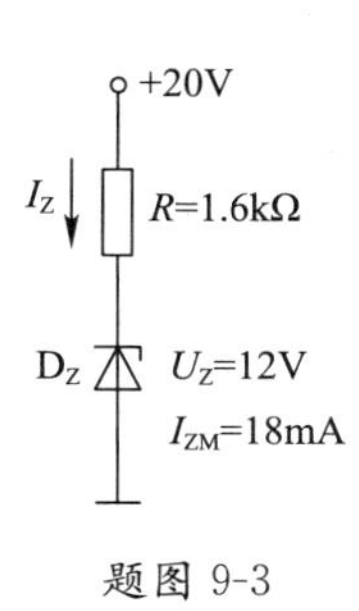

题图 9-3

9.2.18　二极管实质上就是一个加上电极引线、经过封装的 PN 结。

9.2.19　二极管的最高反向工作电压就是该管的反向击穿电压。

9.3.20　一般情况下，稳压管与一般二极管不一样，它的反向击穿是可逆的。

9.3.21　稳压管稳压时，其工作在正向导通状态。

9.3.22　稳压管不能工作在击穿区，会造成器件的损坏。

9.3.23　发光二极管是一种把电能变成光能的半导体器件。

9.3.24　稳定电流 I_Z 是指稳压二极管的最大工作电流，超过该值管子将过热损坏。

3. 选择题

9.1.25　对半导体而言，其正确的说法是（　　）。

a. P 型半导体中由于多数载流子为空穴，所以它带正电

b. N 型半导体中由于多数载流子为自由电子，所以它带正电

c. P 型半导体和 N 型半导体本身都不带电

d. P 型半导体带负电和 N 型半导体本身带正电

9.1.26　本征半导体在温度升高后，下列说法正确的是（　　）。

a. 自由电子数目增多，空穴数目基本不变　b. 空穴数目增多，自由电子数目基本不变

c. 自由电子、空穴数目都增多，且增量相同　d. 自由电子、空穴数目不变

9.1.27　PN 结加正向电压时，空间电荷区将（　　）。

a. 变窄　　b. 基本不变　　c. 变宽　　d. 不一定

9.1.28　少数载流子的数目主要取决于（　　），多数载流子的数目主要取决于（　　）。

a. 本征激发　　b. 掺杂浓度　　c. 半导体材料　　d. 制造工艺

9.1.29　P 型半导体中空穴多于自由电子，P 型半导体呈现的电性为（　　）

a. 正电　　b. 负电　　c. 中性　　d. 不一定

9.2.30　如题图 9-4 所示电路，U_O 为（　　）。

a. −12V　　b. −9V　　c. −3V　　d. −6V

9.2.31　如题图 9-5 所示电路，U_O 为（　　）。其中，二极管的正向压降忽略不计。

a. 4V　　b. 1V　　c. 10V　　d. 6V

9.2.32　如题图 9-6 所示电路，二极管 D_1、D_2、D_3 的工作状态为（　　）。

a. D_1、D_2 导通，D_3 截止　　b. D_1、D_2 截止，D_3 导通

c. 均截止　　d. 均导通

9.2.33　如题图 9-7 所示电路，二极管 D_1、D_2、D_3 的工作状态为（　　）。

a. D_1、D_2 截止，D_3 导通　　b. D_1 导通、D_2，D_3 截止

c. 均截止　　d. 均导通

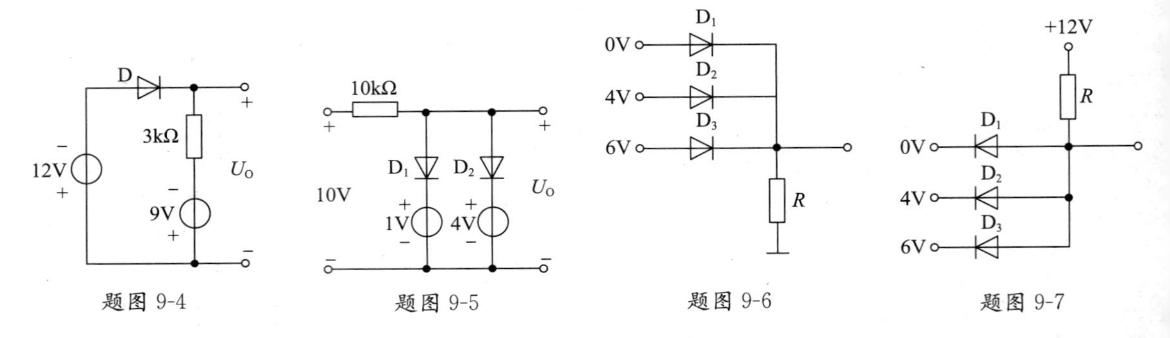

题图 9-4　　题图 9-5　　题图 9-6　　题图 9-7

9.2.34　二极管外加正向电压较小时，正向电流几乎为零，此时二极管处于(　　)。

a. 截止区　　b. 死区

c. 导通区　　d. 闭合区

9.2.35　在二极管特性的正向导通区，二极管相当于(　　)。

a. 大电阻　　b. 接通的开关

c. 断开的开关　　d. 电压源

9.2.36　二极管正向导通的条件是其正向电压(　　)。

a. 大于 0　　b. 大于 0.3V

c. 大于死区电压　　d. 大于反向击穿电压

9.2.37　看题图 9-8 中硅二极管电路电压表的读数，二极管工作于开路状态的是(　　)。

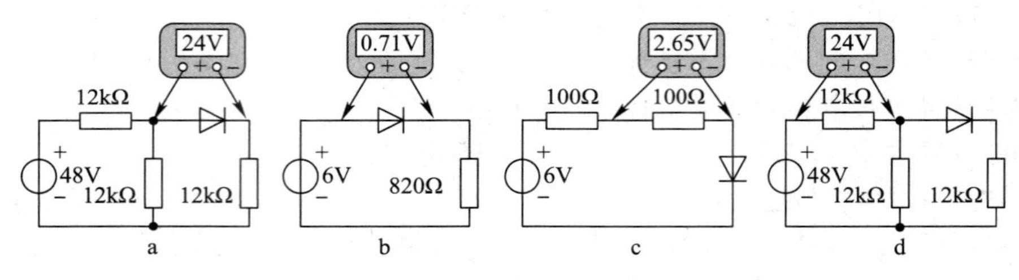

题图 9-8

9.3.38　面接触型二极管比较适用于(　　)。

a. 大功率整流　　b. 小信号检波　　c. 高频信号处理　　d. 开关电路

9.3.39　稳压管的稳压区是其工作在(　　)。

a. 正向导通区　　b. 反向截止区　　c. 反向击穿区　　d. 以上都不是

9.3.40　稳压管的稳定电压 U_Z 是指(　　)。

a. 反向偏置电压　　b. 正向导通电压　　c. 死区电压　　d. 反向击穿电压

9.3.41　如题图 9-9 所示，D_{Z1} 和 D_{Z2} 的稳压值分别为 5V 和 7V，正向压降忽略不计，U_O 为(　　)。

a. 5V　　b. 7V　　c. 0V　　d. 10V

9.3.42　如题图 9-10 所示，D_{Z1} 和 D_{Z2} 的稳压值分别为 5V 和 7V，正向压降忽略不计，U_O 为(　　)。

a. 5V　　b. 7V　　c. 0V　　d. 10V

9.3.43　如题图 9-11 所示，D_{Z1} 和 D_{Z2} 的稳压值分别为 5V 和 7V，正向压降忽略不计，U_O 为(　　)。

a. 5V　　b. 7V　　c. 0V　　d. 10V

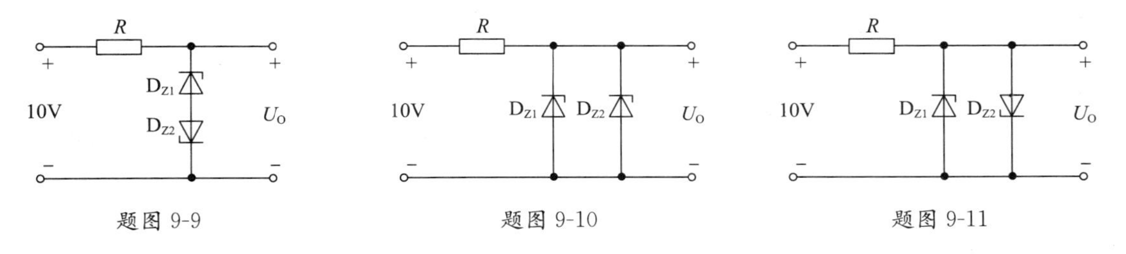

4. 综合题

9.2.44 如题图 9-12 所示电路，$U=5\text{V}$，$u_i=10\sin\omega t\text{V}$，二极管的正向压降可忽略不计，试分别画出输出电压 u_o的波形，这 4 种均为二极管的削波电路。

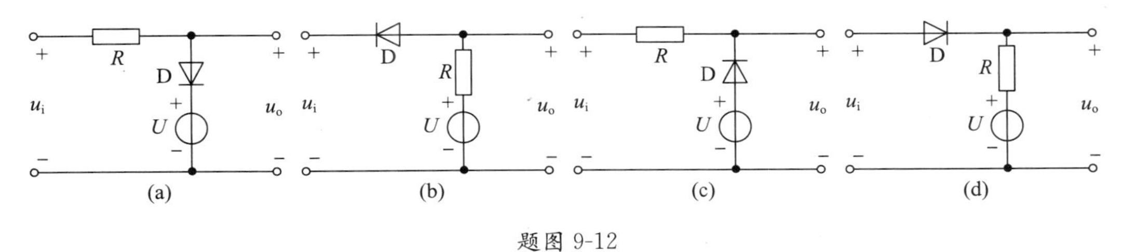

题图 9-12

习题 9.2.44

9.3.45 在题图 9-13 中，$U=20\text{V}$，$R_1=900\Omega$，$R_2=1100\Omega$。稳压管 D_Z 的稳定电压 $U_Z=10\text{V}$，最大稳定电流 $I_{ZM}=8\text{mA}$。试求稳压管中通过的电流 I_Z，是否超过 I_{ZM}？如果超过，怎么办？

习题 9.3.45

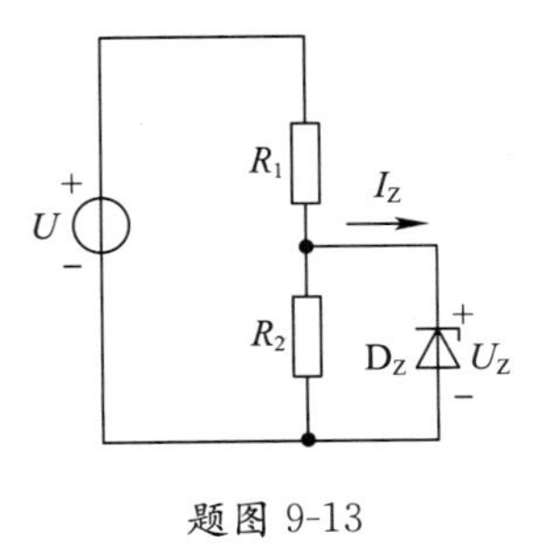

题图 9-13

9.3.46　如题图 9-14 所示是一稳压管削波电路，设稳压管 D_{Z1} 和 D_{Z2} 的稳定电压均为 5V，设两管均为理想器件，正向压降均可忽略不计。当输入电压 $u_i=10\sin\omega t$V 如题图 9-14(b)所示时，试画出输出电压 u_o 的波形。

习题 9.3.46

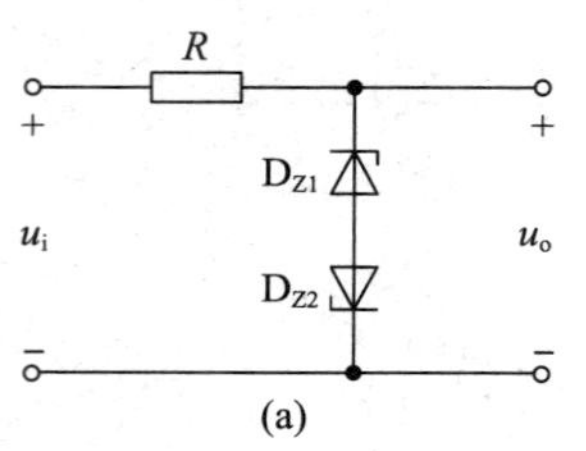

(a)

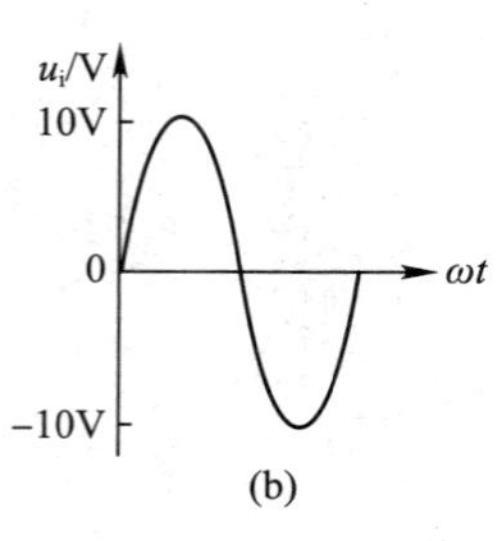

(b)

题图 9-14

9.2.47　在题图 9-15 所示电路中，哪个二极管导通？哪个继电器动作？设两个继电器的线圈电阻均为 10kΩ，当流过其上的电流大于 2mA 时才能动作，并设二极管的正向压降可忽略不计。

习题 9.2.47

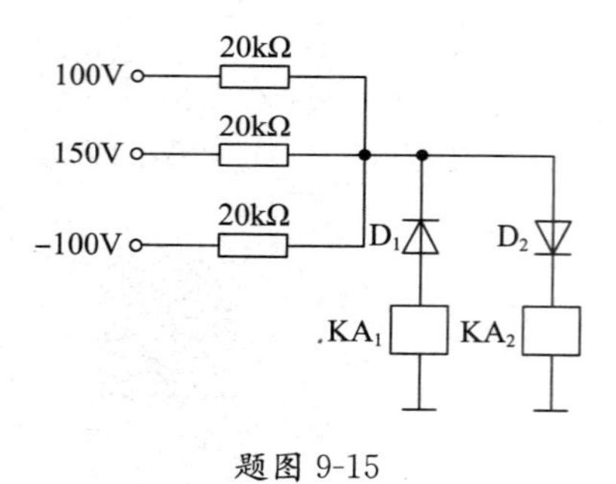

题图 9-15

第10章　双极结型晶体管及其放大电路

10.1　内容要点

基本放大电路的放大元件采用晶体管或场效应管。

1. 放大电路中的信号通道

两种晶体管放大电路：共射极放大电路和共集电极放大电路。共射极放大电路的特点是交流信号从基极输入、集电极输出，发射极是输入信号和输出信号的公共端；共集电极放大电路的特点是交流信号从基极输入、发射极输出，集电极是输入信号和输出信号的公共端。

2. 晶体管放大电路的分析方法

放大电路的分析包括静态分析和动态分析两个方面。所谓静态，是指放大电路没有输入信号时的工作状态，静态分析即直流分量分析，用于确定静态工作点是否合适；所谓动态，是指放大电路有输入信号的工作状态，动态分析用于确定放大电路的动态性能指标。

（1）静态分析

晶体管放大电路的静态工作点确定3个量：I_B、I_C、U_{CE}。静态时，U_{BE}可设为0.6/0.7V（硅管）或0.2/0.3V（锗管）。

若能得到晶体管的输出特性曲线，静态工作点也可用图解法确定。

（2）动态分析

动态分析采用放大电路的微变等效电路。微变等效电路也称小信号等效电路，或交流等效电路。

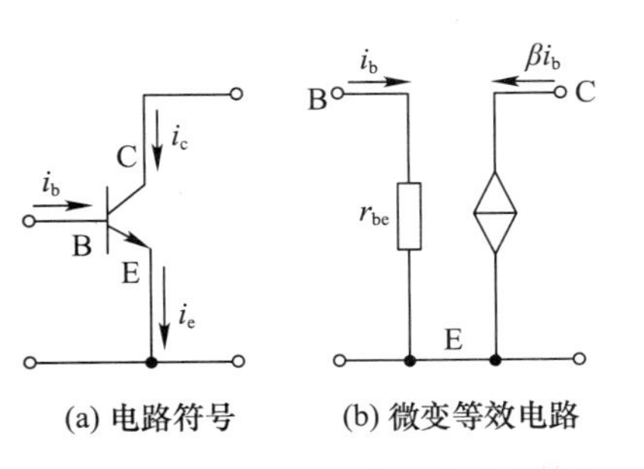

图10.1.1　晶体管的电路符号与微变等效电路

当输入为小信号时，晶体管可等效为图10.1.1(b)的形式，晶体管的基极和发射极之间可以等效为一个电阻r_{be}，其大小为

$$r_{be} \approx 200\Omega + (1+\beta)\frac{26\text{mV}}{I_E(\text{mA})}, \quad \Delta i_C / \Delta i_B = \beta$$

3. 放大电路的动态性能

放大电路的动态性能分析主要分析计算电压放大倍数、输入和输出电阻、通频带等参数。

当静态工作点不合适或者信号过大时，放大电路会产生失真。若静态工作点偏高，则晶体管可能进入饱和区而使输出信号产生饱和失真；若静态工作点偏低，则晶体管可能进入截止区而使得输出信号产生截止失真。此外，当信号过大时，两种失真均可能出现。

4. 单级放大电路动态性能总结

3种常见的单级放大电路——基本（固定偏置）共射极放大电路、分压式偏置共射极放大电路、射极输出器的动、静态分析和性能特点见表10.1.1。

表 10.1.1　三种单级放大电路的动、静态分析和性能特点

放大电路类型	电压放大倍数	输入、输出电阻	静态工作点
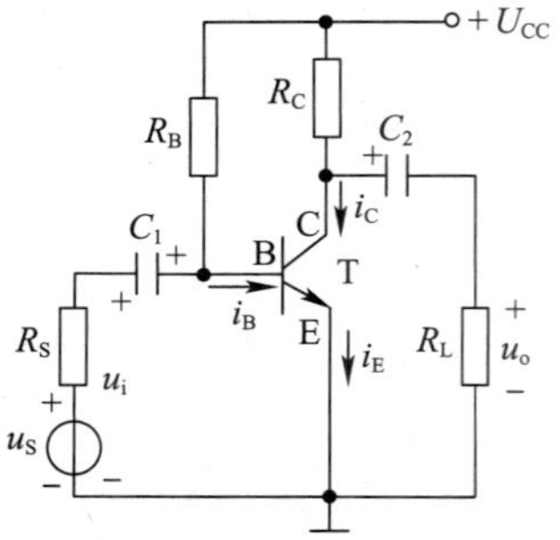 基本共射极放大电路	$\dot{A}_u=-\beta\frac{R_C/\!/R_L}{r_{be}}$ 放大倍数受负载影响很大	$r_i=R_B/\!/r_{be}$ $r_o=R_C$ 输入电阻小；输出电阻大，千欧级	$I_B=\frac{U_{CC}-U_{BE}}{R_B}$ $I_C=\beta I_B$ $U_{CE}=U_{CC}-I_CR_C$ 静态工作点不稳定
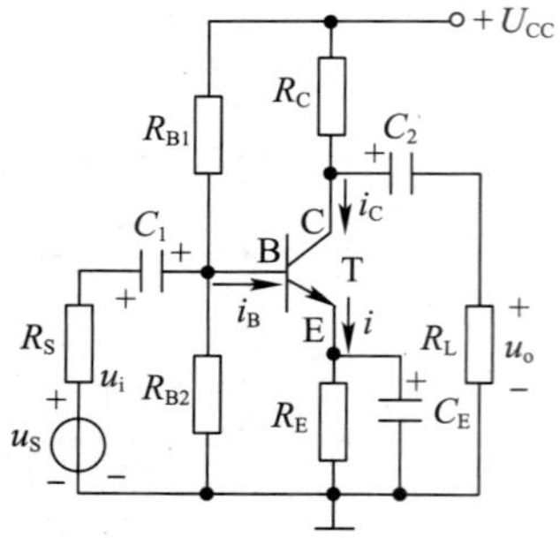 分压式偏置共射极放大电路	$\dot{A}_u=-\beta\frac{R_C/\!/R_L}{r_{be}}$ 放大倍数受负载影响很大	$r_i=R_{B1}/\!/R_{B2}/\!/r_{be}$ $r_o=R_C$ 输入电阻小；输出电阻大，千欧级	$V_B=\frac{R_{B2}}{R_{B1}+R_{B2}}U_{CC}$ $I_C\approx I_E=\frac{V_B-U_{BE}}{R_E}$ $U_{CE}=U_{CC}-I_C(R_C+R_E)$ 静态工作点不稳定
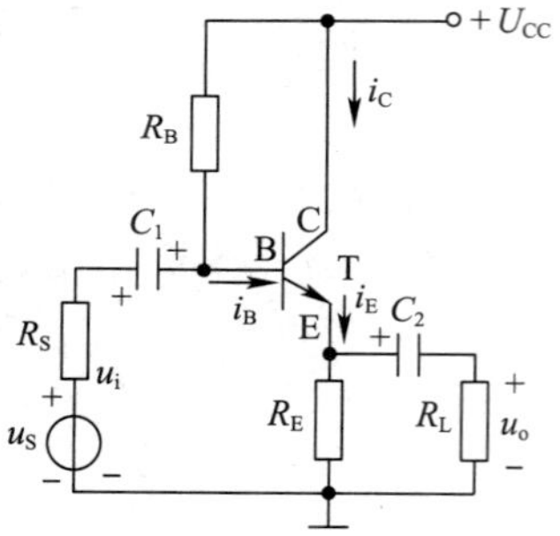 射极输出器	$\dot{A}_u=\frac{(\beta+1)R_L'}{r_{be}+(\beta+1)R_L'}$ $R_L'=R_E/\!/R_L$ 放大倍数小于1，约等于1，受负载影响小	$r_i=R_B/\!/R'$ $R'=r_{be}+(\beta+1)R_L'$ $r_o=R_E/\!/\frac{r_{be}+R_S}{\beta+1}$ 输入电阻很大；输出电阻很小，几欧到几十欧	$I_B=\frac{U_{CC}-U_{BE}}{R_B+(\beta+1)R_E}$ $I_E=(1+\beta)I_B$ $U_{CE}=U_{CC}-I_ER_E$ 静态工作点稳定

10.2　学习目标

① 了解双极结型晶体管的结构和工作原理，掌握其伏安特性曲线及主要参数。

② 掌握共射极基本放大电路的静态和动态分析方法。

③ 了解基本放大电路稳定静态工作点的原理。

④ 了解共集电极电路的基本特点和工作原理。

⑤ 理解功率放大电路的组成原则和工作原理，掌握 OCL 和 OTL 互补对称功率放大电路的特点，了解集成功率放大电路的主要应用。

⑥ 了解多级放大电路的耦合方式。

10.3 重点与难点

1. 重点

① 晶体管的电流分配关系。

② 晶体管基本放大电路的组成。

③ 估算放大电路的静态值。

④ 画出微变等效电路计算动态性能指标。

⑤ 温度对静态工作点的影响。

⑥ 分压式偏置放大电路稳定静态工作点的原理。

⑦ 射极输出器的特点。

⑧ 差分放大电路的特点。

⑨ 功率放大电路的基本要求。

2. 难点

① 晶体管的输入和输出特性。

② 放大电路的动态分析。

③ 分压式偏置放大电路稳定静态工作点的原理。

④ 差分放大电路的工作原理。

⑤ 功率放大电路的工作原理。

10.4 知识导图

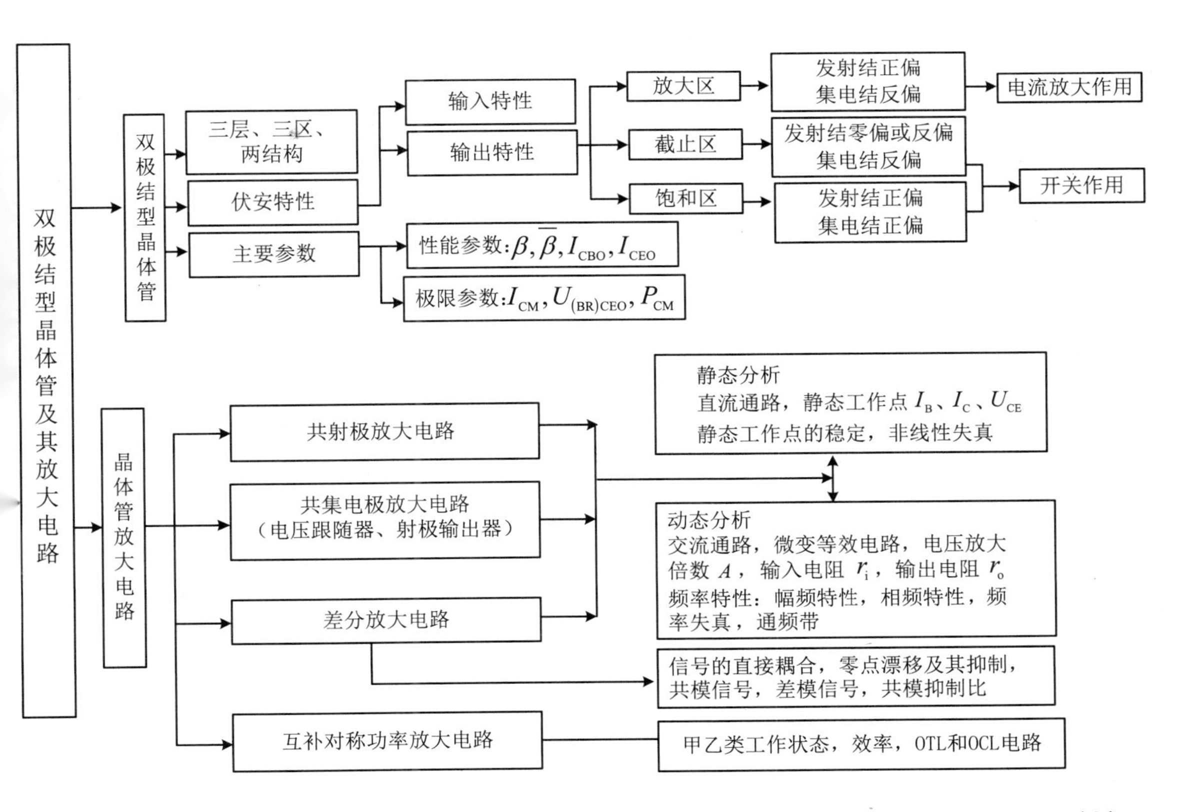

10.5 典型题解析

【例】在图10.5.1所示的分压式偏置放大电路中，已知$U_{CC}=24V$，$R_C=3.3k\Omega$，$R_E=1.5k\Omega$，$R_{B1}=33k\Omega$，$R_{B2}=10k\Omega$，$R_L=5.1k\Omega$，晶体管的$\beta=66$，并设$R_S=1k\Omega$。

(1) 试求静态值I_B、I_C和U_{CE}。

(2) 画出微变等效电路。

(3) 计算晶体管的输入电阻r_{be}。

(4) 计算电压放大倍数A_u。

(5) 计算放大电路输出端开路时的电压放大倍数，并说明负载R_L对电压放大倍数的影响。

(6) 估算放大电路的输入电阻和输出电阻。

(7) 试计算$A_{uS}=\dfrac{\dot{U}_o}{\dot{E}_S}$，并说明信号源内阻$R_S$对$A_{uS}$的影响。

(8) 将图中的发射极交流旁路电容C_E除去，问静态值有无变化，画微变等效电路，说明A_u、r_i、r_o将如何变化。

解：直流通路如图10.5.1(b)所示。

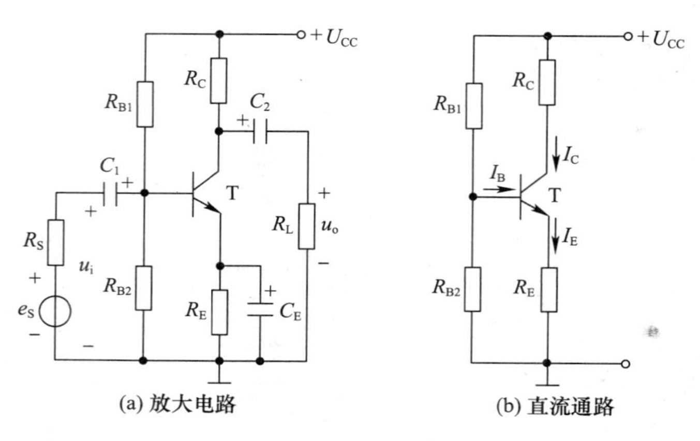

图10.5.1　例图

(1) 计算静态值

$$V_B=\frac{R_{B2}}{R_{B1}+R_{B2}}U_{CC}=\frac{10\times10^3}{33\times10^3+10\times10^3}\times24=5.58V$$

$$I_C\approx I_E=\frac{V_B-U_{BE}}{R_E}=\frac{5.58-0.6}{1.5\times10^3}=3.32\times10^{-3}A=3.32mA$$

$$I_B\approx\frac{I_C}{\beta}=\frac{3.32}{66}=0.05mA$$

$$U_{CE}=U_{CC}-(R_C+R_E)I_C=24-(3.3\times10^3+1.5\times10^3)\times3.32\times10^{-3}=8.06V$$

(2) 微变等效电路如图10.5.2所示。

(3) $r_{be}=200\Omega+(1+66)\times\dfrac{26mV}{3.32mA}\approx0.72k\Omega$

(4) $A_u=-\beta\dfrac{R'_L}{r_{be}}=-66\times\dfrac{3.3\times10^3\times5.1\times10^3}{3.3\times10^3+5.1\times10^3}\times\dfrac{1}{0.72\times10^3}=-183.7$，$R'_L=R_C/\!/R_L$

(5) 负载开路时，$R_L\to\infty$，$R'_L=R_C/\!/R_L$最大，电压放大倍数具有最大值，即

$$A_u=-\beta\frac{R_C}{r_{be}}=-66\times\frac{3.3\times10^3}{0.72\times10^3}=-302.5$$

随着负载电阻 R_L 的减小，电压放大倍数也减小。

(6) 输入电阻　　$r_i=R_{B1}/\!/R_{B2}/\!/r_{be}\approx0.66\text{k}\Omega$

输出电阻　　$r_o=R_C=3.3\text{k}\Omega$

(7) $A_{uS}=\frac{\dot{U}_o}{\dot{E}_S}=\frac{\dot{U}_o}{\dot{U}_i}\cdot\frac{\dot{U}_i}{\dot{E}_S}=A_u\frac{r_i}{r_i+R_S}=-183.7\times\frac{0.66\times10^3}{0.66\times10^3+1\times10^3}\approx-72.4$

R_S 越大，A_{uS}的数值越小。

(8) 静态值无变化，微变等效电路如图 10.5.3 所示，A_u 减小，r_i 增大，r_o 不变。

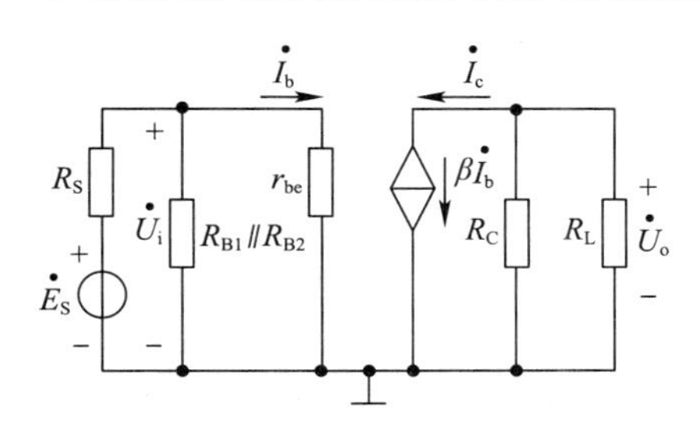

图 10.5.2　微变等效电路

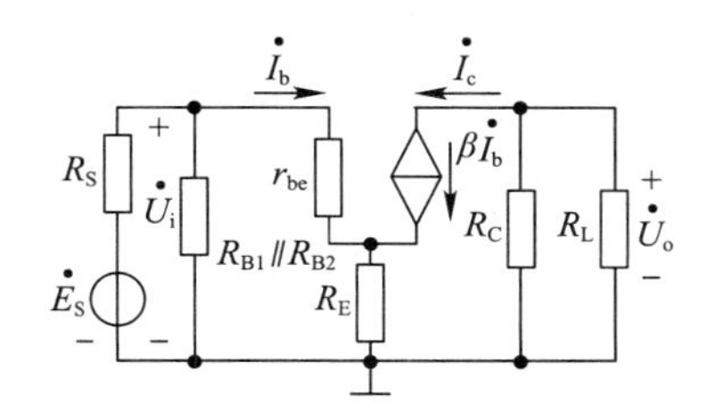

图 10.5.3　微变等效电路(除去 C_E)

10.6　习　　题

1. 填空题

10.1.1　在放大电路中，若测得某晶体管 3 个极的电位分别为 9V、2.5V、3.2V，则这 3 个极分别为________，该管类型为________，材料为________。

10.1.2　在放大电路中，测得某晶体管 3 个极的电位分别为 −9V、−6.2V、−6V，则 −6.2V的那个极为________，该管类型为________，材料为________。

10.1.3　对某电路中一个 NPN 型硅管进行测试，若测得 $U_{BE}>0$，$U_{BC}>0$，$U_{CE}>0$，则此管工作在________。

10.1.4　对某电路中一个 NPN 型硅管进行测试，若测得 $U_{BE}<0$，$U_{BC}<0$，$U_{CE}>0$，则此管工作在________。

10.1.5　晶体管的控制方式为输入________(电流、电压)控制输出________(电流、电压)。

10.2.6　工作在放大区的某晶体管，当 I_B 从 20μA 增大为 40μA 时，I_C 从 1mA 变为 2mA，它的 β 值约为________。

10.2.7　晶体管的电流放大倍数的定义式 $\beta=$________，当温度升高时，β________(增大或减小)，反向电流________(增大或减小)。

10.2.8　晶体管放大电路，除了共射极连接方式，还有________和________连接方式。

10.2.9　晶体管按材料不同，分为______管和______管。按内部结构不同，分为________和________两大类。

10.2.10　分析放大电路静态工作点时，应看放大电路的________通路；分析放大电路电压放大倍数时，应看________通路。

10.2.11　改变 R_B、R_E、U_{CC}均能改变放大电路的静态工作点，但最常用的方法是________。

10.4.12　射极输出器的电压放大倍数约为________，输入电阻________，输出电阻________。

10.4.13　射极输出器的输入信号与输出信号相位________，具有电压跟随作用，故又称为________。

10.4.14　由于射极输出器的输入电阻高，可用于多级放大电路的________级；由于射极输出器的输出电阻低，可用于多级放大电路的________级；由于射极输出器的输入电阻高且输出电阻低，可用于多级放大电路的________级，起阻抗变换的作用。

10.5.15　差分放大电路主要抑制________，即放大电路输入为零时输出不恒定的现象。

10.5.16　差分放大电路有________种输入/输出连接方式，差模电压放大倍数与________方式有关，与________方式无关。共模抑制比 K_{CMRR} 越________，电路抑制共模信号的能力越强。

10.5.17　差分放大电路能抑制温度等外界因素变化对电路性能影响，常作为集成电路的________级。

10.5.18　差分放大电路两输入为 $U_{i1}=12\text{mV}$，$U_{i2}=-8\text{mV}$，则共模分量=________，差模分量=________。

10.6.19　功率放大电路的基本要求是________、________和________。

10.6.20　功率放大电路按照工作方式通常可分为________类、________类和________类。

10.6.21　乙类互补对称功率放大电路在理想情况下的最高效率可达________，甲类功率放大电路在理想情况下的最高效率约为________。

10.6.22　互补对称功率放大电路采用 NPN 和 PNP 两种晶体管，但它们的参数________。

10.6.23　电压放大电路和功率放大电路都是利用晶体管的放大作用将信号放大，所不同的是，前者的目的是输出足够大的电压，而后者主要是输出最大的________。

10.7.24　在多级放大电路中，后级的输入电阻是前级的________，而前级的输出电阻则也可视为后级的________。

10.7.25　低频放大电路常用的级间耦合方式有________、________、________、________4 种。

2. 判断题(答案写在题号前)

10.1.26　两个二极管反向连接起来可作为晶体管使用。

10.1.27　晶体管的发射结处于正向偏置时，晶体管导通。

10.1.28　某 NPN 型晶体管，如果测得 $U_{CE}=0.3\text{V}$，则该管子工作在饱和区。

10.1.29　一个晶体管放弃其集电极不用，那么它的基极与发射极可用作二极管。

10.1.30　放大电路的静态工作点一经设定后，不会受外界因素的影响。

10.2.31　晶体管发射区和集电区由同一种杂质半导体构成，故 E 极和 C 极可以互换。

10.2.32　放大电路静态工作点 Q 是指放大电路中晶体管的各极电压值和电流值。

10.2.33　放大电路的动态是指有交流信号输入时，电路中的电压、电流都不变的状态。

10.2.34　单级共射放大电路的输出电压 u_o 与输入电压 u_i 相位相反。

10.2.35　画放大电路的交流通路应将电容及直流电压源简化为一条导线。

10.3.36　某分压式共射极偏置放大电路，设输入电压为 $U_m\sin(\omega t+180°)\text{V}$，$A_u$ 为电压放大倍数，则输出电压为 $u_o=A_uU_m\sin(\omega t+0°)\text{V}$。

10.3.37　在晶体管分压式偏置电路中，若不接发射极电容 C_E，就会使放大倍数下降。

10.4.38　射极输出器的特点是输入电阻很大，输出电阻很小，电压放大倍数接近于 1。

10.4.39　射极输出器常用作多级放大电路的输出级，因其输出电阻很大，有恒压输出特性。

10.5.40　若两个输入信号的电压大小相等，且极性相同，这种信号称为共模信号。

10.5.41　在差分放大电路中，如果是两个数值和相对极性为任意的输入信号，则可将此信号分解为共模分量和差模分量两部分。

10.5.42　在差分放大电路中，共模抑制比的数值越大，表明放大电路对差模信号的分辨能力和对共模分量的抑制能力越强。

10.5.43　差分放大电路在结构上的特点是左右两边电路是对称的。

10.6.44　功率放大电路有3种工作状态，静态工作点大致在交流负载线中点的称为甲类工作状态。

10.6.45　多级放大器的末级或末前级一般都是功率放大电路。

10.6.46　功率放大电路工作在甲乙类工作状态时，效率最低，最高也只能达到50%。

10.7.47　阻容耦合放大器能放大交流信号和直流信号。

10.7.48　直接耦合放大器既能放大交流信号，也能放大直流信号。

3. 选择题

10.1.49　为了使晶体管工作在饱和区，必须保证(　　)。

a. J_e 正偏，J_c 正偏　　b. J_e 正偏，J_c 反偏　　c. J_e 正偏，J_c 零偏　　d. J_e 反偏，J_c 反偏

10.1.50　如果晶体管的发射结正偏，集电结反偏，当基极电流增大时，将使晶体管的(　　)。

a. I_C减小　　b. I_C增大　　c. U_{CE}上升　　d. I_E下降

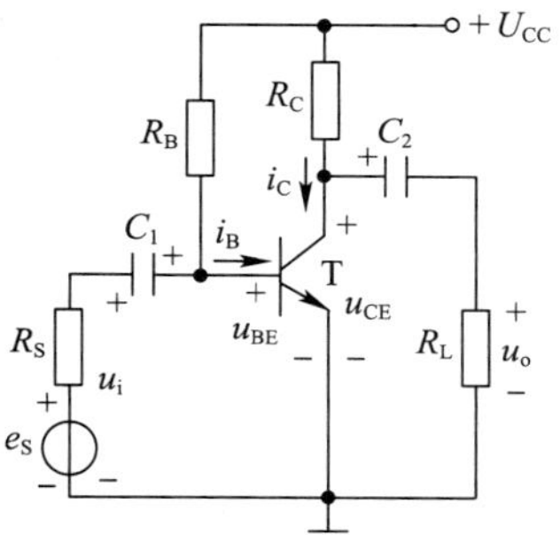

题图 10-1

10.2.51　在题图 10-1 所示电路中，若将 R_B 减小，则集电极电流 I_C(　　)，集电极电位 V_C(　　)。

I_C：a. 增大　　b. 减小　　c. 不变

V_C：a. 增大　　b. 减小　　c. 不变

10.2.52　在共射极NPN型晶体管放大电路中，如果输入为交流正弦波，输出波形下半波失真(平顶)，则引起波形失真的原因是(　　)。

a. 静态工作点太低，i_b的负半周进入截止区

b. 静态工作点太高，i_b的正半周进入饱和区

c. 静态工作点合适，i_b的值过大而失真

10.2.53　晶体管电压放大电路设置合适静态工作点的目的是(　　)。

a. 减小静态损耗　　b. 使放大电路不失真地放大

c. 增加放大电路的 β　　d. 提高放大电路的输出电阻

10.2.54　在晶体管放大电路中，当输入电流一定时，静态工作点设置太高将产生(　　)。

a. 饱和失真　　b. 截止失真　　c. 正常放大，但放大倍数会减小

10.2.55　固定式偏置放大电路在工作时用示波器观察，发现输出波形严重失真，用直流电压表可以测得 $U_{CE} \approx U_{CC}$，则下列说法正确的是(　　)。

a. 晶体管工作在截止状态　　b. 晶体管工作在饱和状态

c. 晶体管工作在放大状态　　d. 电路静态工作点偏高

10.3.56　画放大电路交流通路时，耦合电容应视为(　　)。

a. 短路　　b. 开路　　c. 不变

10.3.57　在室温升高时，晶体管的电流放大系数 β(　　)。

a. 减小　　b. 增大　　c. 基本不变

10.3.58　引起放大电路静态工作点不稳定的主要因素不包括以下哪一个？(　　)。

a. 电源电压波动　　b. 元件参数的分散性及元件的老化

c. 环境温度的变化　　d. 输出电阻的变化

10.4.59　以下关于共集电极放大电路特性的描述，不正确的是(　　)。

a. 具有电流放大作用　　b. 输入电阻大　　c. 无电压放大作用　　d. 输出电阻大

10.5.60　放大电路产生零点漂移的主要原因是(　　)。

a. 放大倍数太大　　b. 采用了直接耦合方式

c. 晶体管的噪声太大　　d. 环境温度变化引起参数变化

10.5.61　差动放大电路的主要特点是(　　)。

a. 有效地放大差模信号，强有力地抑制共模信号

b. 既可放大差模信号，也可放大共模信号

c. 只能放大共模信号，不能放大差模信号

d. 既抑制共模信号，又抑制差模信号

10.5.62　差分放大电路由双端输入变为单端输入，差模电压放大倍数(　　)。

a. 增加一倍　　b. 为双端输入时的 1/2

c. 不变　　d. 不确定

10.6.63　与甲类功率放大方式比较，乙类推挽式的主要优点是(　　)。

a. 不用输出变压器　　b. 不用输出端的大电容

c. 无交越失真　　d. 效率高

10.6.64　关于功率放大电路，以下说法正确的是(　　)。

a. 甲类功率放大电路的效率最高

b. 在 3 种功率放大电路中，甲乙类功率放大电路的静态工作点是最低的

c. 在不失真的情况下输出尽可能大的功率

d. 功率放大电路一般作为多级放大电路的中间放大级

10.7.65 采用多级放大电路的主要目的是(　　)。

a. 提高信号的工作频率　　b. 提高放大倍数

c. 稳定静态工作点　　d. 减小放大信号的失真

10.7.66　直接耦合多级放大电路，采用差动放大电路的设置是为了(　　)。

a. 稳定放大倍数　　b. 提高输入电阻　　c. 克服温漂　　d. 扩展频带

4. 综合题

10.2.67　如题图 10-2(a)所示电路，已知 $U_{CC}=12V$，$R_C=3k\Omega$，$R_B=240k\Omega$，$\beta=40$。(1)说明各元件的作用；(2)试用直流通路估算各静态值 I_B、I_C 和 U_{CE}；(3)如晶体管的输出特性如题图 10-2(b)所示，试用图解法求出放大电路的静态工作点；(4)静态时($u_i=0$)C_1 和 C_2 上的电压各为多少？并标出极性。

习题 10.2.67

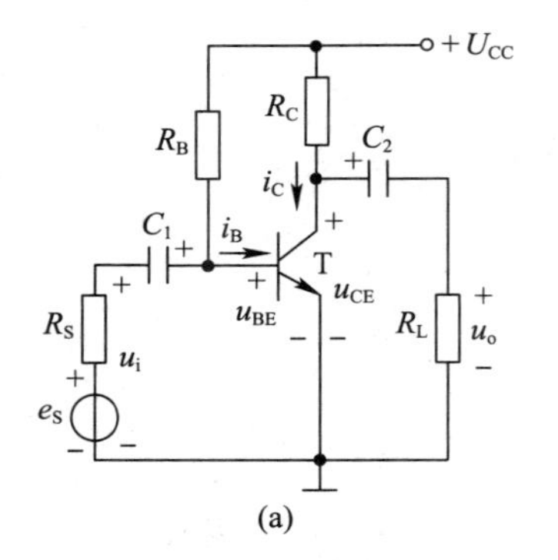

(a)

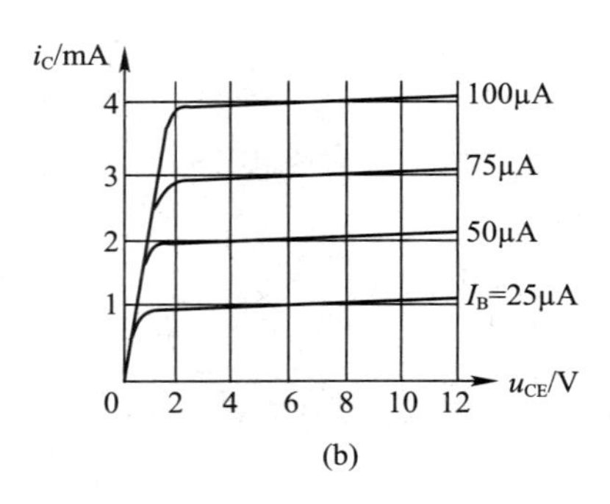

(b)

题图 10-2

10.2.68　如题图 10-2(a)所示电路，已知 $U_{CC}=12V$，$R_C=4k\Omega$，$R_B=300k\Omega$，$\beta=37.5$，$R_L=4k\Omega$。(1)画出微变等效电路；(2)求 A_u、r_i、r_o；(3)通常希望放大电路的输入电阻高一些好，还是低一些好？输出电阻呢？放大电路的带负载能力是指什么？(4)解释电路产生截止失真和饱和失真的现象与原因。

习题 10.2.68

10.3.69　如题图 10-3 所示的各个电路，晶体管工作于何种状态？

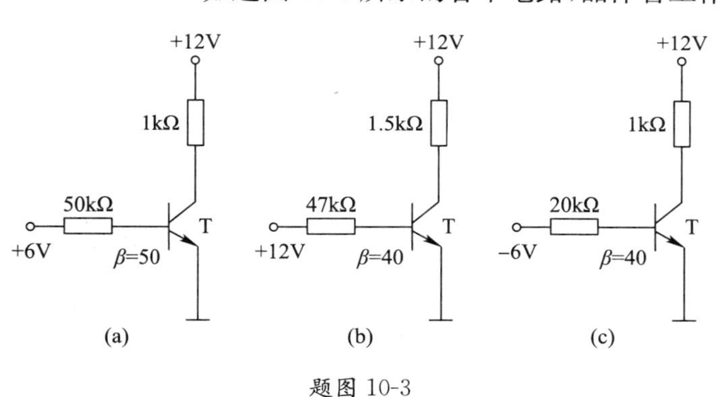

题图 10-3

习题 10.3.69

10.3.70　如题图 10-4 所示电路，已知 $U_{CC}=12\mathrm{V}$，$R_C=2\mathrm{k\Omega}$，$R_E=2\mathrm{k\Omega}$，$R_{B1}=20\mathrm{k\Omega}$，$R_{B2}=10\mathrm{k\Omega}$，$R_L=6\mathrm{k\Omega}$，$\beta=37.5$。(1)求静态值；(2)画出微变等效电路；(3)求 A_u、r_i、r_o；(4)计算放大电路输出端开路时的电压放大倍数，并说明负载 R_L 对电压放大倍数的影响；(5)设 $R_S=1\mathrm{k\Omega}$，试计算输出端接有负载时的电压放大倍数 $A_u=\dfrac{\dot{U}_o}{\dot{U}_i}$ 和 $A_{uS}=\dfrac{\dot{U}_o}{\dot{E}_S}$，并说明信号源内阻 R_S 对 A_u、A_{uS} 的影响；(6)将图中的发射极交流旁路电容 C_E 除去，问静态值有无变化，画微变等效电路，说明 A_u、r_i、r_o 将如何变化。

习题 10.3.70

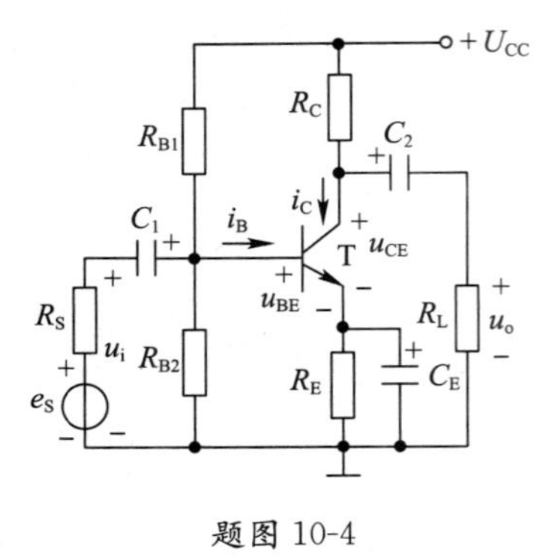

题图 10-4

10.3.71　如题图 10-5 所示是一声光报警电路。在正常情况下，B 端电位为 0V；若前接装置发生故障，B 端电位上升到 5V。试分析该电路，并说明电阻 R_1 和 R_2 起何作用。

习题 10.3.71

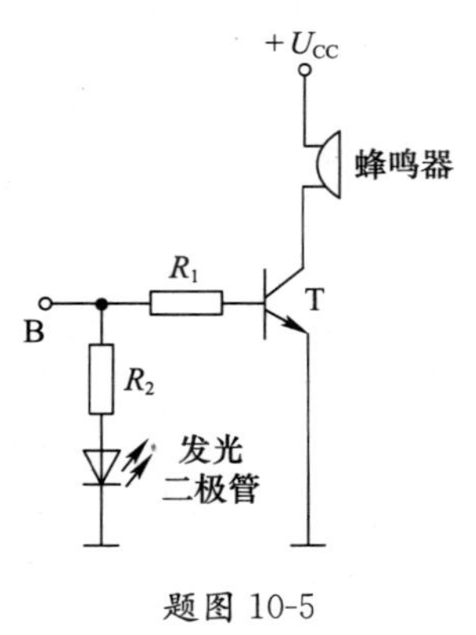

题图 10-5

第 11 章　集成运算放大器

11.1　内 容 要 点

模拟电子技术以“分立为基础,集成为重点”。集成运算放大器(简称集成运放)是一种集成化的直接耦合多级放大电路,可以放大直流或中低频信号。尽管集成运放产品的种类很多,但其组成、特点、工作原理和分析方法是类似的。

1. 集成运放的组成和特点

集成运放一般包括输入级、中间级、输出级和偏置电路 4 部分,如图 11.1.1 所示,由于输入级采用差分放大电路,因此具有两个输入端(分别称为同相输入端和反相输入端)和一个输出端。

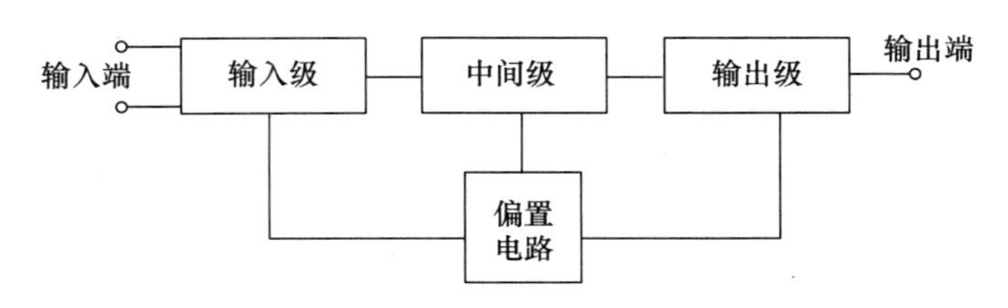

图 11.1.1　集成运放的组成原理框图

集成运放的输入级采用差分放大电路以抑制零点漂移,并采用复合晶体管以提高输入电阻;中间级采用电压放大电路,常采用共射极放大电路;输出级采用功放或射极输出器以减小输出电阻,提高带负载能力;偏置电路为上述各级提供合适的静态工作电流。因此,集成运放具有以下特点:

① 输入电阻高,量级在兆欧以上;

② 输出电阻低,一般为几欧到几十欧;

③ 由于输入级采用差动放大电路,所以集成运放的共模抑制比很高。

集成运放的电路符号通常只画出输入端和输出端,电源端和调整端一般省略,如图 11.1.2 所示。

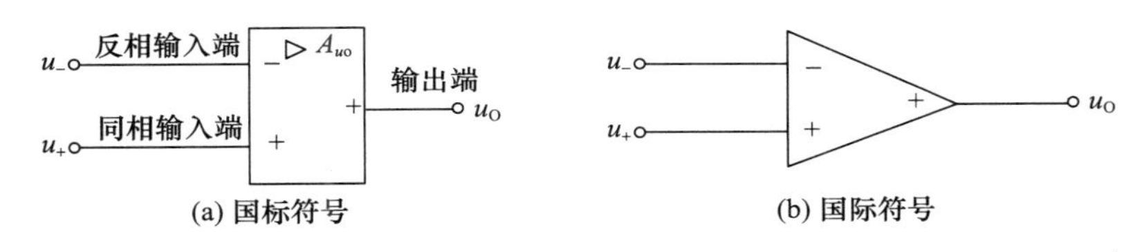

图 11.1.2　集成运放的电路符号

2. 集成运放的主要参数和电压传输特性

主要参数:用以表征集成运放的性能指标和使用极限。集成运放的主要参数有:最大(饱和)输出电压 U_{OM}、开环差模电压放大倍数 A_{uo}、差模输入电阻 r_{id}、输入失调电压 U_{IO}、输入失调电流 I_{IO}、最大共模输入电压 U_{ICM}、最大差模输入电压 U_{IDM}、输入偏置电流 I_{IB}、共模抑制比 K_{CMRR}、开环输出电阻 r_o、上限频率 f_b、输入失调电压温漂 dU_{IO}/dT、输入失调电流温漂 dI_{IO}/dT、额定输出电流 I_{on}、静态功耗 P_D、电源电压等。

集成运放的电压传输特性曲线如图 11.1.3 所示，表示集成运放的输出电压和输入电压(指同相输入端和反相输入端的差值电压)之间的关系特点。

集成运放的电压传输特性分为线性区(也称为线性放大区)和非线性区(也称饱和区)两部分。电压传输特性的斜线部分为线性区，斜线的斜率就是集成运放的开环差模电压放大倍数 A_{uo}，当集成运放工作于线性区时，输出电压 u_O 与输入电压 $u_I(u_+ - u_-)$之间是线性关系，即 $u_O = A_{uo}(u_+ - u_-)$；电压传输特性的水平直线部分为非线性区，当集成运放工作在非线性区时，输出电压 u_O 只有两种情况，即正饱和电压 $+U_{OM}$ 或负饱和电压 $-U_{OM}$。

3. 集成运放的理想化电路模型及理想化的主要条件

集成运放的理想化电路模型：当实际集成运放满足理想化条件时，可将其看作理想集成运放。理想集成运放的电路符号如图 11.1.4 所示。

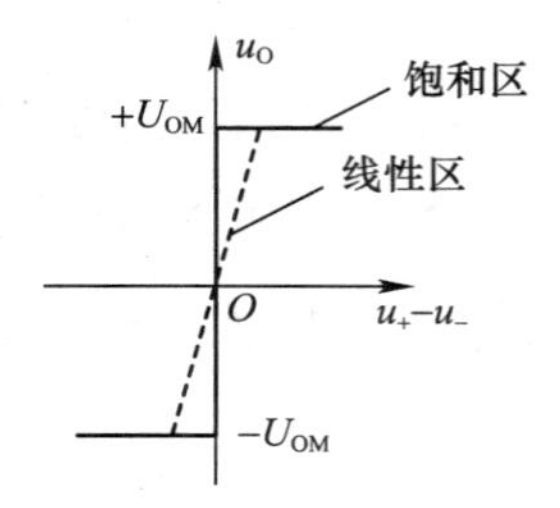

图 11.1.3　集成运放的电压传输特性

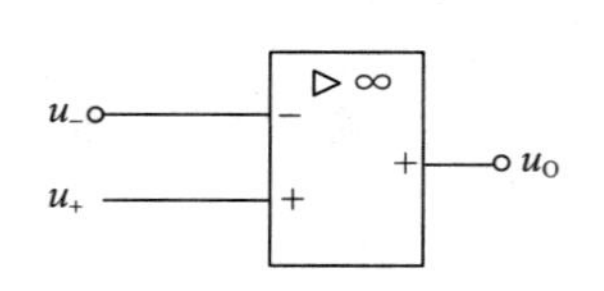

图 11.1.4　理想集成运放的电路符号

集成运放理想化的主要条件：

① 开环放大倍数 $A_{uo} \to \infty$。

② 差模输入电阻 $r_{id} \to \infty$。

③ 开环输出电阻 $r_o \to 0$。

④ 共模抑制比 $K_{CMRR} \to \infty$。

4. 理想集成运放的分析原则

(1) 线性应用时的两条分析原则

① $i_+ = i_- \approx 0$(虚断)。

② $u_+ \approx u_-$(虚短)。

(2) 非线性应用时的两条分析原则

① $i_+ = i_- \approx 0$(虚断)。

② 当 $u_+ > u_-$ 时，$u_O = +U_{OM}$(正饱和电压)；当 $u_+ < u_-$ 时，$u_O = -U_{OM}$(负饱和电压)。

5. 集成运放的线性应用

这是指集成运放工作于线性状态，即输出电压 u_O 与输入电压 u_I 之间是线性关系。线性应用的条件是必须引入深度负反馈，主要用以实现对各种模拟信号进行比例、加法、减法、积分、微分、指数、对数、乘法、除法等数学运算，以及实现有源滤波、信号检测、采样保持等信号处理工作。

6. 集成运放的非线性应用

这是指集成运放工作在饱和状态，在输入电压 u_I 的作用下，输出电压 u_O 不是正饱和电压就是负饱和电压。非线性应用的条件是集成运放开环工作或引入正反馈。非线性应用主要用以实现对信号幅度进行比较，常用于电压比较器、滞回比较器等各种比较器，以及各种波形发生器等。

7. 集成运放的基本应用电路及其电压传输关系

集成运放的基本应用电路及其电压传输关系见表 11.1.1。

表 11.1.1　集成运放的基本应用电路及其电压传输关系

名称	应用电路	电压传输关系	说明
反相比例放大器	R_F, u_I, R_1, R_2, ▷∞, −, +, u_O	$\frac{u_O}{u_I}=-\frac{R_F}{R_1}$	反相输入 并联电压负反馈
同相比例放大器	R_F, R_1, R_2, u_I, ▷∞, −, +, u_O	$\frac{u_O}{u_I}=1+\frac{R_F}{R_1}$	同相输入 串联电压负反馈
反相器	R_1, u_I, R_1, R_2, ▷∞, −, +, u_O	$\frac{u_O}{u_I}=-1$	反相输入 并联电压负反馈
跟随器	▷∞, −, +, u_I, u_O	$\frac{u_O}{u_I}=1$	同相输入 串联电压负反馈
反相加法器	R_F, u_{I1}, R_1, u_{I2}, R_2, R, ▷∞, −, +, u_O	$u_O=-\left(\frac{R_F}{R_1}u_{I1}+\frac{R_F}{R_2}u_{I2}\right)$ 特别当 $R_F=R_1=R_2$ 时， $u_O=-(u_{I1}+u_{I2})$	反相多端输入 并联电压负反馈
减法器 （差分放大电路）	R_F, u_{I1}, R_1, u_{I2}, R_2, R_3, ▷∞, −, +, u_O	$u_O=-\left(1+\frac{R_F}{R_1}\right)\frac{R_3}{R_1+R_2}u_{I1}$ $-\frac{R_F}{R_2}u_{I2}$ 当 $R_3/R_2=R_F/R_1$ 时， $u_O=\frac{R_F}{R_1}(u_{I2}-u_{I1})$	差分输入 并联电压负反馈 （对 u_{I1}） 串联电压负反馈 （对 u_{I2}）
电压比较器	U_R, R_1, u_I, R_2, ▷∞, −, +, u_O	u_O, $+U_{OM}$, $-U_{OM}$, U_R, u_+-u_-	开环放大 同相输入
	u_I, R_1, U_R, R_2, ▷∞, −, +, u_O	u_O, $+U_{OM}$, $-U_{OM}$, U_R, u_+-u_-	开环放大 反相输入

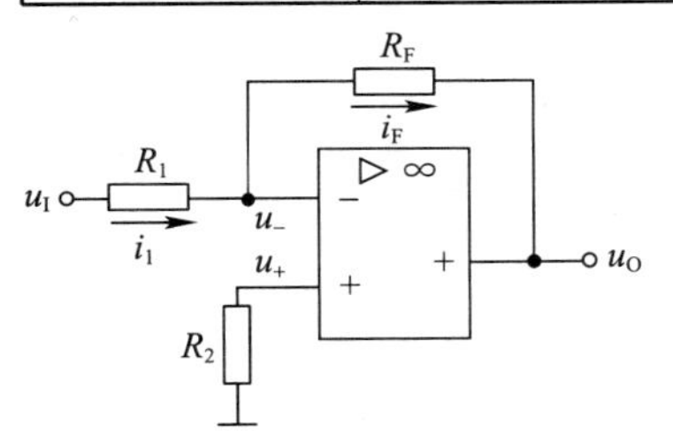

图 11.1.5　说明平衡电阻的电路

8. 集成运放输入端的静态直流平衡电阻

集成运放的输入级为差分放大电路，为保障其对称性，在无外加输入信号时，从其反相输入端和同相输入端往外看，对地的总等效电阻应相等。

下面以图 11.1.5 所示反相比例运算电路为例加以说明。R_2 是一平衡电阻，$R_2=R_1 /\!/ R_F$，其作用是消除静态基极电流对输出电压的影响。

11.2　学 习 目 标

① 掌握集成运放的组成、电压传输特性及电路符号。
② 掌握集成运放的基本运算电路。
③ 了解电压比较器的工作原理。
④ 了解使用集成运放时应注意的问题。

11.3　重点与难点

1. 重点

① 集成运放的电压传输特性。
② 集成运放线性应用和非线性应用的基本条件与分析依据。
③ 集成运放的基本运算电路。
④ 集成运放非线性应用的基本电路——电压比较器。
⑤ 使用集成运放应注意的问题。

2. 难点

① “虚短”和“虚断”概念的正确理解和掌握。
② 滞回比较器的工作过程。

11.4　知 识 导 图

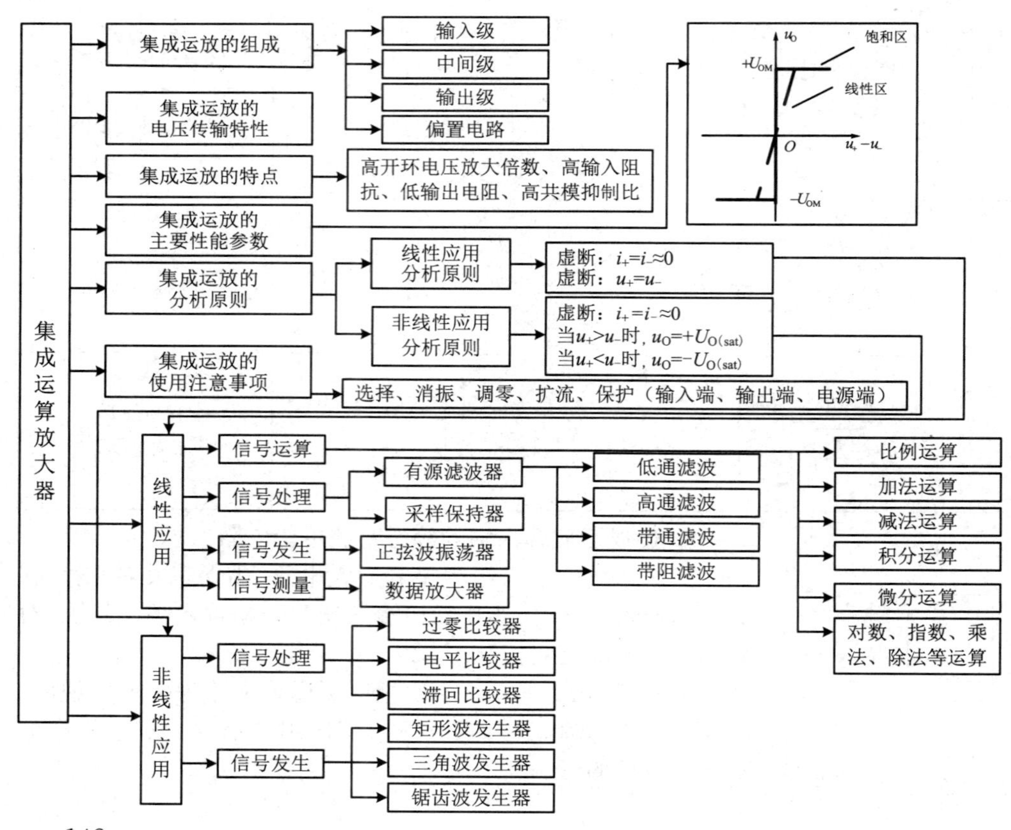

11.5　典型题解析

【例 1】　求图 11.5.1 所示电路中 u_O 与各输入电压的运算关系式。

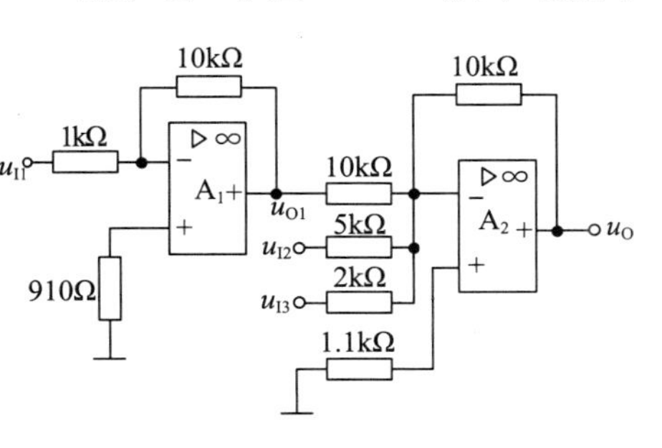

图 11.5.1　例 1 图

解:由第一级反相比例运算电路得

$$u_{O1}=-\frac{10}{1}u_I=-10u_I$$

由第二级反相加法运算电路得

$$\begin{aligned}u_O&=-\left(\frac{10}{10}u_{O1}+\frac{10}{5}u_{O2}+\frac{10}{2}u_{O3}\right)\\&=-(-10u_{I1}+2u_{I2}+5u_{I3})\\&=10u_{I1}-2u_{I2}-5u_{I3}\end{aligned}$$

【例 2】　在图 11.5.2 中,集成运放的最大输出电压 $U_{OM}=\pm12V$,稳压二极管的稳定电压 $U_Z=6V$,其正向压降 $U_D=0.7V$,$u_I=12\sin\omega t V$ 。当参考电压 $U_R=+3V$ 的情况下,试画出传输特性和输出电压 u_O 的波形。

解:图 11.5.2 所示电路包含由集成运放开环状态下构成的比较电路和由电阻 R_3 及稳压二极管 D_Z 构成的限幅电路。当 $u_I<U_R$ 时,$u_{O1}=+12V$,$u_O=U_Z=6V$;当 $u_I>U_R$ 时,$u_{O1}=-12V$,$u_O=-0.7V$。对应于参考电压 $U_R=3V$ 时的电压传输特性和输出电压 u_O 的波形分别如图 11.5.3(a)、(b)所示。

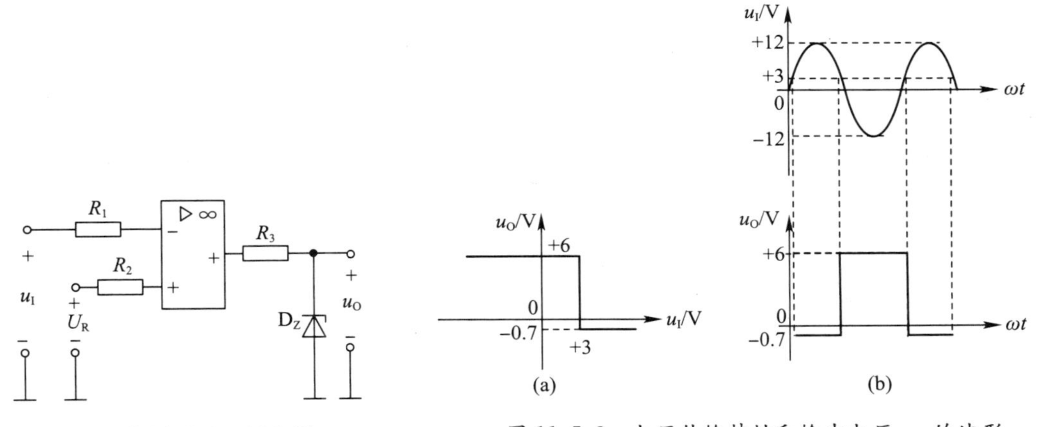

图 11.5.2　例 2 图

图 11.5.3　电压传输特性和输出电压 u_O 的波形

【例 3】　图 11.5.4 所示是一种电平检测器,图中 U_R 为参考电压且为正值,R 和 G 分别为红色和绿色发光二极管,试判断在什么情况下它们会亮。

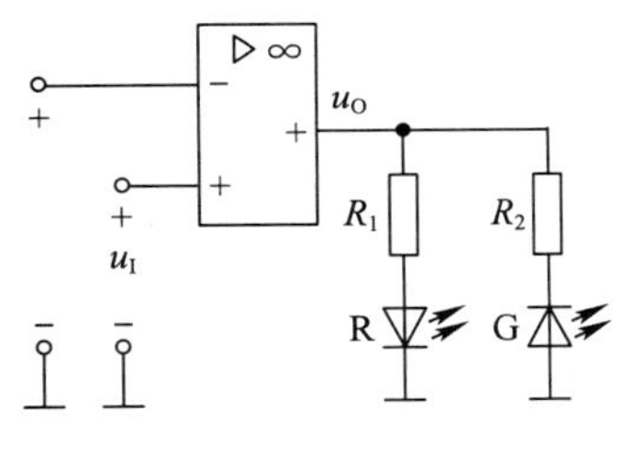

图 11.5.4　例 3 图

解:图中集成运放处在开环状态,用作比较器,工作在饱和区。

当 $u_I>U_R$ 时,$u_O=+U_{OM}$,红色发光二极管 R 导通点亮;

当 $u_I<U_R$ 时,$u_O=-U_{OM}$,绿色发光二极管 G 导通点亮。

11.6 习　　题

1. 填空题

11.1.1　集成运放两输入端电位相等，接近地电位，又不是真正接地，通常称为 ________。

11.1.2　理想集成运算的开环电压放大倍数趋于________，输入电阻约为________，输出电阻约为________，共模抑制比为________。

11.1.3　集成运放由 4 部分组成，分别是 ________、________、________、________。

11.1.4　集成运放的输入级常采用________电路，目的是________；中间级一般由________电路构成；输出级一般都是________电路；偏置电路的作用是决定各级电路的________。

11.1.5　集成运放工作在线性区时，流入两个输入端的电流均为________，称作"虚断"。

11.1.6　集成运放的电压传输特性分两个区，分别是________和________；前者主要用于信号的________，后者主要用于信号的________。

2. 判断题(答案写在题号前)

11.1.7　集成运放符号上用"∞"表示开环电压放大倍数极高。

11.1.8　在集成运放的信号运算应用电路中，集成运放都工作在线性区。

11.1.9　同相比例运算电路的输入电流几乎等于零。

3. 选择题

11.1.10　一般集成运放内部的级间耦合方式采用(　　)。

a. 阻容耦合　　b. 变压器耦合

c. 直接(或)通过电阻耦合　　d. 光电耦合

11.2.11　如题图 11-1 所示，若集成运放的电源电压为±15V，则输出电压 u_O 最接近于(　　)。

a. －20V　　b. 20V　　c. 13V

11.2.12　如题图 11-2 所示电路，输出电压 u_O 为(　　)。

a. $-3u_I$　　b. $3u_I$　　c. u_I

11.2.13　如题图 11-3 所示电路，输出电压 u_O 为(　　)。

a. u_I　　b. $-u_I$　　c. $-2u_I$

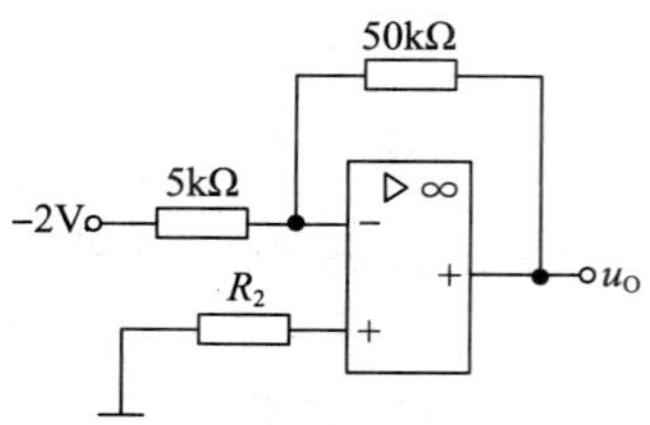

题图 11-1

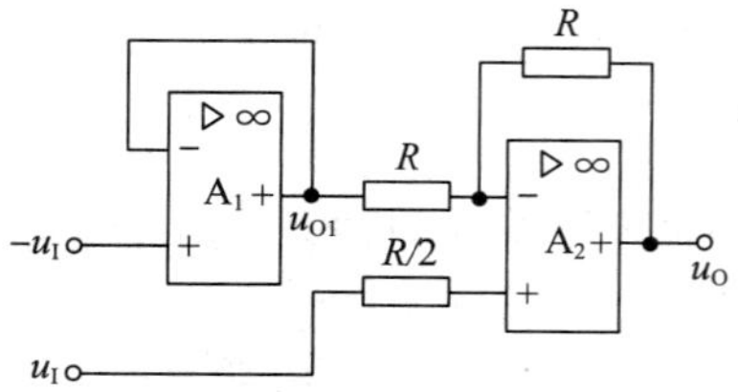

题图 11-2

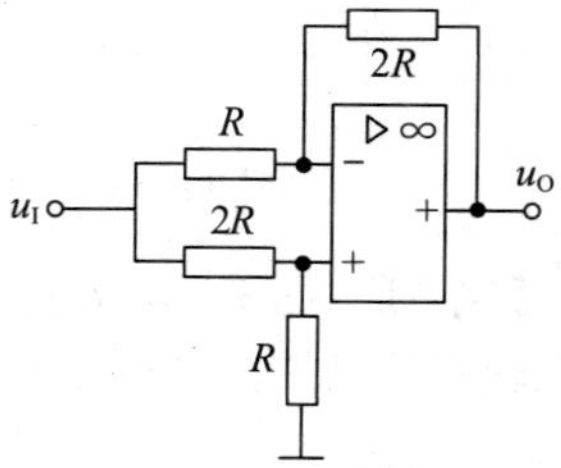

题图 11-3

11.2.14　如题图 11-4 所示电路，若 u_I＝1V，则 u_O 为(　　)。

a. 6V　　b. －6V　　c. 4V

11.2.15　如题图 11-5 所示电路，若 u_I＝－0.5V，则输出电流 i_O 为(　　)。

a. 10mA　　b. 5mA　　c. －5mA

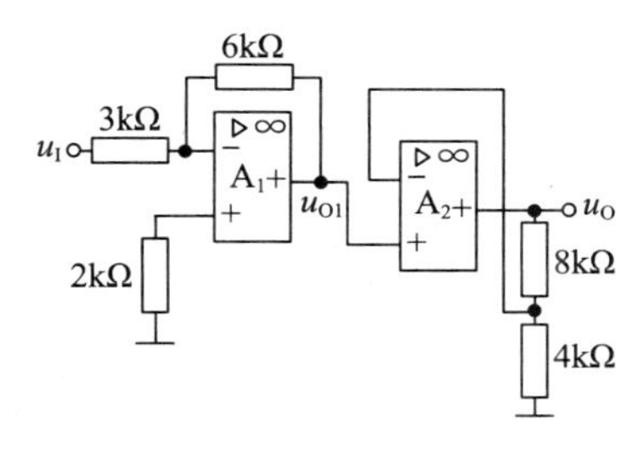

题图 11-4

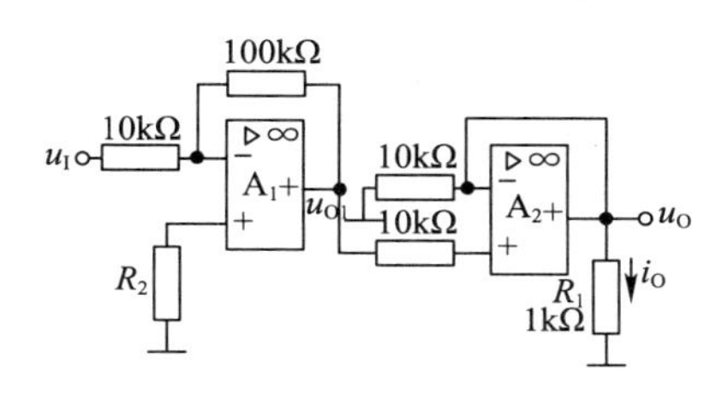

题图 11-5

11.2.16　若利用运算电路实现的函数关系是 $y=(1+a)x$（其中 a 是常数），应该选用(　　)。

a. 同相比例运算电路　　　　b. 加法运算电路

c. 积分运算电路　　　　　　d. 减法运算电路

11.3.17　如题图 11-6 所示电路，若 u_I 为正弦电压，则 u_O 为(　　)。

a. 与 u_I 同相的正弦电压　　b. 与 u_I 反相的正弦电压

c. 矩形波电压

题图 11-6

11.3.18　如题图 11-7(a)所示电路，输入电压 u_I 的波形如题图 11-7(b)所示，问指示灯 HL 亮暗情况为(　　)。

a. 亮 1s，暗 2s　b. 暗 1s，亮 2s　　c. 亮 3s，暗 1s

11.3.19　在由集成运放组成的电路中，工作在非线性状态的电路是(　　)。

a. 反相比例运算电路　b. 减法运算电路　c. 电压比较器　d. 加法运算电路

11.3.20　如题图 11-8 所示电路为(　　)。

a. 同相比例运算电路　　　　b. 反相比例运算电路

c. 过零比较器　　　　　　　d. 电压比较器

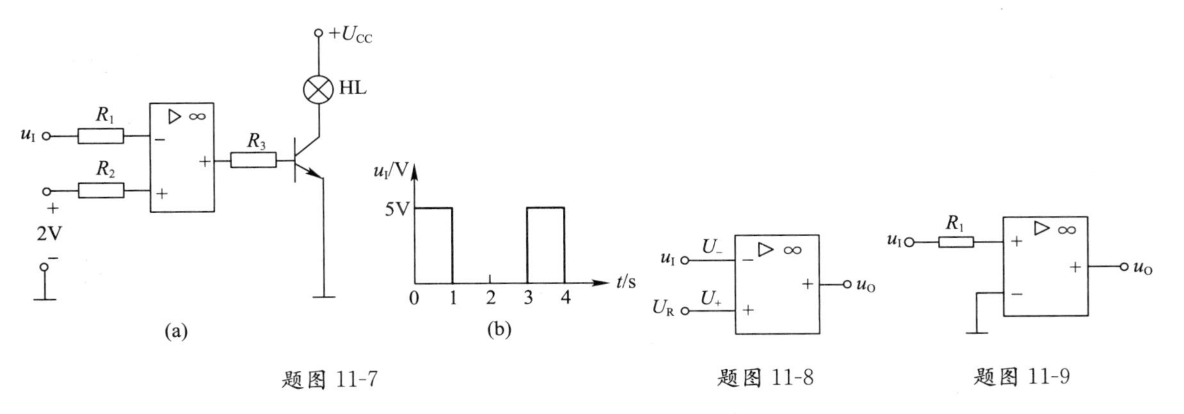

题图 11-7　　题图 11-8　　题图 11-9

11.3.21　如题图 11-9 所示理想过零比较器的 $u_I=10\sin314t$V，其电压传输特性为(　　)。

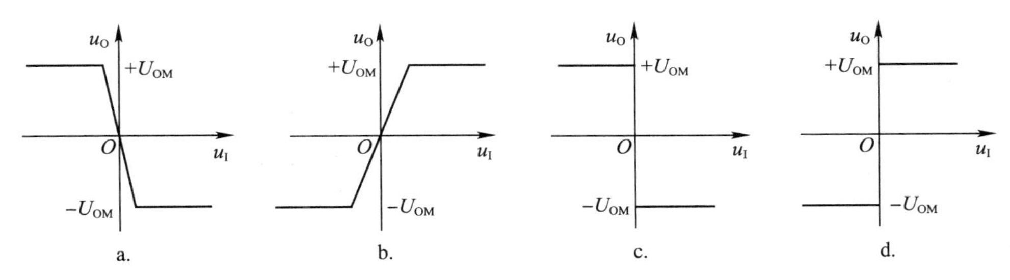

4. 综合题

11.2.22　如题图 11-10 所示电路，若输入电压为正弦电压 $u_I = \sin 6280t$ mV，试求：(1)输出电压 u_O 的幅值，并画出 u_I 和 u_O 的波形图。(2)什么是"虚地"？在图中，同相输入端接"地"，反相输入端的电位接近"地"电位。既然这样，若把两个输入端直接连起来，是否会影响集成运放的工作？

习题 11.2.22

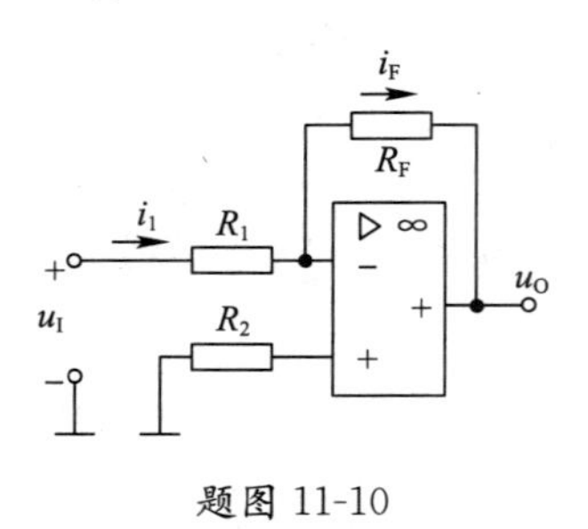

题图 11-10

11.2.23　在题图 11-11 中，正常情况下 4 个桥臂的电阻均为 R。当某个电阻因受温度或应变等非电量的影响而变化 ΔR 时，电桥平衡即遭破坏，输出电压 u_O 反映此非电量的大小。试证明 $u_O = -\frac{A_{uo}U}{4} \cdot \frac{\frac{\Delta R}{R}}{1+\frac{\Delta R}{2R}}$。

习题 11.2.23

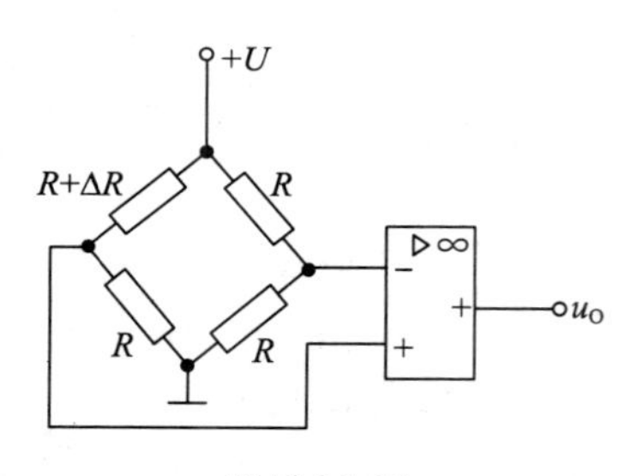

题图 11-11

11.2.24　题图 11-12 所示是利用两个集成运放组成的具有较高输入电阻的差分放大电路，试求出 u_O 与 u_{I1}、u_{I2} 的运算关系式。

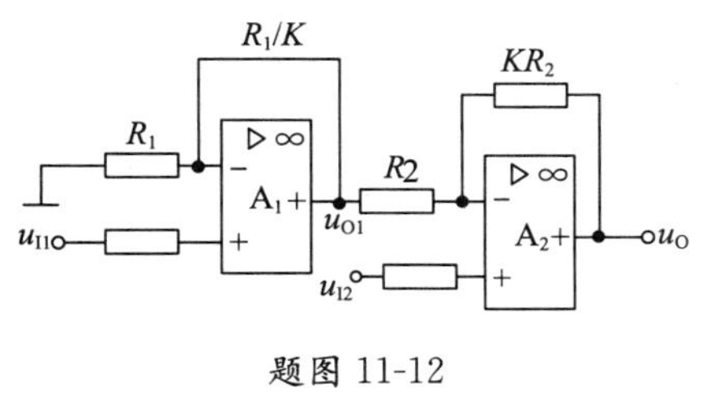

题图 11-12

习题 11.2.24

11.2.25　求题图 11-13 所示电路中 u_O 与各输入电压的运算关系式。

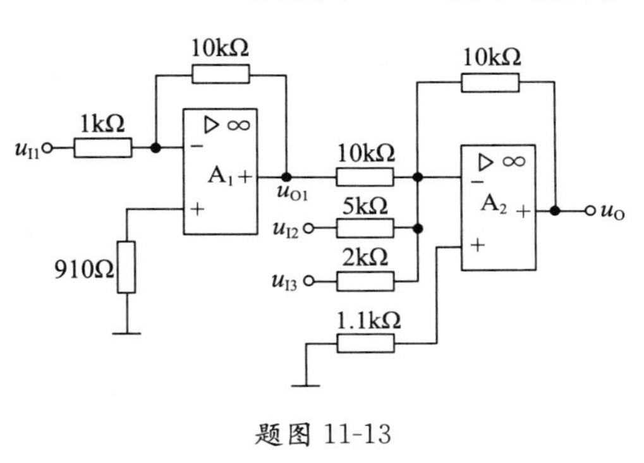

题图 11-13

习题 11.2.25

11.2.26　如题图 11-14 所示电路，已知 $u_{I1}=1\text{V}$，$u_{I2}=2\text{V}$，$u_{I3}=3\text{V}$，$u_{I4}=4\text{V}$，$R_1=R_2=2\text{k}\Omega$，$R_3=R_4=R_F=1\text{k}\Omega$，试计算输出电压 u_O。

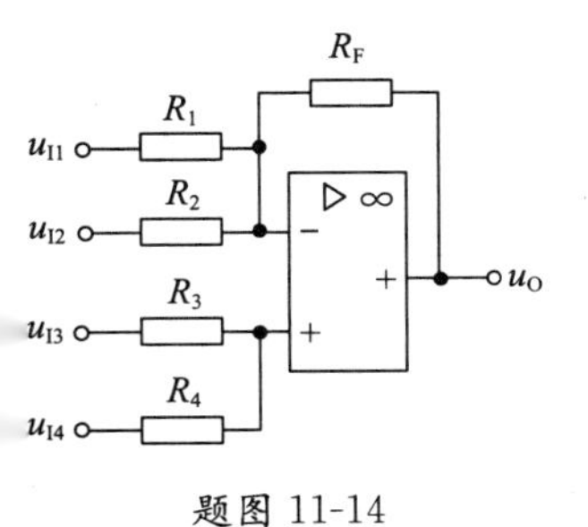

题图 11-14

习题 11.2.26

11.3.27　画出题图 11-15 所示各电压比较器的传输特性曲线。

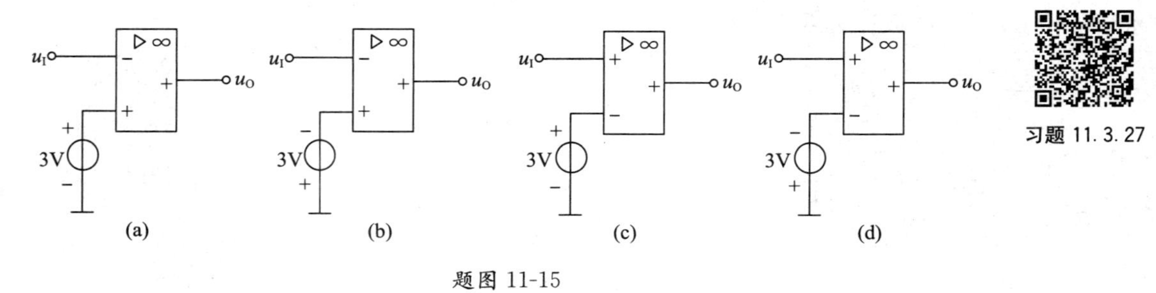

题图 11-15

11.3.28　两级运算放大电路如题图 11-16 所示，分别求输出电压 u_{O1}、u_O 与输入电压 u_I 的关系。

习题 11.3.28

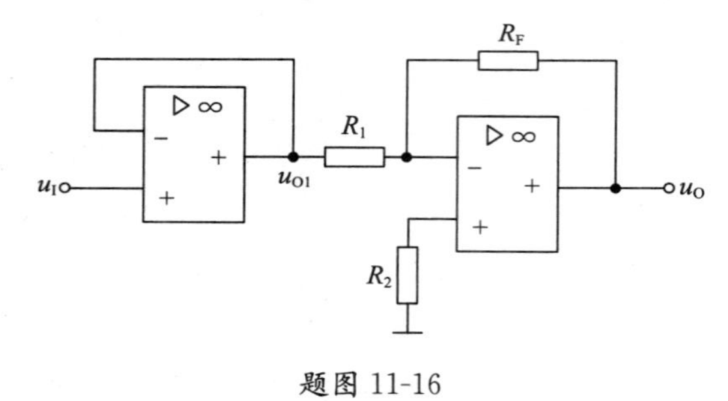

题图 11-16

11.2.29　测量放大电路用于放大从测量电路或传感器送来的微弱信号，对它的主要要求是输入电阻高和共模抑制比大。题图 11-17 所示是由 3 个集成运放组成的测量放大电路。第一级由两个同相输入运算电路组成，其输入电阻高，并由于电路结构对称，可抑制零点漂移或共模输入；第二级是差分放大电路，用于放大差模信号。试求输出电压 u_O 和电压放大倍数 A_u。

习题 11.2.29

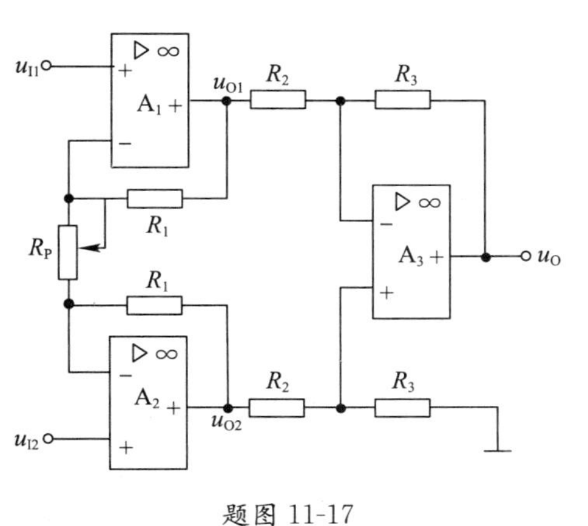

题图 11-17

11.3.30　如题图 11-18 所示是火灾报警电路。u_{I1} 和 u_{I2} 分别来自两个温度传感器，它们安装在室内同一处：一个安装在塑料壳内，产生 u_{I1}；另一个安装在金属板上，产生 u_{I2}。试用所学的知识分析该电路的工作原理。

习题 11.3.30

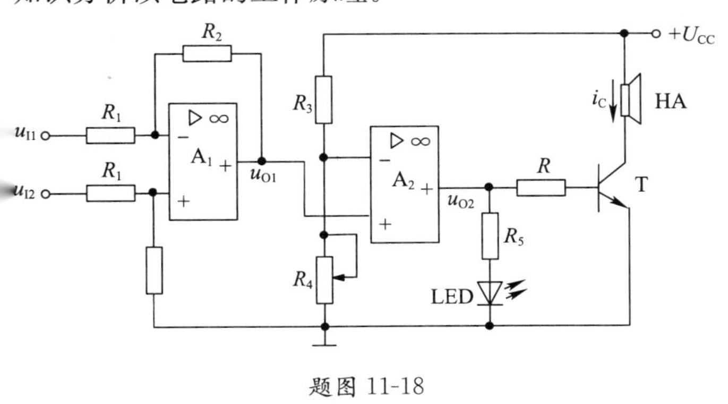

题图 11-18

第 12 章　反 馈 电 路

12.1　内 容 要 点

1. 反馈的基本概念

电子电路中的反馈就是将放大电路的输出量(电压或电流)的一部分或全部,通过一个称为反馈网络的特定电路并取得一个反馈信号 x_f(电压或电流),然后将反馈信号与输入信号 x_i 进行合成,放大电路对合成后的信号 x_d 进行放大的技术,如图 12.1.1 所示。

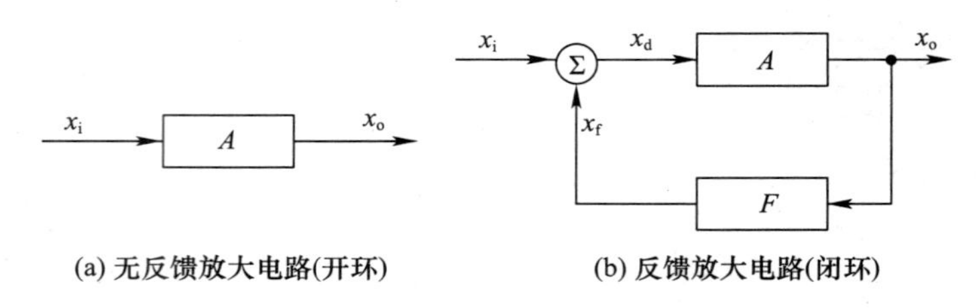

(a) 无反馈放大电路(开环)　　(b) 反馈放大电路(闭环)

图 12.1.1　开环与闭环电路方框图

图 12.1.1 中,符号Ⓢ称为比较环节,即电路的输入信号和反馈信号在该处进行合成(比较),即两个信号在这里进行相加或相减。图 12.1.1 中的字符 x 既可视为电压 U,也可视为电流 I。由图 12.1.1(a)、(b)可以看出无反馈放大电路与反馈放大电路的区别,无反馈放大电路的信息是单向传递的,只从输入端向输出端传递信息;反馈放大电路中信息是双向传递的,既有从输入端传向输出端的信息,也有从输出端传向输入端的信息,因此反馈放大电路是一个闭合电路,或称闭环电路。

2. 反馈的类型

① 直流反馈和交流反馈。

② 正反馈和负反馈。

③ 电压反馈和电流反馈。

④ 串联反馈和并联反馈。

3. 放大电路中的负反馈

为了提高放大电路的动态性能,电路必须引入负反馈。

反馈放大电路根据其反馈信号在何处取得及与输入信号的比较方式不同,可以有 4 种连接方式,称为 4 种组态,这 4 种组态如下:

① 电压串联负反馈;

② 电压并联负反馈;

③ 电流串联负反馈;

④ 电流并联负反馈。

4. 反馈组态的判断

(1) 电压反馈和电流反馈

由于电压反馈的反馈量(u_f 或 i_f)取自放大电路的输出电压 u_o,电流反馈的反馈量(u_f 或 i_f)

取自放大电路的输出电流 i_o，因此，当假想将放大电路的输出端短路后，即 $u_o=0$，这时与输出电压 u_o 有关的反馈信号就会消失，而与输出电流 i_o 有关的信号并不会消失，依据这个关系就可以确定电路采用的是电压反馈还是电流反馈。如图 12.1.2(a)、(b)所示电路，将电路输出端短路后，即令 $u_o=0$，对图 12.1.2(a)而言，电路中的 $u_f=0$，反馈量消失，因此它是电压反馈；而图 12.1.2(b)所示电路，当输出端被短路后，电路的输出电流 i_o 可通过短路线流经电阻 R_f，因此反馈电压 $u_f=i_oR_f$ 仍然存在，所以这个电路是电流反馈。

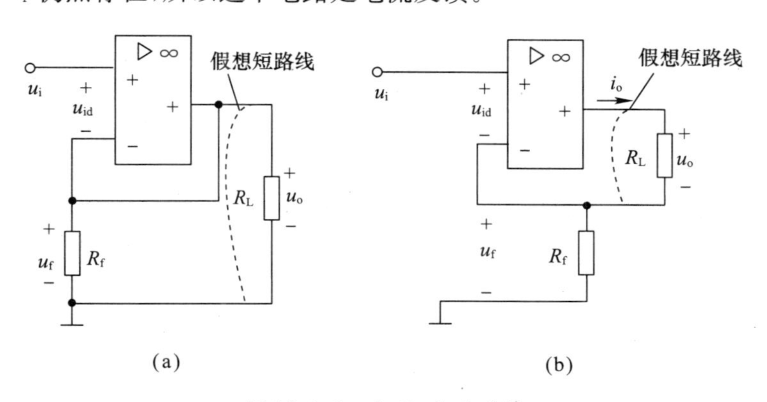

图 12.1.2　电压、电流反馈

(2) 串联反馈和并联反馈

反馈量以电压 u_f 形式出现，输入信号电压 u_i 与反馈电压 u_f 分别作用到基本放大电路的两个输入端，基本放大电路输入差值信号 $u_{id}=u_i-u_f$，这样的方式就是串联反馈。若反馈量以电流 i_f 形式出现，输入信号电流 i_i 与反馈电流 i_f 在基本放大电路输入端同一节点处，以电流相减的形式，将其差值电流 $i_{id}=i_i-i_f$ 送入基本放大电路，这样的方式就是并联反馈。

5. 反馈放大电路的一般关系式

通过图 12.1.1 可以获得反馈放大电路的 $\dot{X}_o$ 与 $\dot{X}_i$ 的关系式，即反馈放大电路的放大倍数为

$$\dot{A}_f=\frac{\dot{X}_o}{\dot{X}_i}=\frac{\dot{A}\dot{X}_{id}}{\dot{X}_{id}+\dot{X}_f}=\frac{\dot{A}}{\frac{\dot{X}_{id}+\dot{F}\dot{X}_o}{\dot{X}_{id}}}=\frac{\dot{A}}{1+\dot{A}\dot{F}}$$

上式称为反馈放大电路放大倍数的一般表达式，$\dot{A}$ 称为开环放大倍数，即将图 12.1.1 中的反馈电路断开(此时称为无反馈放大电路)，并将反馈网络作为负载考虑后该放大电路的放大倍数。$\dot{A}_f$ 为有反馈时的放大倍数，$\dot{F}$ 为反馈系数。

6. 负反馈对放大电路性能的影响

① 提高放大倍数的稳定性。

② 对放大电路输入电阻 r_i 和输出电阻 r_o 的影响。

③ 扩展通频带。

④ 减小非线性失真。

7. 振荡电路中的正反馈

(1) 自激振荡

振荡电路的输入信号来自其自身的输出端，输出信号由无到有、由小到大，直到稳定，这一过

程称为自激振荡。

① 自激振荡的条件。

相位条件：$\dot{U}_f$ 与 $\dot{U}_i$ 同相。

幅值条件：$U_f=U_i$，即 $|A_uF|=1$。

② 自激振荡的建立：起振时，必须满足 $|A_uF|>1$，从 $|A_uF|>1$ 到 $|A_uF|=1$ 是自激振荡的建立过程，输出电压和反馈电压不断增大。

③ 自激振荡的稳定：利用非线性器件的作用，使得自激振荡的幅度能够自动稳定下来，使振荡电路有稳定的输出。

(2) RC 正弦波振荡电路

RC 正弦波振荡电路如图 12.1.3(a)所示，一般包含放大、选频、正反馈和稳幅 4 个环节。

选频：正弦波振荡电路只能在某一频率下产生自激振荡，输出单一频率的正弦信号。

RC 正弦波振荡电路的选频电路是由 R、C 所组成的串并联电路，如图 12.1.3(b)所示，其振荡频率为 $f=f_0=\dfrac{1}{2\pi RC}$。

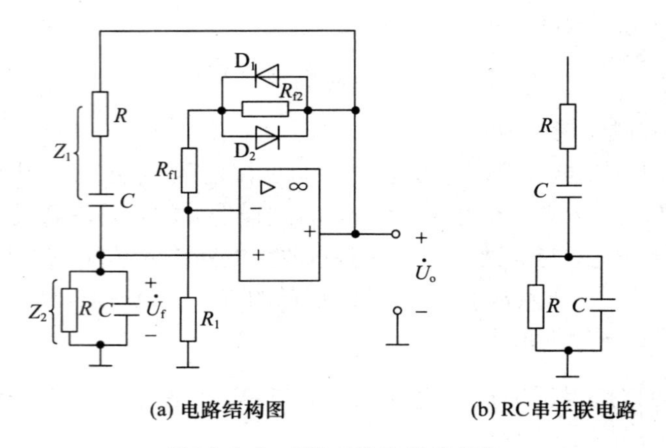

图 12.1.3 RC 正弦波振荡电路

12.2 学习目标

① 掌握反馈的基本概念和主要分类。

② 掌握负反馈放大电路类型的判别方法。

③ 理解负反馈对放大电路性能的影响。

④ 了解正弦波振荡电路的工作原理。

12.3 重点与难点

1. 重点

① 反馈的概念，正反馈与负反馈的判断方法。

② 由集成运放构成的放大电路的反馈类型的判别方法。

③ 自激振荡的概念。

④ RC 正弦波振荡电路的组成和工作原理。

2. 难点

① 负反馈对放大电路性能的影响。

② RC 正弦波振荡电路的起振及平衡条件。

12.4 知识导图

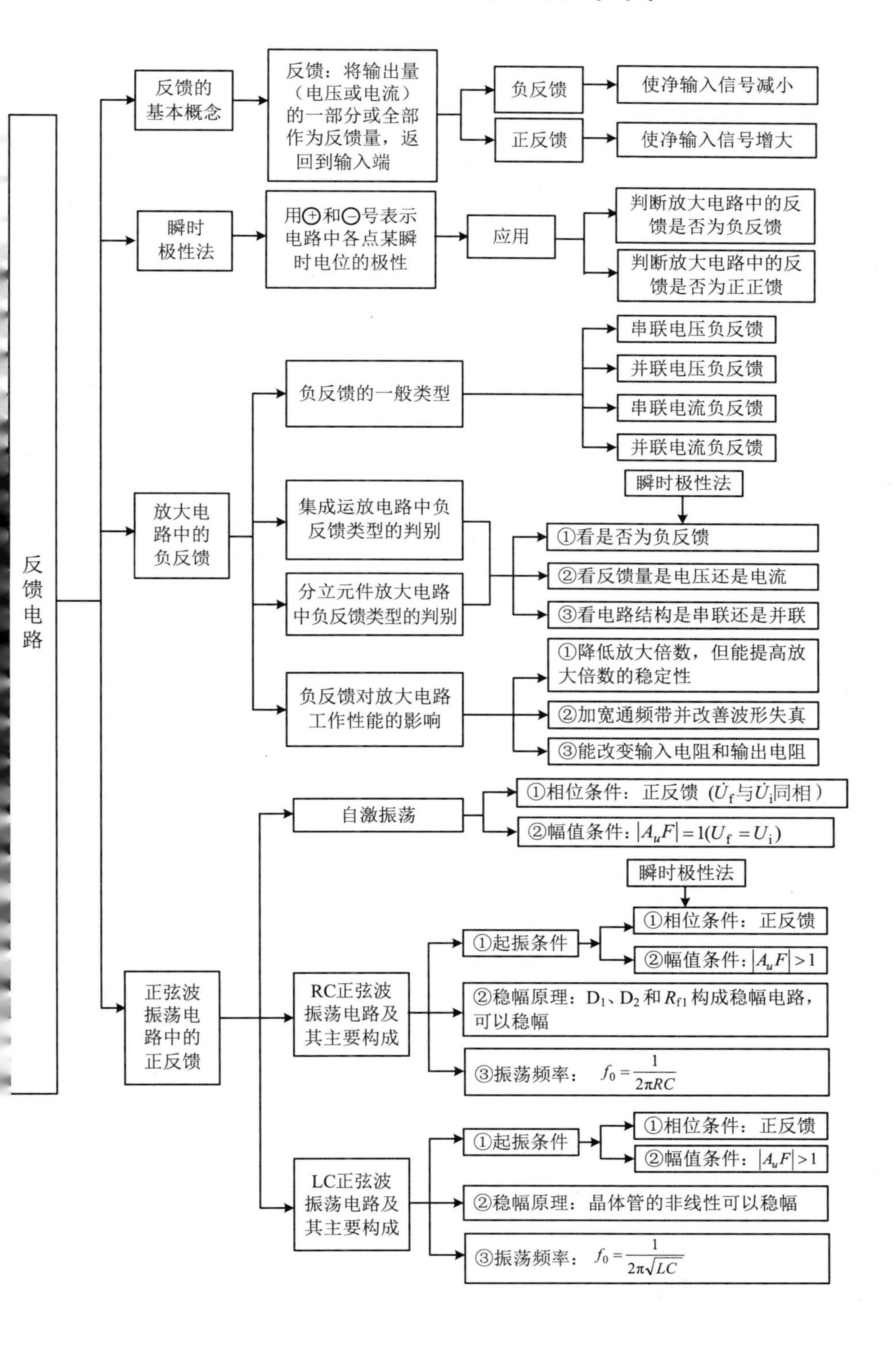

12.5　典型题解析

【例 1】　如图 12.5.1 所示放大电路，两级放大电路之间引入了何种类型的反馈？并说明该反馈对输入电阻和输出电阻的影响。

解：在图 12.5.1 中，两级放大电路之间的反馈电路是由 R_4 和 C 构成的串联电路。有关各点的瞬时极性已标出，如图 12.5.2 所示。

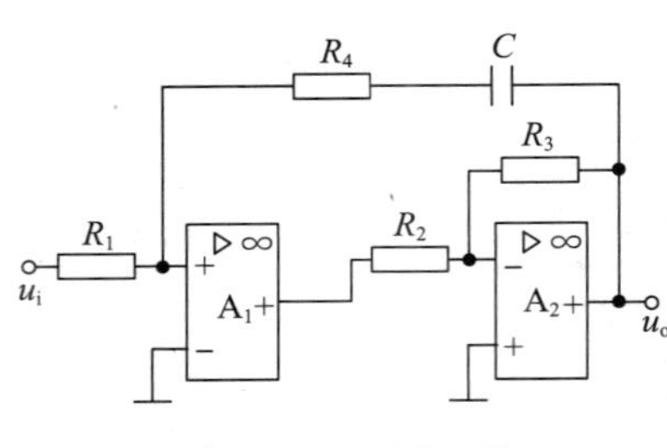

图 12.5.1　例 1 图

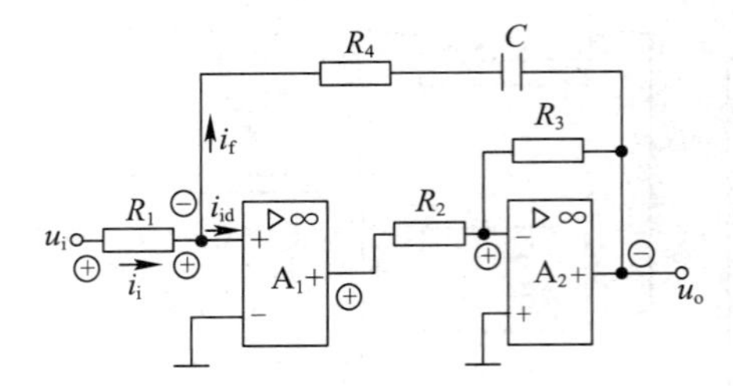

图 12.5.2　瞬时极性法

① 集成运放 A_2 的输出端电位低于 A_1 的同相输入端电位，反馈电流 i_f 为正值，净输入电流 i_{id} 减小，故为负反馈。

② 反馈量取自输出电压 u_o，故为电压反馈。

③ 反馈电流 i_f 与输入电流 i_i 相比较，电路结构是并联的，故为并联反馈。

综合而言，该两级放大电路为并联电压负反馈。反馈电路中的电容 C 可以隔断反馈量 u_o 中的直流成分，只有 u_o 中的交流成分形成反馈。所以，图 12.5.1 所示两级放大电路中引入了交流的并联电压负反馈。

该反馈类型使输入电阻减小，输出电阻减小。

【例 2】　如图 12.5.3 所示为用集成运放构成的飞机音频信号发生器的简化电路。(1)用虚线划分出各个主要组成部分，并标示出各自的名称；(2)R_1 大致调到多大才能起振？(3)该电路的振荡频率为多少？

解：(1)各个组成部分如图 12.5.4 所示。

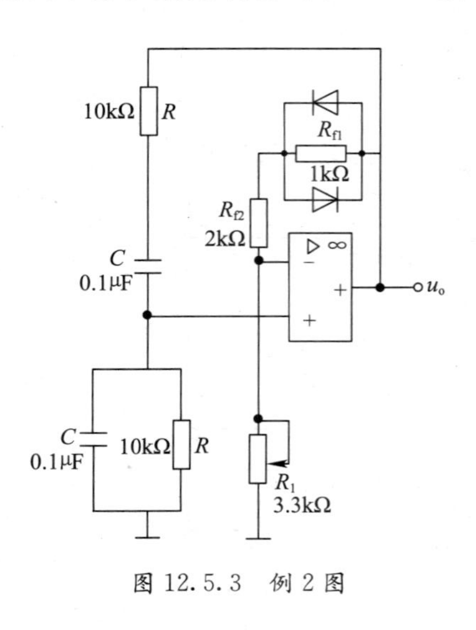

图 12.5.3　例 2 图

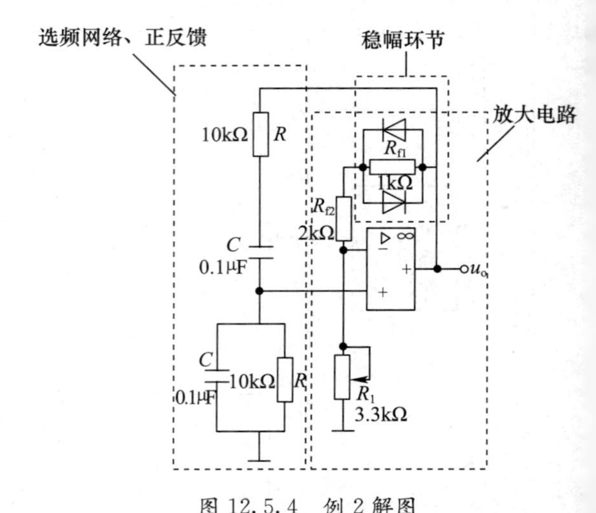

图 12.5.4　例 2 解图

（2）为使 RC 振荡电路容易起振，放大电路的电压放大倍数$|A_u|$应大于 3。而且要考虑到，起振之初，电路中与电阻 R_{f1} 并联的两个二极管尚未导通。因此，应有如下关系式

$$|A_u| = 1 + \frac{R_{f1} + R_{f2}}{R_1} > 3$$

12.5 典型题例 2

即

$$R_{f1} + R_{f2} > 2R_1$$

$$R_1 < \frac{R_{f1} + R_{f2}}{2} = \frac{1 \times 10^3 + 2 \times 10^3}{2} = 1.5\text{k}\Omega$$

所以，将 R_1 的值调到 1.5kΩ 以下就能使振荡电路顺利起振。

（3）$f = \frac{1}{2\pi RC} = \frac{1}{2\pi \times 10 \times 10^3 \times 0.1 \times 10^{-6}} \approx 159.2\text{Hz}$

12.6 习　　题

1. 填空题

12.1.1　反馈就是将放大器的________的一部分或全部，通过一定的反馈电路引回到输入端。

12.1.2　在反馈放大电路中，如果引入的反馈信号增强净输入信号，从而使放大电路的放大倍数增加，这样的反馈称为________；如果引入的反馈信号削弱净输入信号，从而使放大电路的放大倍数降低，这样的反馈称为________。

12.2.3　常见负反馈的 4 种组态是________、________、________、________。

12.2.4　放大电路中按反馈信号与输入信号的连接方式分为________反馈和________反馈。

12.3.5　为了稳定放大电路的输出电压，可采用________反馈；为了稳定放大电路的输出电流，可采用________反馈。

12.3.6　在放大电路中引入负反馈后，放大倍数________，放大倍数的稳定性________，非线性失真________，通频带的宽度________。

12.3.7　为了减少电路的非线性失真，可以引入________反馈。

12.3.8　引入________反馈可提高放大电路的输入电阻，引入________反馈可以降低输出电阻。

12.3.9　要增大放大电路的输出电阻、减小输入电阻，应该在电路中引入________反馈。

12.4.10　在频率稳定度要求很高的情况下，大多采用________振荡电路来实现。

12.4.11　RC 正弦波振荡电路的幅值平衡条件是________，相位平衡条件是________，起振条件是________。

2. 判断题（答案写在题号前）

12.1.12　反馈放大电路的含义是电路中存在反向传输的信号通路。

12.1.13　若接入反馈后与未接反馈时相比输出量变小，则引入的反馈为负反馈。

12.1.14　放大电路中的直流负反馈能稳定电路的静态工作点。

12.3.15　电路引入负反馈后，只能减小非线性失真，而不能彻底消除失真。

12.3.16　负反馈只能改善环路内的放大性能，对反馈环路之外无效。

12.3.17　由于负反馈使放大电路的放大倍数降低，因此一般放大电路都不引入负反馈。

12.3.18　放大电路中常用正反馈来提高放大倍数。

12.3.19　电压串联负反馈使放大电路的输入电阻下降，输出电阻增加。

12.3.20　放大电路中引入交流负反馈能提高电路放大倍数的稳定性。

12.3.21　若放大电路的放大倍数 $A>0$，则接入的反馈一定是正反馈。

12.3.22　若放大电路中接入了负反馈，则其放大倍数 A 一定是负值。

12.3.23　在放大电路中引入负反馈后，能使电路的通频带得到展宽。

12.4.24　在正弦波振荡电路中，正反馈越强越好。

12.4.25　自激振荡电路中如果没有选频网络，就不可能产生振荡。

12.4.26　振荡电路和放大电路一样，是一种能量转换器，都需要外接输入信号才能工作。

12.4.27　自激振荡电路无须外接输入信号就能起振，但它仍需要直流电源才能维持振荡。

12.4.28　正弦波振荡电路包含放大电路及正反馈网络等，且两者之一必须具有选频功能。

3. 选择题

12.1.29　对于放大电路，所谓开环是指(　　)。

a. 无信号源　　b. 无反馈通路　　c. 无电源　　d. 无负载

12.1.30　在输入量不变的情况下，若引入反馈后(　　)，则说明引入的反馈是负反馈。

a. 输入电阻增大　　b. 输出量增大　　c. 净输入量增大　　d. 净输入量减小

12.1.31　直流负反馈是指(　　)。

a. 直接耦合放大电路中所引入的负反馈　　b. 只有放大直流信号时才有的负反馈

c. 在直流通路中的负反馈　　d. 只有放大交流信号时才有的负反馈

12.1.32　交流负反馈是指(　　)。

a. 阻容耦合放大电路中所引入的负反馈　　b. 只有放大交流信号时才有的负反馈

c. 在交流通路中的负反馈　　d. 只有放大直流信号时才有的负反馈

12.1.33　反馈放大电路的含义是(　　)。

a. 输出与输入之间有信号通路　　b. 电路中存在反向传输的信号通路

c. 放大倍数一定会减小的电路　　d. 除放大电路外还有正向传送的信号通路

12.1.34　在放大电路中，若要稳定放大倍数，应引入(　　)。

a. 直流负反馈　　b. 交流负反馈　　c. 交流正反馈

12.1.35　在题图 12-1 所示电路中，引入了何种反馈？(　　)

a. 正反馈　　b. 负反馈　　c. 无反馈

12.1.36　在题图 12-2 所示电路中，设 u_i 和 u_o 均为直流电压，引入了何种直流反馈？(　　)

a. 正反馈　　b. 负反馈　　c. 无反馈

12.1.37　题图 12-3 中输入电压和输出电压为正弦交流量，两级运放之间引入了何种交流反馈？(　　)

a. 正反馈　　b. 负反馈　　c. 无反馈

习题 12.1.37

12.3.38　在题图 12-3 所示电路中，反馈电阻 R_f 引入的是(　　)。

a. 并联电流负反馈　　b. 串联电压负反馈

c. 并联电压负反馈

12.3.39　某测量放大电路中，若要求电路的输入电阻高，输出电流稳定，应引入(　　)。

a. 并联电流负反馈　　b. 串联电流负反馈　　c. 串联电压负反馈

12.3.40　希望提高放大器的输入电阻和带负载能力，应引入(　　)。

a. 并联电压负反馈　　b. 串联电压负反馈　　c. 串联电流负反馈

12.3.41　在放大电路中，希望展宽通频带，可以引入(　　)。

a. 直流负反馈　　b. 交流负反馈　　c. 交流正反馈

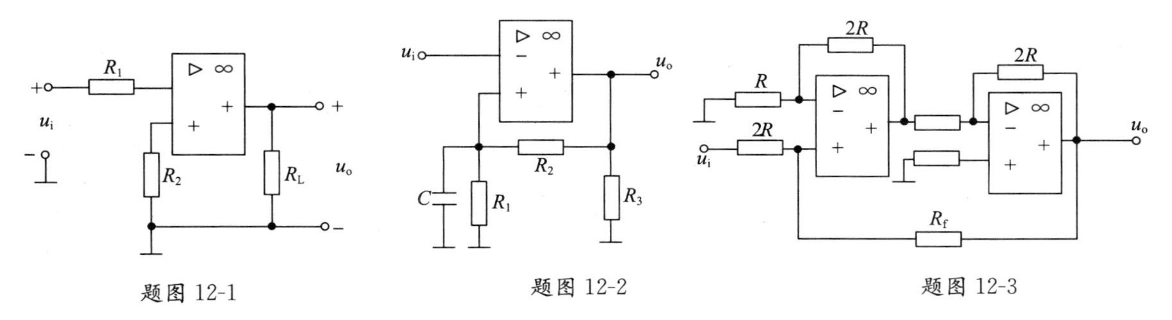

题图 12-1　　题图 12-2　　题图 12-3

12.3.42　在放大电路中，为了抑制温漂，可以引入（　　）。

a. 直流负反馈　　b. 交流负反馈　　c. 交流正反馈

12.3.43　在放大电路中加入负反馈后，放大倍数将（　　）。

a. 增大　　b. 不变　　c. 减小　　d. 无法预测

12.3.44　某传感器产生的是电压信号（几乎不能提供电流），经放大后，希望输出电压与信号成正比，该放大电路应选（　　）的负反馈形式。

a. 电压并联　　b. 电压串联　　c. 电流并联　　d. 电流串联

12.3.45　在放大电路中，若要稳定放大倍数，应引入（　　）。

a. 直流负反馈　　b. 交流负反馈　　c. 交流正反馈　　d. 交直流正反馈

12.3.46　某反馈放大器的方框图如题图 12-4 所示，则该反馈放大器的总放大倍数为（　　）。

a. 10　　b. 20　　c. 100　　d. 200

12.4.47　如题图 12-5 所示 RC 正弦波振荡电路，在维持等幅振荡时，若 $R_f = 200\text{k}\Omega$，则 R_1 为（　　）。

a. $100\text{k}\Omega$　　b. $200\text{k}\Omega$　　c. $50\text{k}\Omega$　　d. $150\text{k}\Omega$

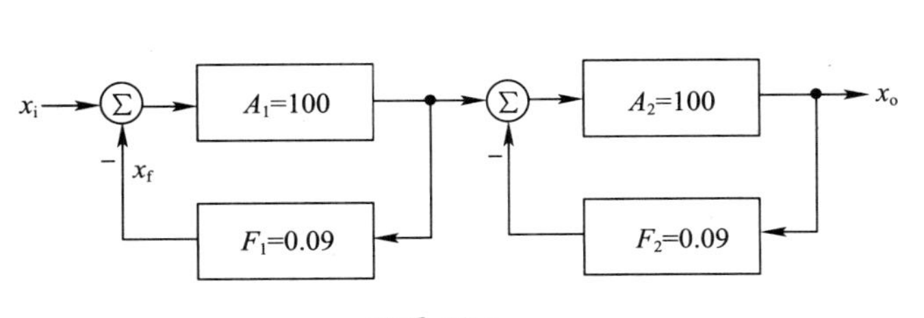

题图 12-4

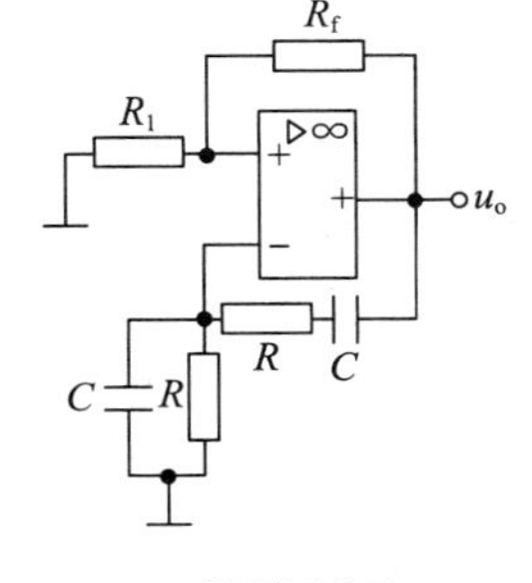

题图 12-5

12.4.48　振荡电路不包括以下哪个电路（　　）。

a. 放大电路　　b. 选频网络　　c. 正反馈　　d. 功放电路

12.4.49　振荡电路中正反馈的作用是（　　）。

a. 满足振荡幅值平衡条件　　b. 使振荡器能够稳定工作

c. 满足振荡相位平衡条件　　d. 维持振荡幅值

12.4.50　在正弦波振荡电路中，放大电路的作用是（　　）。

a. 把外界激励信号放大到一定值，使振荡器能够满足振幅平衡条件

b. 保证振荡器的输出信号足够大

c. 对内部扰动信号中某个频率成分提供足够的放大作用，使振荡器满足振幅平衡条件

4. 综合题

12.1.51　判断题图 12-6 所示电路中是否引入了反馈，是直流反馈还是交流反馈，是正反馈还是负反馈。设图中所有电容对交流信号均可视为短路。

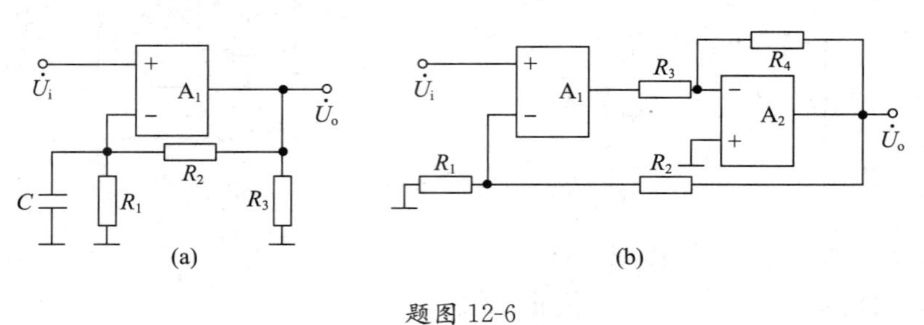

题图 12-6

习题 12.1.51

12.3.52　如题图 12-7 所示电路，电路中包含几条反馈通路？它们的反馈类型是什么？说明该反馈对电路输入电阻和输出电阻的影响。

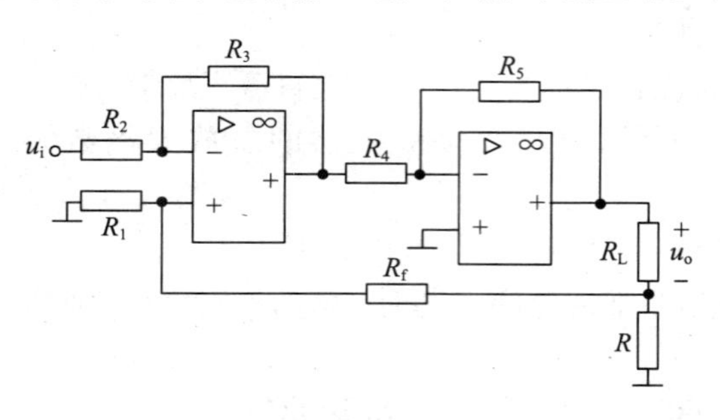

题图 12-7

习题 12.3.52

12.3.53　如题图 12-8 所示为教八型飞机的无线电高度信号接收电路，试判断此电路有无反馈。如果有反馈，说明其反馈元件及反馈类型，并说明该反馈对电路输入电阻和输出电阻的影响。

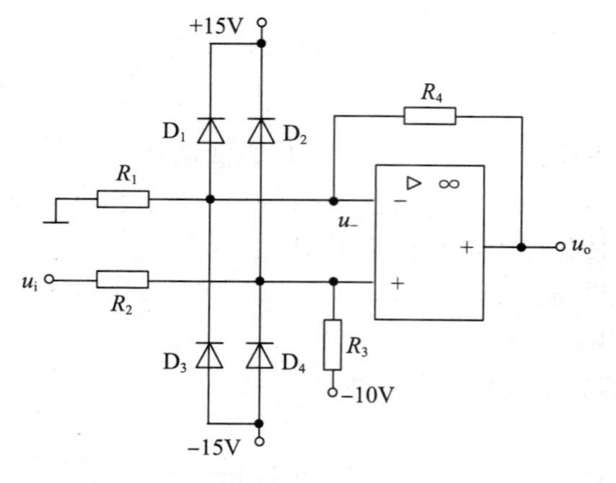

题图 12-8

习题 12.3.53

12.4.54　在如题图 12-9 所示的 RC 正弦波振荡电路中，$R=1\text{k}\Omega$，$C=1\mu\text{F}$，$R_1=2\text{k}\Omega$。试问：(1)为了满足自激振荡的相位条件，开关 S 应合向哪一端(合向某一端时，另一端则接地)？(2)为了满足自激振荡的起振条件，R_f 应为多大？(3)振荡频率是多少？(4)电阻 R_f 引入何种类型的反馈？该反馈类型对输入电阻和输出电阻有什么影响？

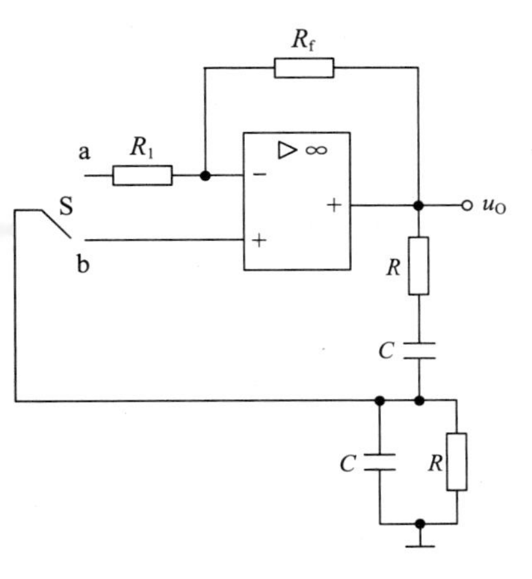

题图 12-9

12.4.55　如题图 12-10 所示电路是由运算放大器构成的正弦波振荡电路。(1)用虚线划分出各个主要组成部分，并标示出各自的名称；(2)R_1 满足什么条件电路才能起振？(3)该电路的振荡频率为多少？(4)要想输出矩形波和三角波，还需要增加哪些电路？

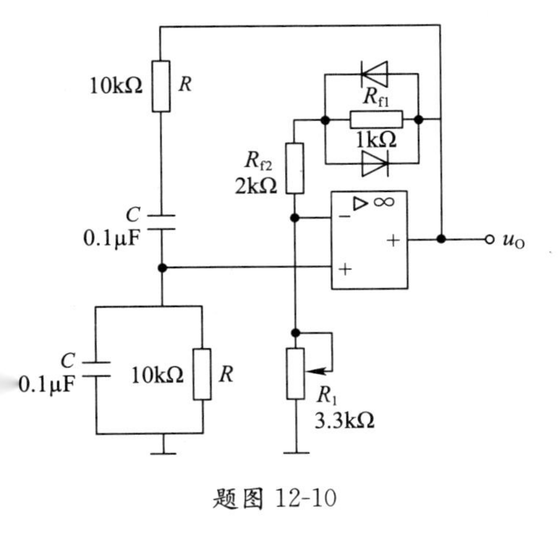

题图 12-10

第 13 章　直流稳压电源

13.1　内 容 要 点

直流稳压电源由变压、整流、滤波和稳压 4 个环节组成。在电工技术部分学习了变压器，本章重点学习后 3 个环节。

1. 整流电路

整流电路利用二极管的单向导电性，把交流电压变为单向脉动的直流电压。常见的单相整流电路有单相半波整流电路和单相桥式整流电路。

整流电压的平均值 U_O 与交流电压的有效值 U 之间的大小关系与整流电路的结构有关。单相半波整流时，$U_O=0.45U$；单相桥式整流时，$U_O=0.9U$。注意上述关系是在忽略整流电路内阻抗的情况下得出的。整流电路的内阻抗包括变压器的电阻和漏磁感抗以及二极管的正向电阻。如考虑内阻抗，其上必然有电压降，U_O 要小一些。通常整流电路的内阻抗比负载电阻小得多。

2. 滤波电路

滤波电路利用电容通交流、阻直流和电感通直流、阻交流的特性，将电容并联或将电感串联在整流电路中，使整流后的脉动电压变为平稳的直流电压。当负载为高电压小电流负载时，电路可采用电容滤波；当负载电流较大时，采用电感滤波。

当半波和桥式两种单相整流电路有电容滤波时，在同样的交流电压下，它们的整流电压平均值 U_O 比无电容滤波时要提高不少。一种是负载开路的情况，这时 U_O 为电容上所充电压的最大值，即为交流电压的最大值 $\sqrt{2}U$（电容充电后无放电回路）。这对上述两种电路是一样的。另一种是接有负载电阻 R_L 的情况，这时 U_O 的大小可估算确定。

满足条件

$$R_L C \geqslant (3\sim5)\frac{T}{2}$$

此时有

$$U_O \approx U（半波滤波）$$
$$U_O \approx 1.2U（桥式滤波）$$

3. 稳压电路

稳压电路的作用是当电源电压发生波动或负载发生变化时保持负载电压基本不变。稳压电路的种类也有很多，我们需要掌握三端集成稳压器，它的体积小、可靠性高、使用灵活。三端集成稳压器有 78××系列（正电压）和 79××系列（负电压），通过外接电路可以实现对输出电压、电流的扩展。

在电力系统和其他应用场合，除了将交流转换成直流的直流稳压电源，还有将直流转换成交流的逆变电路、将一种电压（或电流）的直流变为另一种电压（或电流）的直流斩波电路、改变交流电压（或电流）频率的变频器等，由于涉及更复杂的电力电子器件和电路，本课程不列为学习内容。

13.2　学 习 目 标

① 掌握整流电路的构成和工作原理。

② 掌握滤波电路的构成和工作原理。

③ 熟悉常用的三端集成稳压器应用电路。

13.3 重点与难点

1. 重点

① 单相半波整流电路和单相桥式整流电路。

② 电容滤波。

③ 三端集成稳压器的应用。

2. 难点

① 合理选择元件。

② 电路故障原因分析。

13.4 知识导图

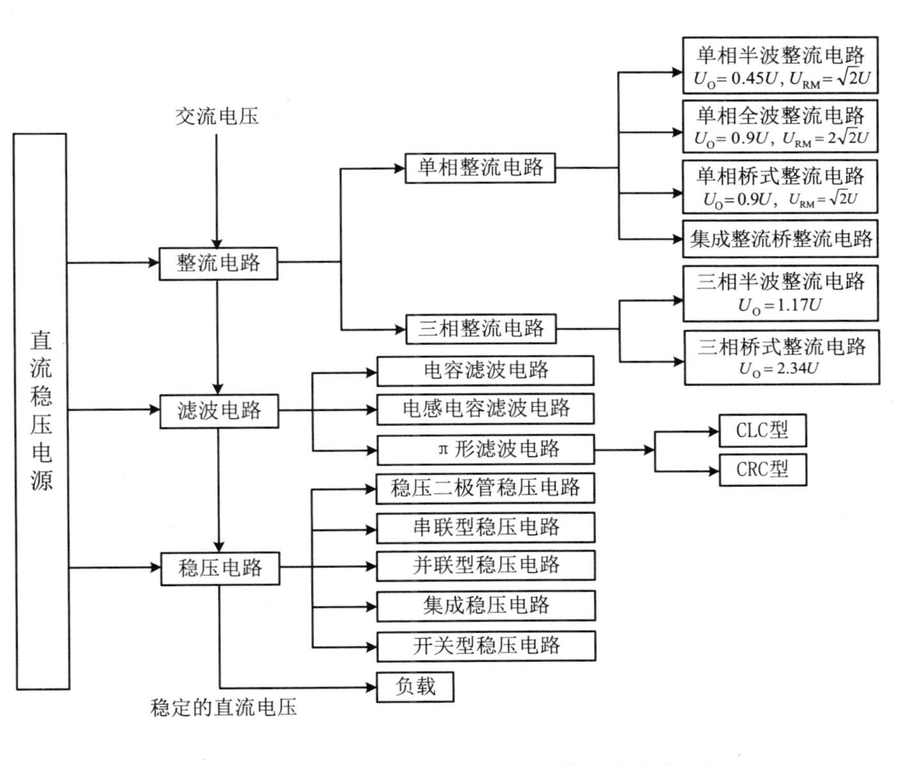

13.5 典型题解析

【例】 直流稳压电源如图 13.5.1 所示，求：(1)电压 U_I是多少？(2)输出电压 U_O 的可调范围是多少？(3)若整流桥中某个二极管断路，电路会发生什么变化？若整流桥中某个二极管短路，电路会发生什么变化？(4)若变压器的次级电压为 10V，该电路是否还能正常工作？

解：(1) $U_I=1.2\times20=24$V。

(2) 输出电压 U_O 的可调范围有如下关系式：

当 R_P 滑动到最上端时

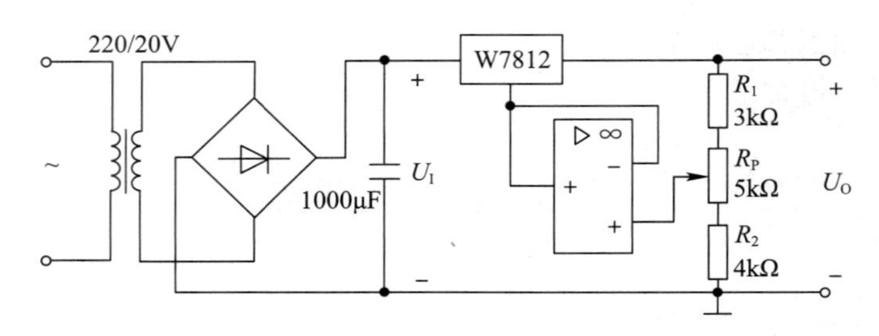

图 13.5.1　直流稳压电源

$$\frac{12}{3\times10^3}\times(3\times10^3+5\times10^3+4\times10^3)=48\text{V}$$

当 R_P 滑动到最下端时

$$\frac{12}{3\times10^3+5\times10^3}\times(3\times10^3+5\times10^3+4\times10^3)=18\text{V}$$

所以，输出电压 U_O 的可调范围是 18～48V。

（3）某个二极管断路，电路变成半波整流电路。某个二极管短路，电路无法正常工作，甚至容易烧坏变压器和二极管。

（4）不能，此时经过整流滤波后的电压近似为 12V，不满足三端集成稳压器的输入电压至少比输出电压高 2～3V 的要求。

13.6　习　　题

1. 填空题

13.1.1　直流稳压电源由________、________、________和________4 个环节组成。

13.1.2　整流电路将正弦电压转换为________，整流电路中起整流作用的元件是________。

13.2.3　常用的滤波电路有________、________和________3 种类型。

13.3.4　稳压电路的作用是当______电压波动或______变化时，使输出的直流电压稳定。

13.3.5　三端集成稳压器有________、________和________3 个端子。

2. 判断题(答案写在题号前)

13.1.6　半波整流电路的负载 R_L 上得到的是半个正弦波。

13.1.7　要改变半波整流电路输出电压的极性，只需将整流二极管的极性对调。

13.2.8　电容滤波电路输出 U_O 的平滑度与负载 R_L 的大小有关，R_L 越大，滤波效果越差。

13.3.9　稳压管组成的稳压电路适用于负载电流较小的场合。

3. 选择题

13.1.10　单相桥式整流电路的电压有效值为 U，则每个二极管所承受的最大反向电压为(　　)。

a. $0.9U$　　b. $\sqrt{2}U$　　c. $0.707U$　　d. $0.45U$

13.1.11　在单相桥式整流电路中，若有一个二极管接反，则(　　)。

a. 输出电压约为原来输出电压的 2 倍　　b. 变为半波整流

c. 二极管将因电流过大而烧坏　　d. 输出电压约为原来输出电压的 3 倍

13.1.12　在单相桥式整流电路中，流过每个二极管的平均电流等于输出平均电流的(　　)。

a. 1/4　　b. 1/2　　c. 1/3　　d. 2

13.1.13　在单相桥式整流电路中，二极管的反向电压最大值出现在二极管(　　)。

a. 由导通转为截止时　　b. 由截止转为导通时

c. 截止时　　　　　　　　　　　　　　d. 导通时

13.1.14　在单相桥式整流电路中，若相邻桥臂的两个二极管支路断开，则电路(　　)。

a. 没有整流作用了　　　　　　　　　　b. 还能起整流作用，但负载能力降低了

c. 还能起整流作用，但变成了单相半波整流电路了

13.1.15　题图 13-1 所示单相半波整流电路，$u=141\sin\omega t$V，整流电压平均值 U_O 为(　　)。

a. 63.45V　　　　b. 45V　　　　c. 90V

13.2.16　在直流稳压电源中，滤波电路的目的是(　　)。

a. 将交流变为直流　　　　　　　　　　b. 将高频变为低频

c. 减小整流电压的脉动程度

13.2.17　在整流滤波电路中，如果滤波电容支路断开，则输出的直流电压将(　　)。

a. 升高　　　　b. 降低　　　　c. 没有变化

13.3.18　稳压管起稳压作用时，是工作在其伏安特性的(　　)。

a. 反向饱和区　　　　b. 正向导通区　　　　c. 反向击穿区

13.3.19　稳压电路中的稳压管若接反(阳极与阴极交换)，则输出电压为(　　)。(设稳压管的稳压值为 U_Z，正向压降为 0。)

a. 0　　　　b. U_Z　　　　c. $U_Z/2$

13.3.20　如题图 13-2 所示，$U_I=10$V，$U_O=5$V，$I_Z=10$mA，$R_L=500\Omega$，限流电阻 $R=$(　　)。

a. 1000Ω　　　　b. 500Ω　　　　c. 250Ω

13.3.21　在题图 13-3 所示的稳压电路中，若 $U_Z=6$V，则 U_O 为(　　)。

a. 6V　　　　b. 15V　　　　c. 21V

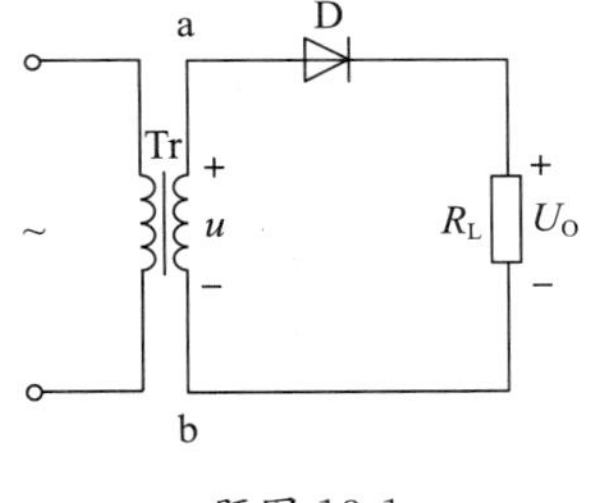

题图 13-1

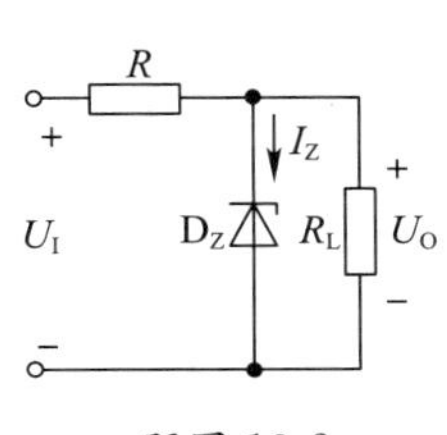

题图 13-2

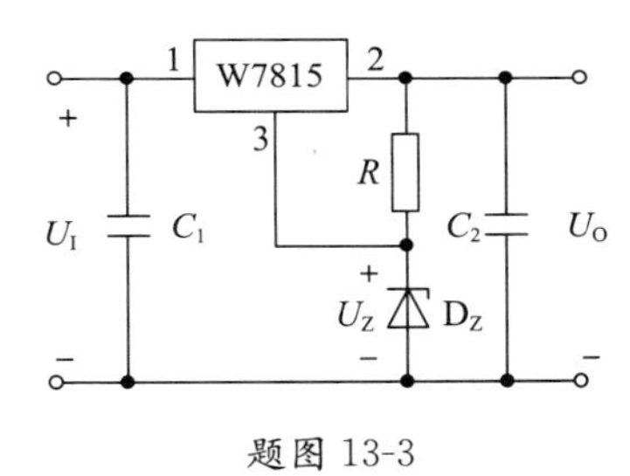

题图 13-3

13.3.22　W7800 系列三端集成稳压器输出(　　)。

a. 正电压　　　　b. 负电压　　　　c. 不确定　　　　d. 正、负电压均可

13.3.23　在使用时必须注意，三端集成稳压器的输入与输出之间要有(　　)的电压差。

a. 1V　　　　b. 2～3V　　　　c. 0.7V　　　　d. 0.7～1V

13.3.24　直流稳压电源由变压、整流、滤波、稳压 4 部分组成，题图 13-4 中，根据稳压电路的输出情况，反推变压器次级电压的有效值，应该选择哪种变压器？(　　)

a. 220/10V　　　　b. 220/12V　　　　c. 220/18V

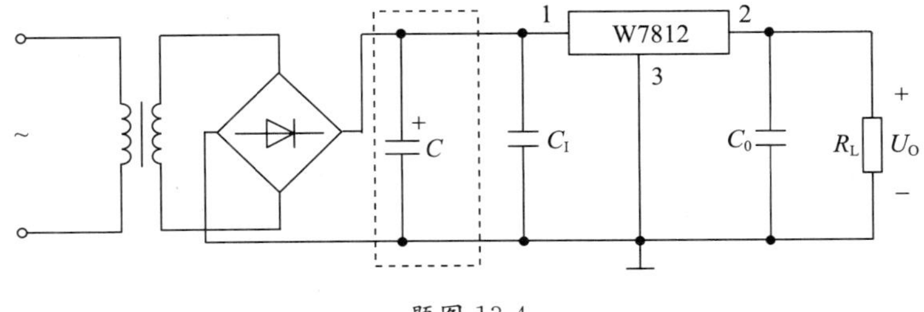

题图 13-4

4. 综合题

13.1.25　如题图 13-5 所示整流电路，忽略二极管的正向压降，$R_L=80\Omega$。(1)标出输出电压的实际极性，根据变压器次级电压波形画出整流输出电压波形；(2)若要求整流电压平均值 $U_O=20V$，则变压器次级电压和次级电流各是多少？(3)根据(2)再求 I_D 和 U_{DRM}；(4)若二极管 D_1 断路，电路会发生什么变化？若二极管 D_1 短路，电路会发生什么变化？

习题 13.1.25

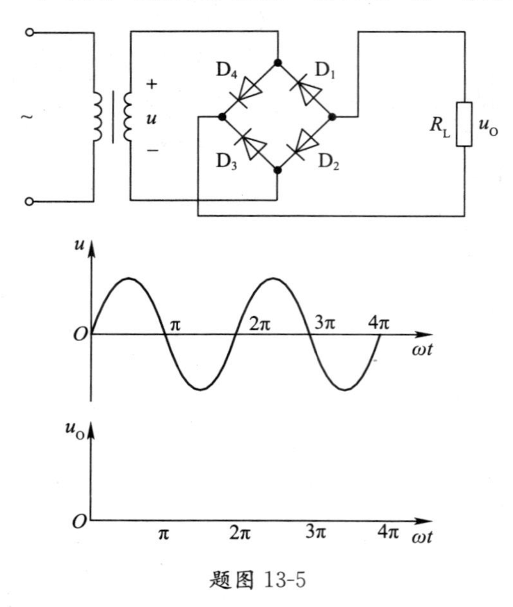

题图 13-5

13.3.26　直流稳压电源如题图 13-6 所示。(1)用虚线画出各个主要组成部分，并标出各自的名称；(2)滤波后的电压 U_I 是多少？(3)输出电压 U_O 的可调范围是多少？

习题 13.3.26

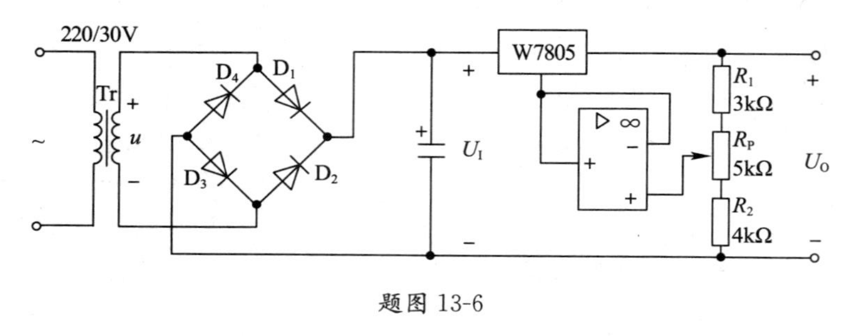

题图 13-6

13.3.27　直流稳压电源原理图如题图 13-7 所示。已知变压器次级电压有效值 $U_2=30\text{V}$，稳压管 D_Z 的稳压值 $U_Z=6\text{V}$，限流电阻 $R=240\Omega$。(1)用虚线画出的两个电路组成部分，请分别写出名称及作用；(2)在二极管电桥中，若某个二极管短路，会对电路产生什么影响？(3)求输出电压 U_O。

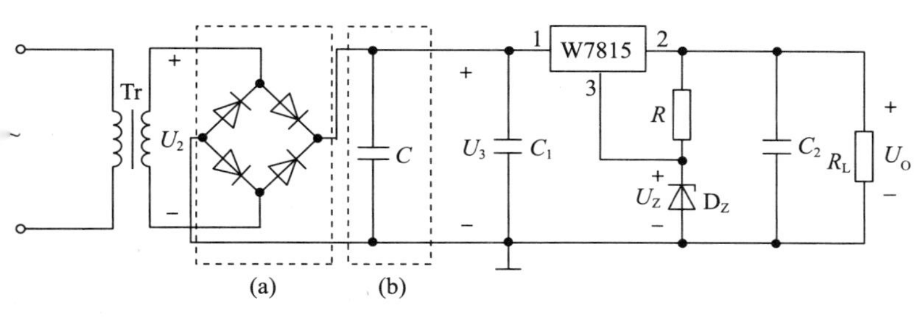

题图 13-7

习题 13.3.27

第 14 章　数字电路基本知识

14.1　内 容 要 点

在数字电路中,处理的信号是数字信号。

1. 数字电路的基本知识

① 开关器件:二极管、晶体管都是数字电路中常用的开关器件。

② 开关作用:在适当的外部条件下,开关器件的导通和截止两种工作状态相当于实际开关的接通和断开。

③ 逻辑约定:正逻辑——高电平为 1,低电平为 0;负逻辑——高电平为 0,低电平为 1。在未加说明时,一般采用正逻辑。

④ 信号特点:输入和输出皆为在时间和幅度上不连续的脉冲。

⑤ 电路特点:输入和输出之间具有确定的逻辑关系。

⑥ 分析和设计工具:逻辑代数(也称为布尔代数或开关代数)。

2. 数制及其相互转换

在数字电路中,常常采用二进制数进行计数。有时为了方便,也用八进制数或十六进制数。表 14.1.1 中将十进制数 0～9 转换成 4 位二进制数,表 14.1.2 中将 4 位二进制数分别转换成八进制数、十六进制数。

表 14.1.1　十进制数转换为二进制数

十进制数	4 位二进制数
0	0000
1	0001
2	0010
3	0011
4	0100
5	0101
6	0110
7	0111
8	1000
9	1001

表 14.1.2　二进制数转换为八进制数和十六进制数

4 位二进制数	八进制数	十六进制数
0000	0	0
0001	1	1
0010	2	2
0011	3	3
0100	4	4
0101	5	5
0110	6	6
0111	7	7
1000	10	8
1001	11	9
1010	12	A
1011	13	B
1100	14	C
1101	15	D
1110	16	E
1111	17	F

3. 二进制代码

数字系统中的信息可分为两类，一类是数值，另一类是文字符号（包括控制符）。数值信息用不同的数制来表示。文字符号往往也采用一定位数的二进制数来表示，此时二进制数不再表示数值的大小，仅仅是为了区别不同的事物。这些特定的二进制数称为二进制代码。常用的代码如下所述。

① 二-十进制码：用 4 位二进制数来表示十进制数中的 0～9 这 10 个数码，简称 BCD 码。常用的二-十进制码有 8421BCD 码、5421BCD 码、2421BCD 码和余 3 码。

② 格雷码：又称为循环码、可靠性代码，是一种无权码。任意两组相邻二进制代码之间只有一位不同，其余各位都相同。

14.2 学 习 目 标

① 了解数字信号和数字电路的特点。

② 掌握常用数制的转换方法。

③ 了解常用二进制代码的特点。

14.3 重点与难点

1. 重点

① 数字信号与模拟信号的区别。

② 各种数制及其相互转换。

③ 8421BCD 码。

14.4 知 识 导 图

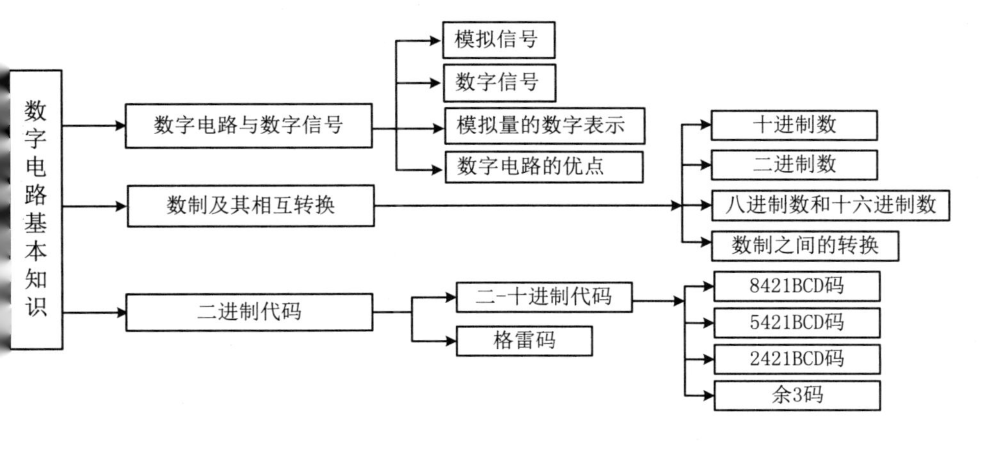

14.5 习　　题

1. 填空题

14.1.1　数字信号可以用________和________两种数码表示。

14.1.2　模拟信号在________和________上都连续变化。处理模拟信号的电路称为________。

14.2.3　二进制数只有________和________两种数码，计数基数是________。

14.2.4　请将二进制数转换为十进制数：$(1100.101)_B=(\_\_\_\_\_\_\_\_)_D$。

14.2.5　请将十六进制数转换为二进制数：$(2F)_H=(\_\_\_\_\_\_\_\_)_B$。

14.3.6　格雷码和余3码________（有/无）固定权值，所以被称为________。

14.3.7　8421码是一种常用的BCD码，因为从左到右各位对应的权值分为________、________、________、________，所以称为8421码。

14.3.8　请将十进制数转换为8421BCD码：$(35)_D=(\_\_\_\_\_\_\_\_)_{8421BCD}$。

2. 判断题（答案写在题号前）

14.1.9　数字电路中"1"和"0"分别表示两种状态，二者有大小之分。

14.1.10　在时间和幅度上都断续变化的信号是数字信号，环境温度信号是数字信号。

14.1.11　在数字电路中，高、低电平分别是指一定的电压范围内某一固定不变的数值。

14.2.12　十进制数的进位关系是逢十进一，所以9+1=10。

14.3.13　二-十进制码是常用的二进制代码，它用4位二进制数来表示十进制数中的0～9这10个数，简称BCD码。

14.3.14　格雷码是无权码，且任意两组相邻二进制代码之间只有一位不同，其余各位都相同。

3. 选择题

14.1.15　（多选）与模拟电路相比，数字电路的主要优点有（　　）。

a. 便于集成化　　b. 通用性强

c. 存储的信息便于长期保存　　d. 抗干扰能力强

14.1.16　在数字信号中，高电平用0表示，低电平用1表示，称为（　　）。

a. 正逻辑　　b. 负逻辑　　c. 1逻辑　　d. 0逻辑

14.2.17　n位二进制数对应的最大十进制数为（　　）。

a. $2^{n+1}-1$　　b. 2^n-1　　c. 2^n　　d. 2^n+1

第 15 章　逻辑代数

15.1　内容要点

逻辑代数是分析和设计各种逻辑电路的有效工具。学习时，应注意逻辑代数与普通代数的区别。“逻辑”反映事物之间的因果关系，任何复杂的逻辑关系都可以通过最基本的逻辑关系的组合加以描述和表达，而通过电路方式实现基本逻辑关系的门电路是构成各种复杂逻辑电路的基本单元。

1. 门电路

门电路是数字电路中最基本的逻辑器件。最基本的门电路是与门电路、或门电路和非门电路，常用逻辑门是由这 3 种基本门电路组成的。表 15.1.1 中归纳了基本门电路和常用门电路的逻辑表达式、逻辑符号、真值表及逻辑功能。

表 15.1.1　基本门电路和常用门电路的逻辑表达式、逻辑符号、真值表及逻辑功能

名称	逻辑表达式	逻辑符号	真值表	逻辑功能
与门	$Y=A\cdot B$	A, B —[&]— Y	A B | Y 0 0 | 0 0 1 | 0 1 0 | 0 1 1 | 1	有 0 出 0 全 1 出 1
或门	$Y=A+B$	A, B —[≥1]— Y	A B | Y 0 0 | 0 0 1 | 1 1 0 | 1 1 1 | 1	有 1 出 1 全 0 出 0
非门	$Y=\overline{A}$	A —[1]o— Y	A | Y 0 | 1 1 | 0	入 0 出 1 入 1 出 0
与非门	$Y=\overline{A\cdot B}$	A, B —[&]o— Y	A B | Y 0 0 | 1 0 1 | 1 1 0 | 1 1 1 | 0	有 0 出 1 全 1 出 0
或非门	$Y=\overline{A+B}$	A, B —[≥1]o— Y	A B | Y 0 0 | 1 0 1 | 0 1 0 | 0 1 1 | 0	有 1 出 0 全 0 出 1
异或门	$Y=A\oplus B$	A, B —[=1]— Y	A B | Y 0 0 | 0 0 1 | 1 1 0 | 1 1 1 | 0	输入相同出 0 输入相异出 1

续表

名称	逻辑表达式	逻辑符号	真值表	逻辑功能
同或门	Y=A⊙B	A, B → =1 (输出带非) → Y	A B Y: 0 0 1; 0 1 0; 1 0 0; 1 1 1	输入相同出 1 输入相异出 0

2. 逻辑代数的基本知识

(1) 逻辑变量

在描述数字电路的逻辑功能时，首先要确定输入变量和输出变量，并对其进行逻辑赋值。

逻辑变量的值 0 或 1 已经不代表具体数量的大小，而是表示两种不同的逻辑状态。

(2) 逻辑关系

逻辑关系有与、或、非、与非、或非、与或非、异或等。

虽然每个逻辑变量的取值只有 0 和 1 两种可能，只能表示两种不同的逻辑状态，但是可以用多个变量的不同状态组合来表示事物的多种逻辑状态，处理复杂的逻辑问题。

(3) 运算法则

虽然有些逻辑代数的运算公式在形式上和普通代数的运算公式相同，但是两者所代表的物理意义有着本质不同。表 15.1.2 中归纳了逻辑代数的基本定律及常用公式。

表 15.1.2 逻辑代数的基本定律及常用公式

基本定律	与逻辑运算	或逻辑运算	非逻辑运算
0-1 律	$A\cdot 0=0$ $A\cdot 1=1$ $A\cdot A=A$ $A\cdot \overline{A}=0$	$A+0=A$ $A+1=1$ $A+A=A$ $A+\overline{A}=1$	$\overline{\overline{A}}=A$
结合律	$(AB)C=A(BC)$	$(A+B)+C=A+(B+C)$	
交换律	$AB=BA$	$A+B=B+A$	
分配律	$A(B+C)=AB+AC$	$A+BC=(A+B)(A+C)$	
反演律 (德·摩根定律)	$\overline{A\cdot B\cdot C\cdots}=\overline{A}+\overline{B}+\overline{C}+\cdots$	$\overline{A+B+C\cdots}=\overline{A}\cdot\overline{B}\cdot\overline{C}\cdots$	
吸收律	$A+AB=A$ $A(A+B)=A$ $A+\overline{A}B=A+B$ $(A+B)(A+C)=A+BC$		

(4) 逻辑函数的表示方法

逻辑函数反映了实际逻辑问题中输入变量与输出变量之间的因果关系，任何复杂的逻辑关系均可通过与、或、非 3 种基本逻辑及其组合形式的逻辑函数来表达。

① 最小项概念：由 n 个逻辑变量(因子)组成的与项(乘积项)，其中每个变量以原变量或反变量形式在其中仅出现一次，该与项称为该组变量的一个最小项。n 个变量的最小项有 2^n 个。

② 逻辑函数的最小项表达式：任何一个逻辑函数都可以表示成唯一的一组最小项之和的形式。该表达式是该逻辑函数的标准与或形式，具有唯一性。

③ 表达逻辑函数的常用方法：真值表、逻辑表达式、逻辑电路图、卡诺图。

(5) 逻辑函数的化简

使逻辑表达式中与项最少、每个与项中的变量最少，易于用尽量少的常用逻辑器件来实现。逻辑函数化简方法有逻辑代数化简法和卡诺图化简法两种。本课程重点学习逻辑代数化简法，运用逻辑代数的基本定律和恒等式对逻辑函数进行化简，常用并项法、吸收法、消去法、配项法等方法。

15.2 学习目标

① 掌握基本逻辑运算关系的表达式、逻辑符号和逻辑规律。
② 掌握常用复合逻辑运算关系的表达式、逻辑符号和逻辑规律。
③ 掌握逻辑代数的常用公式和基本定律。

15.3 重点与难点

1. 重点

① 逻辑代数的常用公式和基本定律。
② 逻辑函数的表达方法及其相互转换，逻辑函数的代数化简法。
③ 基本门电路和常用门电路的逻辑功能。

2. 难点

① 如何将逻辑关系完整、准确地用真值表表达出来。
② 如何将逻辑函数化为最简式并用最合理的电路实现。

15.4 知识导图

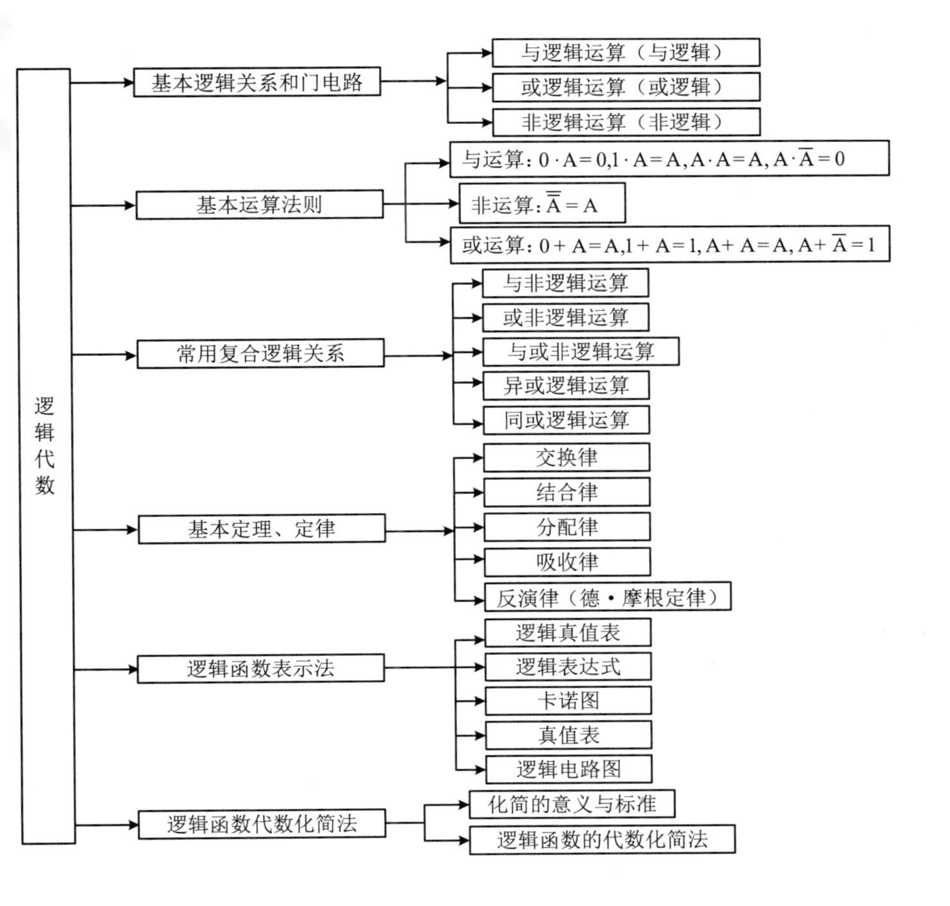

15.5　典型题解析

【例】 写出如图 15.5.1 所示电路的逻辑表达式并进行化简。

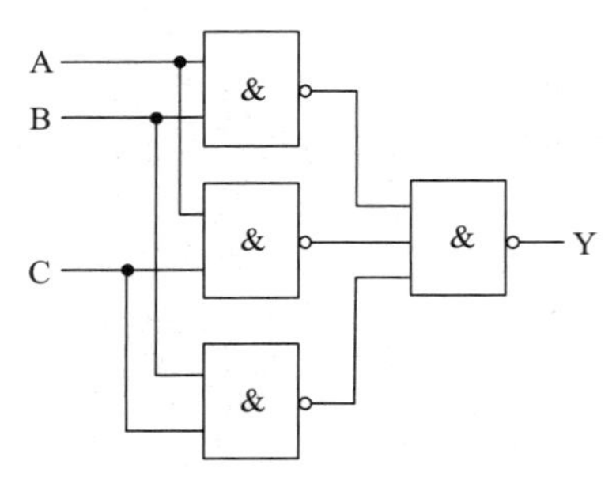

图 15.5.1　例图

解：$Y=\overline{\overline{AB}\cdot\overline{BC}\cdot\overline{AC}}=\overline{\overline{AB}}+\overline{\overline{BC}}+\overline{\overline{AC}}=AB+BC+AC$

15.6　习　　题

1. 填空题

15.1.1　3 种基本逻辑运算关系是________、________和________。

15.1.2　与门电路具有“有________出________，全________出________”的逻辑功能。

15.1.3　或门电路具有“有________出________，全________出________”的逻辑功能。

15.2.4　非门电路具有“入________出________，入________出________”的逻辑功能。

15.2.5　与非门电路具有“全________出________，有________出________”的逻辑功能。

15.2.6　或非门电路具有“全________出________，有________出________”的逻辑功能。

15.1.7　数字电路中晶体管工作在________状态，即或者在________区，或者在________区。

15.1.8　声光报警电路如题图 15-1 所示，$\beta=50$，当 B 端输入 +5V 电压时，测得 $I_B=2mA$，$I_C=80mA$，则此时晶体管工作于________区，蜂鸣器________（报警、不报警）。

15.1.9　某雷达的反干扰技术中采用旁瓣抑制接收法，原理图如题图 15-2 所示，若其中的门电路采用或门构成，则抑制脉冲为________（高、低）电平有效。

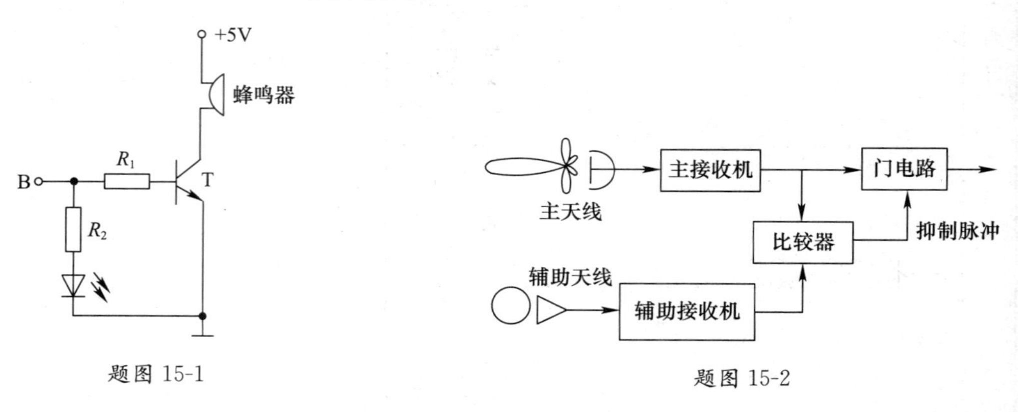

题图 15-1　　　　题图 15-2

15.4.10　逻辑函数的表示方法有：________、________、________和________等。其中表示

方法________是唯一的。

2. 判断题(答案写在题号前)

15.1.11　决定某件事的全部条件同时具备时结果才会发生,这种因果关系属于或逻辑关系。

15.1.12　由 3 个开关并联起来控制一只电灯,电灯的亮、灭与 3 个开关的闭合、断开之间的对应关系属于或逻辑关系。

15.2.13　与非门实现与非运算,其运算顺序是先与运算,然后将与运算结果求反。

15.4.14　逻辑门电路在任何时刻的输出只取决于该时刻该门电路的输入。

3. 选择题

15.1.15　在逻辑运算中,只有两种逻辑取值,它们是(　　)。

a. 0V 和 5V　　b. 正电位和负电位　　c. 0 和 1

15.2.16　或非门的逻辑表达式为(　　)。

a. $Y=A+B$　　b. $Y=\overline{A\cdot B}$　　c. $Y=\overline{A+B}$　　d. $Y=\overline{A}+\overline{B}$

15.2.17　(多选)若输入量 A、B 全为 1,输出量 Y 为 0,则输出与输入的关系是(　　)。

a. 与非　　b. 或非　　c. 与、或均可　　d. 与或非

15.2.18　(多选)如题图 15-3 所示门电路,实现 $Y=\overline{A}$ 的是(　　)。(提示:"悬空"为"1")

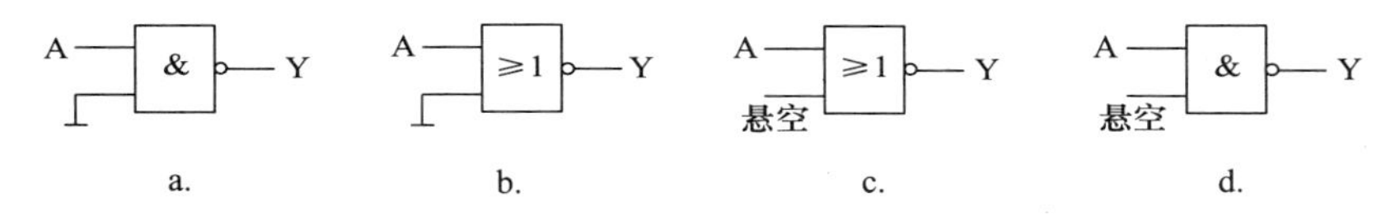

题图 15-3

15.3.19　下列逻辑表达式中,正确的与逻辑表达式是(　　)。

a. $A\cdot A=A^2$　　b. $A\cdot A=A$　　c. $A\cdot A=0$

15.3.20　下列逻辑表达式中,正确的是(　　)。

a. $\overline{\overline{A}}=1$　　b. $\overline{\overline{A}}=0$　　c. $\overline{\overline{A}}=A$

15.4.21　题图 15-4 所示电路的逻辑功能是(　　)。

a. 与非逻辑　　b. 或非逻辑　　c. 或逻辑　　d. 与逻辑

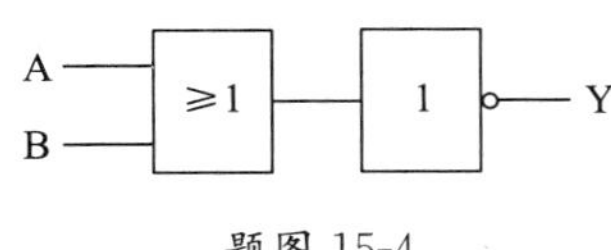

题图 15-4

15.4.22　题图 15-5 所示电路的逻辑表达式是(　　)。

a. $Y=\overline{A+B}$　　b. $Y=\overline{\overline{A}+B}$　　c. $Y=\overline{A+\overline{B}}$　　d. $Y=\overline{AB}$

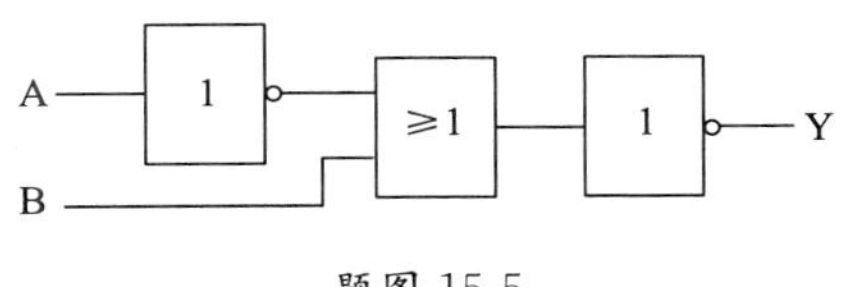

题图 15-5

4. 综合题

15.2.23　题图 15-6 所示电路是由分立元件组成的最简单的门电路。A 和 B 为输入,Y 为

输出，输入可以是低电平（在此为 0V），也可以是高电平（在此为 3V），试列出真值表，分析它们各是哪一种门电路？（假设二极管是理想二极管。）

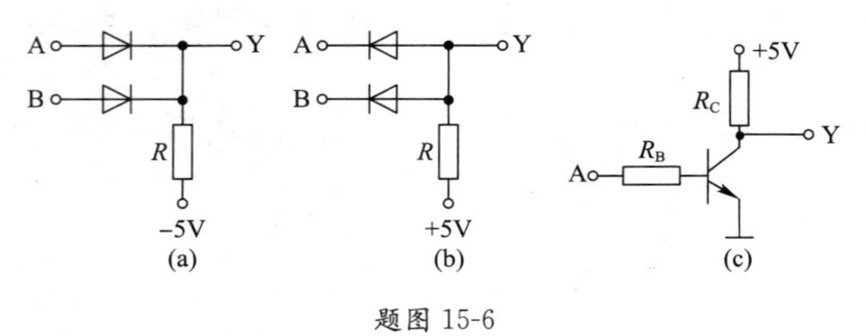

习题 15.2.23

题图 15-6

15.5.24　试判断题图 15-7(a)～(f)所示门电路的输出与输入之间的逻辑关系哪些是正确的、哪些是错误的，并写出正确的逻辑表达式。

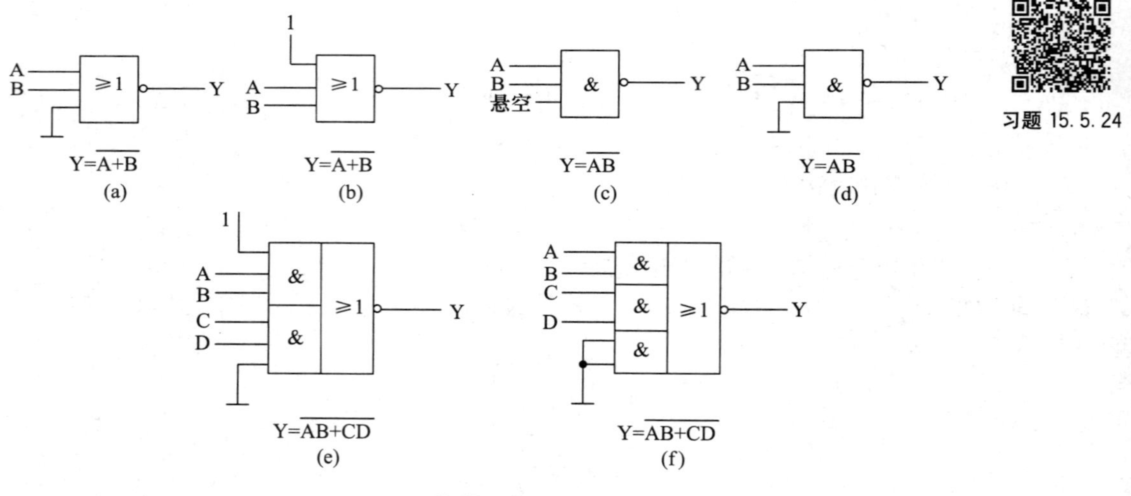

题图 15-7

15.5.25　根据逻辑表达式画出逻辑电路图。

(1) $Y=A+B+\overline{C}$　　(2) $Y=A\overline{B}+A\overline{C}+\overline{A}BC$

15.5.26　用代数化简法化简下列各式。

习题 15.5.26

(1) $Y=A+ABC+A\,\overline{BC}+BC+\overline{B}C$

(2) $Y=\overline{A}\,\overline{B}+(AB+A\overline{B}+\overline{A}B)C$　　(3) $Y=A+A\overline{B}\,\overline{C}+\overline{A}CD+(\overline{C}+\overline{D})E$

15.5.27　试证明：$\overline{A\overline{B}+\overline{A}B}=AB+\overline{A}\,\overline{B}$。

习题 15.5.27

15.5.28　写出题图 15-8 所示电路的逻辑表达式并进行化简。

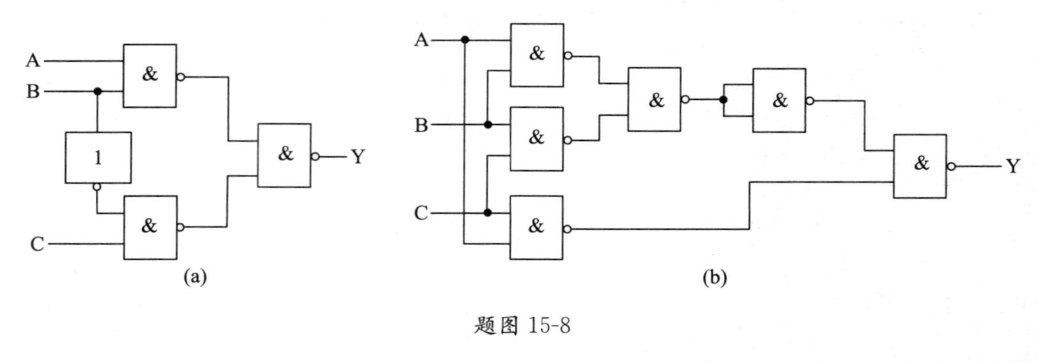

题图 15-8

习题 15.5.28

15.5.29　已知 4 种门电路的输入和对应的输出波形如题图 15-9 所示。已知 A、B 为门电路的输入信号，F_1～F_4 分别为 4 个门电路的输出信号，试分析它们分别是哪 4 种电路。

习题 15.5.29

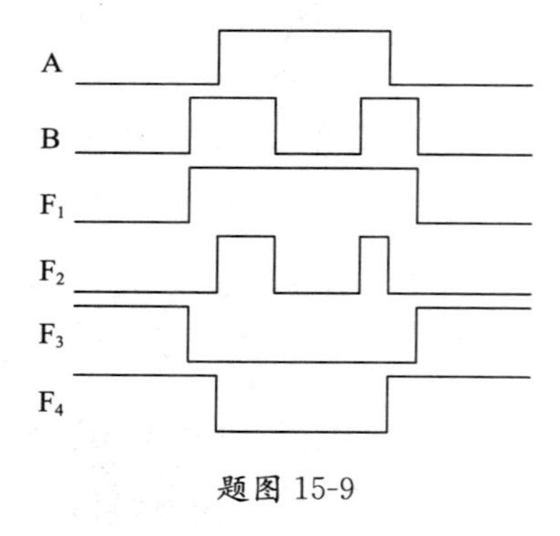

题图 15-9

15.2.30　如题图 15-10 所示为门电路组成的智力竞赛抢答电路，供两组选手使用，试分析工作原理。

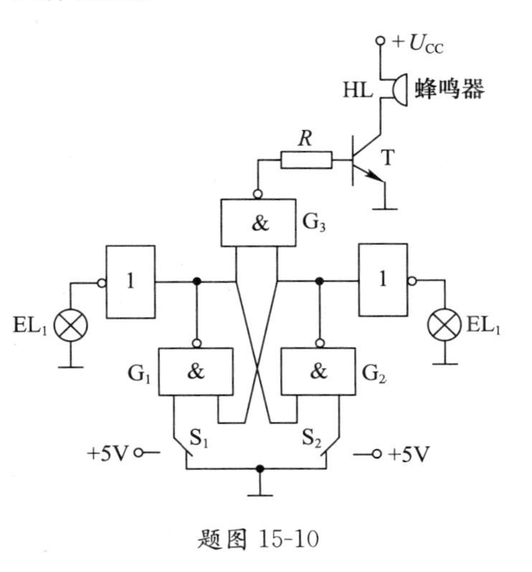

题图 15-10

第16章　组合逻辑电路

16.1　内容要点

数字电路按照功能的不同，分为组合逻辑电路和时序逻辑电路。组合逻辑电路是由门电路组成的，输出的状态与电路原来的输出状态无关，仅由电路当时的输入状态决定，即组合逻辑电路不含有记忆功能。

1. 组合逻辑电路的分析与设计

(1) 组合逻辑电路的分析

是指根据给定的逻辑电路图，研究输出与输入之间的逻辑关系，从而确定其逻辑功能的过程。

分析步骤：①研究逻辑电路；②写逻辑表达式；③化简和变换逻辑表达式；④列写真值表；⑤确定逻辑功能。

(2) 组合逻辑电路的设计

是指根据给定的逻辑功能要求，用最简单的逻辑电路或符合要求的逻辑电路加以实现的过程。

设计步骤：①分析逻辑功能要求，确定输出与输入之间的逻辑关系；②列写真值表；③写逻辑表达式；④化简和变换逻辑表达式；⑤画出逻辑电路。

2. 常用集成组合逻辑电路

由二极管、晶体管等构成的门电路称为分立元件门电路。集成电路是指将电路所有元器件及连线通过一定工艺制作在一片硅片上，随着集成工艺的迅速发展，集成电路从最初只能集成几个晶体管，发展到目前一个芯片上能够集成上亿个晶体管。

根据集成电路的集成度，可将其分为小规模、中规模、大规模、超大规模和甚大规模等。典型的逻辑门电路芯片是小规模集成电路，如四2输入与非门74LS00、三3输入与非门74LS10、二4输入与非门74LS20等。编码器、译码器、加法器是最常用的中规模组合逻辑电路。

(1) 编码器

编码器是指按一定规律或约定将事物或信息编成二进制代码的形式，并通过门电路来实现的组合逻辑电路。

① 二进制编码器：将所代表的事物或信息编成二进制代码的逻辑电路。n位二进制代码可表示2^n个事物或信息。

② 二-十进制编码器：将十进制数的10个数码0～9编成4位二进制代码的逻辑电路，即BCD码编码器。常用的有8421BCD码编码器等。

③ 优先编码器：允许输入端加多个信号并能自动识别输入信号的优先级别，按次序进行编码的逻辑电路。

(2) 译码器

译码器是指将二进制代码按编码时的原意译成与所代表事物或信息对应的信号或另一组代码的逻辑电路。

① 二进制译码器：将n位二进制代码译成对应的2^n个输出的逻辑电路。

② 二-十进制译码器：将4位BCD码译成对应的十进制数0～9这10个数码的逻辑电路。

③ 七段显示译码器：将4位BCD码译成对应的信号直接驱动LED数码管显示0～9这10个数字的逻辑电路。

(3) 加法器

加法器是指实现二进制加法运算的电路。

① 半加器:只考虑本位加数与被加数,不考虑低位进位的组合逻辑电路。

② 全加器:不仅考虑本位加数与被加数,而且还要考虑低位进位的组合逻辑电路。

16.2 学习目标

① 了解数字集成电路的特点及其使用方法。

② 掌握组合逻辑电路的分析、设计方法。

③ 了解编码器、译码器、加法器等常用组合逻辑电路的基本概念、用途等。

16.3 重点与难点

1. 重点

① 组合逻辑电路的分析方法。

② 组合逻辑电路的设计方法。

③ 集成逻辑门电路的应用。

④ 编码器、译码器、加法器的应用。

2. 难点

常用集成组合逻辑电路的工作原理。

16.4 知识导图

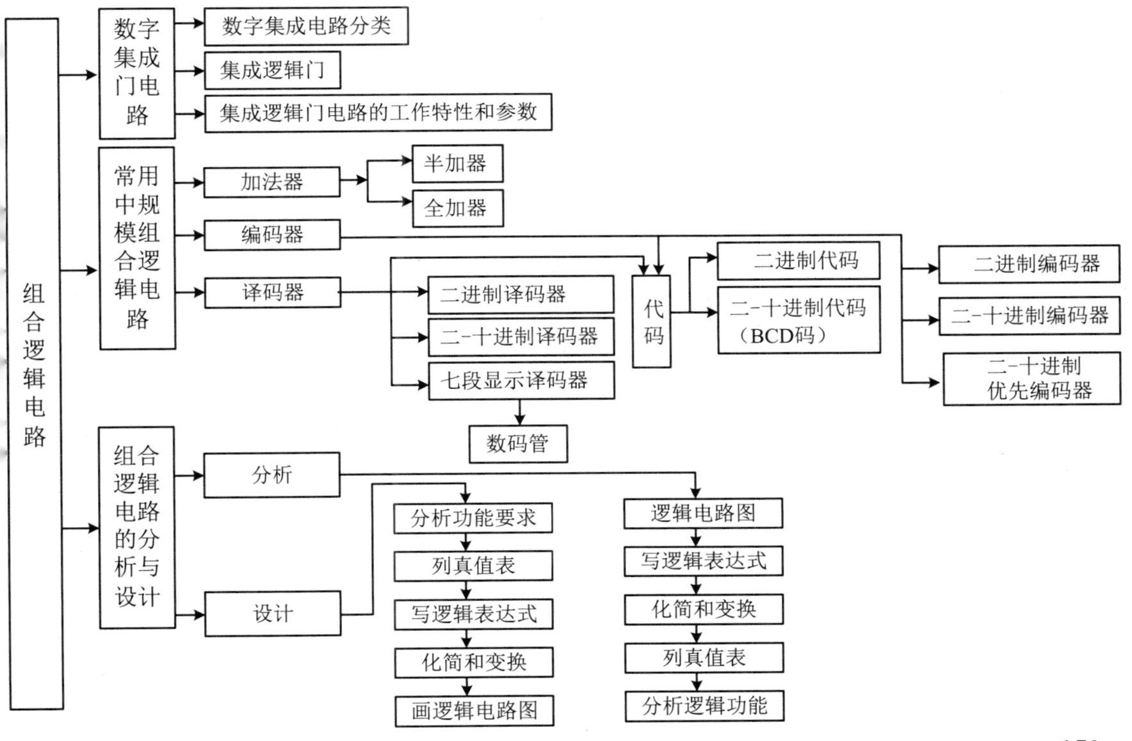

16.5 典型题解析

【例】 设计一个3变量的奇校验电路，即：3个输入变量中有1个或3个输入为1时，输出为1；否则，输出为0。(1)列出真值表；(2)写出逻辑表达式；(3)画出逻辑电路图；(4)现有芯片及数量如表16.5.1所示，请写出该电路需要的芯片型号及数量。

表16.5.1 现有芯片及数量

芯片型号	功能	芯片数量/片
74LS266	4个同或门	2
74LS86	4个异或门	2
74LS04	6个反相器	1
74LS08	4个2输入与门	2
74LS11	3个3输入与门	2
74LS32	4个2输入或门	1

解：设输入变量为A、B、C，输出变量为Y。

(1) 列真值表，如表16.5.2所示。

表16.5.2 真值表

A	B	C	Y	A	B	C	Y
0	0	0	0	1	0	0	1
0	0	1	1	1	0	1	0
0	1	0	1	1	1	0	0
0	1	1	0	1	1	1	1

方法1：

(2) 写表达式：$Y=\overline{A}\,\overline{B}C+\overline{A}B\overline{C}+A\overline{B}\,\overline{C}+ABC$。

(3) 画逻辑电路图，如图16.5.1所示。

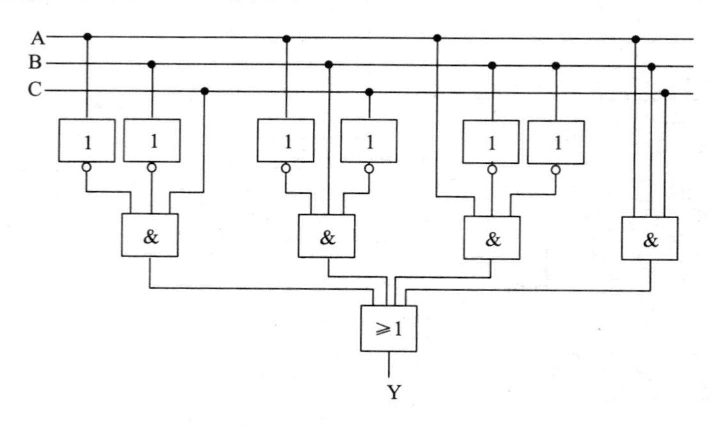

图16.5.1 例图(方法1)

(4) 选芯片方案：两片74LS11，一片74LS32，一片74LS04(表中没有4输入或门，可以采用3个2输入或门实现)。

方法2：

也可以采用第二种方法。

(2)写表达式：

$$
\begin{aligned}
Y &= \overline{A}\,\overline{B}C+\overline{A}B\overline{C}+A\overline{B}\,\overline{C}+ABC \\
&=(\overline{A}\,\overline{B}C+\overline{A}B\overline{C})+(A\overline{B}\,\overline{C}+ABC) \\
&=\overline{A}(B\oplus C)+A(B\odot C) \\
&=\overline{A}(B\oplus C)+A(\overline{B\oplus C}) \\
&=A\oplus B\oplus C
\end{aligned}
$$

(3) 画逻辑电路图，如图 16.5.2 所示。

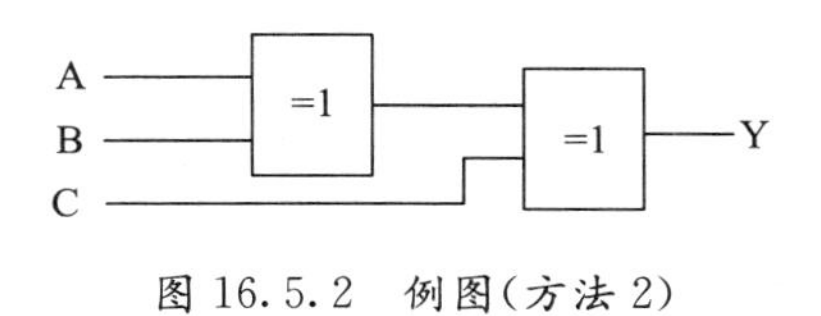

图 16.5.2 例图(方法 2)

(4) 选芯片方案：一片 74LS86。

16.6 习 题

1. 填空题

16.2.1 组合逻辑电路的特点是任意时刻的输出只取决于________的输入信号，而与电路原来的状态无关，所以不具备________功能，它的基本组成单元是________。

16.3.2 所谓编码器是指________的数字电路。编码器的输入是________，输出是________。优先编码器允许几个信号________，但电路仅对其中________的输入优先编码。

16.3.3 所谓译码器是指________的数字电路。译码器的输入是________，输出是________。

16.3.4 二-十进制编码器是将________编成相对应的________。若编制 BCD 码，4 位二进制代码可以编成________个代码，必须去掉其中的________个代码。

16.3.5 3 位二进制译码器具有________个输入端、________个输出端。对应每一组输入代码，有________个输出端输出有效电平。

16.3.6 数码显示器常用的有________和________两种。LED 数码管根据发光二极管的不同接法，又可分为________和________两大类。

16.3.7 加法器是数字系统中的基本运算器件，主要有半加器和全加器两种。实现两个 1 位二进制数相加的半加器，可由一个________门和一个________门组成。

2. 判断题(答案写在题号前)

16.3.8 编码器、译码器是由逻辑门电路构成的组合逻辑电路。

16.2.9 组合逻辑电路具有记忆功能。

16.3.10 普通编码器允许同时输入几个信号。

16.3.11 在输入端信号消失后，译码器的输出仍然维持不变。

16.3.12 如果 LED 数码管的某几个发光二极管损坏，会引起显示缺段的现象。

16.3.13 译码器和编码器是一种多输入多输出的组合逻辑器件。

3. 选择题

16.2.14 组合逻辑电路的特点是(　　)。

a. 有记忆元件　　　　b. 输出、输入间有反馈通路

c. 电路输出与以前状态有关　　　　d. 全部由门电路组成

16.2.15　组合逻辑电路的功能是(　　)。

a. 放大数字信号　　b. 实现一定的逻辑功能

c. 放大脉冲信号　　d. 存储数字信号

16.2.16　在组合逻辑电路中,一定不包含哪种器件?(　　)

a. 与门　　b. 非门　　c. 放大器　　d. 或非门

16.2.17　一个输出 n 位代码的二进制编码器,可以表示(　　)种输入信号。

a. $2n$　　b. 2^n　　c. n^2　　d. n

16.2.18 BCD 编码器 74LS147 的输入变量为(　　)个,输出变量为(　　)个。

a. 4、1　　b. 8、2　　c. 9、4　　d. 10、4

16.2.19　关于译码器,以下说法不正确的是(　　)。

a. 译码器主要由集成门电路构成　　b. 译码器有多个输入端和多个输出端

c. 译码器能将二进制代码译成相应的输出信号

d. 对应输入信号的任一状态,一般有多个输出端的输出状态有效

16.2.20　在题图 16-1 所示的 3 个逻辑电路中,能实现 Y=(A+B)(C+D)的是(　　)。

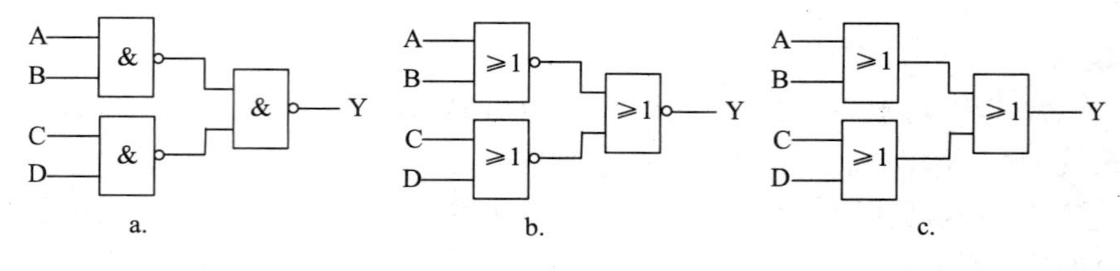

题图 16-1

16.3.21　关于加法器、编码器和译码器,以下说法错误的是(　　)。

a. 编码器是将具有特定意义的信息编成相应二进制代码的过程

b. 编码和译码是互逆的过程

c. 8421BCD 码是自然二进制数

d. 全加器不仅要考虑当前相加的两个一位二进制数,还要考虑低位来的进位

4. 综合题

16.2.22　试分析如题图 16-2 所示电路的逻辑功能。

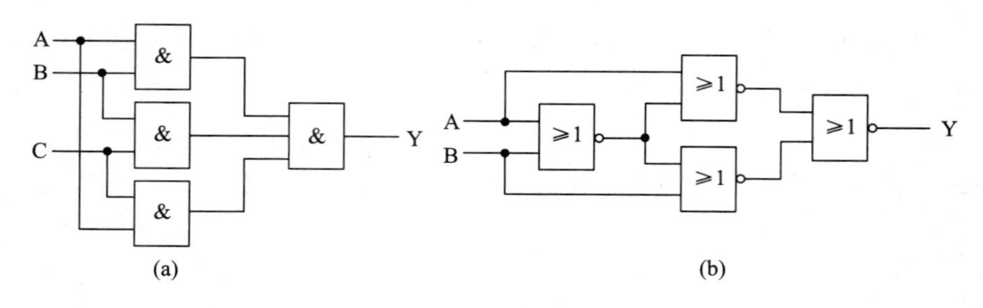

习题 16.2.22

题图 16-2

16.2.23　在题图 16-3(a)所示门电路中，输入 A 和 B 的波形如题图 16-3(b)所示，C 是控制端。(1)在 C=1 和 C=0 两种情况下求输出 Y 的逻辑表达式；(2)根据输入 A 和 B 的波形，在 C=1 和 C=0 两种情况下画出 Y 的波形；(3)说明该电路的功能。

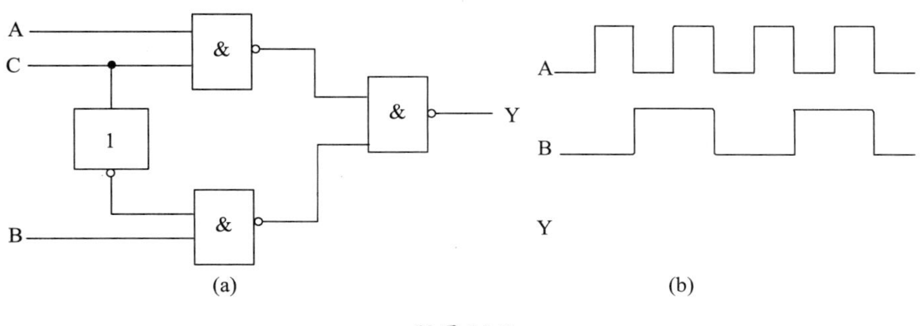

习题 16.2.23

题图 16-3

16.2.24　用与非门和非门实现以下逻辑关系。

(1) $Y=AB+\overline{A}C$　(2) $Y=A+B+\overline{C}$　(3) $Y=A\overline{B}+A\overline{C}+\overline{A}BC$

习题 16.2.24

16.2.25　有一个 T 形走廊，在相会处有一路灯，在进入走廊的 A、B、C 三地各有一个开关，都能独立对路灯进行控制。任意闭合一个开关，灯亮；任意闭合两个开关，灯灭；3 个开关同时闭合，灯亮。假设 A、B、C 代表 3 个开关(输入变量)，闭合其状态为 1，断开为 0；Y 代表灯的状态(输出变量)，灯亮为 1，灯灭为 0。

(1) 试画出由与门、或门、非门组成的逻辑电路。

(2) 画出由异或门组成的逻辑电路。

习题 16.2.25

16.3.26　请设计一个半加器，进行两个1位二进制数A和B的加法运算。

习题 16.3.26

16.2.27　如题图16-4所示为一保险柜的防盗报警电路。保险柜的两层门上各装有一个开关 S_1 和 S_2。门关上时，开关闭合。当任一层门打开时，报警灯亮，试说明该电路的工作原理。

习题 16.2.27

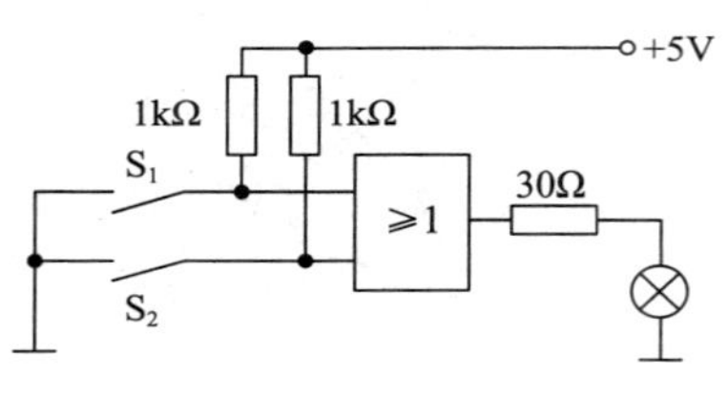

题图 16-4

16.2.28　如题图 16-5 所示电路，若 u 为正弦电压，其频率为 1Hz，试问七段数码管显示什么数字？

习题 16.2.28

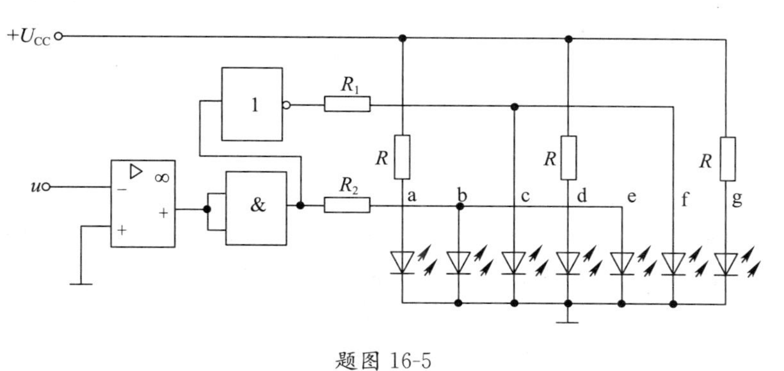

题图 16-5

16.2.29　某一组合逻辑电路如题图 16-6 所示，试分析其逻辑功能。

习题 16.2.29

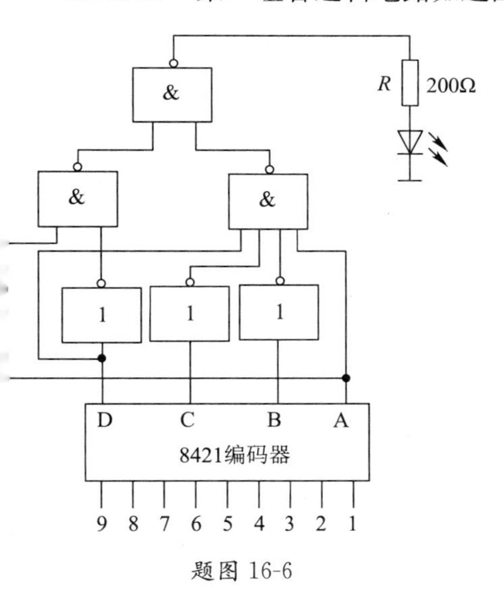

题图 16-6

第 17 章　触发器和时序逻辑电路

17.1　内 容 要 点

大多数的数字系统中，除了需要具有逻辑运算和算术运算功能的组合逻辑电路，还需要具有存储功能的电路。组合逻辑电路与存储电路结合，就构成了时序逻辑电路。

1. 触发器

触发器是一种由门电路构成的重要数字逻辑部件，是组成各种时序逻辑电路的基本单元。

(1) 触发器的特点

一般情况下所说的“触发器”是指双稳态触发器，它具备以下 3 个特点。

① 有两种可能的输出状态，用 0 和 1 表示。

② 对输出状态可以进行预置，即具有置位(置 1)、复位(置 0)控制端，通常用 $\overline{S}_D$(或 S)、$\overline{R}_D$(或 R)表示。

③ 能在外部信号作用下进行输出状态转换。外部信号分为预置信号、控制信号和触发信号 3 种。$\overline{S}_D$(或 S)、$\overline{R}_D$(或 R)是预置信号，J、K、D 是触发信号，控制信号多数为时钟脉冲信号 CP。

(2) 触发器的分类

按逻辑功能分为常用的 3 种。

① RS 触发器：分为基本 RS 触发器、时钟控制 RS 触发器(简称钟控 RS 触发器)和主从 RS 触发器，具有预置状态和保持状态(记忆)功能。

② JK 触发器：具有跟随输入信号状态、保持和计数功能。

③ D 触发器：具有跟随输入信号状态功能。

按触发方式一般分为：①电平触发器；②主从触发器；③边沿触发器。

(3) 触发器的逻辑功能

表 17.1.1 中列出了常用触发器的逻辑符号和逻辑功能表。这是本章的要点之一，是正确选择和使用触发器的前提，需深入理解和准确掌握。

表 17.1.1　常用触发器的逻辑符号和逻辑功能表

<table>
<tr><th>名称</th><th>逻辑符号</th><th>逻辑功能表</th></tr>
<tr><td>基本 RS 触发器</td><td>$\overline{S}_D$ → Q
$\overline{R}_D$ → $\overline{Q}$</td><td><table>
<tr><th>$\overline{R}_D$</th><th>$\overline{S}_D$</th><th>Q^{n+1}</th><th>功能</th></tr>
<tr><td>0</td><td>1</td><td>0</td><td>置0</td></tr>
<tr><td>1</td><td>0</td><td>1</td><td>置1</td></tr>
<tr><td>1</td><td>1</td><td>Q^n</td><td>保持</td></tr>
<tr><td>0</td><td>0</td><td>不定</td><td>禁用</td></tr>
</table></td></tr>
<tr><td>钟控 RS 触发器</td><td>S — 1S — Q
CP — C1
R — 1R — $\overline{Q}$</td><td><table>
<tr><th>R^n</th><th>S^n</th><th>Q^{n+1}</th><th>功能</th></tr>
<tr><td>0</td><td>0</td><td>Q^n</td><td>保持</td></tr>
<tr><td>1</td><td>0</td><td>0</td><td>置0</td></tr>
<tr><td>0</td><td>1</td><td>1</td><td>置1</td></tr>
<tr><td>1</td><td>1</td><td>不定</td><td>禁用</td></tr>
</table></td></tr>
</table>

续表

名称	逻辑符号	逻辑功能表
JK 触发器	J — 1J — Q CP — >C1 K — 1K —o— $\overline{Q}$	J^n K^n Q^{n+1} 功能 0 0 Q^n 保持 0 1 0 置0 1 0 1 置1 1 1 $\overline{Q}^n$ 计数
D 触发器	D — 1D — Q CP — >C1 —o— $\overline{Q}$	D^n Q^{n+1} 功能 0 0 置0 1 1 置1

2. 时序逻辑电路及其分类

时序逻辑电路是由触发器和门电路组合而成、具有一定逻辑功能的复杂逻辑电路，其当前的输出状态不仅取决于当前的输入信号，而且与电路原来的输出状态有关。

时序逻辑电路按触发方式不同分为：同步时序逻辑电路和异步时序逻辑电路。

① 同步时序逻辑电路：各触发器公用同一个时钟脉冲信号，各触发器状态的转换在同一时刻进行。

② 异步时序逻辑电路：各触发器采用的时钟脉冲信号不尽相同，各触发器状态的转换不在同一时刻进行。

3. 常用中规模集成时序逻辑电路

（1）寄存器

寄存器是由触发器组成，并能将一组二进制代码进行暂存的时序逻辑电路。n 个触发器能寄存 n 位二进制数。根据寄存方式不同，寄存器可分为以下两种。

① 数码寄存器：在一个寄存脉冲作用下将各输入端的待存数码通过并行输入方式一次存入。速度快，数据线多，数据并行输出。

② 移位寄存器：在多个寄存脉冲作用下将待存数码的各位通过串行输入方式逐位依次存入。速度慢，数据线少，数据可并行和串行输出。通过电路设计可实现左移、右移和双向移位。

常用的集成寄存器：74LS194（并行寄存和双向移位寄存）。

（2）计数器

计数器是由触发器构成，并可以累计输入脉冲个数的时序逻辑电路。计数器所具有的稳定状态数，称为计数器的模（模是几，就是几进制计数器）。

按触发器的时钟脉冲是否同步分为同步计数器和异步计数器。同步计数器的计数脉冲同时加到各触发器的时钟脉冲端，它们的状态变换和计数脉冲同步。异步计数器的计数脉冲不是同时加到各触发器的时钟脉冲端，它们状态的变换有先有后。

按计数增减状态分为加法计数器、减法计数器和可逆计数器。

按计数器的模分为二进制计数器、十进制计数器、任意进制计数器等。

常用的集成计数器：74LS90（异步十进制加法计数器）、74LS161（4 位同步二进制加法计数器）。

对计数器的分析，就是要看它是几位的、几进制的、加法还是减法计数的、自然态序还是非自然态序的、同步还是异步的。

注意：

① n 个触发器构成的二进制计数器，能累计的最大状态数为 2^n 个，即经过 2^n 个脉冲，状态循环一次，即为 2^n 进制计数器。对于模数为 M 的计数器，应保证 $M \leqslant 2^n$（n 为触发器个数）。

② 按二进制顺序进行状态变化的计数过程称为自然态序，否则为非自然态序。只要计数器在 M 个脉冲作用下状态循环一次，就统称为 M 进制计数器。

③ 用集成计数器构成任意模数的计数器时，可利用反馈复位（反馈清零）和反馈置数的功能，因此必须熟悉常用集成计数器的逻辑功能及其引脚排列图。

17.2 学习目标

① 了解时序逻辑电路的特点。

② 掌握 RS 触发器、JK 触发器和 D 触发器的逻辑功能。

③ 了解寄存器、计数器的基本概念、逻辑功能及其使用方法等。

17.3 重点与难点

1. 重点

① 根据双稳态触发器的逻辑功能画出时序逻辑电路的波形图。

② 集成计数器的使用方法。

2. 难点

① 基本 RS 触发器的工作原理。

② 移位寄存器的工作原理。

17.4 知识导图

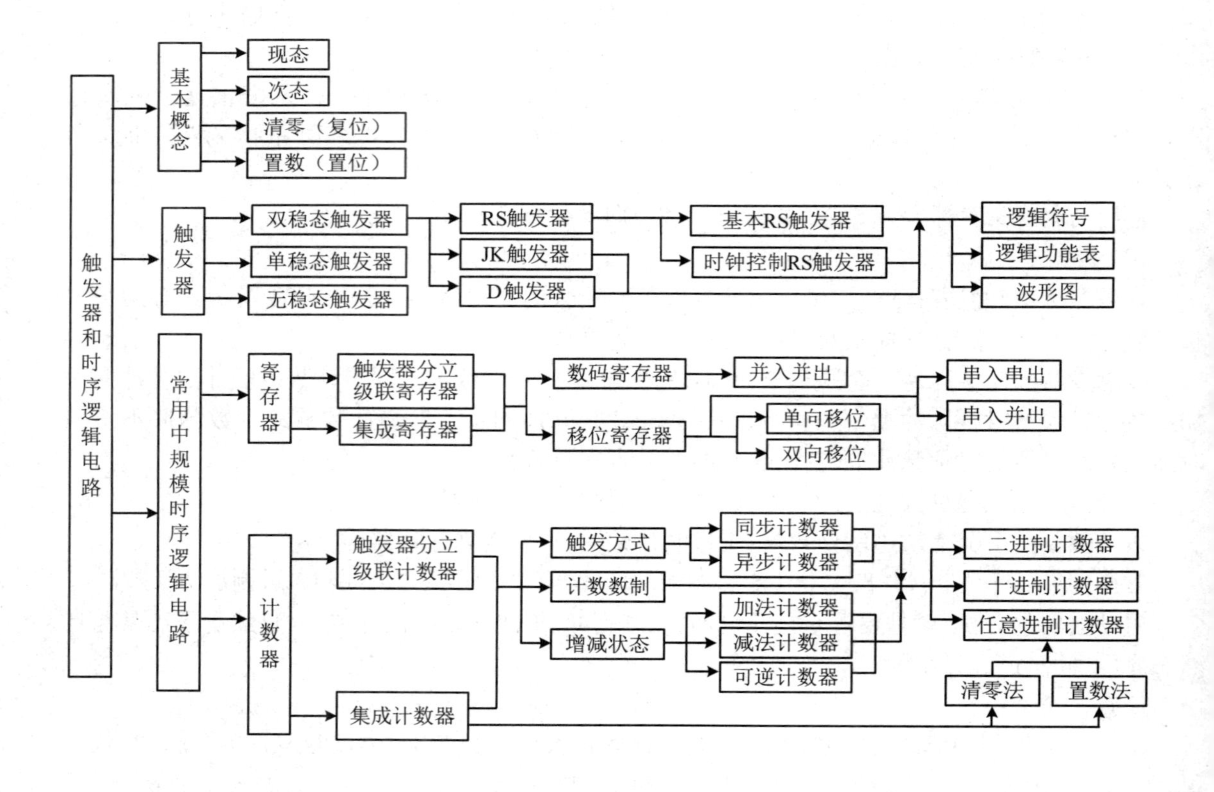

17.5 典型题解析

【例】 由触发器构成的电路如图 17.5.1 所示，试画出输出 Q_1、Q_2 和 Y 波形，假设各触发器的初始状态为 0 态。

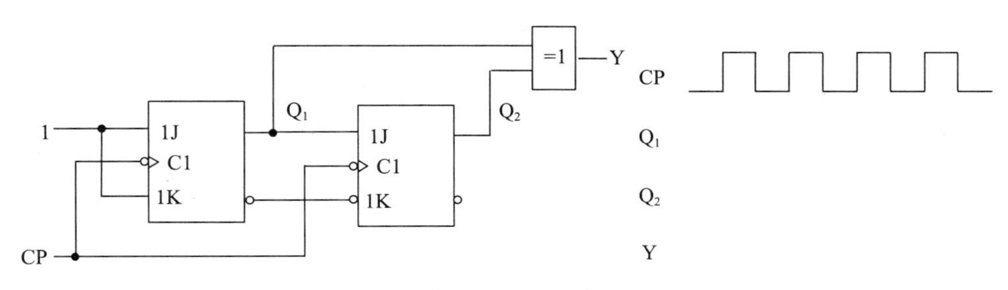

图 17.5.1 例图

解：观察电路图，两个 JK 触发器级联并公用同一个时钟脉冲 CP，均在时钟脉冲 CP 的下降沿触发。第一个触发器的输入信号 J 和 K 均为"1"，在每一个 CP 下降沿都要翻转。第二个触发器的输入由第一个触发器的输出决定。

根据 JK 触发器的逻辑功能，先画出 Q_1 的波形，再画出 Q_2 的波形。根据异或门的逻辑功能确定输出 Y 的状态。完成的波形图如图 17.5.2 所示。

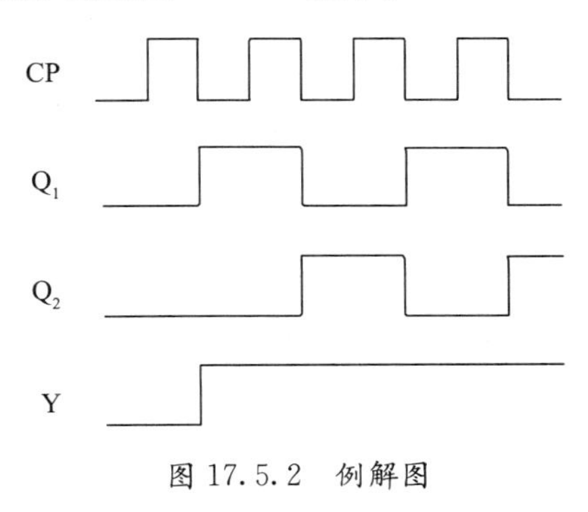

图 17.5.2 例解图

17.6 习 题

1. 填空题

17.1.1 数字逻辑电路按其逻辑功能和结构特点可分为________和________两大类。

17.1.2 时序逻辑电路的特点是任意时刻的输出不仅取决于电路________的输入信号，而且与电路原来的输出状态有关，所以具备________功能。

17.1.3 能够实现存储功能的逻辑单元电路是________。它有一个或多个输入端，有____个互补的输出端，分别用 Q 和 $\overline{Q}$ 表示，通常用__端的输出状态来表示触发器的状态。触发器具有 0 和 1 两种稳定状态，因此触发器又称为________。一个触发器可以存储________位二进制数。

17.2.4 基本 RS 触发器具有________、________和________ 3 项功能。

17.2.5 主从 RS 触发器克服了钟控 RS 触发器的________问题，因此在实际中具有一定的应用性。

17.2.6　JK 触发器与 RS 触发器同样具有________、________和________ 3 项功能。而且，在时钟脉冲 CP 的触发沿到来、输入信号 J 和 K 均为高电平时，JK 触发器新的输出状态会与原来的输出状态________，这种逻辑功能称为________。

17.2.7　在时序逻辑电路中，全部触发器均由同一时钟脉冲信号进行控制，并且在同一时刻转换输出状态，这种电路称为________________________。

17.3.8　5 个触发器组成的移位寄存器可对________位二进制数进行移位操作。该电路串行输入二进制数，经________个 CP 脉冲后，二进制数能够并行输出；再经过________个 CP 脉冲后，二进制数能够串行输出。

17.4.9　计数器按模可分为__________、__________、__________计数器，按触发器的时钟脉冲是否同步分为________和________计数器，按计数增减状态分为________、________和________。

17.4.10　一个触发器可以构成__位二进制计数器，它有__种工作状态；若需表示 n 位二进制数，则需________个触发器。用 n 个触发器构成计数器，计数容量最多可为________。

2. 判断题(答案写在题号前)

17.2.11　由与非门构成的基本 RS 触发器，当 $\overline{R}=1$、$\overline{S}=0$ 时，触发器被置 1。

17.2.12　钟控 RS 触发器和主从 RS 触发器在 CP 脉冲没到来时，输入触发信号也起作用。

17.2.13　边沿触发器是指在 CP 脉冲上升沿或下降沿时刻进行输出状态转换的触发器。

17.2.14　边沿触发器图形符号的 CP 处外加小圆圈，表示触发器是由 CP 脉冲下降沿触发。

17.3.15　寄存器是能存储数码和信息的电路。

17.3.16　数码寄存器是指在一个时钟脉冲控制下，各位数码同时存入或取出。

17.4.17　N 个触发器能构成模为 $2N$ 的计数器。

17.4.18　计数器的模是指构成计数器的触发器的个数。

3. 选择题

17.1.19　时序逻辑电路可由(　　)构成。

a. 触发器或门电路　　b. 门电路

c. 触发器或触发器和门电路的组合　　d. 运算放大器

17.2.20　触发器是由门电路构成的，其主要特点是(　　)。

a. 同门电路的功能一样　　b. 具有记忆功能

c. 有的具有记忆功能，有的没有记忆功能　　d. 没有记忆功能

17.2.21　在基本 RS 触发器中，触发脉冲消失后，其输出状态(　　)。

a. 恢复原状态　　b. 保持现状态　　c. 0 状态　　d. 1 状态

17.2.22　JK 触发器的逻辑功能是(　　)。

a. 置 0、置 1、保持　　b. 置 0、置 1、保持、翻转　　c. 保持、翻转

17.2.23　通常，触发器和门电路的输入端悬空，相当于输入端处于(　　)。

a. 低电平　　b. 高电平　　c. 电平不确定

17.3.24　有一组代码需暂时存放，应选用(　　)。

a. 计数器　　b. 寄存器　　c. 编码器　　d. 译码器

17.3.25　下列逻辑电路中为时序逻辑电路的是(　　)。

a. 译码器　　b. 加法器　　c. 数码寄存器　　d. 编码器

17.4.26　构成计数器的基本单元是(　　)。

a. 与非门　　b. 或非门　　c. 触发器　　d. 放大器

17.4.27　同步计数器与异步计数器进行比较,同步计数器的显著优点是(　　)。

a. 工作速度快　　b. 电路结构复杂

c. 不受时钟脉冲 CP 控制　　d. 计数量大

17.4.28　同步时序逻辑电路与异步时序逻辑电路进行比较,其差异在于后者(　　)。

a. 没有触发器　　b. 没有统一的时钟脉冲控制

c. 没有稳定状态　　d. 输出只与内部状态有关

4. 综合题

17.2.29　钟控 RS 触发器的 CP、R、S 的波形如题图 17-1 所示,试画出触发器的输出波形。设触发器的初始状态为 0。

CP

S

R

Q

$\overline{Q}$

题图 17-1

习题 17.2.29

17.2.30　主从 RS 触发器的 CP、R、S 的波形如题图 17-2 所示,试画出输出 Q 和 $\overline{Q}$ 的波形。设触发器的初始状态为 0。

CP

S

R

Q

$\overline{Q}$

题图 17-2

习题 17.2.30

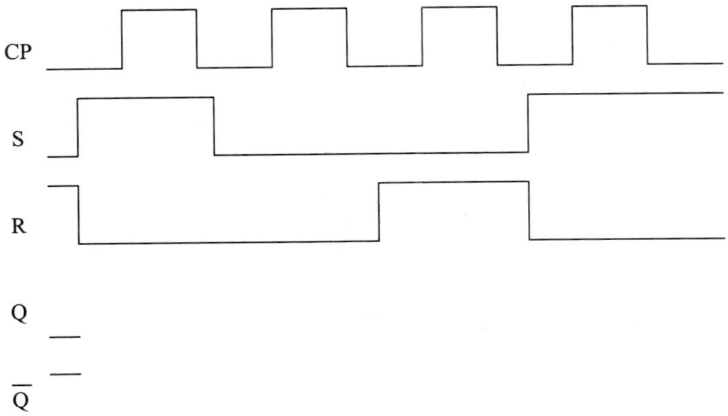

17.2.31　边沿D触发器的时钟脉冲CP和输入信号D的波形如题图17-3所示，下降沿触发，试画出触发器输出Q的波形。设触发器的初始状态为0。

习题17.2.31

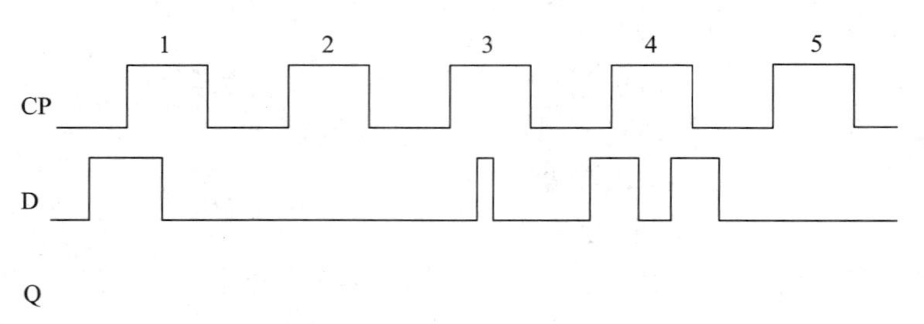

题图17-3

17.2.32　已知逻辑电路如题图17-4所示，试分析其逻辑功能，并画出各触发器的输出波形。假设两个触发器的初始状态均为0。

习题17.2.32

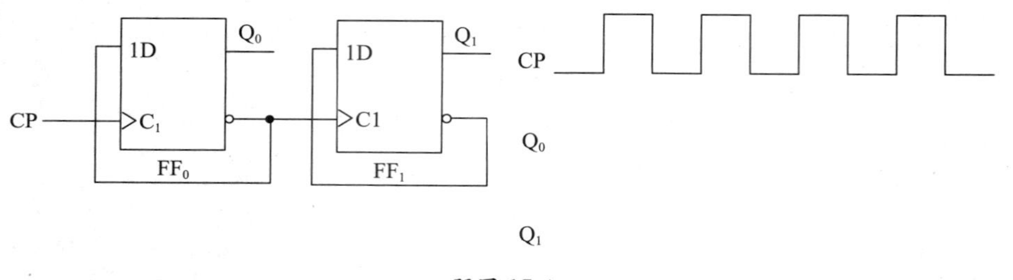

题图17-4

17.2.33　边沿 JK 触发器的时钟脉冲 CP 和输入信号 J、K 的波形如题图 17-5 所示，下降沿触发，画出触发器输出 Q 的波形。

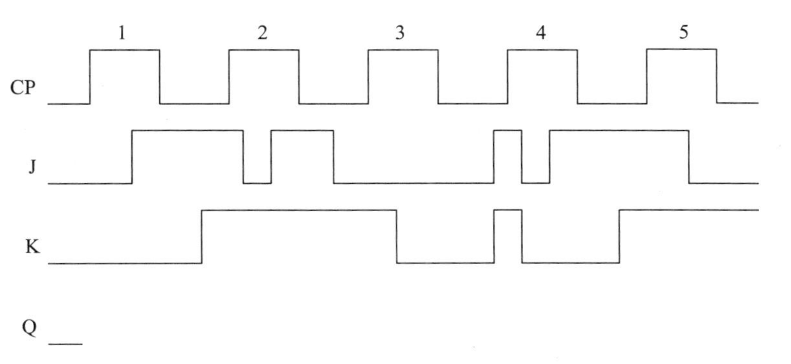

习题 17.2.33

题图 17-5

17.2.34　根据逻辑电路和时钟脉冲 CP 的波形（见题图 17-6），画出 Q_1 和 Q_2 的波形。如果时钟脉冲的频率是 4000Hz，那么 Q_1 和 Q_2 波形的频率各为多少？设初始状态 $Q_1=Q_2=0$。

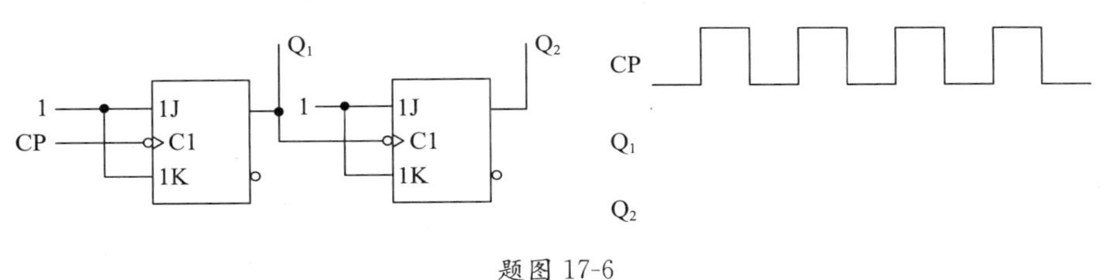

习题 17.2.34

题图 17-6

17.2.35　电路如题图 17-7 所示，输入时钟脉冲 CP 波形如图所示，试画出输出端 Q_0、Q_1 的波形。设触发器的初始状态为 $Q_0=Q_1=0$。

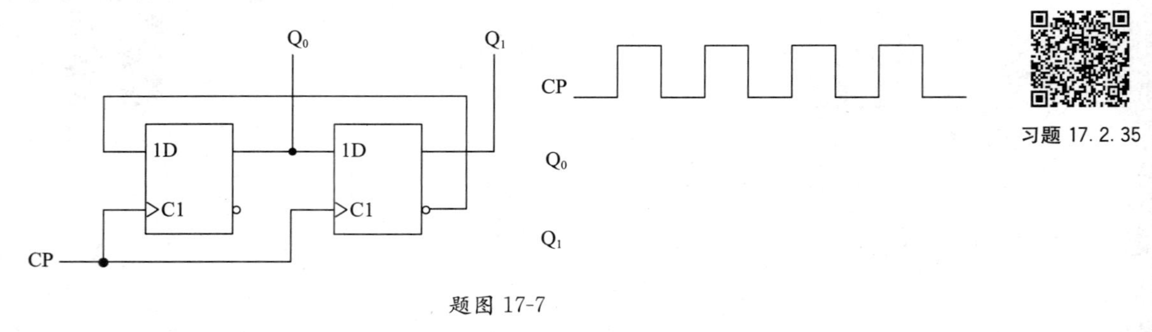

题图 17-7

17.2.36　如题图 17-8 所示，试画出 Q_1 和 Q_2 的波形。设两个触发器的初始状态均为 0。

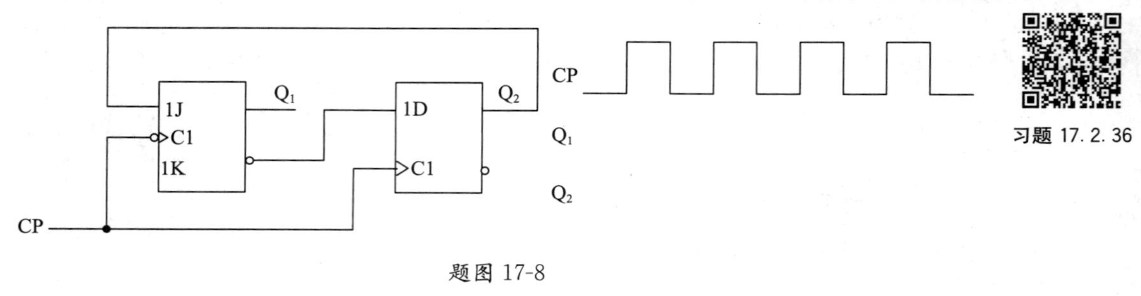

题图 17-8

17.2.37　逻辑电路如题图 17-9 所示。设 $Q_A=1$，红灯亮；$Q_B=1$，绿灯亮；$Q_C=1$，黄灯亮。试分析该电路，说明 3 组彩灯点亮的顺序。在初始状态，3 个触发器的 Q 端均为 0。

习题 17.2.37

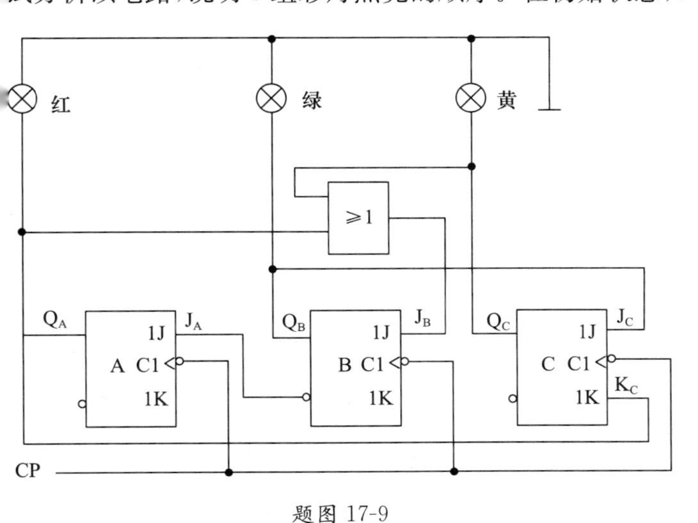

题图 17-9

17.4.38　试用 4 位同步二进制加法计数器 74LS161（其功能表见题表 17-1）的同步置数功能和异步清零功能构成七进制计数器。

题表 17-1　74LS161 的功能表

输入					输出				
CP	D_3	D_2	D_1	D_0	Q_3	Q_2	Q_1	Q_0	CO
×	×	×	×	×	0	0	0	0	0
↑	d_3	d_2	d_1	d_0	d_3	d_2	d_1	d_0	#1
×	×	×	×	×	保持				#2
×	×	×	×	×	保持				0
↑	×	×	×	×	计数				#3

表中，#1=ET·Q_3·Q_2·Q_1·Q_0，#2=Q_3·Q_2·Q_1·Q_0，#3=ET·Q_3·Q_2·Q_1·Q_0。

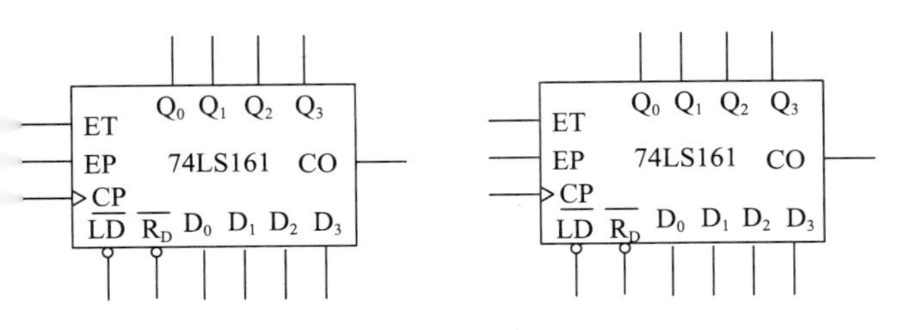

习题 17.4.38

17.4.39　试用异步十进制加法计数器 74LS90(其功能表见题表 17-2)的清零功能构成五进制计数器和七进制计数器,设计数器的初始状态为 0000。

题表 17-2　74LS90 的功能表

输入					输出			
CP	R_{0A}	R_{0B}	S_{9A}	S_{9B}	Q_3	Q_2	Q_1	Q_0
×	1	1	0	×	0	0	0	0
	1	1	×	0	0	0	0	0
	0	×	1	1	1	0	0	1
	×	0	1	1	1	0	0	1
↓	×	0	×	0	计数			
	×	0	0	×				
	0	×	×	0				
	0	×	0	×				

习题 17.4.39

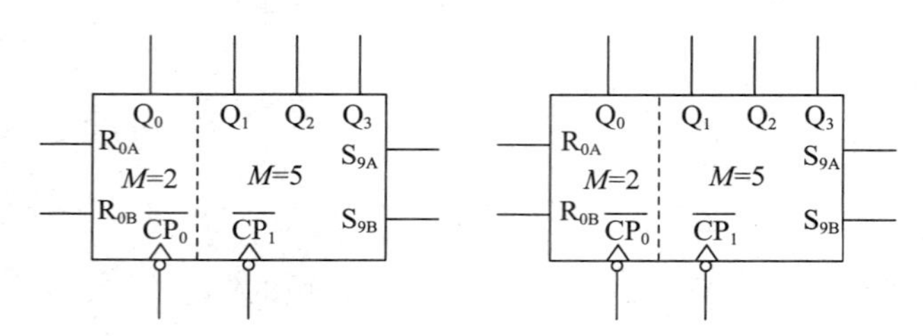

17.4.40　如题图 17-10(a)所示为教八型飞机上 WL-8 型无线罗盘的频率合成器中的一个 1860 次分频器电路,其中有一个十二进制加法计数器。若采用 74LS161 构成十二进制加法计数器,应如何连线?

习题 17.4.40

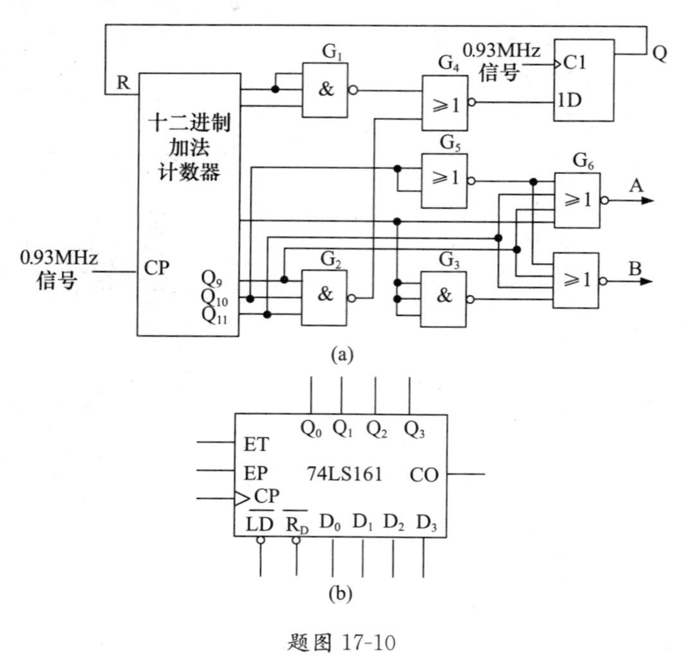

题图 17-10

第 18 章　脉冲信号的产生与整形

18.1　内 容 要 点

脉冲信号是一种离散信号，与普通模拟信号（如正弦波）相比，脉冲信号的波形与波形之间有明显的间隔，在时间上不连续，但是具有一定的周期性。脉冲信号的形式多种多样，在数字电路中最常见的脉冲信号是矩形波。矩形脉冲产生电路和整形电路的形式也是多种多样的，目前最常用的就是以 555 定时器构成的各种电路。

1. 555 定时器的结构与功能

555 定时器是一种将模拟功能和数字功能集成在同一芯片上，用途极广的时基电路。在 555 定时器外部，只需接几个阻容元件，就可构成单稳态触发器、多谐振荡器、施密特触发器等，用于定时或产生脉冲信号、对脉冲信号进行整形和变换。

555 定时器通常由电压比较器、基本 RS 触发器、门电路、晶体管等组成，其引脚和逻辑功能是我们使用 555 定时器的重要依据。555 定时器的逻辑功能见表 18.1.1。

表 18.1.1　555 定时器的逻辑功能

输　　入			输　　出	
直接复位端（4 脚）$\overline{R_D}$	触发输入端（6 脚）u_{I1}	触发输入端（2 脚）u_{I2}	输出端（3 脚）u_O	T 状态
0	×	×	0	导通
1	$>\frac{2}{3}U_{CC}$	$>\frac{1}{3}U_{CC}$	0	导通
	$<\frac{2}{3}U_{CC}$	$<\frac{1}{3}U_{CC}$	1	截止
	$<\frac{2}{3}U_{CC}$	$>\frac{1}{3}U_{CC}$	不变	不变

2. 由 555 定时器构成的脉冲信号产生与整形电路

由 555 定时器构成的单稳态触发器、多谐振荡器和施密特触发器如图 18.1.1 所示。单稳态触发器和施密特触发器是两种常用的整形电路，可将输入信号整形成所要求的矩形脉冲并进行输出，电路状态的转换十分迅速，输出的脉冲边沿十分陡峭。多谐振荡器接通电源后就能输出周期性变化的矩形脉冲。

（1）单稳态触发器

单稳态触发器有一个稳定状态和一个暂稳态。没有外加触发信号时，电路处于稳定状态；在外加触发信号作用下，电路进入暂稳态，经过一段时间后，又自动返回稳定状态。暂稳态维持时间为输出脉冲宽度，它由电路的定时元件 R、C 的值决定，与输入触发信号没有关系。单稳态触发器可将输入的触发脉冲变换为宽度和幅度都符合要求的矩形脉冲，还常用于脉冲的定时、整形、展宽等。

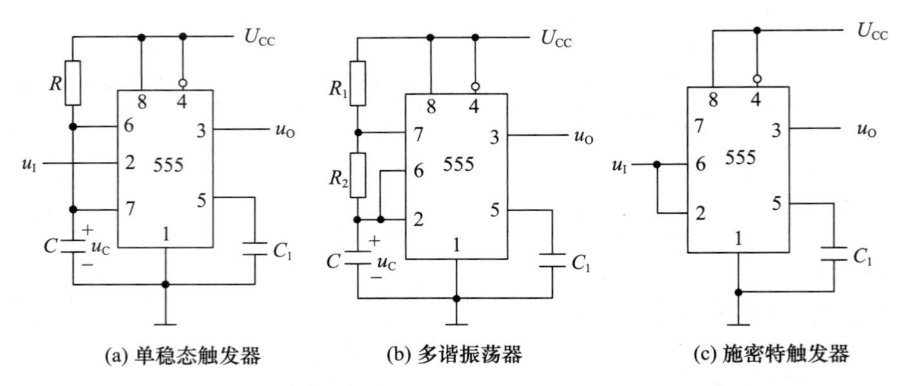

图 18.1.1　由 555 定时器构成的单稳态触发器、多谐振荡器和施密特触发器

（2）多谐振荡器

多谐振荡器没有稳定状态，只有两个暂稳态。暂稳态间的相互转换完全靠电路中电容的充电和放电自动完成。而且，多谐振荡器没有输入信号，接通电源就输出矩形脉冲，矩形脉冲的周期、高电平持续时间、占空比等参数都由电路的定时元件 R、C 的值决定。

（3）施密特触发器

施密特触发器有两个稳定状态，这两个稳定状态是靠两个不同的电平来维持的。当输入信号的电平上升到正向阈值电压时，输出状态从一个稳定状态翻转到另一个稳定状态；而当输入信号的电平下降到负向阈值电压时，电路又返回原来的稳定状态。由于正向阈值电压和负向阈值电压的值不同，因此触发器具有回差电压。

施密特触发器可将任意波形（含边沿变化非常缓慢的波形）变换成上升沿和下降沿都很陡峭的矩形脉冲，常用来进行幅度鉴别。

18.2　学 习 目 标

① 555 定时器的引脚功能及其逻辑功能。

② 555 定时器构成的单稳态触发器的工作原理。

③ 555 定时器构成的多谐振荡器的工作原理。

④ 555 定时器构成的施密特触发器的工作原理。

18.3　重点与难点

1. 重点

① 555 定时器的电路结构和工作原理。

② 单稳态触发器、多谐振荡器和施密特触发器的工作原理。

2. 难点

① 555 定时器的工作原理。

② 单稳态触发器、多谐振荡器和施密特触发器的工作原理。

18.4 知识导图

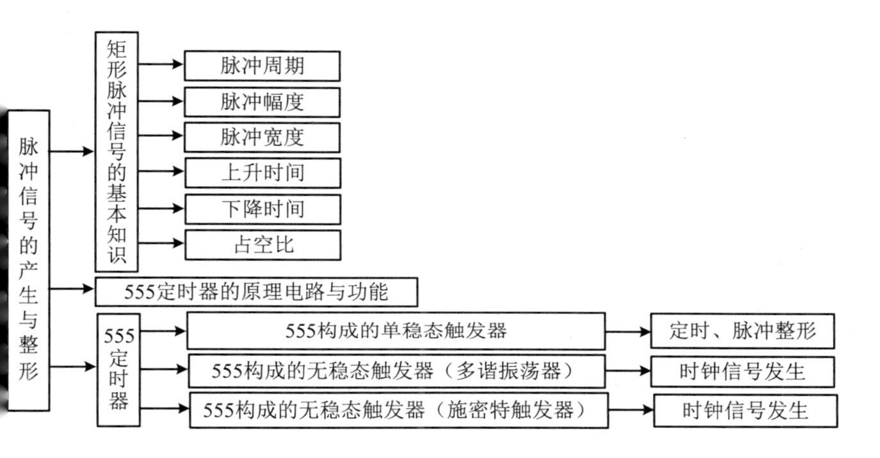

18.5 典型题解析

【例】 如图18.5.1所示为一简易触摸开关电路，当手摸金属片时，发光二极管(LED)点亮，经过一定时间，LED熄灭。(1)555定时器和外围元件构成了哪种电路？(2)说明其工作原理；(3)LED能亮多长时间？

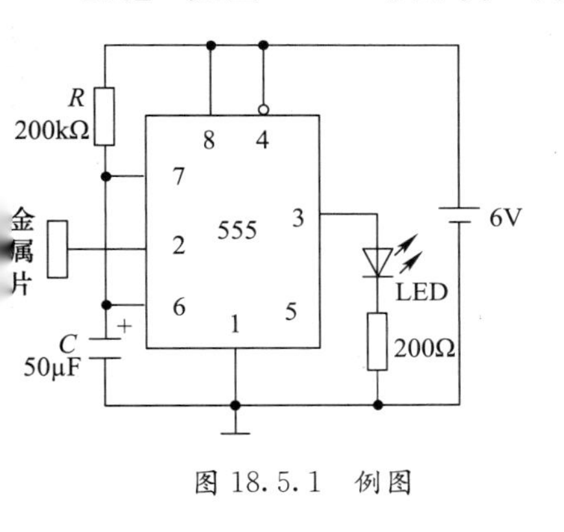

图18.5.1 例图

解：(1) 555定时器和外围元件构成了单稳态触发器。

(2) 人手未触摸金属片时，2脚悬空，相当于输入高电平，此时3脚输出为0。人手触摸金属片时，2脚接入低电平，3脚输出高电平，点亮LED。

(3) 根据单稳态触发器输出脉冲宽度的计算公式，LED亮的时间为

$$t_W \approx 1.1RC = 11\text{s}$$

18.6 习题

1. 填空题

18.2.1 555定时器直接复位端接低电平时，555输出________电平；正常运行时，直接复位端接________电平。

18.2.2 555定时器构成的多谐振荡器只有两个________态，没有________状态。555定时器构成的单稳态触发器有________态和________状态。

18.2.3 采用555定时器构成施密特触发器时，只要将________和________连在一起作为信号输入端，复位信号$\overline{R_D}$与电源U_{CC}相接即可。

2. 判断题(答案写在题号前)

18.2.4 555定时器的直接复位端接低电平时输出低电平，输入信号不起作用。

18.2.5 由555定时器组成的单稳态触发器输出方波的脉冲宽度一般取$t_W \approx 1.1RC$。

18.2.6 单稳态触发器在工作时，暂稳态所持续的时间是由电路内部参数决定的。

3. 选择题

18.2.7　555 定时器有两个触发输入端、一个输出端，直接复位端为高电平，当输出端为低电平时，说明(　　)。

a. 高电平触发输入端电位大于$\frac{2}{3}U_{CC}$，低电平触发输入端电位大于$\frac{1}{3}U_{CC}$

b. 高电平触发输入端电位小于$\frac{2}{3}U_{CC}$，低电平触发输入端电位大于$\frac{1}{3}U_{CC}$

c. 高电平触发输入端电位小于$\frac{2}{3}U_{CC}$，低电平触发输入端电位小于$\frac{1}{3}U_{CC}$

18.2.8　由 555 定时器构成施密特触发器时，外加触发信号应接到(　　)。

a. 高电平触发输入端　　b. 低电平触发输入端　　c. 高、低电平触发输入端

18.2.9　由 555 定时器组成的单稳态触发器如题图 18-1 所示，若加大电容 C，则(　　)。

a. 增大输出脉冲 u_O 的幅值　　b. 增大输出脉冲 u_O 的宽度　　c. 对输出脉冲 u_O 无影响

18.2.10　由 555 定时器组成的多谐振荡器如题图 18-2 所示，欲使振荡频率增高，则可(　　)。

a. 减小 C　　b. 增大 R_1、R_2　　c. 增大 U_{CC}

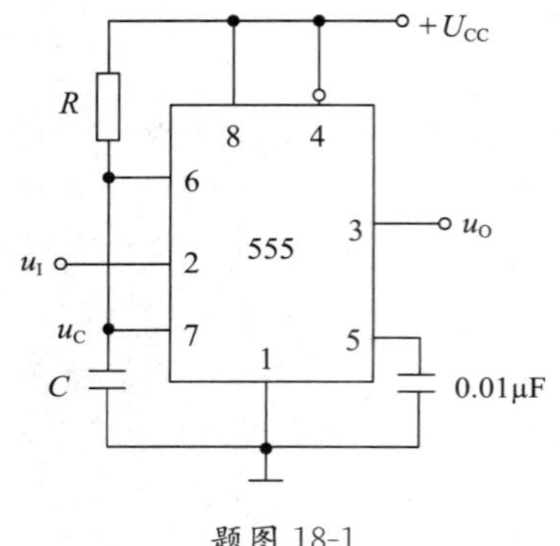

题图 18-1

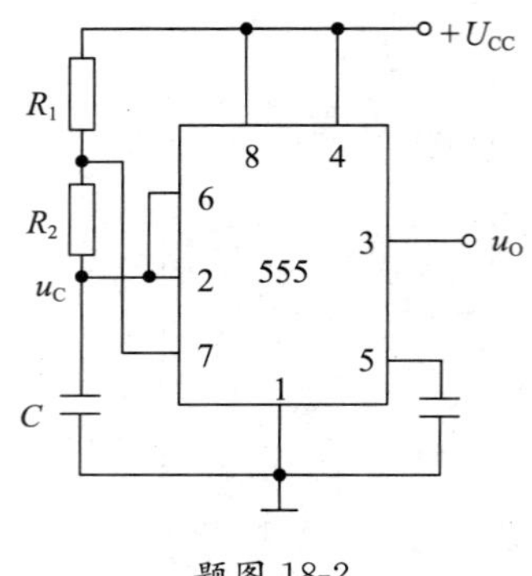

题图 18-2

4. 综合题

18.2.11　题图 18-3 所示为由 555 定时器构成的单稳态触发器，设 $U_{CC}=10\text{V}$，$R=33\text{k}\Omega$，$C=0.1\mu\text{F}$。(1)求输出电压 u_O 的脉冲宽度 t_W；(2)对应画出 u_I、u_C 和 u_O 的波形。

习题 18.2.11

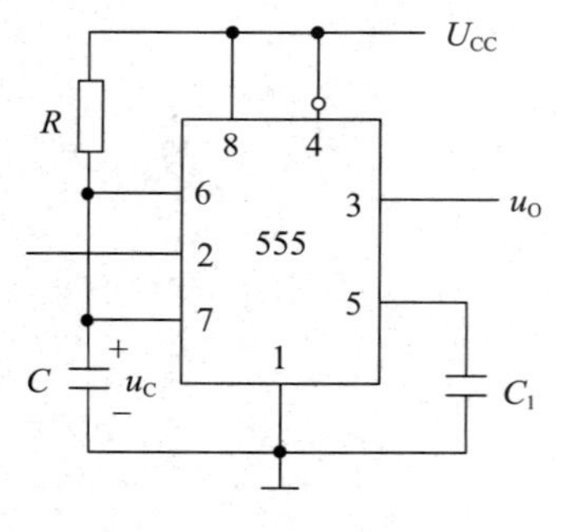

题图 18-3

18.2.12 题图 18-4 所示为由 555 定时器构成的多谐振荡器，已知 $U_{CC}=10\text{V}$，$R_1=15\text{k}\Omega$，$R_2=24\text{k}\Omega$，$C=0.1\mu\text{F}$。(1)求多谐振荡器的振荡频率；(2)画出 u_C 和 u_O 的波形；(3)在 555 定时器的 4 脚(直接复位端)加什么电平，能让多谐振荡器停止振荡？

习题 18.2.12

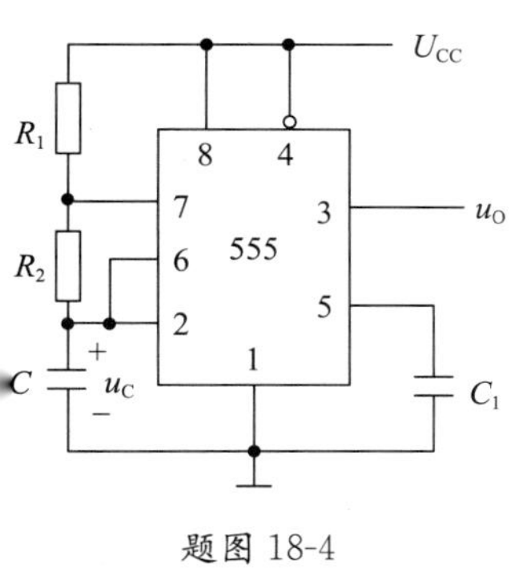

题图 18-4

18.2.13 如题图 18-5 所示为一个防盗报警电路，a、b 两端被一细铜丝接通，此铜丝置于认为盗窃者必经之处。当盗窃者闯入室内将铜丝碰断后，扬声器即发出报警声（扬声器电压为 1.2V，电流为 40mA）。(1)555 定时器接成了什么电路？(2)说明该报警电路的工作原理；(3)扬声器报警声音的频率是多少？

习题 18.2.13

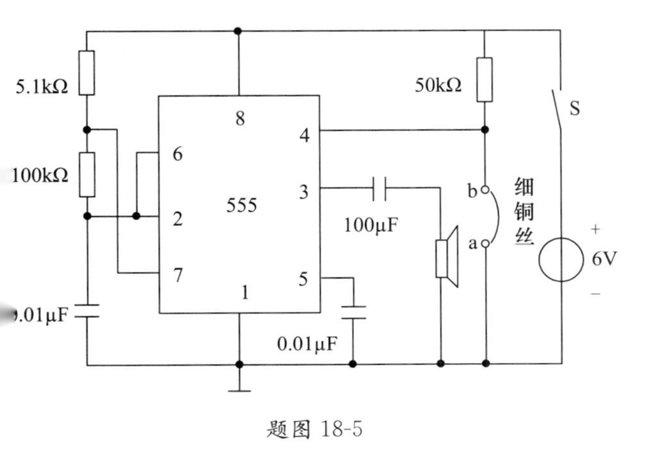

题图 18-5

18.2.14　如题图 18-6 所示为用 555 定时器组成的电子门铃电路。当按下按钮 S 时，电子门铃以 1kHz 的频率响 10s。(1)指出 555(1)和 555(2)各是什么电路？并简要说明整个电路的工作原理；(2)若要改变铃声的音调，应改变哪些元件的参数？(3)若要改变电子门铃持续时间的长短，应改变哪些元件的参数？

习题 18.2.14

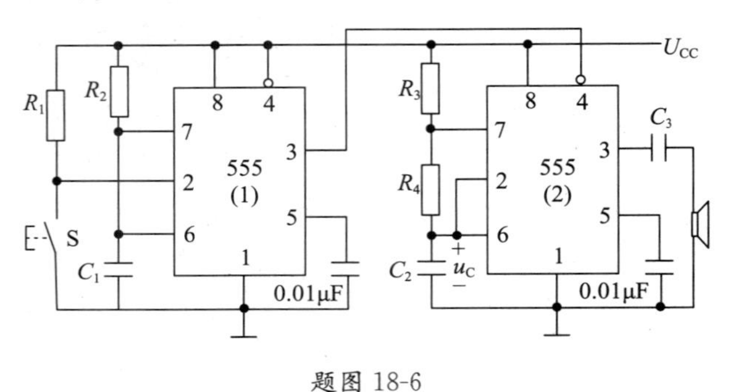

题图 18-6

18.2.15　如题图 18-7 所示为一个简易电子琴电路，试说明其工作原理。

习题 18.2.15

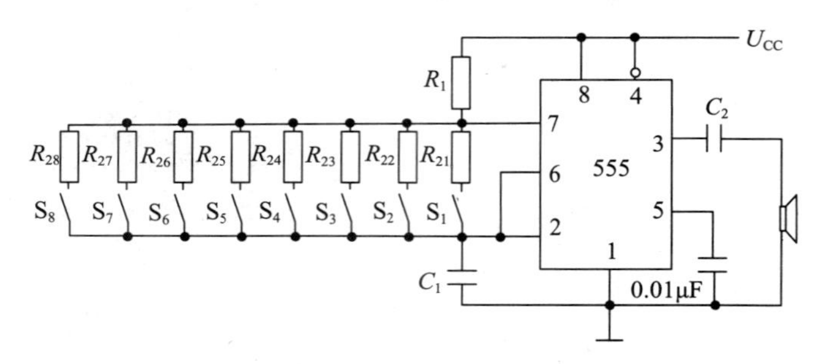

题图 18-7

18.2.16　如题图 18-8 所示为一个洗相曝光定时电路。它是在 555 定时器组成的单稳态触发器的输出端接一继电器 KA 的线圈，并用继电器的动合和动断触点来控制曝光用的红灯和白灯的。控制信号由按钮 S 发出。图中二极管 D_1 起隔离或导通作用，D_2 的作用是防止继电器线圈断电时产生过高的电压而损坏 555 定时器。试说明该电路的工作原理。

习题 18.2.16

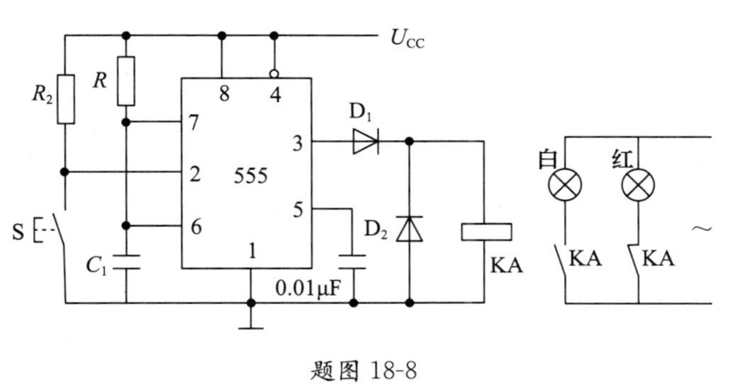

题图 18-8

第 19 章　模拟信号与数字信号转换器

19.1　内容要点

信息以模拟信号或者数字信号的形式存在，处理相应信息的电路分别为模拟电路和数字电路。实现模拟信号到数字信号转换的电路称为模数转换器，简称 ADC；实现数字信号到模拟信号转换的电路称为数模转换器，简称 DAC。ADC 和 DAC 已经成为计算机系统中不可缺少的接口电路。

1. 模数转换器(ADC)

ADC 将输入的模拟信号转换成与之成比例的二进制数字量。A/D 转换要经过采样、保持、量化、编码 4 个步骤来实现。

① 采样：对一个模拟信号抽取样值，获取足够数量的离散值。采样值越多，越能够准确描述模拟信号的特征。对模拟信号采样时，必须满足采样定理：采样脉冲的频率 f_s 不小于输入模拟信号最高频率分量的 2 倍，即 $f_s \geqslant 2f_{a(max)}$。

② 保持：通过保持电路将采样值保持一个周期。

③ 量化：将采样值与单位量进行比较后，按一定的规则取整数倍。

④ 编码：将量化后的整数进行二进制编码。

A/D 转换分直接转换和间接转换两种类型。直接转换型速度快，间接转换型速度慢。

2. 数模转换器(DAC)

DAC 将输入的二进制数字量转换成与之成比例的模拟量。实现数模转换有多种方式，常用的是电阻网络 DAC。电阻网络 DAC 由权电阻网络、模拟开关、求和运算放大器组成，其转换原理是，通过模拟开关把输入的数字量转换为电流后，再利用求和运算放大器把电阻网络的输出电流转换成输出电压。DAC 的分辨率和转换精度都与 DAC 的位数有关，位数越多，分辨率和转换精度越高。

19.2　学习目标

① A/D 转换的一般步骤及 ADC 的主要参数。

② ADC 的几种主要结构及其特点。

③ 集成 ADC 的应用。

④ DAC 的工作原理及主要参数。

⑤ 集成 DAC 的应用。

19.3　重点与难点

1. 重点

① ADC 的工作原理和作用。

② DAC 的工作原理和作用。

③ 典型 ADC 和 DAC 的主要参数。

2. 难点

① A/D 转换的一般步骤。

② D/A 转换的基本原理。

19.4 知识导图

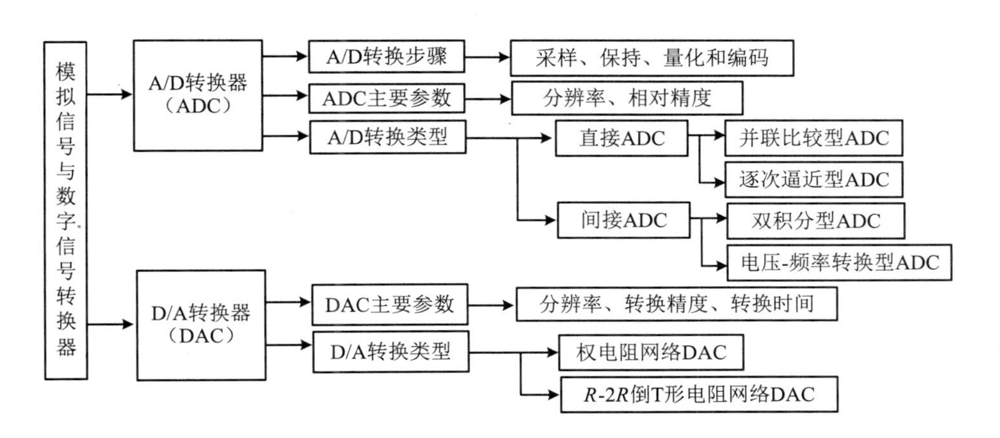

19.5 习　　题

1. 填空题

19.1.1　将________信号转换为相应的________信号称为模数(A/D)转换，能实现 A/D 转换的电路称为________转换器(ADC)。

19.2.2　模数转换的一般步骤是________、________、________和________。

19.3.3　将________信号转换为相应的________信号称为数模(D/A)转换，能实现 D/A 转换的电路称为________转换器(DAC)。D/A 转换器的位数越多，说明其实际的转换精度越________。

2. 判断题(答案写在题号前)

19.1.4　数模转换器和模数转换器是联系数字系统和模拟系统的接口器件。

19.2.5　A/D 转换是将模拟量转换为一定数的数字量，是精准转换，没有误差。

19.2.6　采样是对连续变化的模拟信号做等间隔抽取样值，将时间上连续的模拟量转换成时间上断续的量。

19.3.7　参考电源的精度会直接影响 DAC 的实际转换精度。

2019—2020 学年秋季学期期末考试题

第一题:选择题(共 5 题,每题 2 分,总计 10 分。)

1. 稳压二极管处于稳压工作状态时,应工作在(　　)区。

A. 正向导通　　B. 反向截止　　C. 反向击穿　　D. 正向饱和

2. 晶体管放大电路设置合适的静态工作点的目的是(　　)。

A. 减小静态损耗　　B. 使放大电路不失真地放大

C. 增加放大倍数　　D. 提高放大电路的输出电阻

3. 采用多级放大电路的主要目的是(　　)。

A. 提高信号的工作频率　　B. 稳定静态工作点

C. 提高放大倍数　　D. 减小放大信号的失真

4. 关于集成运算放大器,以下说法错误的是(　　)。

A. 工作于线性区时,可以利用“虚短”和“虚断”进行计算

B. 理想化条件之一为 $r_o \to \infty$

C. 输入级为差分放大电路

D. 集成运放通常要引入负反馈来保证线性放大

5. 以下属于组合逻辑电路的是(　　)。

A. 加法器　　B. RS 触发器　　C. JK 触发器　　D. 计数器

第二题:填空题(共 9 题、15 个空,每空 2 分,总计 30 分。)

1. 在本征半导体中,同时存在自由电子导电和________导电。在本征半导体中掺入杂质形成杂质半导体,如果掺入 3 价元素,形成的是________半导体。

2. 如图 1 所示,设二极管 D_A、D_B 为理想二极管,则输出电压 V_Y 为________。

3. 电路如图 2 所示,已知 $U_{CC}=10V$,$R_B=200k\Omega$,$R_C=2k\Omega$,晶体管的 $\beta=40$。

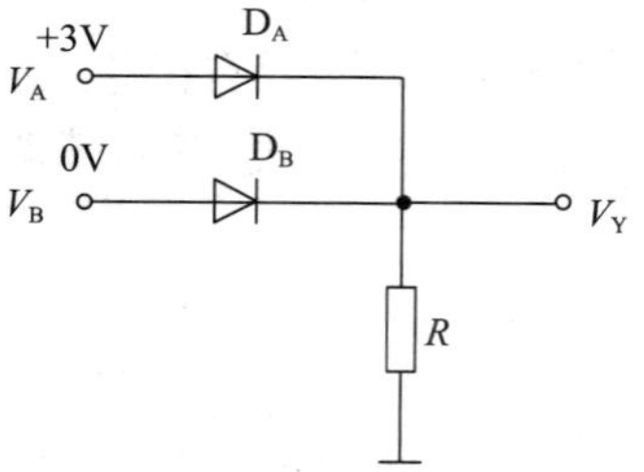

图 1

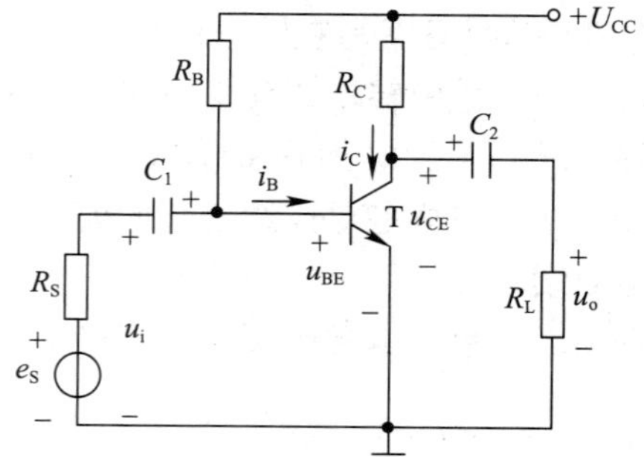

图 2

当输入信号为零时,静态值 $I_B \approx$________,$I_C \approx$________。若静态工作点过高导致输出电压出现非线性失真,一般调整________元件来消除失真?

4. 差分放大电路的作用是______________。

5. 正弦波振荡电路有 4 个组成部分:放大、________、选频、稳幅。自激振荡的幅值平衡条件是________。

6. 整流电路的作用是____。

7. 异或门的逻辑功能是________________________________。

8. 数字电路按其是否有记忆功能可分为两类，其中，有记忆功能的是______________电路，其基本单元是________。

9. 一个 5 位二进制计数器，是由________个触发器组成的，计数状态最多为________个。

第三题：综合题（共 4 题，总计 30 分。）

1. 由触发器构成的电路如图 3 所示，试画出输出 Q_1、Q_2 的波形，假设各触发器的初始状态为 0。（6 分）

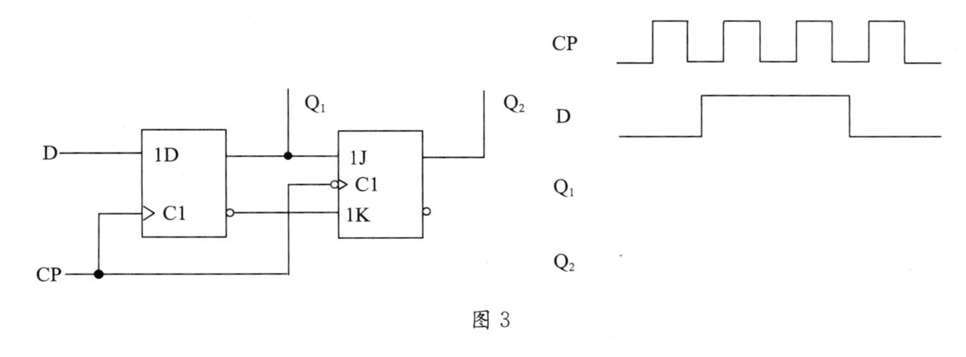

图 3

2. 直流稳压电源的原理图如图 4 所示。（1）在图上用虚线画出整流、滤波两个组成部分；（2）求输出电压 U_O 的调节范围；（3）变压器次级电压有效值 U 的最小值是多少？（4）若二极管 D_1 开路，会对电路产生什么影响？（8 分）

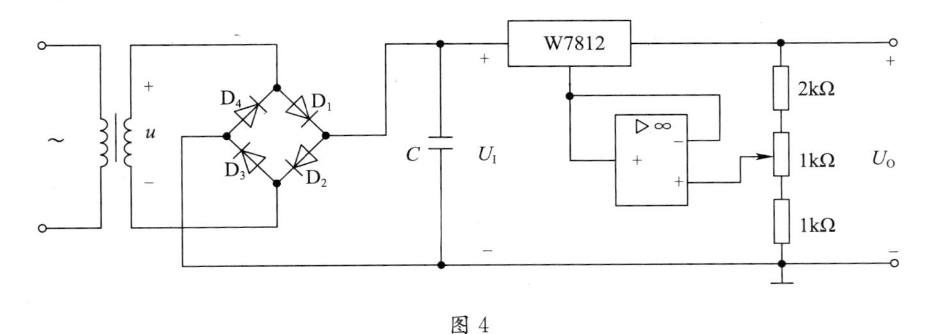

图 4

3. 电路如图 5 所示，(1)电路名称是什么？(2)说明电路的工作原理；(3)计算红色发光二极管(LED)和绿色发光二极管每次点亮的时间。(8 分)

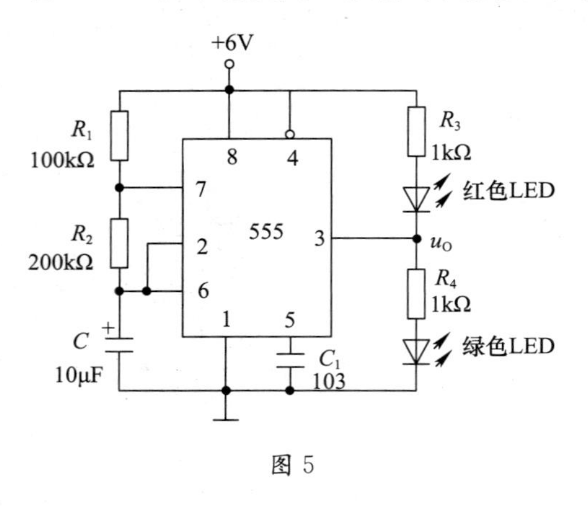

图 5

4. 电路如图 6 所示，判断由电阻 R_F 引起的反馈类型，说出该反馈对放大电路性能的影响。(8 分)

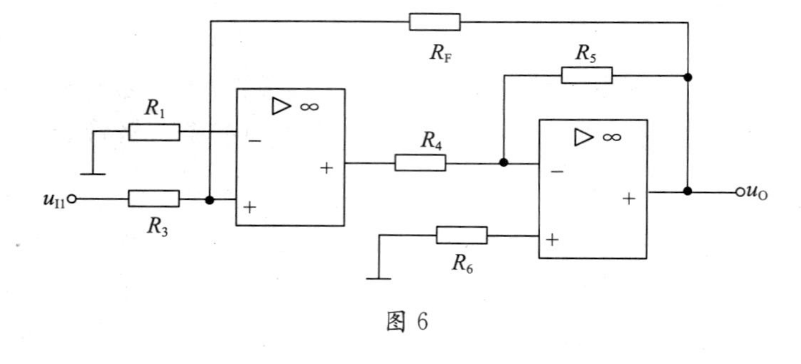

图 6

第四题：计算题（共 2 题，总计 16 分。）

1. 电路如图 7 所示，已知晶体管的等效电阻 $r_{be}=1\text{k}\Omega$，电流放大系数 $\beta=100$，$R_C=3\text{k}\Omega$，$R_L=3\text{k}\Omega$。(1)画出微变等效电路；(2)求该电路的性能指标：电压放大倍数、输入电阻、输出电阻。(3)电路中的电容 C_E 起到什么作用？（10 分）

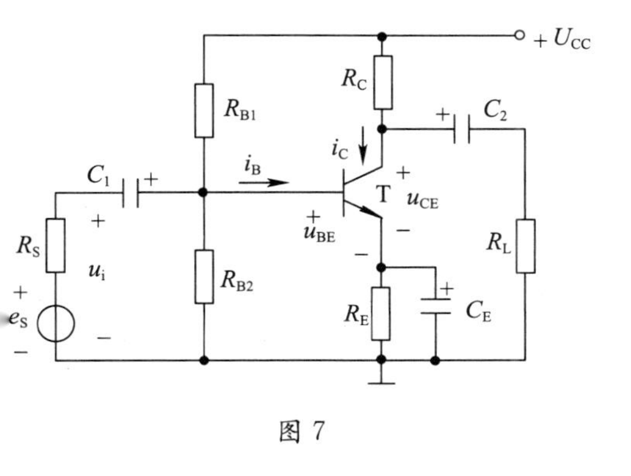

图 7

2. 由集成运算放大器构成的放大电路如图 8 所示，已知 $u_{I1}=0.1\text{mV}$，$u_{I2}=0.3\text{mV}$，则输出电压 u_O 是多少？（6 分）

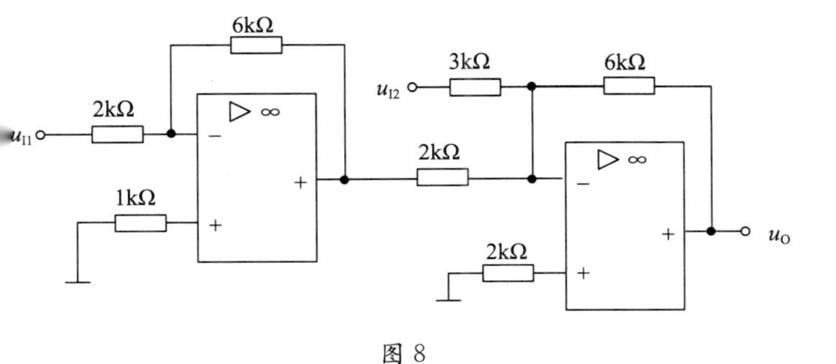

图 8

第五题:设计题(共2题,总计14分。)

1. 某同学参加3门课程考试,规定如下:(1)课程A及格得1分,不及格得0分;(2)课程B及格得2分,不及格得0分;(3)课程C及格得4分,不及格得0分;若总得分大于5分(含5分),就可以结业。试设计一个判断能否结业的逻辑电路,要求:(1)列真值表;(2)写出逻辑表达式并化简;(3)用与非门画出逻辑电路图。(8分)

2. 集成计数器74LS90和74LS161的引脚示意图如图9所示,请你任选一种计数器芯片设计七进制计数器,计数状态为0000到0110。(6分)

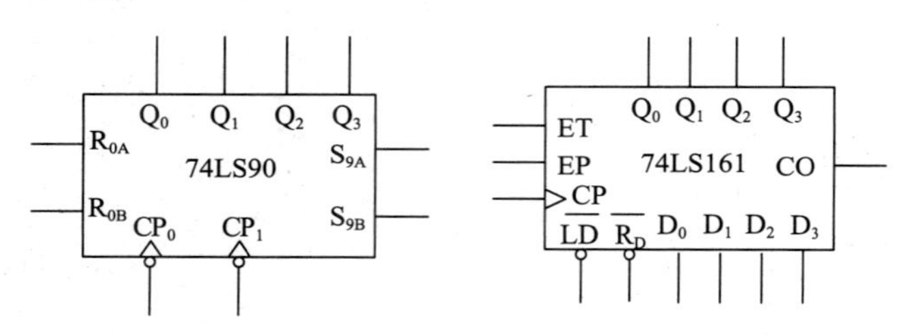

图9

2020—2021 学年秋季学期期末考试题

第一题:填空题(共 8 题,每空 2 分,总计 20 分。)

1. 一个放大器由两级相同的放大器组成,已知它们的放大倍数分别为 30 和 40,则放大器的总放大倍数为________。

2. 时序逻辑电路任何时刻的输出信号不仅取决于当前的输入,而且还取决于________。

3. 多级放大电路的级数越多,则其放大倍数________,而通频带越窄。

4. 在正常放大的电路中,测得晶体管 3 个电极的对地电位如图 1 所示,试判断管子的类型为________,材料为________。

5. 用公式法化简函数 $F=(\overline{A}\,\overline{B}+\overline{A}B+A\overline{B})(\overline{A}C+\overline{B}C+AB)$ 为最简表达式,F=________。

6. 某计数器的输出波形如图 2 所示,该计数器是________进制计数器。

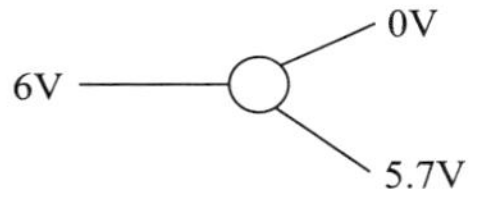

图 1

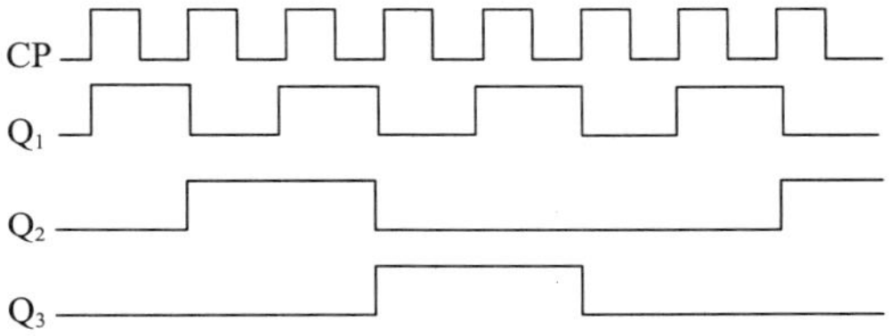

图 2

7. 当 JK 触发器的 J、K 端同时接高电平,且 CP 有效时,其 $Q^{n+1}=$________。

8. 555 定时器构成的单稳态触发器有________个稳定状态,多谐振荡器有________个稳定状态。

第二题:选择题(共 9 题,每题 2 分,总计 18 分。)

1. 某 NPN 型晶体管的输出特性曲线如图 3 所示,当 $U_{CE}=6V$,其电流放大系数 β 为(　　)。

A. $\beta=100$　　B. $\beta=50$　　C. $\beta=150$　　D. $\beta=200$

2. 下列逻辑电路中,不是组合逻辑电路的是(　　)。

A. 译码器　　B. 编码器　　C. 全加器　　D. 寄存器

3. PN 结正偏时,扩散电流(　　)漂移电流。

A. 等于　　B. 大于　　C. 小于　　D. 无关于

4. 由 NPN 管构成的基本共射放大电路出现了非线性失真,通过减小 R_B 失真消除,这种失真是(　　)失真。

A. 饱和　　B. 截止　　C. 双向　　D. 相位

5. 分压式偏置工作点稳定电路,当 $\beta=50$ 时,$I_B=20\mu A$,$I_C=1mA$,若只要更换 $\beta=100$ 的晶体管,而其他参数不变,则 I_B 和 I_C 分别是(　　)。

A. $10\mu A$,1mA　　B. $20\mu A$,2mA　　C. $30\mu A$,3mA　　D. $40\mu A$,4mA

6. 下列不是负反馈带来的影响是(　　)。

A. 提高放大倍数　　B. 改善波形失真

C. 展宽同频带　　D. 提高放大倍数的稳定性

7. 为了消除交越失真,应使功率放大电路工作在(　　)状态。

A. 甲类　　　　　B. 甲乙类　　　　　C. 乙类　　　　　D. 丙类

8. 图 4 所示电路实现(　　)运算。

A. 积分　　　　　B. 微分　　　　　C. 对数　　　　　D. 指数

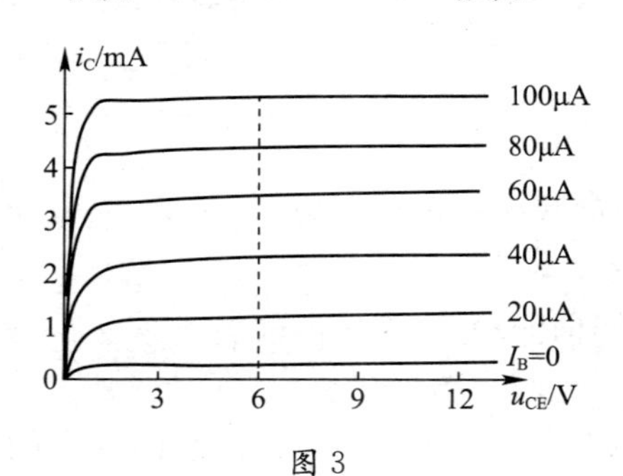

图 3

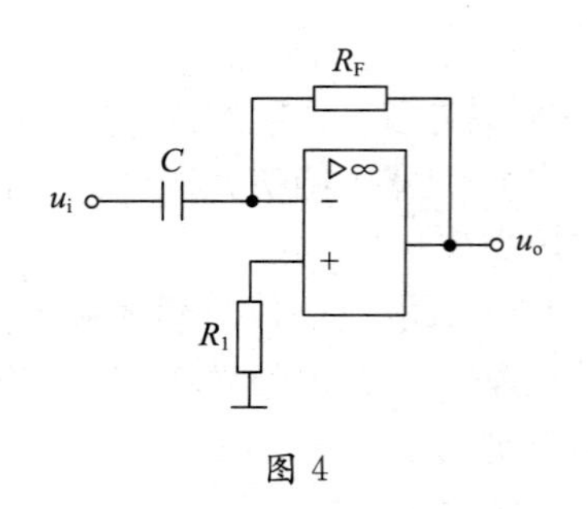

图 4

9. 如果希望从众多的无线电信号中取出中央一套电视节目的信号,应使用(　　)。

A. 低通滤波器　　　　B. 高通滤波器　　　　C. 带阻滤波器　　　　D. 带通滤波器

第三题:综合题(共 4 题,第 1 题 6 分、第 2 题 5 分、第 3 题 8 分、第 4 题 7 分,总计 26 分。)

1. 电路如图 5 所示,设二极管的导通压降为 0.7V。当晶体管 T 导通时,电阻R_S上的压降U_{R_S}达到逻辑 1 的电压要求。

(1)请列出真值表;

(2)写出输出端 F 的逻辑表达式。

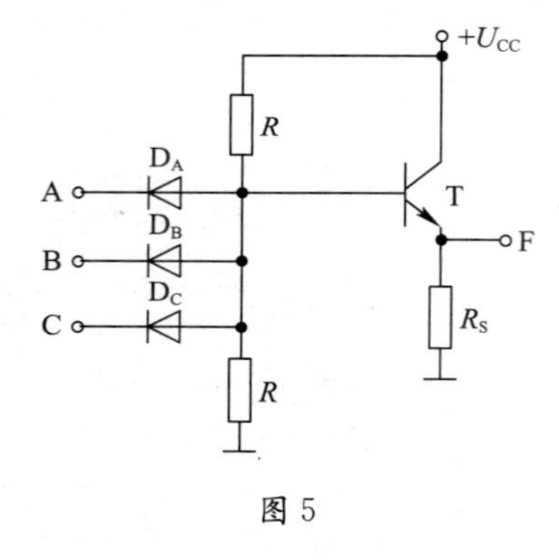

图 5

2. 图 6 为一个 555 定时器和一个 4 位二进制加法计数器组成的可调计数式定时器原理示意图,试解答下列问题:

(1) 电路中 555 定时器接成何种电路?

(2) 若计数器初始状态为 $Q_4Q_3Q_2Q_1=0000$,当开关 S 接通后,大概经过多长时间发光二极管变亮?

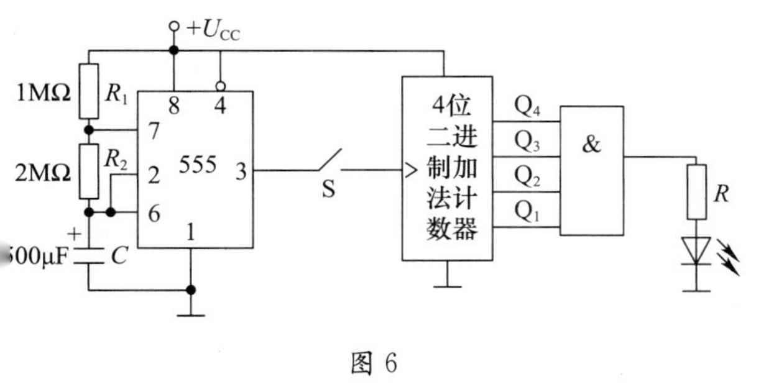

图 6

3. 电路如图 7 所示,电容C_1、C_2、C_3在交流情况下可以视为短路。求:(1)静态工作点 $Q(I_B,I_C,U_{CE})$;(2)b-e 间的等效电阻r_{be};(3)电压增益A_u、输入电阻r_i和输出电阻r_o。(写出表达式即可)

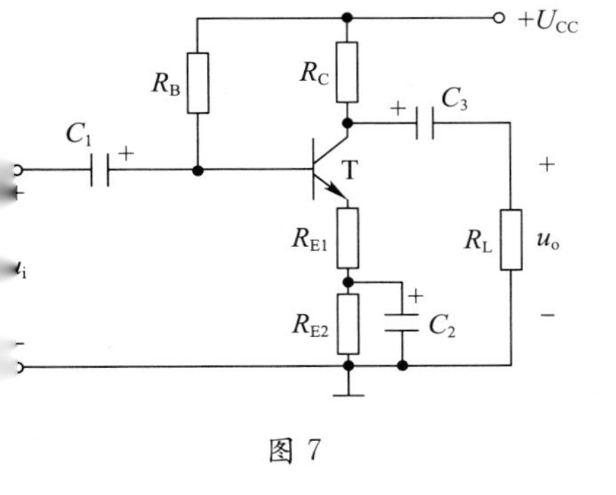

图 7

4. 仪用放大器电路如图 8 所示，A_1、A_2、A_3均为理想运放，求出该电路的电压增益 $A_u=\frac{u_O}{u_{I1}-u_{I2}}$的表达式。

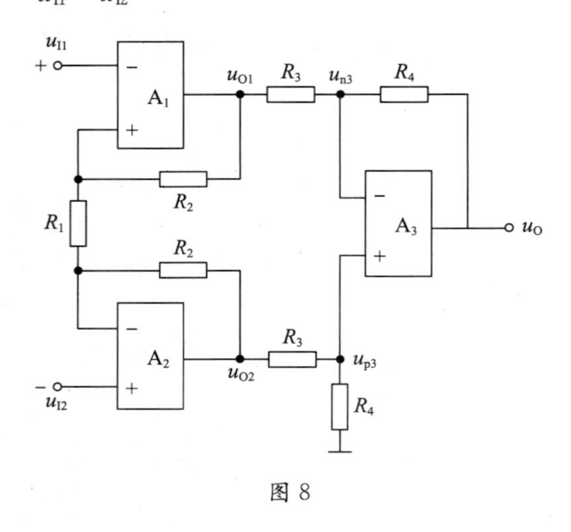

图 8

第四题：作图题(共 1 题，6 分。)

1. 电路如图 9(a)所示，设二极管为理想二极管，当电路输入波形 u_i如图 9(b)所示时，试画出输出电压 u_o的波形。

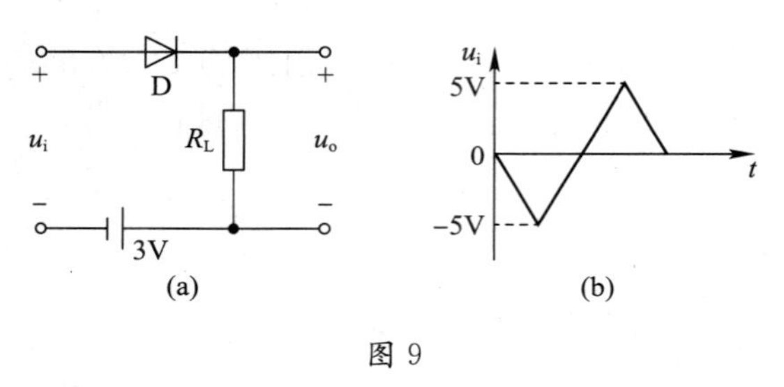

图 9

第五题：设计题(共 3 题，每题 10 分，总计 30 分。)

1. 要求用与非门设计一个三人表决用的组合逻辑电路图，只要有 2 票或 3 票同意，表决就通过(要求有真值表等)。

2. 用 4 位同步二进制计数器 74LS161(见图 10)的复位法,设计一个十进制计数器。

CP	$\overline{R_D}$	$\overline{LD}$	EP	ET	工作状态
×	0	×	×	×	异步置零
1	1	0	×	×	置数
×	1	1	0	1	保持
×	1	1	×	0	保持
1	1	1	1	1	计数

(a)

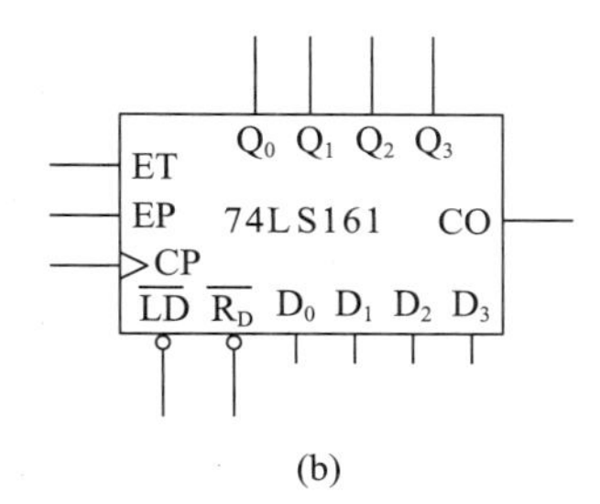

(b)

图 10

3. 图 11 为向未来同学设计的“直流稳压电源”的部分电路图,现在有几个问题困扰着向同学,请你帮忙解决:

(1) 将变压器和电容间的空缺电路补全,写出所补全的电路名称;

(2) 向同学手里有 W7818、W7815 和 W7809 三种稳压模块,试着帮他分析一下用哪种合适(标出具体位置),为什么?并分析稳压前后的电压 U_I的大小和 U_O的输出范围;

(3) 向同学在用示波器同时监测变压器的次级电压和负载电压的过程中电路发生冒烟现象,试帮他分析原因并说明如何解决。

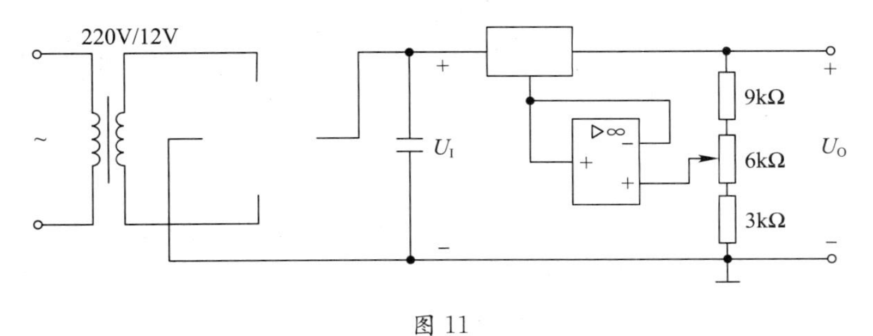

图 11

2021—2022 学年秋季学期期末考试题

第一题:填空题(共 7 题,每空 2 分,总计 24 分。)

1. 功率放大电路的工作状态可以分为甲类、乙类、甲乙类等,如图 1 所示的功率放大电路工作在________状态,当输入的正弦信号为正半周时,晶体管________导通,电路中 R_1、D_1 和 D_2 实现的功能是________。

2. 图 2 所示电路为积分电路,当输入信号 u_I 为方波时,输出电压信号 u_O 的波形为________。

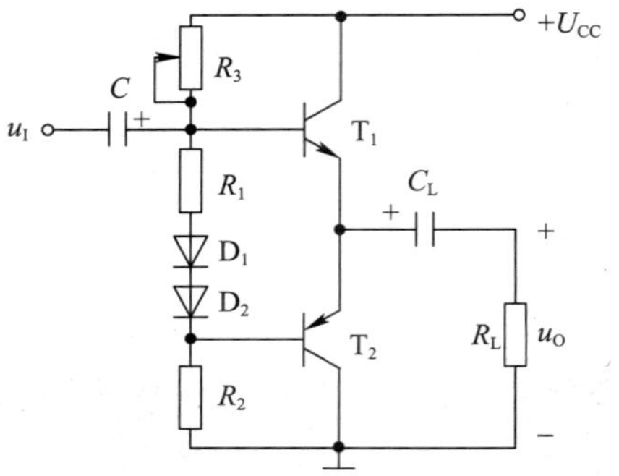

图 1

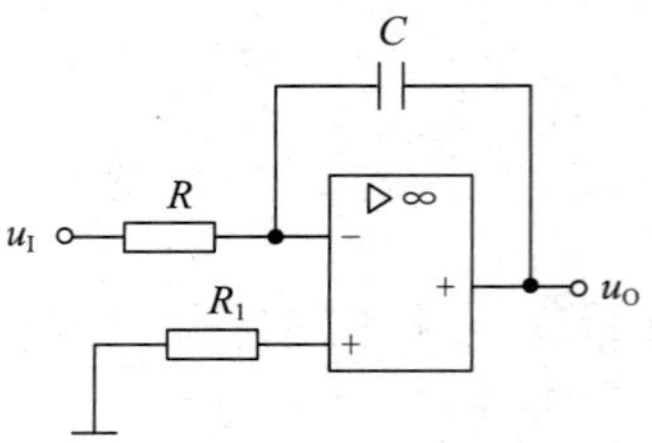

图 2

3. 模拟信号是指在时间和________上都连续的信号。

4. 一个 5 位二进制计数器,是由________个触发器组成的,计数状态最多为________个。

5. 引入负反馈会使放大电路的电压放大倍数________,会使放大倍数的稳定性________。(填:提高或降低)

6. 构成组合逻辑电路的基本单元是________;构成时序逻辑电路的基本单元是________。

7. 当 JK 触发器的 J、K 端同时接高电平,且 CP 有效时,其 $Q^{n+1}=$____________。

第二题:选择题(共 8 题,每题 2 分,总计 16 分。)

1. 下列说法正确的是(　　)。

A. 杂质半导体中的少数载流子浓度较本征半导体中的少子浓度低

B. 多数载流子的数目取决于本征激发

C. N 型半导体中的自由电子多于空穴,所以 N 型半导体带负电

D. 空间电荷区同时阻止多子扩散和少子的漂移运动

2. 下列关于差分放大电路的描述正确的是(　　)。

A. 差分放大电路能够有效消除零点漂移

B. 差分放大电路可以有效放大共模信号

C. 差分放大电路的电压放大倍数与输入、输出方式有关

D. 20mV 和 30mV 的输入信号的差模分量是±5mV

3. 以下有关射极输出器,说法正确的是(　　)。

A. 共集电极放大电路　　B. 有电压放大作用　　C. 输入电阻小　　D. 输出电阻大

4. 以下属于组合逻辑电路的是(　　)。

A. 加法器　　B. RS 触发器　　C. JK 触发器　　D. 计数器

5. 下列关于多级放大器的描述错误的是(　　)。

A. 多级放大器的耦合方式有光电、变压器、阻容和直接耦合等

B. 多级放大器的电压放大倍数等于各级放大倍数的乘积

C. 后一级的输入电阻是前一级的负载

D. 前一级的输出电阻是后一级的输入电阻

6. 关于集成运算放大器,以下说法错误的是(　　)。

A. 工作于线性区时,可以利用虚短和虚断进行计算

B. 理想化条件之一为 $r_o \to \infty$

C. 输入级为差分放大电路

D. 集成运算放大器通常要引入负反馈来保证线性放大

7. 由 NPN 管构成的基本共射放大电路出现了非线性失真,通过增大 R_B 失真消除,这种失真是(　　)失真。

A. 饱和　　B. 截止　　C. 双向　　D. 线性

8. 数字电路抗干扰能力强的原因是(　　)。

A. 电路结构相对简单　　B. 内部晶体管主要工作在放大状态

C. 功耗较低　　D. 高低电平间容差较大

第三题:设计题(共 2 题,总计 14 分。)

1. 空军航空大学正在组织冬季适应性生存训练,期间要组织一场红蓝抗寒对抗赛,学员分成红队和蓝队,以单兵和团队积分的方式组织,按照现场拟定的比赛规则,团队得分以 3 位二进制码输入系统。当输入的二进制码小于 3 时,输出为 0;输入的二进制码大于或等于 3 时,输出 1。请用 2 输入与非门设计该计分电路。(10 分)

2. 任选一款计数芯片 74LS161 或 74LS90(见图 3),设计一个七进制计数器(方法不限)。(4 分)

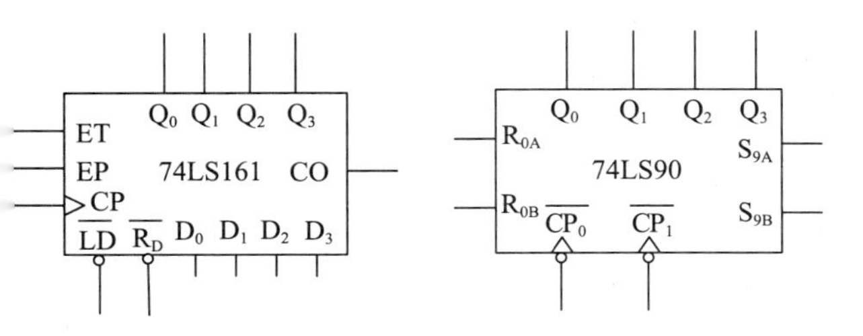

图 3

第四题：综合题（共 5 题，总计 42 分。）

1. 电路如图 4 所示，已知晶体管的等效电阻 $r_{be}=800\Omega$，电流放大系数 $\beta=40$，$R_C=3\text{k}\Omega$，$R_L=6\text{k}\Omega$，$R_S=1\text{k}\Omega$。(1)画出微变等效电路，并计算该电路的电压放大倍数、输入电阻、输出电阻；(2)电路中的电容 C_1、C_2、C_E分别起到什么作用？(3)若输入信号 $e_S=0.5\sin 314t\text{mV}$，输出电压是多少？(10 分)

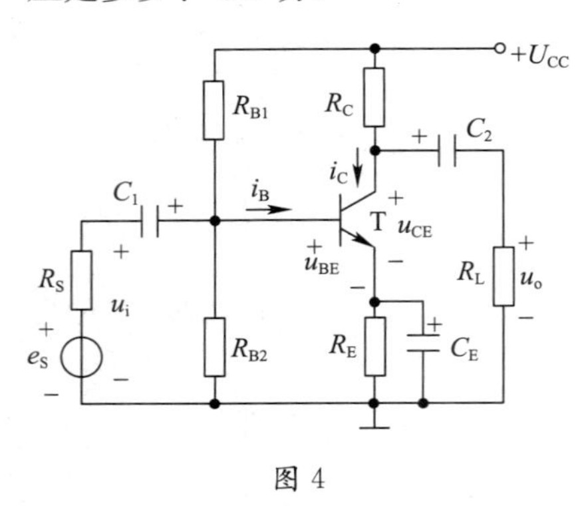

图 4

2. 由集成运算放大器构成的放大电路如图 5 所示。(1)已知 $U=1.5\text{V}$，$R_1=3\text{k}\Omega$，$R_2=3\text{k}\Omega$，$R_3=6\text{k}\Omega$，$R_F=6\text{k}\Omega$，求 u_{O1}、u_{O2}、u_O；(2)如果想得到一个和 u_O大小不变但相位相反的信号，可以在输出端再加一级什么电路，请画出电路。(10 分)

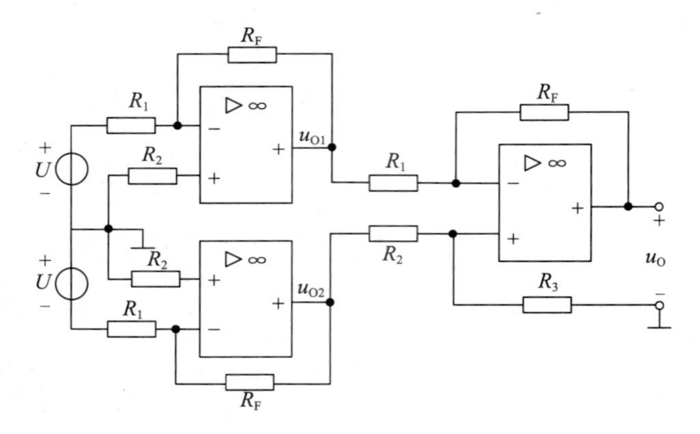

图 5

3. 直流稳压电源原理图如图 6 所示，已知变压器次级电压有效值 $U_2=30\text{V}$，稳压管 D_Z的稳压值 $U_Z=4\text{V}$。(1)请写出用虚线画出部分电路的名称及作用；(2)在二极管电桥中，若某只二极管短路，会对电路产生什么影响？(3)求 U_3 和 U_O的大小。(8 分)

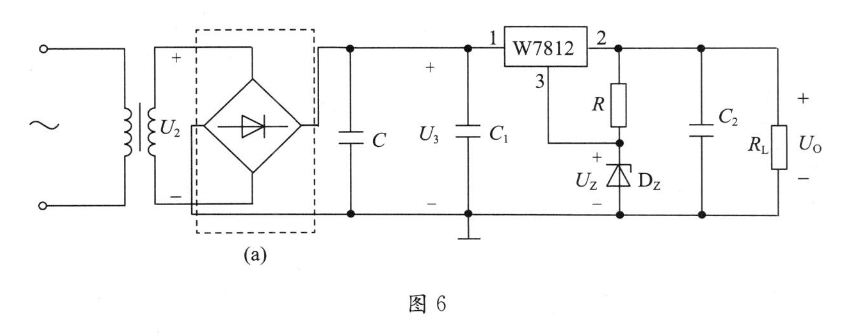

图 6

4. 在如图 7 所示的 RC 正弦波振荡电路中，$R=1\text{k}\Omega$，$C=1\mu\text{F}$，$R_1=2\text{k}\Omega$。试问：(1)为了满足自激振荡的相位条件，开关 S 应合向哪一端(合向某一端时，另一端则接地)？(2)为了满足自激振荡的起振条件，R_F应为多大？(3)振荡频率是多少？(4)电阻 R_F引入何种类型的反馈？该反馈类型对输入电阻和输出电阻有什么影响？(6 分)

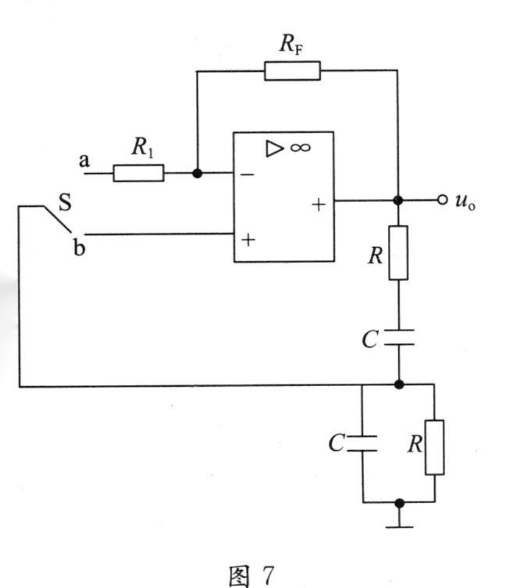

图 7

5. 近日，学院保密室收到一份机密文件，承装机密文件的箱子里还有一套声光报警装置。电路如图8所示，若有窃密者想非法窃取文件，势必会触碰开关S，届时报警装置将持续10s发出频率约为1kHz的声光报警信号，提醒保密人员有人非法潜入。(1)指出555(1)和555(2)各构成什么电路？简要说明整个电路的工作原理；(2)如要改变报警铃声的音调，应改变哪些元件的参数？(3)如要改变报警信号持续时间的长短，应改变哪些元件的参数？(4)若要求触碰开关S后，报警声音以2kHz左右的频率持续响30s，保持其他参数不变的情况下，改变图中R_2、R_4的阻值为多大才能满足要求？(8分)

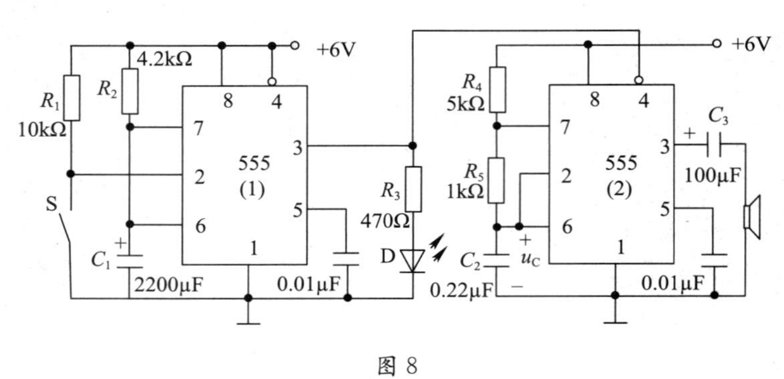

图 8

第五题：作图题(共1题，总计4分。)

电路如图9所示，稳压管D_Z的$U_Z=6V$，当输入电压为$u_I=12\sin(\omega t)V$的正弦波时，试画出输出电压u_O的波形。设二极管D_1和D_Z为理想元件。(4分)

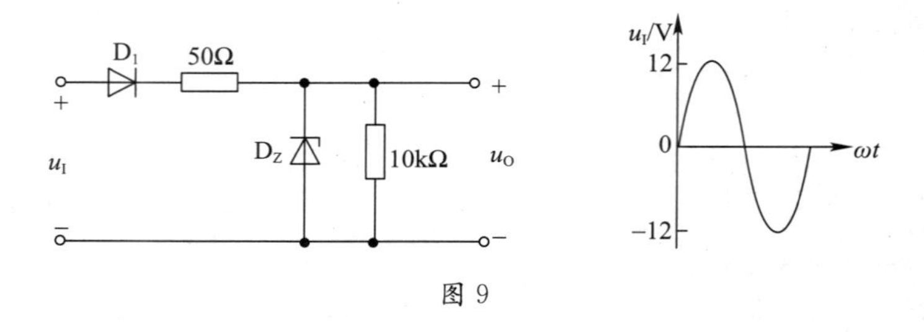

图 9

2022—2023 学年秋季学期期末考试题

第一题：填空题(共 6 题，每空 2 分，总计 16 分。)

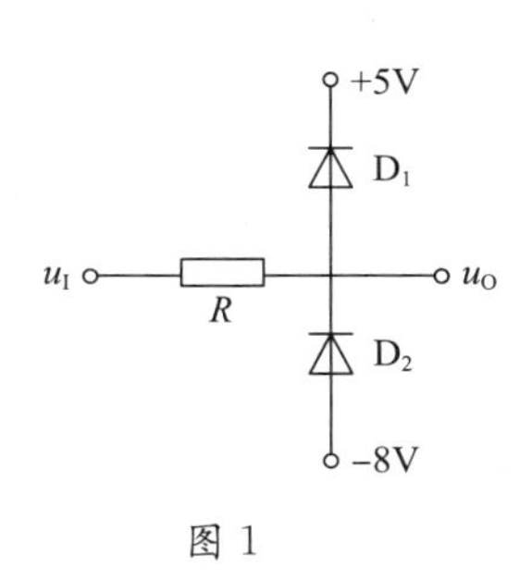

图 1

1. 当给 PN 结外加正向电压时，PN 结处于________状态。(填"导通"或"截止")

2. 在多级放大电路中，后一级的输入电阻可视为前一级的______，而前一级的输出电阻可视为后一级的________。

3. 在两端完全对称的差分放大电路中，若两输入电压 $u_{I1}=1.5\text{mV}$，$u_{I2}=0.5\text{mV}$，则共模分量为________。

4. 如图 1 所示电路，二极管为理想二极管，$R=1\text{k}\Omega$，当输入 $u_I=-10\text{V}$ 时，则输出电压为________。

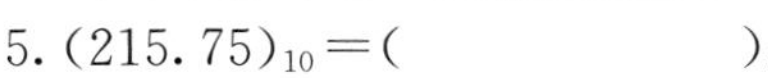

5. $(215.75)_{10}=(\qquad\qquad)_2$。

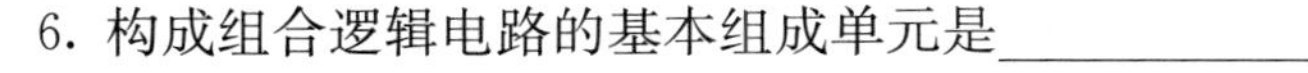

6. 构成组合逻辑电路的基本组成单元是____________，而时序逻辑电路的基本组成单元是____________。

第二题：选择题(共 12 题，每题 2 分，总计 24 分。)

1. 在图 2 所示电路中，用直流电压表测量晶体管各引脚的对地静态电位，测量值已标注在图 2 上，则可以判断除了(　　)管子，其余管子均已经损坏。

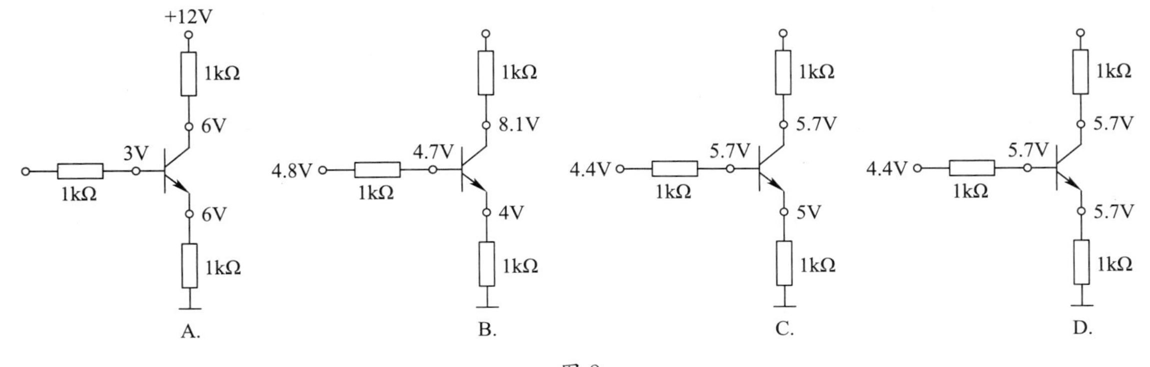

图 2

2. 共射极放大电路的输出电压与输入电压相比是(　　)。

A. 放大，同相　　B. 放大，反相　　C. 不变，反相　　D. 不变，同相

3. 反馈放大电路如图 3 所示，试判断该电路引入(　　)反馈。

A. 电压串联负反馈　　B. 电压并联负反馈　　C. 电流串联负反馈　　D. 电流并联负反馈

4. 欲将方波电压转换成三角波电压，应选用(　　)。

A. 积分电路　　B. 微分电路　　C. 加法电路　　D. 比例电路

5. 关于功率放大电路，以下说法正确的是(　　)。

A. 甲类功率放大电路的效率最高

B. 在 3 种功率放大电路中，甲乙类功率放大电路的静态工作点是最低的

C. 在不失真的情况下输出尽可能大的功率

D. 功率放大电路一般作为多级放大电路的中间放大级

6. 如图 4(a)所示电路，输入电压 u_I 的波形如图 4(b)所示，指示灯 HL 的亮暗情况为(　　)。

A. 亮 1s，暗 2s　　B. 暗 1s，亮 2s　　C. 亮 3s，暗 1s　　D. 亮 1s，暗 1s

图 3

图 4

7. 在下列器件中，不属于组合逻辑电路的是(　　)。

A. 译码器　　B. 全加器　　C. 寄存器　　D. 优先编码器

8. 逻辑电路如图 5 所示，若电路输出为 1，则输入 A、B、C 的取值应为(　　)。

A. 101　　B. 011　　C. 110　　D. 111

9. 某逻辑门的输入端 A、B 和输出端 F 的波形如图 6 所示，那么 F 与 A、B 的逻辑关系为(　　)。

A. 与非　　B. 同或　　C. 异或　　D. 或

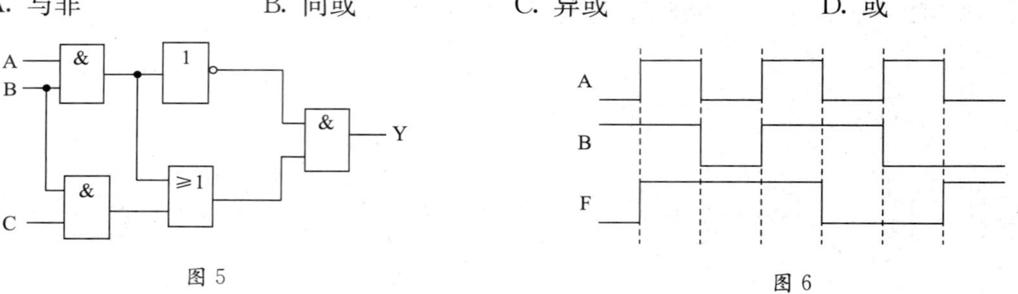

图 5　　图 6

10. 以下不属于射极输出器的特点的是(　　)。

A. 电压放大倍数约等于 1，但恒小于 1　　B. 输入电阻高

C. 输出电阻低　　D. 输入与输出反相

11. 当七段显示译码器(输出高电平有效)的 7 个输出端状态为 abcdeg＝0011111 时，译码器输入状态(8421BCD 码)应为(　　)。

A. 0011　　B. 0110

C. 0101　　D. 0100

12. 如图 7 所示电路，稳压二极管 D_{Z1} 和 D_{Z2} 的稳定电压分别为 5V、7V，其正向电压可忽略不计，则 U_O 为(　　)。

A. 5V　　B. 7V

C. 0V　　D. 2V

图 7

第三题：设计题(共 2 题，第 1 题 10 分、第 2 题 4 分，总计 14 分。)

1. 飞机上的一火灾报警装置分别采用烟雾、温度和紫外线 3 种探测器进行火情探测，当探测器探测到火情时会输出高电平。为防止装置产生误告警，设置为只有两种或两种以上探测器

输出高电平信号时，报警电路才产生火灾告警信号。请设计相应的报警电路。（10 分）

2. 采用 74LS290 计数器（见图 8），运用清零端进行反馈强迫清零，设计一个六进制计数器。（4 分）

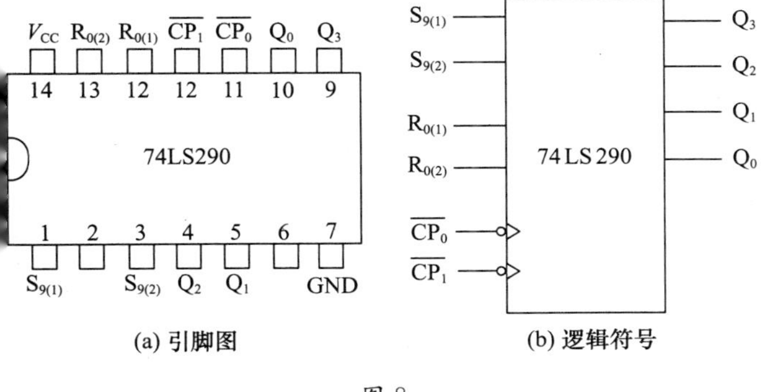

(a) 引脚图　　(b) 逻辑符号

图 8

第四题：综合题（共 5 题，第 1 题 12 分、第 2 题 4 分、第 3 题 10 分、第 4 题 6 分、第 5 题 10 分，总计 42 分。）

1. 电路如图 9 所示，已知晶体管的 $\beta=150$，等效电阻 $r_{bb'}=300\Omega$（提示：$r_{be}=r_{bb'}+(1+\beta)\cdot\frac{26\text{mV}}{I_E}$），$U_{BEQ}=0.7\text{V}$，$U_{CC}=12\text{V}$，$R_{B1}=20\text{k}\Omega$，$R_C=5.1\text{k}\Omega$，$R_E=3\text{k}\Omega$，$R_L=5.1\text{k}\Omega$，电容的容量足够大，对交流信号可视为短路。(1)要求静态工作电压 $U_{CEQ}=4\text{V}$，请估算 R_{B2} 的值；(2)在(1)的前提下，求放大电路的电压放大倍数、输入电阻、输出电阻；(3)在实际使用时，由于某种原因，电容 C_E 开路，则放大倍数将如何变化？请说明理由。（12 分）

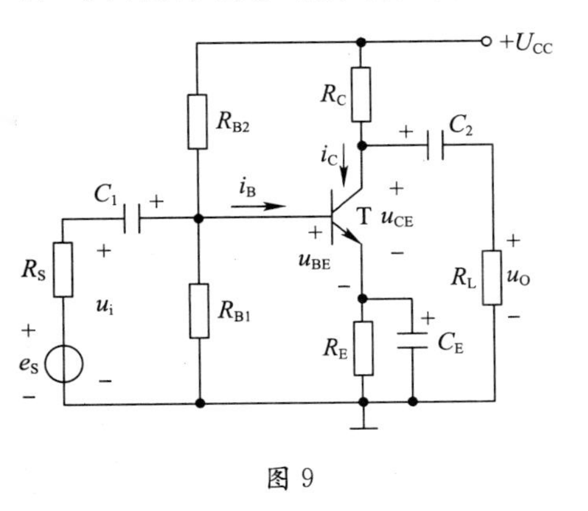

图 9

2. RC 正弦波振荡电路如图 10 所示。A 为集成运放，其最大输出电压为±15V，而其特性参数为理想情况，二极管正向压降 $U_D=0.7V$。要使电路正常工作，试求：(1)R_W 的最小值；(2)电路的振荡频率 f_0。(4 分)

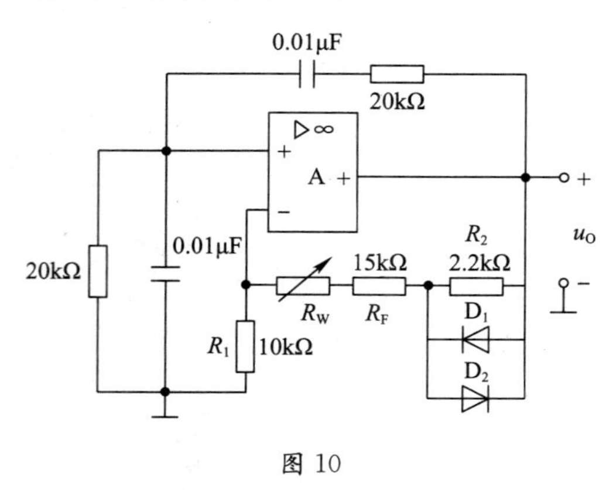

图 10

3. 放大倍数可调的放大电路如图 11 所示，放大倍数调节电位器 R_W 由 R_1 和 R_2 组成，集成运放 A 具有理想特性。试写出电路放大倍数 $A_u=\frac{u_O}{u_I}$ 的表达式。(10 分)

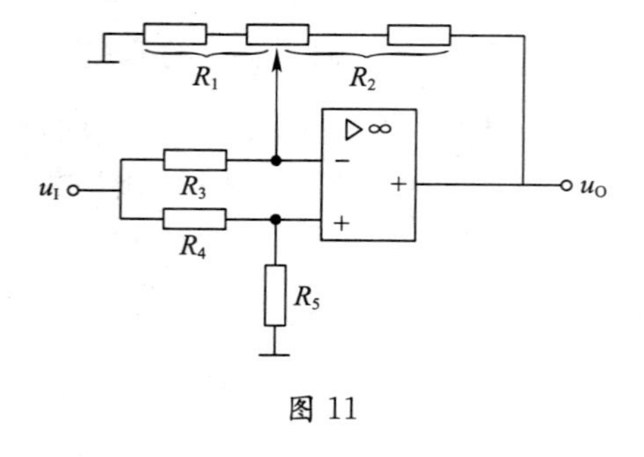

图 11

4. 图 12 所示是一个防盗报警电路，a、b 两端被一细铜丝接通，此铜丝置于认为盗窃者必经之处。当盗窃者闯入室内将铜丝碰断后，扬声器即发出报警声(扬声器电压为 1.2V，电流为

40mA)。问:(1)555 定时器接成了什么电路?(2)说明该报警电路的工作原理;(3)扬声器报警声音的频率是多少?(6 分)

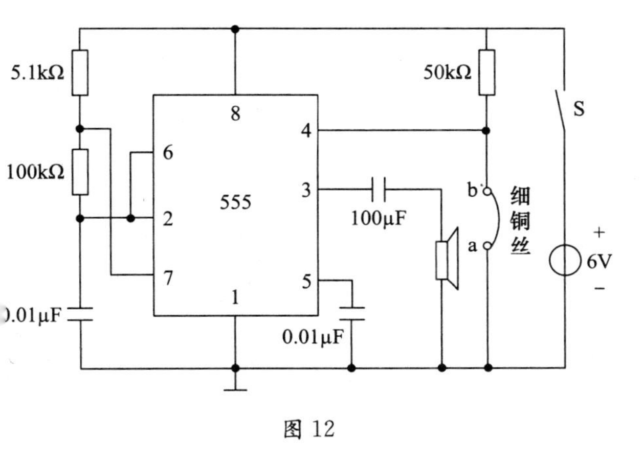

图 12

5. 电路如图 13 所示,变压器次级电压的有效值为 15V,$R=500\Omega$,稳压二极管处于反向击穿状态,稳压值为 $U_Z=6\text{V}$。(1)求电容两端的电压 U_I;(2)求二极管两端电压 U_D;(3)求输出电压 U_O 的大小;(4)说明二极管 D 的工作状态。(10 分)

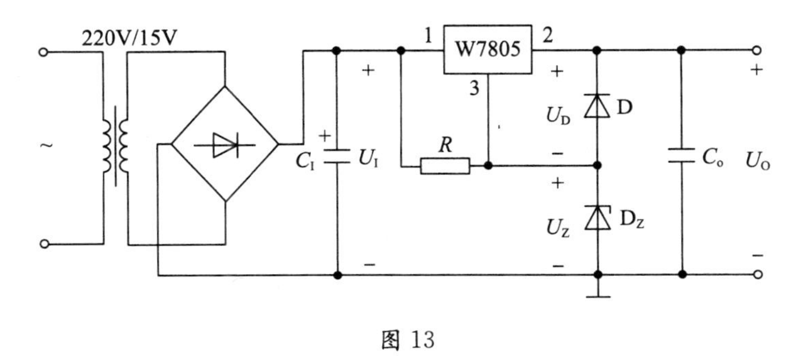

图 13

第五题:作图题(共 1 题,总计 4 分。)

上升沿触发 D 触发器的波形如图 14 所示,试画出 Q 端的波形。(4 分)

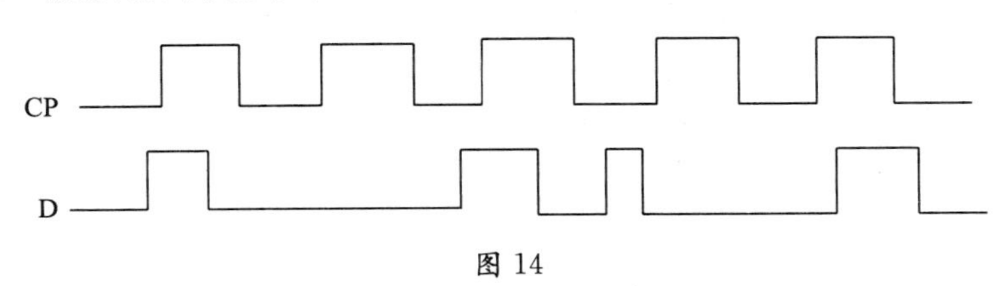

图 14

2023—2024 学年秋季学期期末考试题

第一题:填空题(共 8 题,每空 2 分,总计 26 分。)

1. 二极管承受正向电压时将______,硅管的导通压降约为__________V。

2. 要使稳压管具有稳定电压的作用,应使其工作在____________________。

3. 半导体晶体管是电流控制元件,电流放大关系为__________;处理模拟信号时,晶体管大多工作在________状态,处理数字信号时,晶体管大多工作在______状态。

4. 在阻容耦合和直接耦合两种耦合方式中,既能放大直流信号又能放大交流信号的是__________耦合,只能放大交流信号的是__________耦合。

5. 在双端输入、双端输出的典型差动放大电路中,当两个输入信号大小相等、方向相同时,放大电路对输入信号有________作用;当输入信号大小相等、方向相反时,放大电路对输入信号有________作用。

6. 由 4 个触发器组成的二进制计数器,计数状态最多为________个。

7. 对 120 个信号进行编码,需要______位二进制代码。

8. 保险柜有两把锁,A、B 两名经理各管一把锁的钥匙,必须两人同时开锁才能打开保险柜,这种逻辑关系为______________。

第二题:选择题(共 8 题,每题 2 分,总计 16 分。)

1. 下列说法正确的是(　　)。

A. 二极管经常用于滤波电路

B. 二极管的反向饱和电流的大小与温度无关

C. 二极管加反向工作电压,一定会截止

D. PN 结具有单向导电性

2. 电路如图 1 所示,设晶体管处于放大状态,以下陈述不正确的是(　　)。

A. 该电路的输出电压与输入电压反相

B. 该电路输入电阻高

C. 该电路输出电阻低

D. 该电路的输出电压与输入电压的大小近似相等

3. 下列关于多级放大器的描述错误的是(　　)。

A. 多级放大器的电压放大倍数等于各级放大倍数的乘积

B. 前一级放大器的负载是最后一级的输入电阻

C. 第一级放大器的放大倍数是 A_u,第二级放大器是射极输出器,则这个两级放大电路的放大倍数一定小于 A_u

D. 多级放大器的输出电阻是最后一级的输入电阻

4. 如图 2 所示功率放大器,已知 $U_{CC}=12V$,$R=8\Omega$,则该电路的最大不失真输出功率是(　　)。

A. 2.25W　　B. 4.5W　　C. 9W　　D. 18W

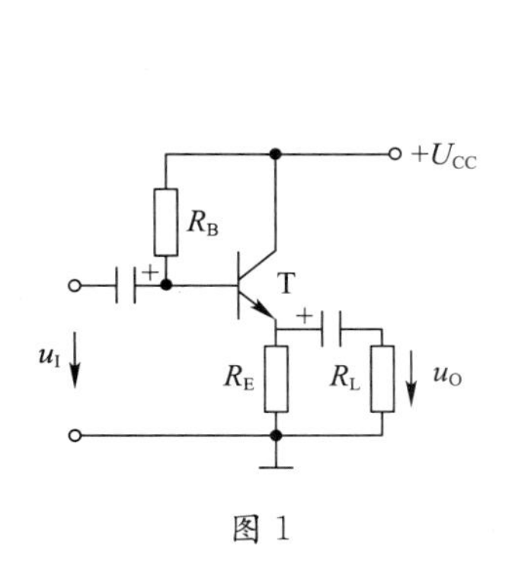

图 1

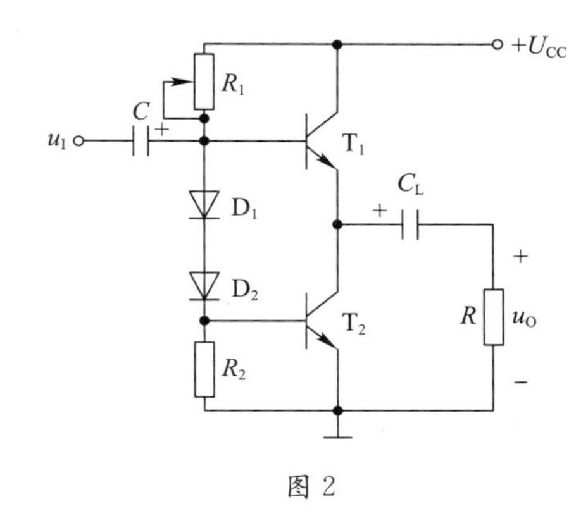

图 2

5. 在图 3 所示电路中，u_2为变压器次级电压，已知 $u_2=5\sqrt{2}\sin 314t$V，二极管导通压降忽略不计。当开关 S 闭合时，输出电压平均值 $U_O\approx$(　　)V；当开关 S 断开时，输出电压平均值 $U_O\approx$(　　)V。

A. 6V，4.5V　　B. 6V，5V　　C. 5V，4.5V　　D. 4.5V，5V

6. 在图 4 所示电路中，设逻辑门输入、输出的高电平“1”为 3V，低电平“0”为 0V。欲使二极管导通的 A、B 逻辑值应为(　　)。

A. A=0，B=1　　B. A=B=0　　C. A=1，B=0　　D. A=B=1

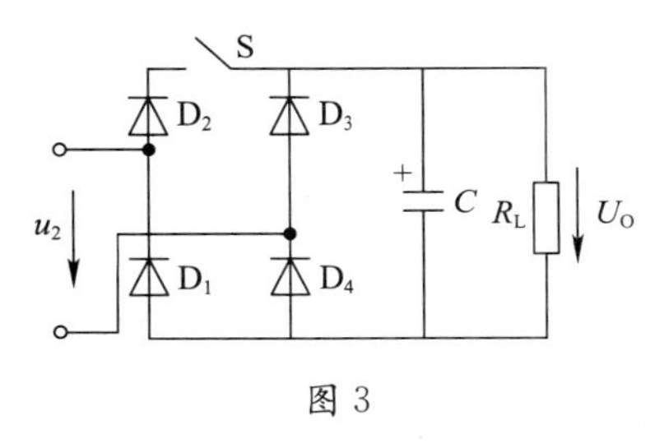

图 3

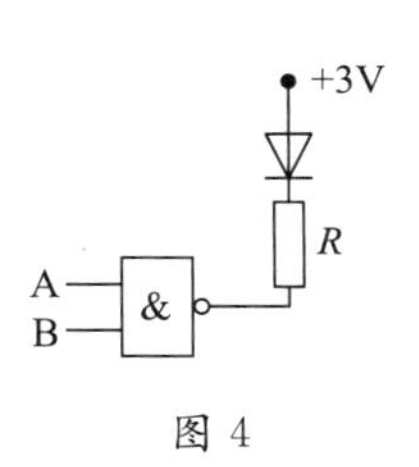

图 4

7. 已知逻辑函数 $F_1=BC+AC$，$F_2=\overline{C}+\overline{A}\cdot\overline{B}$，则 F_1与 F_2之间的关系是(　　)。

A. $F_1=F_2$　　B. $F_1=\overline{F_2}$　　C. $F_1\cdot F_2=1$　　D. $F_1+F_2=0$

8. 在下述逻辑电路中，属于时序逻辑电路的是(　　)。

A. 全加器　　B. 编码器　　C. 译码器　　D. 寄存器

第三题：设计题(共 2 题，第 1 题 11 分、第 2 题 4 分，总计 15 分。)

1. 某实验课程操作考试，有 3 名教师评判，其中 A 为主评判，B 和 C 为副评判。评判时，一是按少数服从多数原则通过考试；二是若主评判认为通过，也可通过考试。(1)列写满足逻辑要求的真值表，并化简逻辑表达式；(2)试用与非门组成的逻辑电路，以完成实验考试通过的评判。

2. 任选一款集成计数芯片 74LS161 或 74LS90，设计一个八进制计数器(方法不限)。

第四题：综合题(共 5 题，第 1 题 10 分、第 2 题 9 分、第 3～5 题每题 6 分，总计 37 分。)

1. 集成运算放大器组成的简易电子秤电路如图 5 所示。(1)当 $\Delta R=0$ 时，$U_O=$？(2)若 $U_O=9\text{V}$，则 $U_{AD}=$？ $U_{O1}=$？ $\Delta R=$？ $R_P=$？

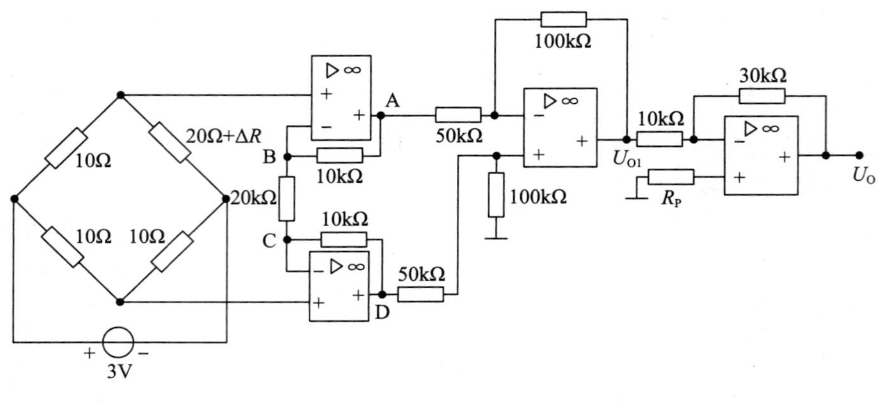

图 5

2. 放大电路如图 6 所示，已知 $\beta=40$，$U_{BE}=0.7\text{V}$。(1)判断晶体管工作在什么状态；(2)若 $r_{be}=1\text{k}\Omega$，画出微变等效电路，并计算该电路的电压放大倍数 A_u、输入电阻 r_i、输出电阻 r_o；(3)若 R_L 开路，则电压放大倍数会如何变化？

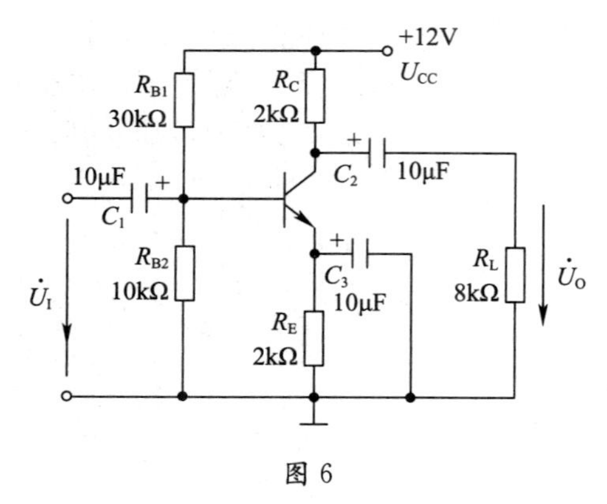

图 6

3. 由 W7812 组成的集成直流稳压电路如图 7 所示，已知 $U_I=30V$，试求 U_O 的输出可调范围。

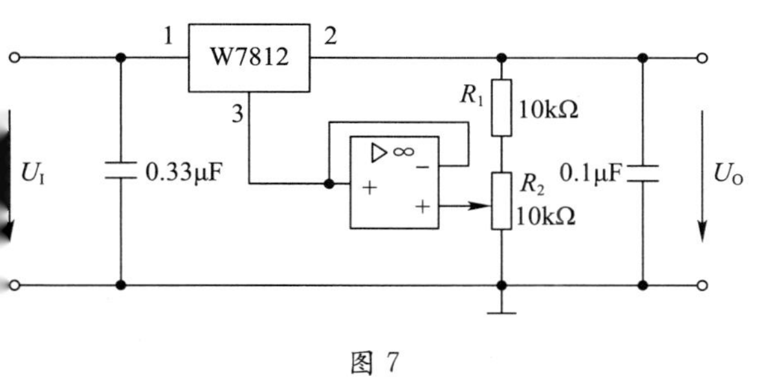

图 7

4. 某监测报警电路如图 8 所示，u_I 为传感器取得的信号。当 u_I 超过正常值时，警灯 L 报警。集成运放的最大输出电压 $\pm U_{OM}=\pm 12V$，二极管的正向导通电压为 0.3V。试计算当 $u_I=1V$ 和 $u_I=3V$ 两种情况下，u_{O1} 的值及输出电压 u_O 的近似值，并说明警灯的状态。

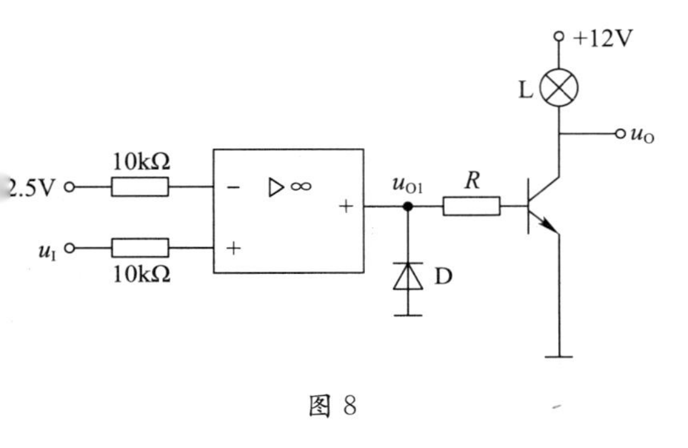

图 8

5. 简易触摸开关电路如图 9 所示，当手触摸金属片时，发光二极管(LED)点亮，经过一定时间，发光二极管自动熄灭。(1)请说明 555 组成的是什么电路？(2)发光二极管点亮后，经过多长时间熄灭？

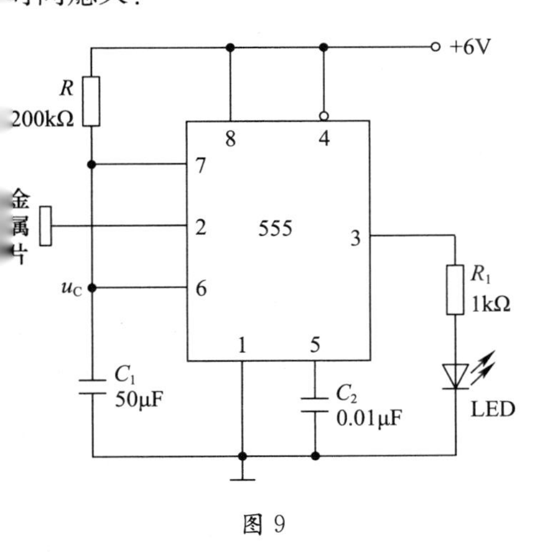

图 9

第五题:作图题(共 2 题,第 1 题 2 分、第 2 题 4 分,总计 6 分。)

1. 电路如图 10 所示,$E=3\text{V}$,当输入电压为$u_{\text{I}}=6\sin\omega t\text{V}$ 的正弦波时,试画出输出电压 u_{O}的波形。设二极管 D 是理想元件。

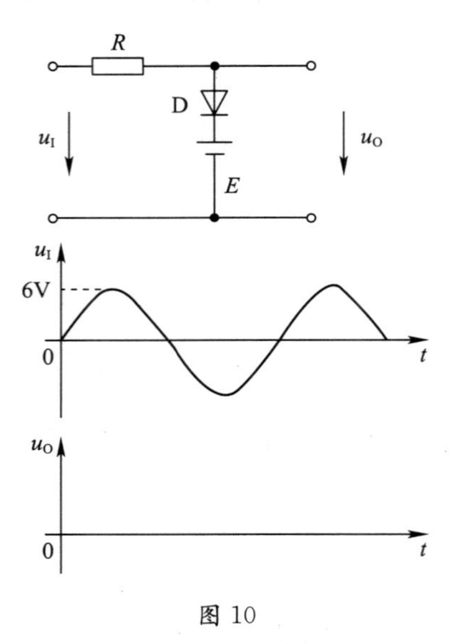

图 10

2. 在图 11 所示电路中,已知 CP、A、B 端的波形,画出 D 及 Q 端的波形。设触发器的初始状态为 0。

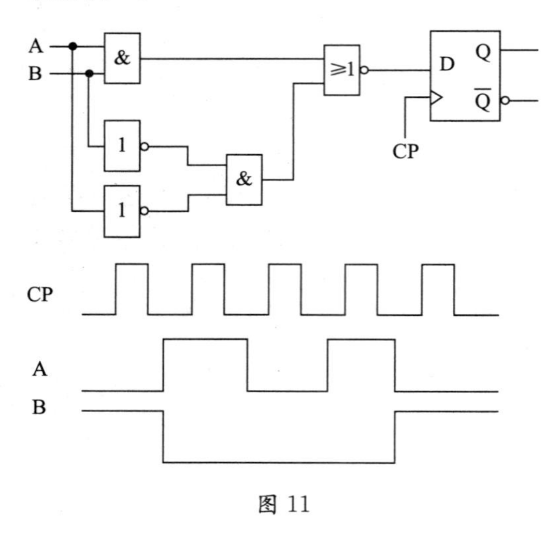

图 11

第 9～19 章习题及期末考试题答案

第 9 章　半导体二极管及其基本应用电路习题答案

1. 填空题

9.1.1　导体,绝缘体　　9.1.2　P,N　　9.1.3　+3,空穴,自由电子,+5,自由电子,空穴

9.1.4　导通,截止,单向导电　　9.1.5　高于,低于　　9.2.6　导通,反向击穿

9.2.7　0.3　　9.2.8　导通,截止,0,2.25m　　9.2.9　5,反向击穿,串,陡峭

2. 判断题

9.1.10　√　9.1.11　√　9.1.12　×　9.2.13　√　9.2.14　√　9.2.15　√

9.2.16　√　9.2.17　√　9.2.18　√　9.2.19　×　9.3.20　√　9.3.21　×

9.3.22　×　9.3.23　√　9.3.24　×

3. 选择题

9.1.25　c　9.1.26　c　9.1.27　a　9.1.28　a,b　9.1.29　c　9.2.30　b　9.2.31　b

9.2.32　b　9.2.33　b　9.2.34　b　9.2.35　b　9.2.36　c　9.2.37　a、d　9.3.38　a

9.3.39　c　9.3.40　d　9.3.41　a　9.3.42　a　9.3.43　c

4. 综合题

9.2.44　解:(a)、(b)电路的输出电压波形如题解图 9-1(a)所示;(c)、(d)电路的输出电压波形如题解图 9-1(b)所示。

9.2.45　解:稳压管电流可由下式求得

$$I_Z=\frac{U-U_Z}{R_1}-\frac{U_Z}{R_2}=\frac{20-10}{900}-\frac{10}{1100}\approx 0.002\text{A}=2\text{mA}<I_{ZM}$$

如果 I_Z 超过 I_{ZM},将导致稳压管发热严重而损坏,适当增加限流电阻 R_1,可以解决这一问题。

9.3.46　解:波形如题解图 9-2 所示。

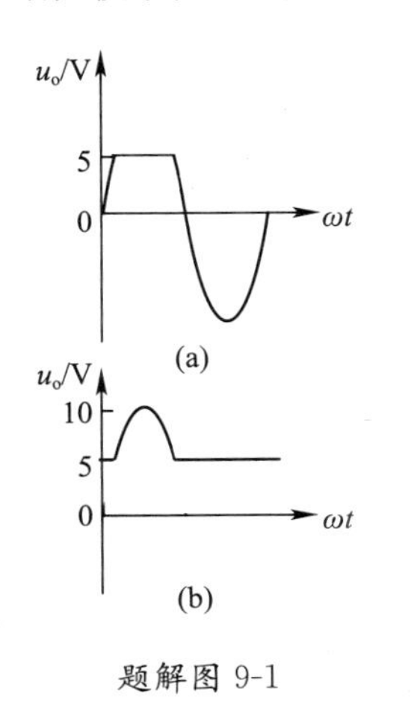

题解图 9-1

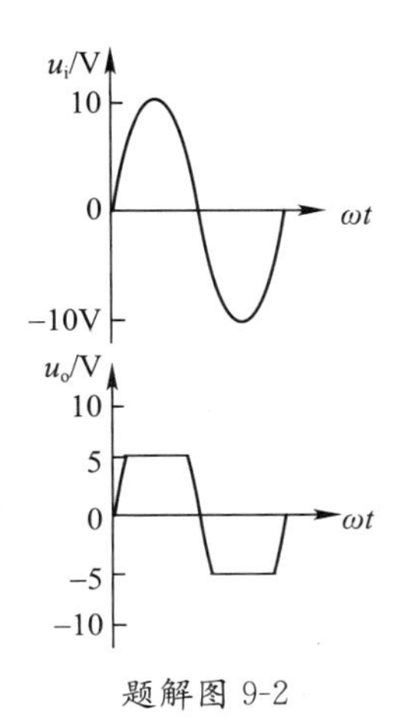

题解图 9-2

9.2.47　解:根据电路理论可知,所示电路可以进行等效,其中,U_0 和 R_0 串联电路是图中左

半部分线性电路的戴维南等效电路。根据戴维南定理可计算 U_0 和 R_0 的大小为

$$U_0=\frac{\frac{100}{20\times10^3}+\frac{150}{20\times10^3}-\frac{100}{20\times10^3}}{\frac{1}{20\times10^3}+\frac{1}{20\times10^3}+\frac{1}{20\times10^3}}=50\text{V}$$

$$R_0=\frac{1}{\frac{1}{20\times10^3}+\frac{1}{20\times10^3}+\frac{1}{20\times10^3}}=6.7\text{k}\Omega$$

由 U_0 的极性和大小可知，二极管 D_1 截止，继电器 KA_1 不动作。二极管 D_2 导通，通过继电器 KA_2 线圈的电流为

$$I_2=\frac{50}{6.7\times10^3+10\times10^3}=3\text{mA}$$

大于继电器动作所需要的 2mA 电流，所以继电器 KA_2 动作。

第 10 章　双极结型晶体管及其放大电路习题答案

1. 填空题

10.1.1　c e b，NPN，硅　　10.1.2　b，PNP，锗　　10.1.3　饱和区　　10.1.4　截止区

10.1.5　电流，电流　　10.2.6　50　　10.2.7　$\frac{i_c}{i_b}$，增大，增大　　10.2.8　共基极，共集电极

10.2.9　硅，锗，NPN，PNP　　10.2.10　直流，交流　　10.2.11　改变 R_B

10.4.12　1 但小于 1，大，小　　10.4.13　相同，电压跟随器

10.4.14　输入，输出，阻抗变换　　10.5.15　零点漂移　　10.5.16　4，输出，输入，大

10.5.17　输入　　10.5.18　2mV，±10mV　　10.6.19　输出功率大，效率高，失真小

10.6.20　甲，乙，甲乙　　10.6.21　78.5%，50%　　10.6.22　完全相同

10.6.23　功率　　10.7.24　负载，信号源内阻

10.7.25　阻容耦合，直接耦合，变压器耦合，光电耦合

2. 判断题

10.1.26　×　10.1.27　√　10.1.28　√　10.1.29　√　10.1.30　×　10.2.31　×

10.2.32　×　10.2.33　×　10.2.34　√　10.2.35　√　10.3.36　√　10.3.37　√

10.4.38　√　10.4.39　×　10.5.40　√　10.5.41　√　10.5.42　√　10.5.43　√

10.6.44　√　10.6.45　√　10.6.46　×　10.7.47　×　10.7.48　√

3. 选择题

10.1.49　a　10.1.50　b　10.2.51　a，b　10.2.52　b　10.2.53　b　10.2.54　a

10.2.55　a　10.3.56　a　10.3.57　b　10.3.58　d　10.4.59　d　10.5.60　d

10.5.61　a　10.5.62　c　10.6.63　d　10.6.64　c　10.7.65　b　10.7.66　c

4. 综合题

10.2.67　解：(1)各元件的作用：晶体管具有电流放大作用。直流电源 U_{CC} 有两个作用：一是提供直流电压，保证发射结正向偏置，集电结反向偏置，使晶体管处于放大状态；二是为输出负载提供能量。基极电阻 R_B：直流电源 U_{CC} 通过电阻 R_B 为晶体管提供合适的基极电流 I_B。集电极负载电阻 R_C：R_C 可以把集电极电流的变化转换成电压的变化反映在输出端，即实现了把晶体管的电流放大作用转换成电压放大作用。耦合电容 C_1 和 C_1：起到传递交流信号、隔离直流信号

的作用。C_1 隔断了输入信号与放大电路之间的直流通路，C_2 隔断了输出信号与放大电路之间的直流通路；同时，又能使交流信号通过电容 C_1、C_2 进行传递。

(2) 估算静态值

$$I_B \approx \frac{U_{CC}}{R_B} = \frac{12}{240 \times 10^3} = 0.05\text{mA} = 50\mu\text{A}$$

$$I_C = \beta I_B = 40 \times 0.05 = 2\text{mA}$$

$$U_{CE} = U_{CC} - R_C I_C = 12 - 3 \times 10^3 \times 2 \times 10^{-3} = 6\text{V}$$

(3) 将直流负载线画在输出特性曲线上，如题解图 10-1(b)所示。直流负载线与 $I_B = 50\mu\text{A}$ 那条输出特性曲线的交点 Q 即是静态工作点，由图可以看出，其对应的静态值为 $I_C = 2\text{mA}$，$U_{CE} = 6\text{V}$。

(4) 静态时，耦合电容 C_1 和 C_2 上的电压分别等于 U_{BE} 和 U_{CE} 的静态值，即 $U_{C1} = 0.7\text{V}$，$U_{C2} = 6\text{V}$。电容上的电压极性标于题解图 10-1(a)中。

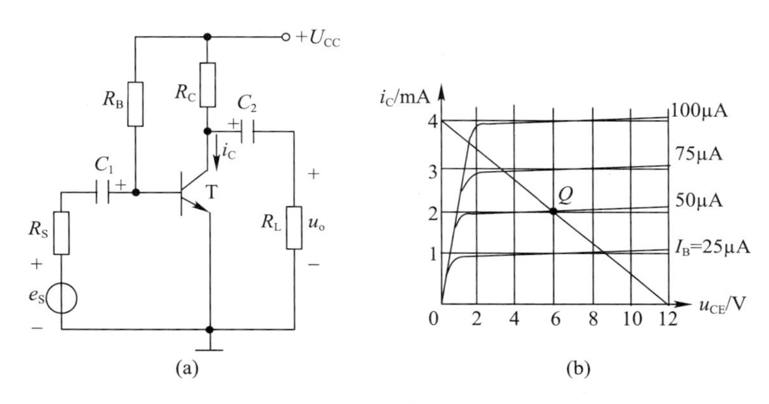

题解图 10-1

10.2.68 解：(1) 微变等效电路如题解图 10-2 所示。

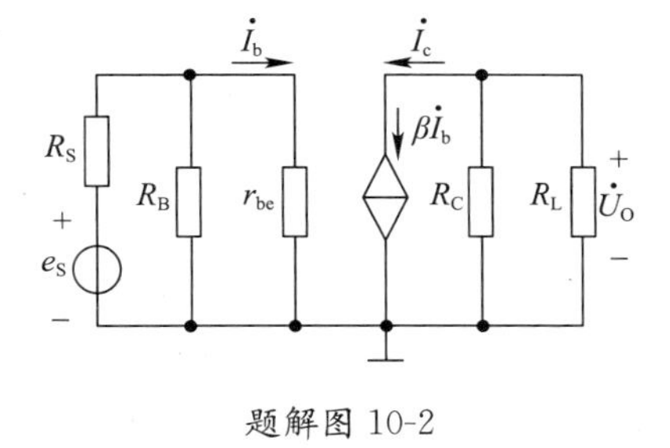

题解图 10-2

(2) 在直流通路中求得

$$I_E \approx I_C = \beta I_B = 37.5 \times \frac{12}{300 \times 10^3} = 1.5\text{mA}$$

$$r_{be} = 200\Omega + (1 + 37.5) \times \frac{26\text{mV}}{1.5\text{mA}} \approx 0.867\text{k}\Omega$$

$$A_u = -\beta \frac{R_L'}{r_{be}} = -\beta \frac{R_L /\!/ R_C}{r_{be}} = -37.5 \times \frac{4 \times 10^3 \times 4 \times 10^3}{4 \times 10^3 + 4 \times 10^3} \times \frac{1}{0.867 \times 10^3} \approx -87$$

输入电阻 $r_i = R_B /\!/ r_{be} \approx r_{be} = 0.867\text{k}\Omega$

输出电阻 $r_o = R_C = 4\text{k}\Omega$

(3) 通常希望放大电路的输入电阻高一些，输入电阻越高，从电源取用的能量越大，为后续电路提供的能量越多;希望输出电阻小一些,输出电阻越小,负载获得的能量越多。

(4) 当静态工作点不合适或者信号过大时,放大电路会产生失真。若静态工作点偏高,则信号可能进入饱和区而使输出信号产生饱和失真;若静态工作点偏低,则信号可能进入截止区而使输出信号产生截止失真。此外,当信号过大时,两种失真均可能出现。

10.3.69 解:图(a)电路中

$$I_B \approx \frac{6}{50\times10^3}=0.12\times10^{-3}\text{A}=0.12\text{mA}$$

$$I_C=50\times0.12=6\text{mA}$$

$$U_{CE}=12-1\times10^3\times6\times10^{-3}=6\text{V}$$

发射结正偏,集电结反偏,晶体管工作于放大状态。

图(b)电路中

$$I_B \approx \frac{12}{47\times10^3}=0.255\times10^{-3}\text{A}=0.255\text{mA}$$

晶体管饱和时的集电极电流约为

$$I_C=\frac{12}{1.5\times10^3}=8\times10^{-3}\text{A}=8\text{mA}$$

晶体管临界饱和时的基极电流为

$$I_B'=\frac{I_C}{\beta}=\frac{8}{40}=0.2\text{mA}$$

而基极电流

$$I_B \approx \frac{12}{47\times10^3}=0.255\times10^{-3}\text{A}=0.255\text{mA}$$

大于 I_B',晶体管工作在饱和状态。

图(c)电路中,晶体管发射结反偏,处于截止状态。

10.3.70 解:(1)计算静态值

$$V_B=\frac{R_{B2}}{R_{B1}+R_{B2}}U_{CC}=\frac{10\times10^3}{20\times10^3+10\times10^3}\times12=4\text{V}$$

$$I_C \approx I_E=\frac{V_B-U_{BE}}{R_E}=\frac{4-0.7}{2\times10^3}=1.65\times10^{-3}\text{A}=1.65\text{mA}$$

$$I_B \approx \frac{I_C}{\beta}=\frac{1.65}{37.5}=0.044\text{mA}$$

$$U_{CE}=U_{CC}-(R_C+R_E)I_C=12-(2+2)\times10^3\times1.65\times10^{-3}=5.4\text{V}$$

(2) 微变等效电路如题解图 10-3 所示。

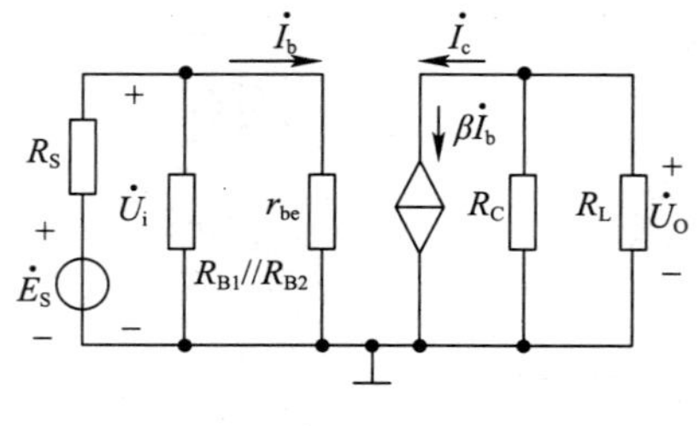

题解图 10-3

(3) $r_{be}=200\Omega+(1+37.5)\times\dfrac{26\text{mV}}{1.65\text{mA}}\approx807\Omega$

$$A_u=-\beta\frac{R'_L}{r_{be}}=-37.5\times\frac{2\times10^3\times6\times10^3}{2\times10^3+6\times10^3}\times\frac{1}{0.807\times10^3}\approx-70$$

输入电阻　　　　　　　　　　$r_i=R_{B1}/\!/R_{B2}/\!/r_{be}\approx0.807\text{k}\Omega$

输出电阻　　　　　　　　　　$r_o=R_C=2\text{k}\Omega$

(4) 负载开路时，$R_L\to\infty$，$R'_L=R_C/\!/R_L$ 最大，电压放大倍数具有最大值，即

$$A_u=-\beta\frac{R_C}{r_{be}}=-37.5\times\frac{2\times10^3}{0.807\times10^3}=-93$$

随着负载电阻 R_L 减小，电压放大倍数也减小。

(5)输出端带有负载时的电压放大倍数为

$$A_u=\frac{\dot{U}_o}{\dot{U}_i}=-\beta\frac{R'_L}{r_{be}}=-70$$

而输出电压对信号源电动势的放大倍数为

$$A_{uS}=\frac{\dot{U}_o}{\dot{E}_S}=\frac{\dot{U}_o}{\dot{U}_i}\cdot\frac{\dot{U}_i}{\dot{E}_S}=A_u\frac{r_i}{r_i+R_S}=-70\times\frac{0.807\times10^3}{0.807\times10^3+1\times10^3}\approx-31.26$$

信号源内阻 R_S 不影响放大电路的电压放大倍数$A_u=\frac{\dot{U}_o}{\dot{U}_i}$，但是 R_S 越大，信号源在放大电路输入电阻上的压降，即放大电路的输入电压越小，输出也越小。

(6)去掉发射极旁路电容，静态值无变化。因为电容具有隔直流、通交流的作用，静态时，电容相当于开路，故去掉发射极旁路电容，静态值无变化。微变等效电路如题解图 10-4 所示。

$$r_{be}=200\Omega+(1+37.5)\times\frac{26\text{mV}}{1.65\text{mA}}\approx807\Omega$$

$$A_u=-\beta\frac{R'_L}{r_{be}+(1+\beta)R_E}=-37.5\times\frac{2\times10^3\times6\times10^3}{2\times10^3+6\times10^3}\times\frac{1}{0.807\times10^3+(1+37.5)\times2\times10^3}=-0.72$$

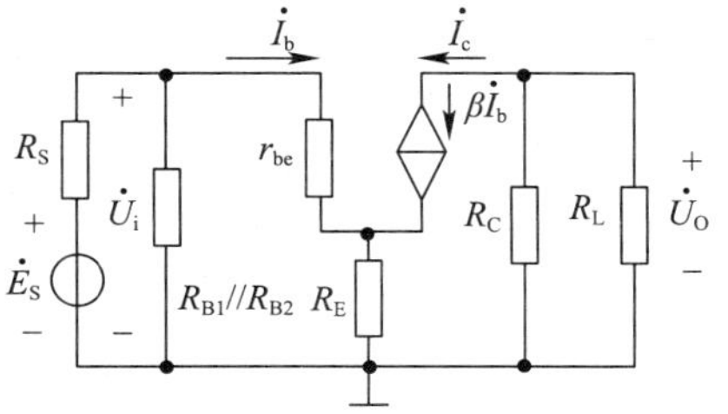

题解图 10-4

与题解图 10-3 比较，由于 R_E 的影响，电压放大倍数减小很多。

$$r_i=R_{B1}/\!/R_{B2}/\!/[r_{be}+(1+\beta)R_E]\approx6.14\text{k}\Omega$$

$$r_o=R_C=2\text{k}\Omega$$

故电压放大倍数减小，输入电阻增大，输入电阻不变。

10.3.71　解：(1)正常情况下，B 端电位为 0V，发光二极管不发光，晶体管 T 处于截止状态，蜂鸣器不响；(2)$V_B=5\text{V}$，发光二极管发光，蜂鸣器响，R_1 的作用是保护晶体管，防止 U_{BE}电压过大，R_2 的作用是保护发光二极管。

第 11 章　集成运算放大器习题答案

1. 填空题

11.1.1　虚地　　11.1.2　∞,∞,0,∞　　11.1.3　输入级,中间级,输出级,偏置电路

11.1.4　差分放大,抑制零点漂移,电压放大,功率放大,静态工作点

11.1.5　0　　11.1.6　线性区,饱和区,运算,处理

2. 判断题

11.1.7　√　11.1.8　×　11.1.9　√

3. 选择题

11.1.10　c　11.2.11　c　11.2.12　b　11.2.13　b　11.2.14　b　11.2.15　b

11.2.16　a　11.3.17　c　11.3.18　b　11.3.19　c　11.3.20　d　11.3.21　d

4. 综合题

11.2.22　解:(1)$u_O=-\frac{R_F}{R_1}u_I=-\frac{R_F}{R_1}\sin 6280t\text{mV}$

u_I 和 u_O 的波形图如题解图 11-1 所示。

题解图 11-1

(2) 两输入端之间的实际电压(u_+-u_-)极小,即 $u_+\approx u_-$,称为“虚短”。如果同相输入端接“地”,则反相输入端的电位接近“地”电位,因此称为“虚地”(并非真正具有“地”电位)。若将两个输入端直接连起来,则 $u_+-u_-=0$,集成运放输入端无实际输入电压,因而不能产生输出。这样做是不可以的。

11.2.23　证明:由于集成运放的 r_{id} 很大,因此 $i_+\approx i_-\approx 0$,有

$$u_-=\frac{R}{2R}U=\frac{1}{2}U,\quad u_+=\frac{R}{R+\Delta R+R}U$$

$$u_O=A_{uo}(u_+-u_-)=A_{uo}\left(\frac{R}{2R+\Delta R}-\frac{R}{2R}\right)U$$

$$=A_{uo}U\left(\frac{\frac{1}{2}}{1+\frac{\Delta R}{2R}}-\frac{1}{2}\right)=-\frac{A_{uo}U}{4}\frac{\frac{\Delta R}{R}}{1+\frac{\Delta R}{2R}}$$

11.2.24　解:电路第一级为同相比例运算电路,即

$$u_{O1}=\left(1+\frac{R_1/K}{R_1}\right)u_{I1}=\left(1+\frac{1}{K}\right)u_{I1}$$

第二级有两个输入端,利用叠加定理可得

$$u_O=-\frac{KR_2}{R_2}u_{O1}+\left(1+\frac{KR_2}{R_2}\right)u_{I2}$$

$$=(1+K)u_{I2}-K\left(1+\frac{1}{K}\right)u_{I1}$$

$$=(1+K)(u_{I2}-u_{I1})$$

11.2.25　解:由第一级反相比例运算电路得

$$u_{O1}=-\frac{10}{1}u_I=-10u_I$$

由第二级反相加法运算电路得

$$u_O=-\left(\frac{10}{10}u_{O1}+\frac{10}{5}u_{O2}+\frac{10}{2}u_{O3}\right)$$
$$=-(-10u_{I1}+2u_{I2}+5u_{I3})$$
$$=10u_{I1}-2u_{I2}-5u_{I3}$$

11.2.26　解：此题用叠加定理计算。

(1) 当 u_{I1}、u_{I2}作用，而 $u_{I3}=u_{I4}=0$ 时，有

$$u'_O=-\left(\frac{R_F}{R_1}u_{I1}+\frac{R_F}{R_2}u_{I2}\right)=-\left(\frac{1\times10^3}{2\times10^3}\times1+\frac{1\times10^3}{2\times10^3}\times2\right)=-1.5\text{V}$$

(2) 当 u_{I3}、u_{I4}作用，而 $u_{I1}=u_{I2}=0$ 时，有

$$u''_O=\left(1+\frac{R_F}{R_1/\!/R_2}\right)u_+$$

由虚断知 $i_+=0$，同相输入端电压 u_+ 可通过节点电压法求出，得

$$u_+=\frac{\frac{u_{I3}}{R_3}+\frac{u_{I4}}{R_4}}{\frac{1}{R_3}+\frac{1}{R_4}}=\frac{\frac{3}{1\times10^3}+\frac{4}{1\times10^3}}{\frac{1}{1\times10^3}+\frac{1}{1\times10^3}}=3.5\text{V}$$

则

$$u''_O=\left(1+\frac{R_F}{R_1/\!/R_2}\right)u_+=\left(1+\frac{1}{\frac{2\times10^3\times2\times10^3}{2\times10^3+2\times10^3}}\right)\times3.5=7\text{V}$$

(3) 当 u_{I1}、u_{I2}、u_{I3}、u_{I4}共同作用时，由叠加定理可得

$$u_O=u'_O+u''_O=-1.5+7=5.5\text{V}$$

11.3.27　解：对于电压比较器，当 $u_+>u_-$ 时，$u_O=+U_{OM}$；当 $u_+<u_-$ 时，$u_O=-U_{OM}$。如图(a)～(d)所示 4 个电压比较器：

(a) 当 $u_I<3\text{V}$，$u_O=+U_{OM}$；$u_I>3\text{V}$，$u_O=-U_{OM}$；

(b) 当 $u_I<-3\text{V}$，$u_O=+U_{OM}$；$u_I>-3\text{V}$，$u_O=-U_{OM}$；

(c) 当 $u_I>3\text{V}$，$u_O=+U_{OM}$；$u_I<3\text{V}$，$u_O=-U_{OM}$；

(d) 当 $u_I>-3\text{V}$，$u_O=+U_{OM}$；$u_I<-3\text{V}$，$u_O=-U_{OM}$。

则各电压比较器的传输特性曲线如题解图 11-2(a)～(d)所示。

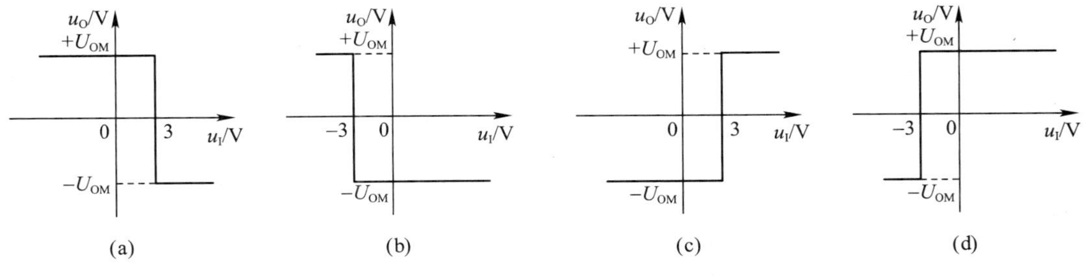

题解图 11-2

11.3.28　解：第一级集成运放构成的是电压跟随器，有 $u_{O1}=u_I$。

后一级集成运放构成的是反相比例运算电路，有

$$u_O=-\frac{R_F}{R_1}u_{O1}=-\frac{R_F}{R_1}u_I$$

11.2.29　解：集成运放 A_1 和 A_2 皆工作在线性状态。

由虚短可知：$u_{1-}=u_{1+}=u_{I1}$，$u_{2-}=u_{2+}=u_{I2}$。

由虚断可知：$i_{1-}\approx 0$，$i_{2-}\approx 0$。

电阻 R_1、R_P、R_1 流过同一电流 i_{R_P}，即

$$i_{R_P}=\frac{u_{1-}-u_{2-}}{R_P}=\frac{u_{I1}-u_{I2}}{R_P}$$

因而

$$u_{O1}-u_{O2}=i_{R_P}(R_1+R_P+R_1)=\left(\frac{u_{I1}-u_{I2}}{R_P}\right)(R_1+R_P+R_1)$$

$(u_{O1}-u_{O2})$为由 A_3 构成的差分减法放大电路的输入电压，则输出电压为

$$u_O=-\frac{R_3}{R_2}(u_{O1}-u_{O2})=-\frac{R_3}{R_2}\left(\frac{R_1+R_P+R_1}{R_P}\right)(u_{I1}-u_{I2})$$

$$=-\frac{R_3}{R_2}\left(1+2\frac{R_1}{R_P}\right)(u_{I1}-u_{I2})=-\frac{R_3}{R_1}\left(1+2\frac{R_1}{R_P}\right)u_I$$

电压放大倍数为

$$A_u=\frac{u_O}{u_I}=-\frac{R_3}{R_2}\left(1+2\frac{R_1}{R_P}\right)$$

11.3.30　解：(1)当没有火情时，$u_{I1}=u_{I2}$，差分运算放大电路 A_1 的输出 $u_{O1}=0$。而 $u_{2-}=\left(\frac{R_4}{R_3+R_4}\right)U_{CC}>u_{2+}(=u_{O1}=0)$，电压比较器 A_2 的输出 $u_{O2}=-U_{OM}<0$，LED 截止不发光，晶体管 T 不导通($i_C=0$)，故蜂鸣器 HA 不鸣响。

(2) 当有火情时，$u_{I1}\neq u_{I2}$，两者差值($u_{I2}-u_{I1}$)大到一定程度后，即

$$u_{2+}\left[=u_{O1}=\frac{R_2}{R_1}(u_{I2}-u_{I1})\right]>u_{2-}\left(=\frac{R_4}{R_3+R_4}U_{CC}\right)$$

电压比较器 A_2 的输出 $u_{O2}=+U_{OM}>0$，LED 导通发光，晶体管 T 导通($i_C\neq 0$)，蜂鸣器 HA 开始鸣响报警。改变 R_4，可调整参考电压 u_{2-} 的数值，从而调节报警灵敏度。

第 12 章　反馈电路习题答案

1. 填空题

12.1.1　输出信号　　12.1.2　正反馈，负反馈

12.2.3　电压串联负反馈，电压并联负反馈，电流串联负反馈，电流并联负反馈

12.2.4　串联，并联　　12.3.5　电压，电流　　12.3.6　减小，增强，改善，扩展

12.3.7　负　　12.3.8　串联负，电压负　　12.3.9　电流并联负反馈

12.4.10　石英晶体振荡电路　　12.4.11　$|AF|=1$，$\varphi_a+\varphi_f=2n\pi$，$|AF|>1$

2. 判断题

12.1.12　√　12.1.13　√　12.1.14　√　12.3.15　√　12.3.16　√　12.3.17　×

12.3.18　×　12.3.19　×　12.3.20　√　12.3.21　×　12.3.22　×　12.3.23　√

12.4.24　×　12.4.25　√　12.4.26　×　12.4.27　√　12.4.28　√

3. 选择题

12.1.29　b　12.1.30　d　12.1.31　c　12.1.32　c　12.1.33　b　12.1.34　b

12.1.35　c　12.1.36　a　12.1.37　b　12.3.38　c　12.3.39　b　12.3.40　b

12.3.41　b　12.3.42　a　12.3.43　c　12.3.44　b　12.3.45　b　12.3.46　c

12.4.47　a　12.4.48　d　12.4.49　c　12.4.50　c

4. 综合题

12.1.51　解:图(a)中引入了直流反馈,没有交流反馈,直流信号作用时电容视为断路,其等效电路中含有反馈通路,而交流信号作用时电容视为短路,其等效电路中不包含反馈通路。根据瞬时极性法可判断出直流反馈是负反馈。图(b)中既引入直流反馈又引入了交流反馈,其反馈是正反馈。

12.3.52　解:该电路中包含电阻 R_3、R_5、R_f 这 3 条反馈通路。

电阻 R_3、R_5 引入的反馈类型是并联电压负反馈,电阻 R_f 引入的是串联电流负反馈。

电阻 R_3、R_5 引入的反馈类型使输入电阻变小、输出电阻变小,电阻 R_f 引入的反馈类型使输入电阻变大、输出电阻变大。

12.3.53　解:(1)该电路中含有反馈;(2)其反馈通路由电阻 R_1 和 R_4 构成,反馈类型为串联电压负反馈,该反馈类型使输入电阻变大、输出电阻减小。

12.4.54　解:(1)b 端;(2)$R_f > 4\text{k}\Omega$;(3)$f_0 = 159.24\text{Hz}$;(4)R_f 引入的是串联电压负反馈,这种反馈会使输入电阻增大,使输出电阻减小。

12.4.55　解:(1)如题解图 12-1。

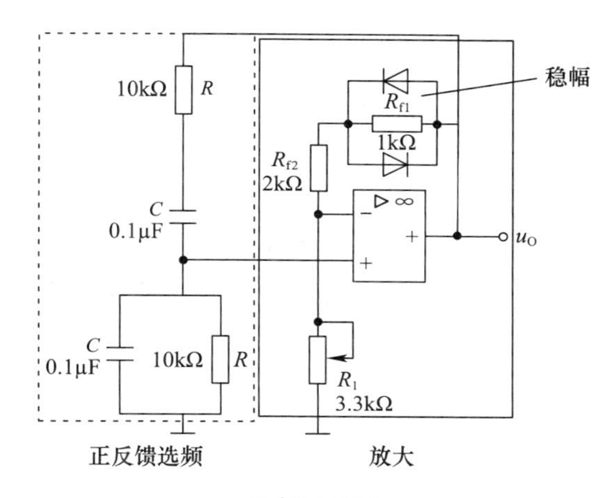

题解图 12-1

(2) $R_1 < 1.5\Omega$。

(3) $f = \dfrac{1}{2\times 3.14\times 10\times 10^3\times 0.1\times 10^{-6}} = 159\text{Hz}$。

(4) 增加电压比较器和积分电路。

第 13 章　直流稳压电源习题答案

1. 填空题

13.1.1　整流变压器、整流电路、滤波电路、稳压电路

13.1.2　单向脉动直流电 二极管　　13.2.3　电容,电感,π 形

13.3.4　电源,负载　　13.3.5　输入,中间,输出

2. 判断题

13.1.6　√　13.1.7　√　13.2.8　×　13.3.9　√

3. 选择题

13.1.10　b　13.1.11　c　13.1.12　b　13.1.13　c　13.1.14　a

13.1.15 b 13.2.16 c 13.2.17 b 13.3.18 c 13.3.19 a

13.3.20 c 13.3.21 c 13.3.22 a 13.3.23 b 13.3.24 c

4. 综合题

13.1.25 解:(1)上负下正。整流输出电压波形如题解图 13-1 所示。

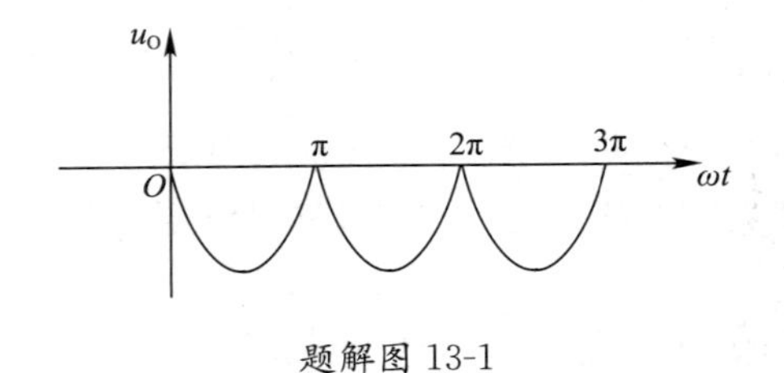

题解图 13-1

(2) 由于$U_O=0.9U$,所以

$$U=\frac{U_O}{0.9}=\frac{20}{0.9}=22.22\text{V}$$

$$I=\frac{U}{R_L}=\frac{22.22}{80}=0.28\text{A}$$

(3)

$$I_O=\frac{U_O}{R_L}=\frac{20}{80}=0.25\text{A}$$

$$I_D=\frac{1}{2}I_O=0.125\text{A}$$

$$U_{DRM}=\sqrt{2}U=31.33\text{V}$$

(4) D_1 断路,变成半波整流;D_1 短路,负半周时变压器电流过大,容易烧坏变压器和二极管。

13.3.26 解:(1)如题解图 13-2 所示。(2)$U_I=36$V。(3)$7.5\text{V}\leqslant U_O\leqslant 20\text{V}$。

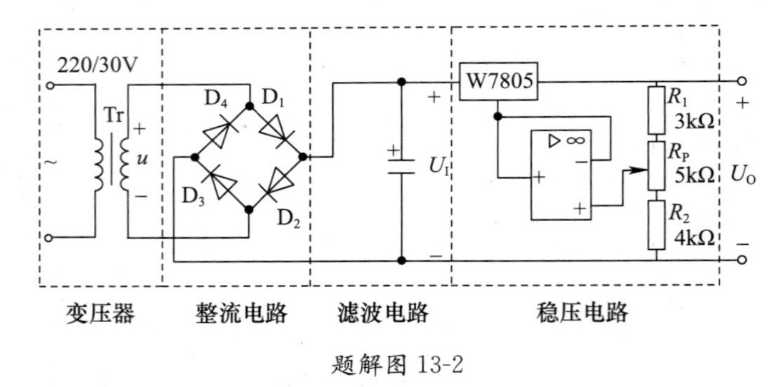

题解图 13-2

13.3.27 解:(1)(a)为整流电路,将交流电变成单向脉动电压;(b)为滤波电路,减小电压的脉动程度。

(2) 烧毁变压器和二极管。

(3) $U_O=U_Z+15=6+15=21$V。

第 14 章 数字电路基本知识习题答案

1. 填空题

14.1.1 0,1 14.1.2 时间,数值,模拟电路 14.2.3 0,1,2

14.2.4　$(14.625)_D$　　14.2.5　$(12625)_D$　　14.3.6　无,无权码

14.3.7　$2^3,2^2,2^1,2^0$　　14.3.8　00110101

2. 判断题

14.1.9　×　14.1.10　×　14.1.11　×　14.2.12　√　14.3.13　√　14.3.14　√

3. 选择题

14.1.15　abcd　14.1.16　b　14.2.17　b

第15章　逻辑代数习题答案

1. 填空题

15.1.1　与,或,非　　15.1.2　0,0,1,1　　15.1.3　1,1,0,0

15.2.4　1,0,0,1　　15.2.5　1,0,0,1　　15.2.6　0,1,1,0

15.1.7　开关,饱和,截止　　15.1.8　饱和,报警　　15.1.9　高

15.4.10　真值表,逻辑表达式,逻辑电路图,卡诺图,真值表

2. 判断题

15.1.11　×　15.1.12　√　15.2.13　√　15.4.14　√

3. 选择题

15.1.15　c　15.2.16　c　15.2.17　a　15.2.18　bd　15.3.19　b　15.3.20　c

15.4.21　b　15.4.22　b

4. 综合题

15.2.23　解:如题解图15-1所示。

A	B	Y
0	0	0
0	1	1
1	0	1
1	1	1

图(a)真值表,实现或门的功能

A	B	Y
0	0	0
0	1	0
1	0	0
1	1	1

图(b)真值表,实现与门的功能

A	Y
0	1
1	0

图(c)真值表,实现非门的功能

题解图15-1

15.5.24　解:

图(a),$Y=\overline{A+B+0}=\overline{A+B}$

图(b),$Y=\overline{A+B+1}=\overline{1}=0$

图(c),$Y=\overline{AB}$

图(d),$Y=\overline{A\cdot B\cdot 0}=\overline{0}=1$

图(e),$Y=\overline{1\cdot A\cdot B+C\cdot D\cdot 0}=\overline{AB}$

图(f),$Y=\overline{A\cdot B+C\cdot D+0\cdot 0}=\overline{A\cdot B+C\cdot D}$

所以,图(a)、图(c)、图(f)正确;图(b)、图(d)、图(e)错误,改正如下:图(b),Y=0;图(d),Y=1;图(e),$Y=\overline{AB}$。

15.5.25　解:如题解图15-2和题解图15-3所示。

（1）

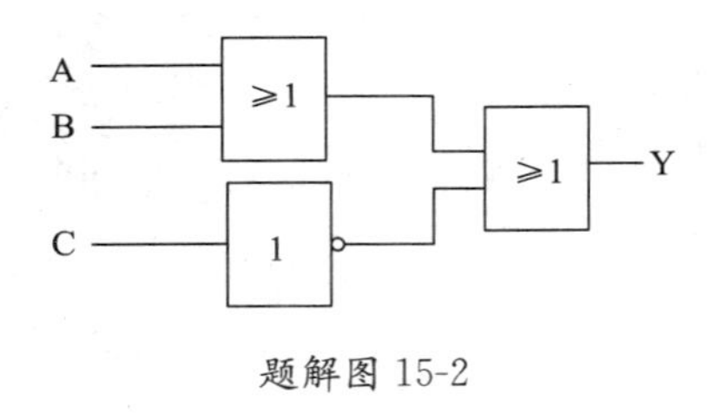

题解图 15-2

（2）

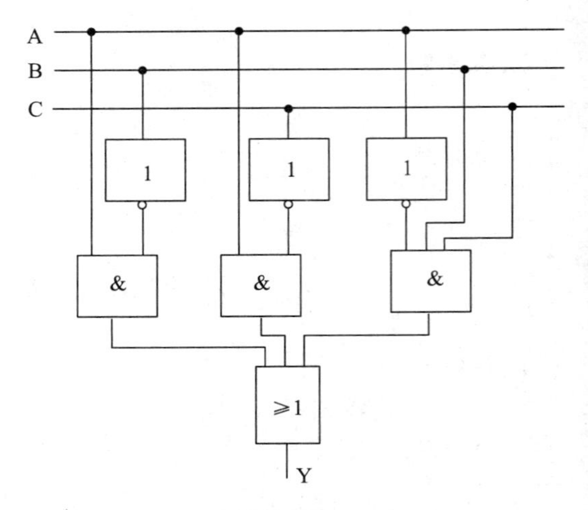

题解图 15-3

15.5.26　解：(1) $Y=A+ABC+A\,\overline{BC}+BC+\overline{B}C=A+A\,\overline{BC}+C=A+C$

(2) $Y=\overline{A}\,\overline{B}+(AB+A\overline{B}+\overline{A}B)C=\overline{A}\,\overline{B}+(A+\overline{A}B)C$

$\quad=\overline{A}\,\overline{B}+(A+B)C=\overline{A}\,\overline{B}+\overline{\overline{A}\cdot\overline{B}}\cdot C=\overline{A}\,\overline{B}+C$

(3) $Y=A+A\overline{B}\,\overline{C}+\overline{A}CD+(\overline{C}+\overline{D})E=A+\overline{A}CD+\overline{CD}E=A+CD+\overline{CD}E=A+CD+E$

15.5.27　证明：左边 $=(\overline{A}+B)\cdot(A+\overline{B})=A\overline{A}+\overline{A}\,\overline{B}+AB+B\overline{B}=AB+\overline{A}\,\overline{B}=A\odot B=$ 右边。

15.5.28　解：(a) $Y=\overline{\overline{AB}\,\overline{\overline{B}C}}=\overline{\overline{AB}}+\overline{\overline{\overline{B}C}}=AB+\overline{B}C$

(b) $Y=\overline{\overline{\overline{\overline{AB}\,\overline{BC}}}\cdot\overline{AC}}=\overline{\overline{AB}\,\overline{BC}\,\overline{AC}}=\overline{\overline{AB}}+\overline{\overline{BC}}+\overline{\overline{AC}}=AB+BC+AC$

15.5.29　解：$F_1=A+B$，为或门；$F_2=AB$，为与门；$F_3=\overline{A+B}$，为或非门；$F_4=\overline{A}$，为非门。

15.2.30　解：无人抢答时，G_1 门、G_2 门输出高电平，EL_1、EL_2 不亮，T 截止；若选手 1 抢答，S_1 接高电平，S_2 接低电平，G_1 门输出为 0，EL_1 亮，G_3 门输出为 1，T 导通，蜂鸣器响，G_1 门输出反馈至 G_2 门输入，G_2 门输出高电平，S_2 的状态不影响结果。

第 16 章　组合逻辑电路习题答案

1. 填空题

16.2.1　当前，记忆，门电路

16.3.2　具有编码功能，信息，二进制代码，同时输入，优先级最高

16.3.3　具有译码功能，二进制代码，特定含义的信号

16.3.4　十进制数，二进制代码，16，6　　16.3.5　3，8，1

16.3.6　LED 数码管，液晶显示器，共阴极，共阳极　　16.3.7　异或，与

2. 判断题

16.3.8　√　16.2.9　×　16.3.10　×　16.3.11　×　16.3.12　√　16.3.13√

3. 选择题

16.2.14　d　16.2.15　b　16.2.16　c　16.2.17　b　16.2.18　c　16.2.19　d

16.2.20　b　16.3.21　c

4. 综合题

16.2.22 解：图(a)的逻辑表达式为

$$Y=AB\cdot BC\cdot AC=ABC$$

列真值表(比较简单,也可以省略),见题解表 16-1。

逻辑功能:仅当 A、B、C 都为 1 时,输出为 1,否则为 0(即有 0 出 0,全 1 出 1)。

图(b)的逻辑表达式为

$$Y=\overline{\overline{A+\overline{A+B}}+\overline{B+\overline{A+B}}}=(A+\overline{A+B})\cdot(B+\overline{A+B})=(A+\overline{A}\,\overline{B})(B+\overline{A}\,\overline{B})$$
$$=(A+\overline{B})(B+\overline{A})=AB+\overline{A}\,\overline{B}$$

列真值表(比较简单,也可以省略),见题解表 16-2。

题解表 16-1　习题 16.2.22 图(a)的真值表

A	B	C	Y
0	0	0	0
0	0	1	0
0	1	0	0
0	1	1	0
1	0	0	0
1	0	1	0
1	1	0	0
1	1	1	1

题解表 16-2　习题 16.2.22 图(b)的真值表

A	B	Y
0	0	1
0	1	0
A	B	Y
1	0	0
1	1	1

逻辑功能:同或的功能。

16.2.23　解:(1)$Y=\overline{\overline{AC}\cdot\overline{B\overline{C}}}=AC+B\overline{C}$

当 C=0 时,Y=B;当 C=1 时,Y=A。

(2)当 C=0 时,Y 的波形与 B 的波形相同;当 C=1 时,Y 的波形与 A 的波形相同。

(3)电路实现了数据选择器的功能,即用 C 信号控制或选择输入的 A 或 B 信号。

16.2.24　解:题目中有或运算,去掉或运算应使用德·摩根定理(反演律),在原式上做两次非运算。同时应注意非号的作用范围和符号的变化。

(1) $Y=\overline{\overline{AB+\overline{A}C}}=\overline{\overline{AB}\cdot\overline{\overline{A}C}}$

(2) $Y=\overline{\overline{A+B+\overline{C}}}=\overline{\overline{A}\cdot\overline{B}\cdot C}$

(3) $Y=\overline{\overline{A\overline{B}+A\overline{C}+\overline{A}BC}}$

$=\overline{\overline{A\overline{B}}\cdot\overline{A\overline{C}}\cdot\overline{\overline{A}BC}}$

16.2.25 解:(1)列真值表,见题解表 16-3。

题解表 16-3　习题 16.2.25 的真值表

A	B	C	Y
0	0	0	0
0	0	1	1
0	1	0	1
0	1	1	0
1	0	0	1
1	0	1	0
1	1	0	0
1	1	1	1

写逻辑表达式:$Y=\overline{A}\,\overline{B}C+\overline{A}B\overline{C}+A\overline{B}\,\overline{C}+ABC$

画逻辑电路图,如题解图 16-1 所示。

(2) 逻辑表达式变换为

$$\begin{aligned}Y&=\overline{A}\,\overline{B}C+\overline{A}B\overline{C}+A\overline{B}\,\overline{C}+ABC\\&=(\overline{A}\,\overline{B}C+\overline{A}B\overline{C})+(A\overline{B}\,\overline{C}+ABC)\\&=\overline{A}(B\oplus C)+A(B\odot C)\\&=\overline{A}(B\oplus C)+A(\overline{B\oplus C})\\&=A\oplus B\oplus C\end{aligned}$$

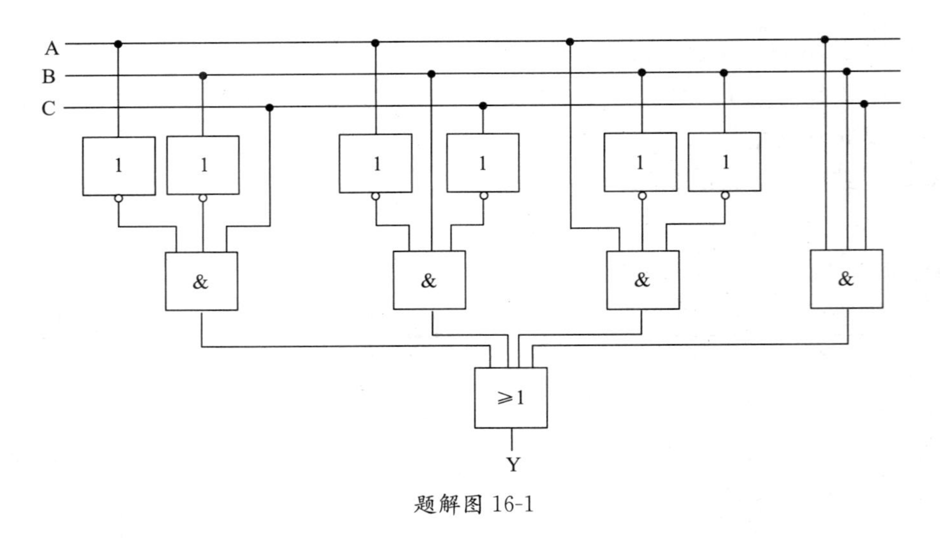

题解图 16-1

画逻辑电路图，如题解图 16-2 所示。

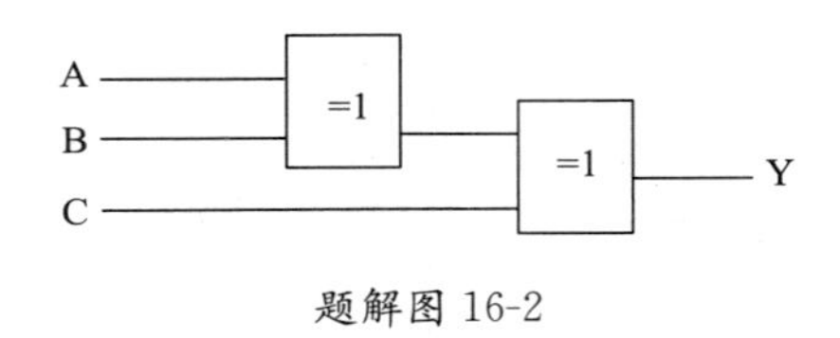

题解图 16-2

16.3.26　解：半加器的真值表见题解表 16-4，半加器的逻辑电路图如题解图 16-3 所示。

题解表 16-4　半加器的真值表

A	B	S	C
0	0	0	0
0	1	1	0
1	0	1	0
1	1	0	1

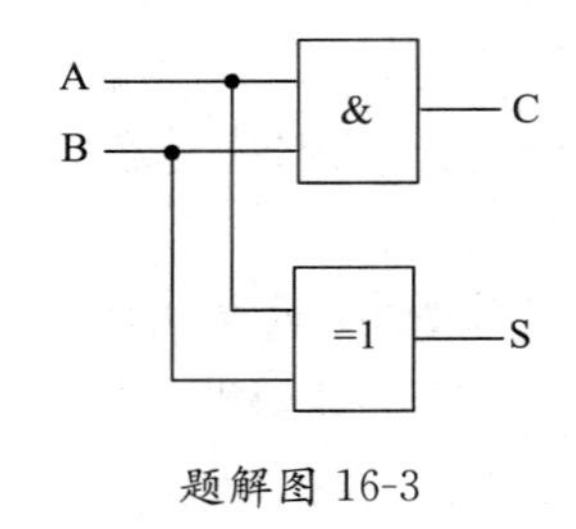

题解图 16-3

16.2.27　解：当开关 S_1、S_2 均闭合时，或门的输入端均为低电平，此时，或门的输入都是 0，输出是 0，为低电平，所以灯不亮；当任意一个开关断开时，它所对应的输入端为高电平，或门有一个输入端为高电平，输出则为高电平，灯亮、报警。

16.2.28　解：该七段数码管为共阴极接法，当 a～g 各段接高电平时点亮。其中，a、d、g 段因为接到 $+U_{CC}$ 上，始终处于亮的状态。当 $u>0$（正半周）时，输入部分由集成运放构成电压比较器，电压比较器输出 0，点亮 c、f 段，显示“5”，持续时间为 0.5s。当 $u<0$（负半周）时，点亮 b、e 段，显示“2”，持续 0.5s。正弦电压的正负半周交替闪烁“2”和“5”。

16.2.29　解：电路由编码器、门电路、显示电路（发光二极管）构成。

$$Y=\overline{\overline{\overline{D}\overline{C}\,\overline{B}A}\cdot\overline{\overline{D}A}}=\overline{D}\overline{C}\,\overline{B}A+\overline{D}A=\overline{D}\overline{C}\,\overline{B}A+\overline{D}A(B+\overline{B})(C+\overline{C})$$

$$=\overline{D}\overline{C}\,\overline{B}A+\overline{D}CBA+\overline{D}\,\overline{C}BA+\overline{D}C\overline{B}A+\overline{D}\,\overline{C}\,\overline{B}A$$

当输入端 DCBA 为 0001、0011、0101、0111、1001 这 5 个 BCD 码时，Y=1，点亮发光二极管。这 5 个 BCD 码对应十进制奇数 1、3、5、7、9。也就是说，当编码器输入十进制奇数时，点亮发光二极管,该电路具有 1 位十进制数判奇功能。本题思路在于写出 Y 的逻辑表达式,进而根据逻辑表达式分析 Y 的 0、1 状态。

第 17 章　触发器和时序逻辑电路习题答案

1. 填空题

17.1.1　组合逻辑电路,时序逻辑电路　　17.1.2　当前,记忆(或存储)

17.1.3　触发器,两,Q,双稳态触发器,1　　17.2.4　置 0,置 1,保持　　17.2.5　空翻

17.2.6　置 0,置 1,保持,相反,翻转　　17.2.7　同步时序逻辑电路　　17.3.8　5,5,5

17.4.9　二进制,十进制,任意进制;同步,异步;加计数器,减计数器,可逆计数器

17.4.10　1,两,n,2^n

2. 判断题

17.2.11　√　17.2.12　×　17.2.13　√　17.2.14　√　17.3.15　√　17.3.16　√

17.4.17　×　17.4.18　×

3. 选择题

17.1.19　c　17.2.20　b　17.2.21　b　17.2.22　b　17.2.23　b

17.3.24　b　17.3.25　c　17.4.26　c　17.4.27　a　17.4.28　b

4. 综合题

17.2.29　解:触发器的输出波形如题解图 17-1 所示。

17.2.30　解:输出 Q 和 $\overline{Q}$ 的波形如题解图 17-2 所示。

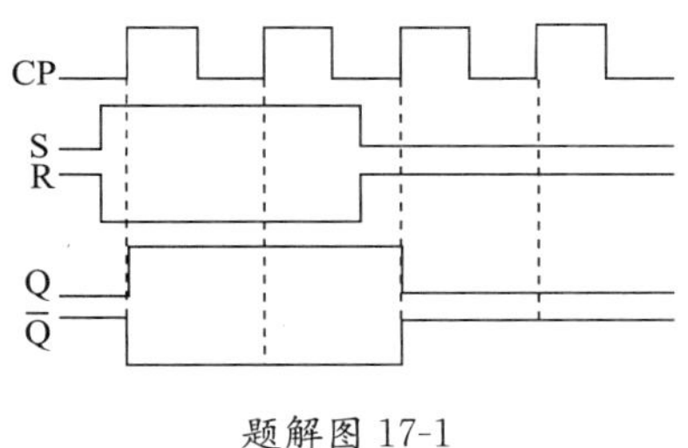

题解图 17-1

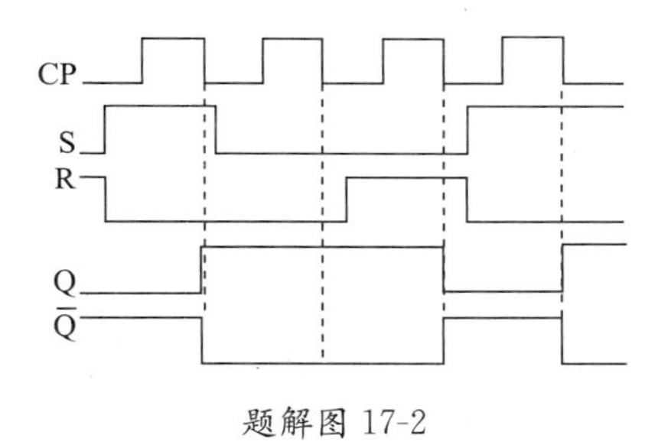

题解图 17-2

17.2.31　解:输出 Q 的波形如题解图 17-3 所示。

17.2.32　解:输出波形如题解图 17-4 所示。

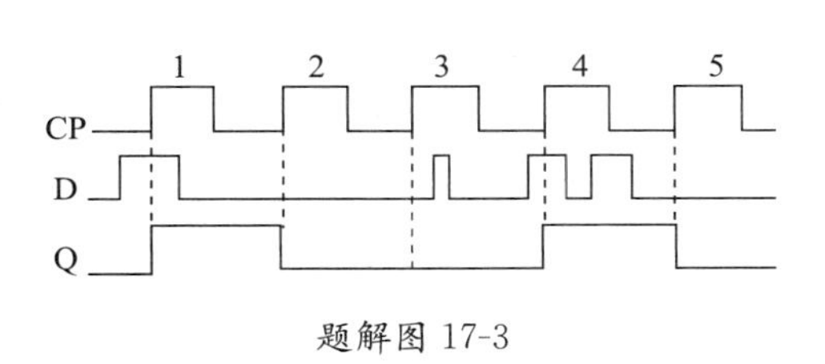

题解图 17-3

题解图 17-4

17.2.33　解:输出 Q 的波形如题解图 17-5 所示。

17.2.34　解:Q_1 和 Q_2 的波形如题解图 17-6 所示。

17.2.35　解:Q_0 和 Q_1 的波形如题解图 17-7 所示。

17.2.36　解:Q_1 和 Q_2 的波形如题解图 17-8 所示。

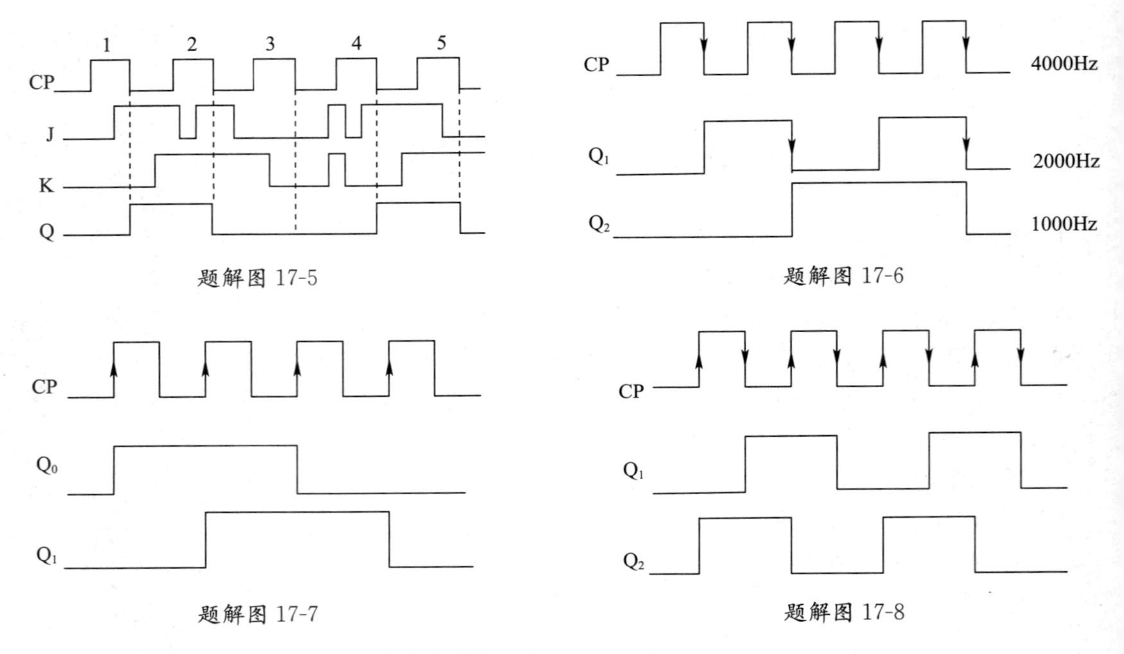

题解图 17-5

题解图 17-6

题解图 17-7

题解图 17-8

17.2.37 解：Q_A、Q_B、Q_C 的波形如题解图 17-9 所示。

A 触发器的输入：$J_A=\overline{Q}_B$， $K_A=1$

B 触发器的输入：$J_B=Q_A+Q_C$， $K_B=1$

C 触发器的输入：$J_C=Q_B$， $K_C=Q_A$

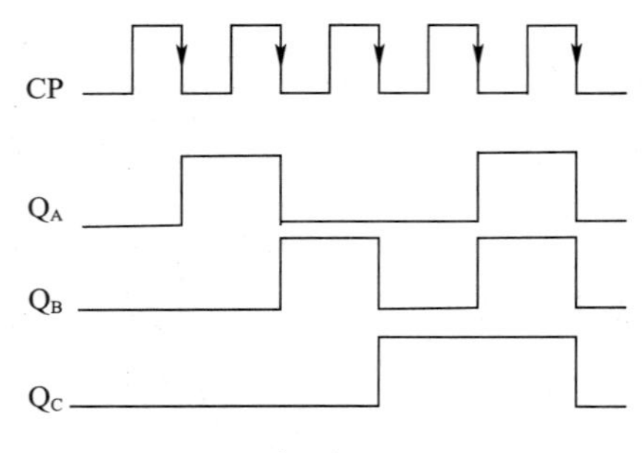

题解图 17-9

电路功能：3 组彩灯点亮的顺序是"全灭→红灯亮→绿灯亮→黄灯亮→全亮"，并且不断循环。

17.4.38 解：由 74LS161 构成的七进制计数器如题解图 17-10 所示。

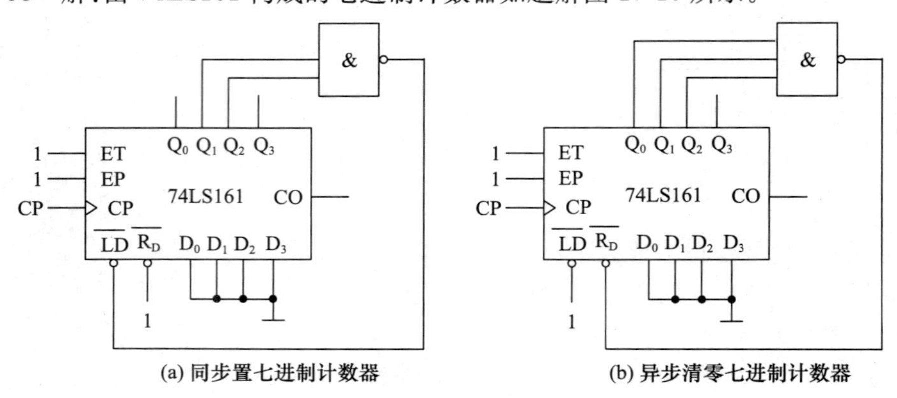

题解图 17-10

17.4.39　解:由 74LS90 构成的五进制计数器和七进制计数器如题解图 17-11 所示。

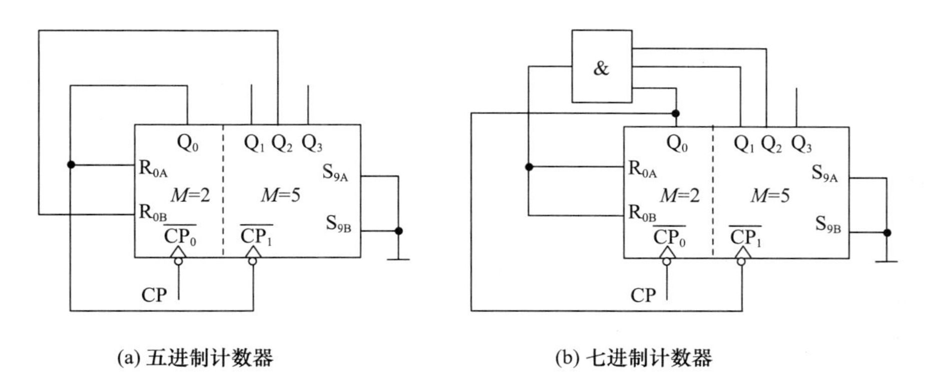

题解图 17-11

17.4.40　解:由 74LS161 构成的十二进制加法计数器如题解图 17-12 所示。

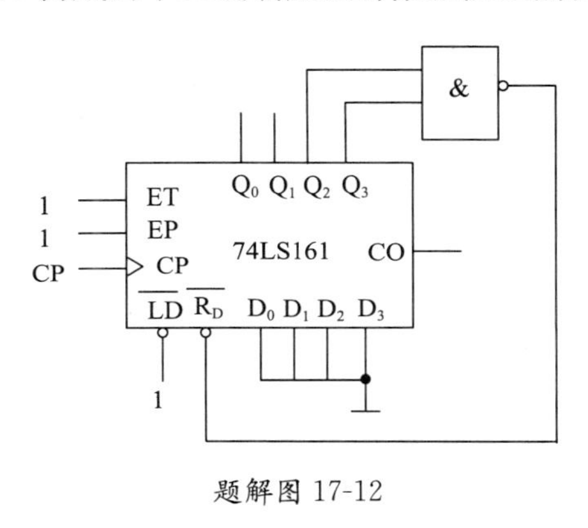

题解图 17-12

第 18 章　脉冲信号的产生与整形习题答案

1. 填空题

18.2.1　低,高　　18.2.2　暂稳,稳定,暂稳,稳定

18.2.3　触发输入端,阈值输入端

2. 判断题

18.2.4　√　18.2.5　√　18.2.6　×

3. 选择题

18.2.7　a　18.2.8　c　18.2.9　b　18.2.10　a

4. 综合题

18.2.11　解:(1)$t_W \approx 1.1RC = 1.1\times 33\times 10^3\times 0.1\times 10^{-6} = 3.63\times 10^{-3}$ s

(2) u_I、u_C 和 u_O 的波形如题解图 18-1 所示。

18.2.12　解:(1)

$$f \approx \frac{1}{0.7(R_1+2R_2)C} = \frac{1}{0.7\times(15\times 10^3+2\times 24\times 10^3)\times 0.1\times 10^{-6}} \approx 227\text{Hz}$$

(2) u_C 和 u_O 的波形如题解图 18-2 所示。

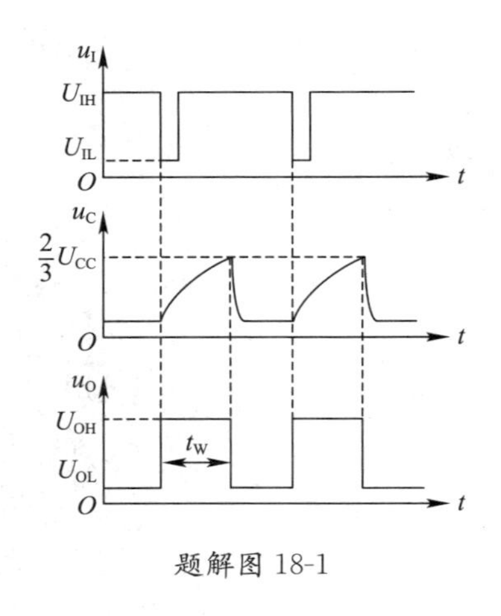

题解图 18-1

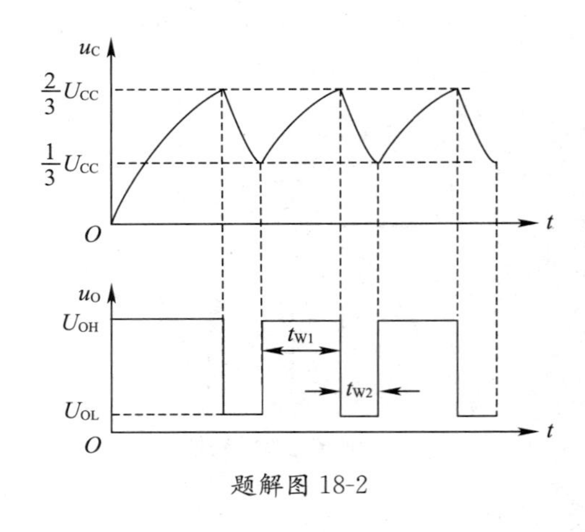

题解图 18-2

(3) 低电平。

18.2.13 解:(1)多谐振荡器。(2)细铜丝接通,4 脚接地,多谐振荡器不工作,3 脚输出低电平,扬声器不发声。细铜丝碰断后,4 脚接高电平,多谐振荡器开始工作,输出矩形波,扬声器发出警报声。

(3) $f \approx \dfrac{1}{0.7(R_1+2R_2)C}=\dfrac{1}{0.7\times(5.1\times10^3+2\times100\times10^3)\times0.01\times10^{-6}} \approx 696.5\text{Hz}$

18.2.14 解:(1)电路左边是单稳态触发器,电路右边是多谐振荡器。工作原理:电路中用按钮 S 选通“0”或“1”。当按钮 S 未按下时,555(1)的 2 脚接高电平“1”,没有触发,555(1)的 3 脚输出低电平,该信号接到 555(2)的 4 脚,555(2)的 3 脚输出低电平,扬声器不工作。当按下按钮 S 时,555(1)的 2 脚接低电平,555(1)的 3 脚输出高电平,多谐振荡器开始工作,555(2)的 3 脚输出一串矩形波,使得扬声器发出声音。(2)若要改变铃声的音调,应改变多谐振荡器的输出矩形波,也就是改变 R_3、R_4 和 C_2。(3)若要改变电子门铃持续时间的长短,应改变单稳态触发器的高电平持续时间,也就是 R_2 和 C_1。

18.2.15 解:该电路构成多谐振荡器,输出的矩形波使得扬声器发出声音。不同的开关 S_1~S_8,接入电阻不同,改变了矩形波的周期和占空比,输出的声音就不同。

18.2.16 解:该电路构成单稳态触发器。未按下按钮 S 时,555 定时器的 2 脚输入高电平,3 脚输出低电平,D_1 截止,KA 不动作,此时红灯亮、白灯不亮。按下按钮 S,555 定时器的 2 脚有触发信号,3 脚输出高电平,D_1 导通,KA 动作,原先断开的触点闭合、原先闭合的触点断开,白灯亮、红灯熄灭,开启曝光模式。当暂稳态结束后,再回到原来的稳定状态。暂稳态时间 $t_W \approx 1.1RC_1$,调整 R 和 C_1 的数值,可以改变曝光时间。

第 19 章 模拟信号与数字信号转换器习题答案

1. 填空题

19.1.1 模拟,数字,模数　　19.2.2 采样,保持,量化,编码

19.3.3 数字,模拟,数模,高

2. 判断题

19.1.4 √　19.2.5 ×　19.2.6 √　19.3.7 √

2019—2020 学年秋季学期期末考试题答案

第一题:选择题

题号	1	2	3	4	5
答案	C	B	C	B	A

第二题:填空题

1. 空穴,P 型　2. 3V　3. 0.05mA,2mA,R_B　4. 抑制零点漂移

5. 正反馈,$|AF|=1$　6. 将交流电变成单向脉动电压

7. 不同出 1,相同出 0　8. 时序逻辑,触发器　9. 5,32

第三题:综合题

1. 解:

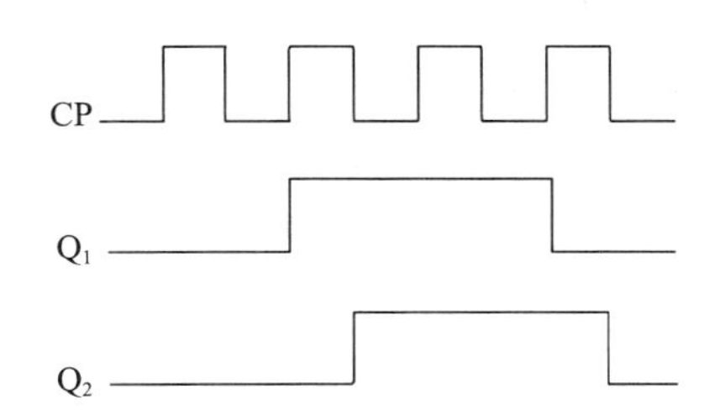

2. 解:(1)略;(2)16~24V;(3)12.5V,或 15V,或 16V,等等;(4)半波整流。

3. 解:(1)多谐振荡器。(2)该电路能够输出矩形波。输出高电平时,红色 LED 不亮、绿色 LED 亮;输出低电平时,红色 LED 亮、绿色 LED 不亮。(3)红色 LED,$t_{W1}\approx 0.7(R_1+R_2)C=2.1s$;绿色 LED,$t_{W2}\approx 0.7R_2C=1.4s$。

4. 解:并联电压负反馈;降低放大倍数,提高放大倍数的稳定性,减小输入电阻,减小输出电阻,展宽通频带,改善非线性失真。

第四题:计算题

1. 解:(1)略;(2)−150,1kΩ,3kΩ;(3)提高电压放大倍数。

2. −0.3mV,0.3mV。

第五题:设计题

1. 解:假设 A、B、C 代表输入变量,1 表示及格,0 表示不及格;Y 代表输出变量,1 表示通过,0 表示未通过。根据题意有:

(1) 列真值表

A	B	C	Y	A	B	C	Y
0	0	0	0	1	0	0	0
0	0	1	0	1	0	1	1
0	1	0	0	1	1	0	0
0	1	1	1	1	1	1	1

(2) 写逻辑表达式:$Y=\overline{A}BC+A\overline{B}C+ABC=AC+BC=\overline{\overline{AC}\cdot\overline{BC}}$

(3) 画逻辑电路图

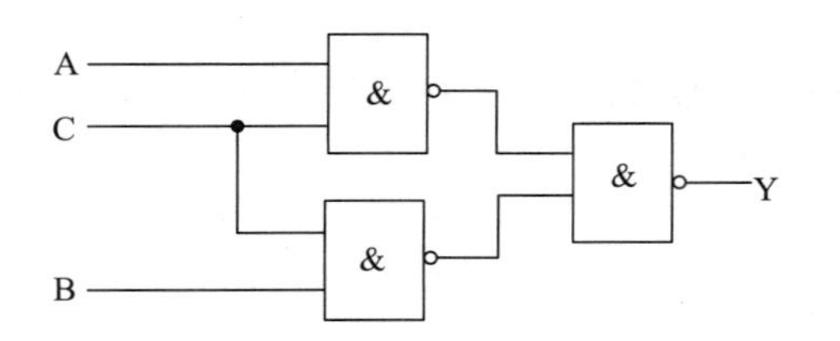

2. 解：

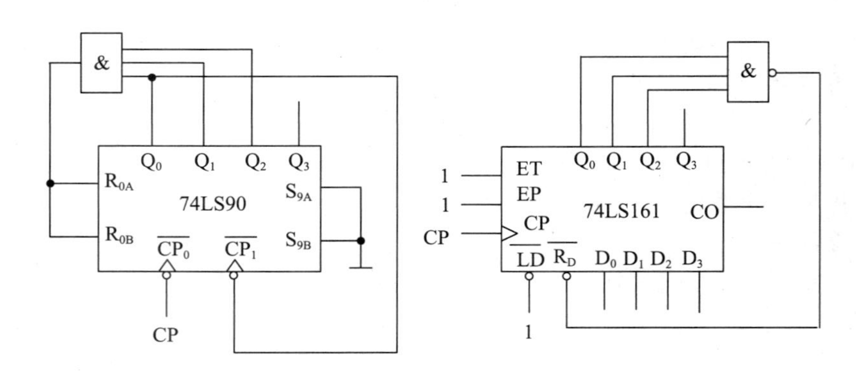

2020—2021 学年秋季学期期末考试题答案

第一题：填空题

1. 1200　　2. 电路过去的输入　　3. 越大　　4. PNP，锗管

5. $\overline{A}C+\overline{B}C$　　6. 六　　7. $\overline{Q}^n$　　8. 1，0

第二题：选择题

题号	1	2	3	4	5	6	7	8	9
答案	B	D	B	B	A	A	B	B	D

第三题：综合题

1. 解：(1) 列真值表

A	B	C	F
0	0	0	0
0	0	1	0
0	1	0	0
0	1	0	0
1	0	0	0
1	0	1	0
1	1	0	0
1	1	1	1

(2) F＝A&B&C

2. 解：(1) 555 定时器和电阻 R_1、R_2 及电容 C 接成多谐振荡电路。

(2) 定时器输出波形即计数器输入脉冲波形，该波形的周期为

$$T=\frac{(R_1+2R_2)C}{1.43}=\frac{(1\times10^6+2\times10^6)\times500\times10^{-6}}{1.43}$$

$$=1748\text{s}$$

当计数器输出为 1111 时，发光二极管变亮，计数器需要 16 个脉冲，故发光二极管变亮所需要的时间为

$$t=15T=16\times1748\text{s}\approx7.77\text{h}$$

3. 解：(1) $I_B=(U_{CC}-0.7)/[R_B+(1+\beta)(R_{E1}+R_{E2})]$，$I_C=\beta I_B$，$U_{CE}=U_{CC}-I_C(R_C+R_{E1}+R_{E2})$

(2) $r_{be}=200+(1+\beta)\times26\text{mV}/I_{EQ}$

(3) $A_u=-(R_C/\!/R_L)/R_{E1}$，$r_i=R_B/\!/\beta R_{E1}$，$r_o=R_C$

4. 解：

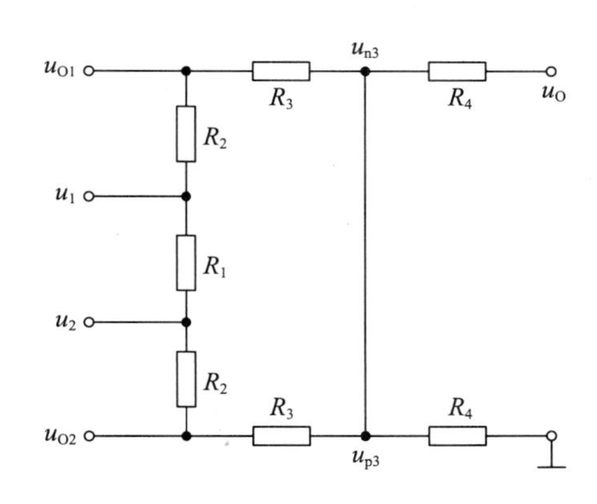

$u_{R1}=u_1-u_2$

$$u_{O1}-u_{O2}=\frac{2R_2+R_1}{R_1}u_{R1}$$

$$\frac{u_{O1}-u_{n3}}{R_3}=\frac{u_{n3}-u_O}{R_4}$$

$$\frac{u_{O2}-u_{p3}}{R_3}=\frac{u_{p3}}{R_4}$$

$$u_O=-\frac{R_4}{R_3}(u_{O1}-u_{O2})$$

$$=-\frac{R_4}{R_3}\left(\frac{2R_2+R_1}{R_1}\right)(u_1-u_2)$$

(2) $A_n=\dfrac{u_O}{u_1-u_2}=-\dfrac{R_4}{R_3}\left(\dfrac{2R_2}{R_1}+1\right)$

第四题：作图题

1. 解：

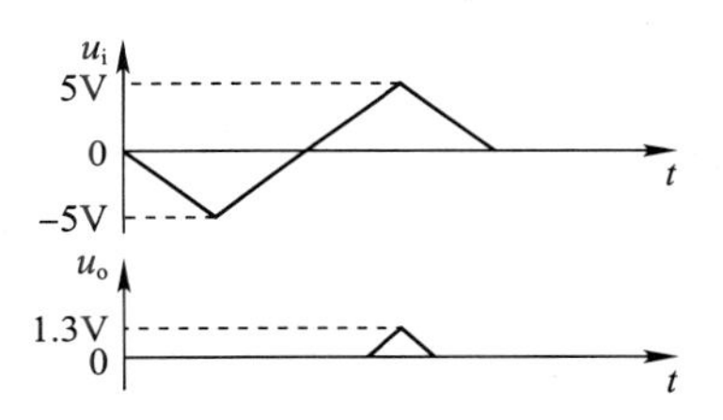

第五题：设计题

1. 解：(1) 列真值表

A	B	C	Y
0	0	0	0
0	0	1	0
0	1	0	0
0	1	1	1
1	0	0	0
1	0	1	1
1	1	0	1
1	1	1	1

(2) 写逻辑表达式：Y＝AB＋BC＋CA

(3) 画出逻辑电路图

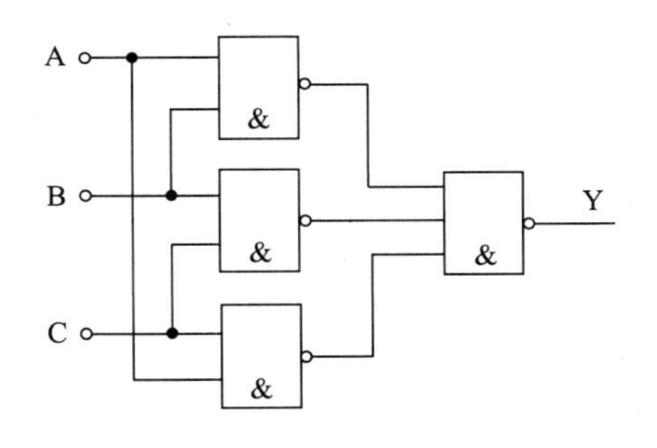

2. 解：

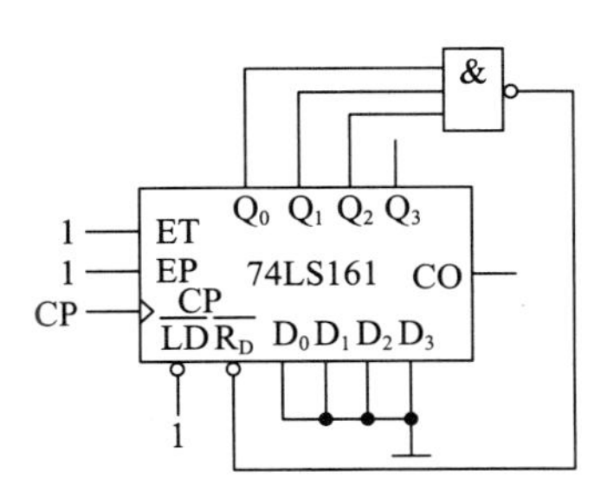

3. 解：(1)

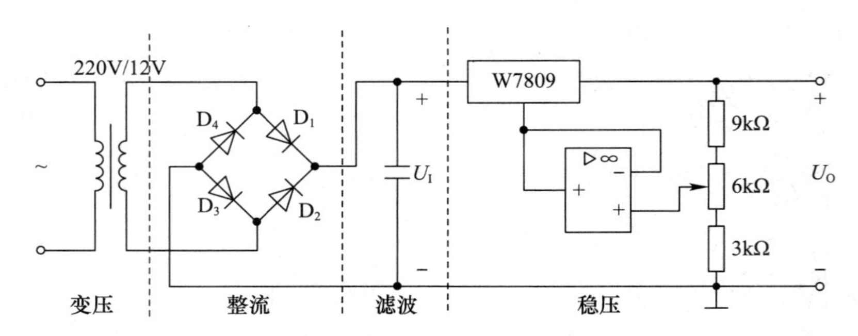

(2) 选 W7809 合适，因为滤波后的电压 $U_I=1.2\times12=14.4V$，而三端集成稳压器的输入端电压要至少高于输出端电压 2～3V，故选 W7809 合适。

$$U_{Omin}=\frac{9}{9\times10^3+6\times10^3}\times(9\times10^3+6\times10^3+3\times10^3)=10.8V$$

$$U_{Omax}=\frac{9}{9\times10^3}\times(9\times10^3+6\times10^3+3\times10^3)=18V$$

(3) 用示波器同时监测变压器的次级电压和负载电压的过程中，电路冒烟是因为将整流电路中的二极管 D_3 短路了，因此变压器的次级电压和负载电压只能分别测量，不能同时测量。

2021—2022 学年秋季学期期末考试题答案

第一题：填空题

1. 甲乙类，T_1，消除交越失真　2. 三角波(或锯齿波)　3. 幅值(或数值)

4. 5，2^5(或 32)　5. 降低，提高　6. 门电路，触发器　7. $\overline{Q^n}$

第二题：选择题

题号	1	2	3	4	5	6	7	8
答案	A	D	A	A	D	B	A	D

第三题：设计题

1. 假设 A、B、C 表示输入变量，Y 为输出变量，Y=0 表示二进制码小于 3，1 代表二进制码大于或等于 3。根据题意有：

(1) 列真值表

A	B	C	Y
0	0	0	0
0	0	1	0
0	1	0	0
0	1	1	1
1	0	0	1
1	0	1	1
1	1	0	1
1	1	1	1

(2) 写逻辑表达式：$Y=\overline{A}BC+A\overline{B}\,\overline{C}+A\overline{B}C+AB\overline{C}+ABC=A+BC=\overline{\overline{A}\cdot\overline{BC}}$

(3) 画逻辑电路图

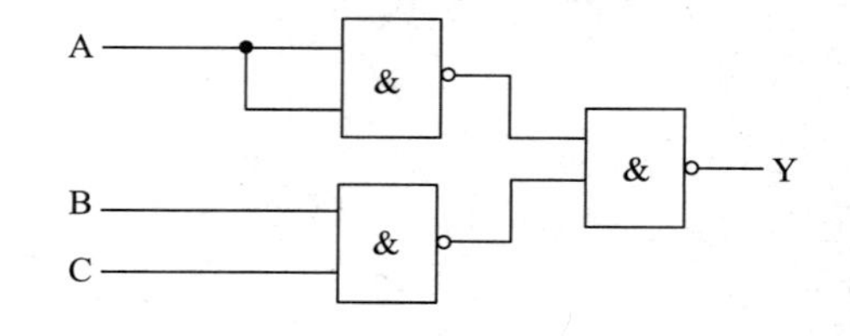

2. 参考电路如下：

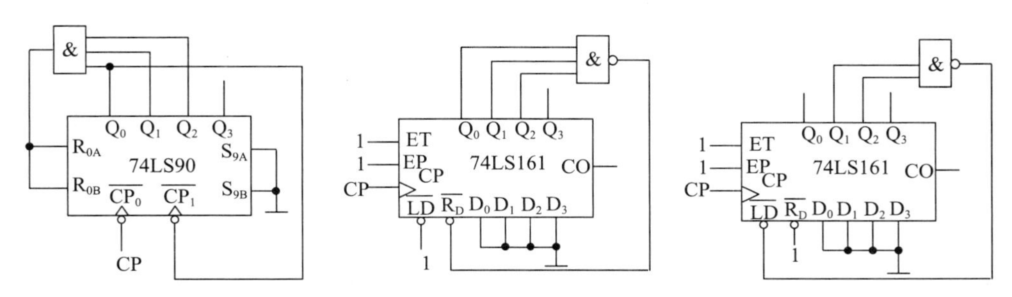

第四题:综合题

1.(1) 微变等效电路

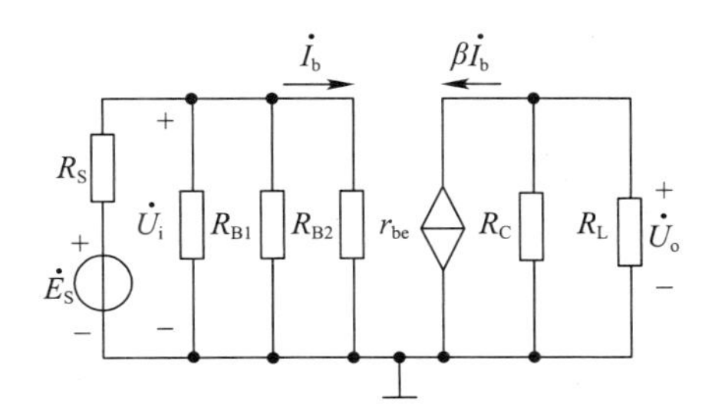

$A_u=-100$，　$r_i=0.8\text{k}\Omega$，　$r_o=R_C=3\text{k}\Omega$。

(2) C_1、C_2 是耦合电容，作用是隔直通交；C_E是旁路电容，作用是提高 A_u。

(3) $u_o=u_iA_u=-\frac{200}{9}\sin 314t\ \text{mV}$

2.(1)$u_{O1}=-3\text{V}$，$u_{O2}=3\text{V}$，$u_O=12\text{V}$。

(2)

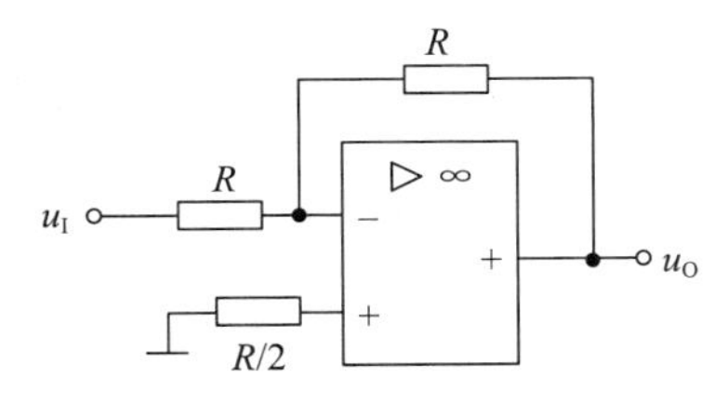

3.(1)整流电路，将交流电压变成单向脉动直流电压。

(2)会烧毁二极管和变压器；(3)$U_3=36\text{V}$(2 分)；$U_O=16\text{V}$。

4.(1)b 端；(2)$R_F>4\text{k}\Omega$；(3)$f_0=159.24\text{Hz}$；(4)R_F引入的是串联电压负反馈，这种反馈会使输入电阻增大，使输出电阻减小。

5.(1)555(1)构成单稳态触发器，555(2)构成多谐振荡器；工作原理：当不触发按键 S 时，555(1)的 3 脚输出为 0 并提供给 555(2)的直接复位端 4 脚，发光二极管不亮，多谐振荡器不工作，扬声器不响。当触发按键时，单稳态触发器输出一段时间的高电平，该段时间内发光二极管被点亮，多谐振荡器的直接复位端接 1，多谐振荡器正常工作，输出矩形波送给扬声器，扬声器发出声音。(2)如要改变铃声的音调，可以改变 R_4、R_5、C_2；(3)如要改变电子门铃持续时间的长短，应改变单稳态触发器的高电平持续时间，也就是改变 R_2、C_1；(4)$R_2=12.6\text{k}\Omega$；$R_4=1.5\text{k}\Omega$。

第五题:作图题

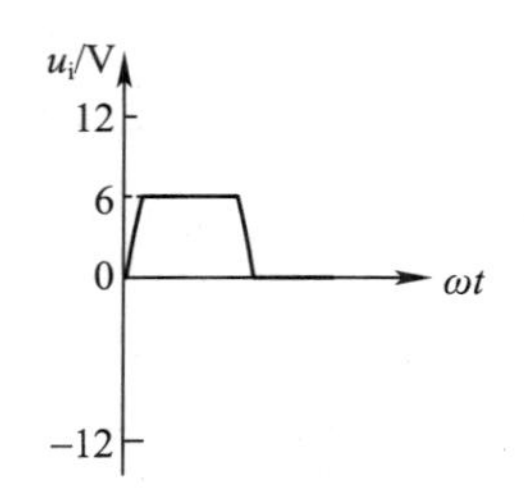

2022—2023 学年秋季学期期末考试题答案

第一题:填空题

1. 导通　　2. 负载,信号源内阻　　3. 1mV　　4. −8V

5. $(215.75)_{10}=(11010111.11)_2$　　6. 门电路,触发器

第二题:选择题

题号	1	2	3	4	5	6	7	8	9	10	11	12
答案	B	B	B	A	C	B	C	B	B	D	B	C

第三题:设计题

1. 解:(1) 逻辑抽象

电路以烟雾、温度、紫外线探测器输出作为报警信号,因此,可设报警电路输入变量为 A、B、C,分别对应 3 种探测器的输出,用高电平“1”表示探测器报警,低电平“0”表示探测器未报警。以 F 作为报警电路的输出变量,高电平“1”为报警,低电平“0”为不报警。

(2) 列真值表

按照所描述的电路功能,输入/输出逻辑关系可列真值表。

输入			输出
A	B	C	F
0	0	0	0
0	0	1	0
0	1	0	0
0	1	1	1
1	0	0	0
1	0	1	1
1	1	0	1
1	1	1	1

(3) 写逻辑表达式

由列出的真值表,可得到其最小项表达式为

$$F=\overline{A}BC+A\overline{B}C+AB\overline{C}+ABC$$

(4) 函数化简

可采用公式化进行化简。

$$\begin{aligned}F&=\overline{A}BC+A\overline{B}C+AB\overline{C}+ABC\\&=\overline{A}BC+ABC+A\overline{B}C+ABC+AB\overline{C}+ABC\\&=AC+BC+AB\end{aligned}$$

由此得到最简与或表达式为

$$F=AC+BC+AB$$

(5) 画逻辑电路图

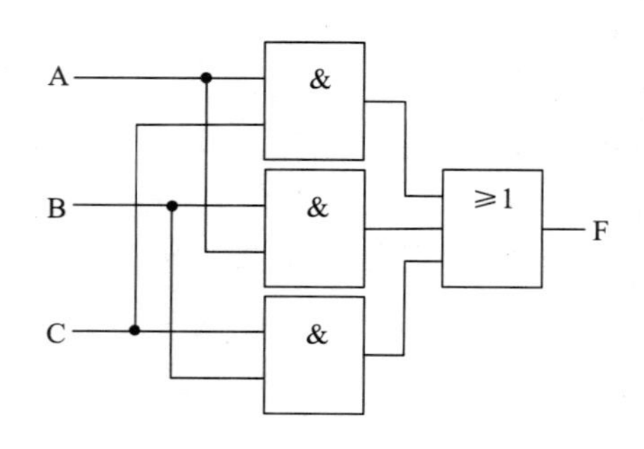

2. 解：

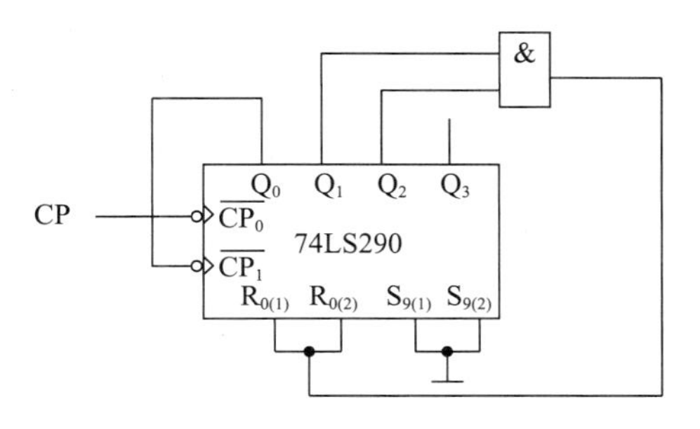

第四题：综合题

1. 解：(1) 因为 $U_{CE}=U_{CC}-I_CR_C-I_ER_E\approx U_{CC}-I_E(R_C+R_E)$，将相关数据代入得

$$4=12-I_E(5.1+3)\times 10^3\Rightarrow I_E=\frac{8}{8.1\times 10^3}=0.99\times 10^{-3}\text{A}=0.99\text{mA}$$

$$V_B=\frac{U_{CC}R_{B1}}{R_{B1}+R_{B2}},V_E=V_B-U_{BEQ}=I_ER_E$$

由此可以推出 $$R_{B2}=46\text{k}\Omega$$

(2) 画微变等效电路

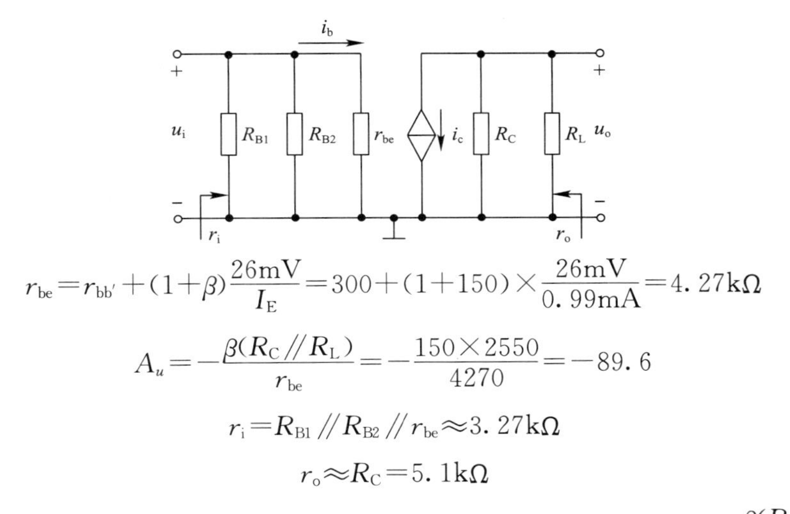

$$r_{be}=r_{bb'}+(1+\beta)\frac{26\text{mV}}{I_E}=300+(1+150)\times\frac{26\text{mV}}{0.99\text{mA}}=4.27\text{k}\Omega$$

$$A_u=-\frac{\beta(R_C/\!/R_L)}{r_{be}}=-\frac{150\times 2550}{4270}=-89.6$$

$$r_i=R_{B1}/\!/R_{B2}/\!/r_{be}\approx 3.27\text{k}\Omega$$

$$r_o\approx R_C=5.1\text{k}\Omega$$

(3) 当电容 C_E 开路时，放大倍数将减少。因为电容 C_E 不存在，$A_u=-\dfrac{\beta(R_C/\!/R_L)}{r_{be}+(1+\beta)R_E}$，故放大倍数减少。

2. 解：(1) 该电路为 RC 正弦波振荡电路，故要满足起振条件，则应满足

$$1+\frac{R_W+R_F+R_2}{R_1}\geqslant 3$$

即 $\dfrac{R_W+R_F+R_2}{R_1}\geqslant 2$，故 $R_W\geqslant 2.8\text{k}\Omega$。

(2) $f_0=\dfrac{1}{2\pi RC}=\dfrac{1}{2\pi\times 20\times 10^3\times 0.01\times 10^{-6}}=796\text{Hz}$

3. 解：集成运放接成负反馈，故满足“虚短”和“虚断”，有

$$\frac{u_I-u_+}{R_4}=\frac{u_+-0}{R_5}\Rightarrow u_+=\frac{R_5}{R_4+R_5}u_I \quad (1)$$

$$\frac{u_I-u_-}{R_3}+\frac{0-u_-}{R_1}=\frac{u_--u_O}{R_2} \quad (2)$$

$$\Rightarrow -R_1R_3u_O=R_1R_2u_I-(R_1R_2+R_2R_3+R_1R_3)u_- \quad (3)$$

根据“虚短”，$u_+=u_-$，并将式(2)代入式(3)得

$$u_O=-\frac{R_2}{R_3}u_I+\left(1+\frac{R_2}{R_1/\!/R_3}\right)\cdot\frac{R_5}{R_4+R_5}u_I$$

4.(1) 多谐振荡器。

(2) 细铜丝接通，555 芯片的 4 脚接地，多谐振荡器不工作，3 脚输出低电平，扬声器不发声。细铜丝断后，4 脚接高电平，多谐振荡器开始工作，输出矩形波，扬声器发出警报声。

(3) $f\approx\frac{1}{0.7(R_1+2R_2)C}=\frac{1}{0.7\times(5.1\times10^3+2\times100\times10^3)\times0.01\times10^{-6}}\approx696.5\text{Hz}$

5.(1) 电容两端电压 $U_I=18\text{V}$；(2) 二极管两端电压 $U_D=5\text{V}$；(3) 输出电压 $U_O=11\text{V}$；(4) 二极管 D 工作在反向截止状态。

第五题：作图题

解：

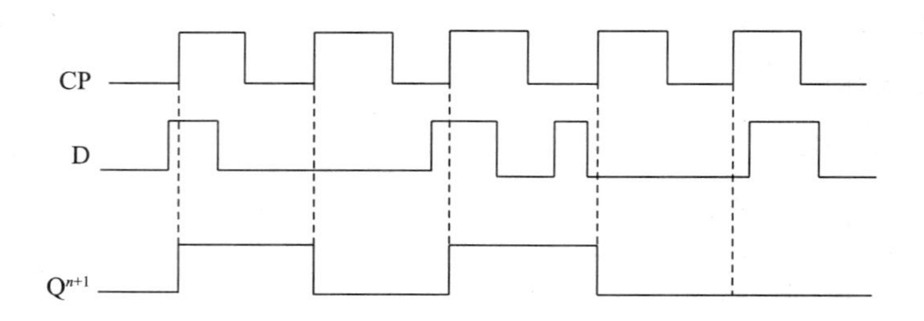

2023—2024 学年秋季学期期末考试题答案

第一题：填空题

1. 导通，0.7V　2. 反向击穿区　3. $\beta=I_C/I_B$，放大，开关(截止、饱和)
4. 直接，阻容　5. 抑制，放大　6. 15　7. 7　8. 与逻辑($F=AB$)

第二题：选择题

题号	1	2	3	4	5	6	7	8
答案	D	A	C	A	B	D	B	D

第三题：设计题

1. 解：(1) 列真值表

A	B	C	F
0	0	0	0
0	0	1	0
0	1	0	0
0	1	1	1
1	0	0	1
1	0	1	1
1	1	0	1
1	1	1	1

(2) 写逻辑表达式

$F=\overline{A}BC+A\overline{B}\overline{C}+A\overline{B}C+AB\overline{C}+ABC=A+BC=\overline{\overline{A}\cdot\overline{BC}}$

(3) 画逻辑电路图

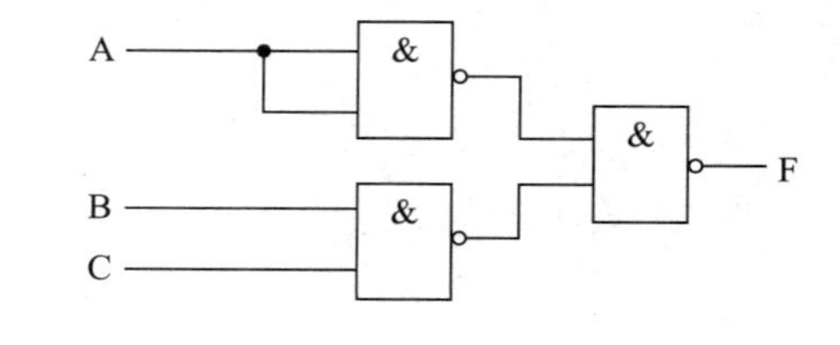

2. 解：

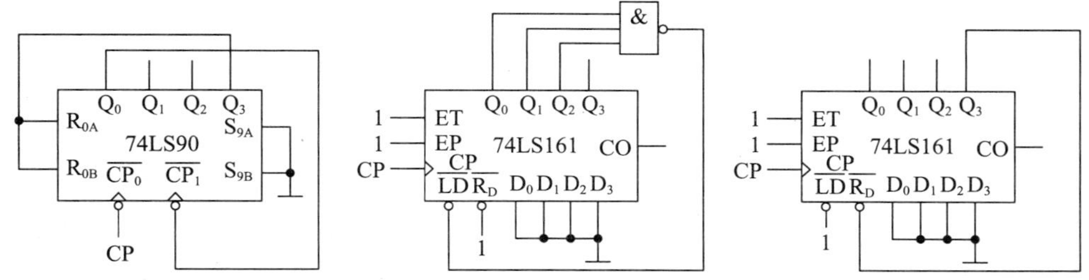

第四题：综合题

1.（1）解：当 $\Delta R=0$ 时，$U_O=6V$。

（2）若 $U_O=9V$，则 $U_{AD}=1.5V$，$U_{O1}=-3V$，$\Delta R=10\Omega$，$R_P=7.5k\Omega$。

2. 解：（1）放大状态。

（2）微变等效电路

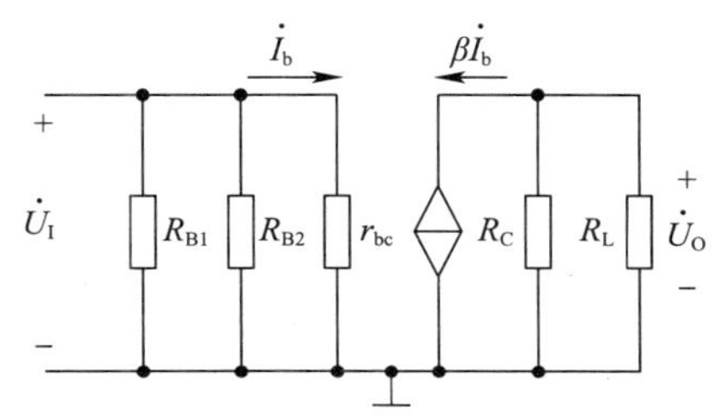

（3）$\dot{A}_u=-64$，$r_i=0.88k\Omega$，$r_o=R_C=2k\Omega$。

（4）增大。

3. 解：滑动头在最上端时，$U_{Omax}=24V$；滑动头在最下端时，$U_{Omin}=12V$。

4. 解：

$u_I=1V$，$u_{O1}=-0.3V$，$u_O\approx12V$（11.5～12V 都对），警灯 L 灭。

$u_I=3V$，$u_{O1}=12V$，$u_O\approx0V$（0～0.5V 都对），警灯 L 亮。

5. 解：（1）555 组成单稳态触发器；（2）$t=1.1RC_1=11s$。

第五题：作图题

1. 解：

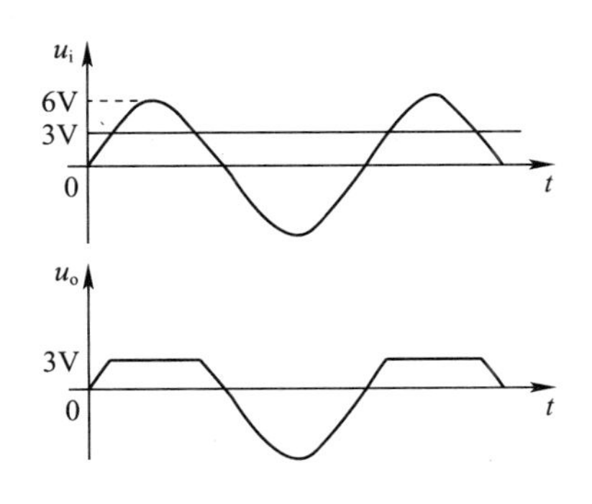

2. 解：$D=\overline{A}B+A\overline{B}$

参考文献

[1] 程继航,宋暖．电工电子技术基础．2版．北京:电子工业出版社,2022.

[2] 姜三勇．电工学简明教程(第三版)学习辅导与习题解答．北京:高等教育出版社,2017.

[3] 马文烈,程荣龙．电工电子技术．武汉:华中科技大学出版社,2012.

[4] 孙建红,黄绵安,钱建平,等．电工学(第五版)·电工技术辅导及习题精解．西安:陕西师范大学出版社,2004.